"十二五"普通高等教育本科国家级规划教材
普通高等教育"十一五"国家级规划教材
普通高等教育农业农村部"十四五"规划教材
普通高等教育农业农村部"十三五"规划教材
全国高等农业院校优秀教材

U0298409

# 茶叶审评与检验

## 第五版

黄建安　施兆鹏　主编

中国农业出版社

北　京

# 第五版修订者

主　编　黄建安（湖南农业大学）

　　　　施兆鹏（湖南农业大学）

副主编　龚淑英（浙江大学）

参　编（按姓氏笔画排序）

　　　　李　适（湖南农业大学）

　　　　陈玉琼（华中农业大学）

　　　　周跃斌（湖南农业大学）

　　　　夏　涛（安徽农业大学）

　　　　郭桂义（信阳农林学院）

　　　　郭雅玲（福建农林大学）

　　　　童华荣（西南大学）

　　　　戴前颖（安徽农业大学）

审　稿　张丽霞（山东农业大学）

　　　　曾　亮（西南大学）

# 第一版编写者

主　编　陆松侯（湖南农学院）

副主编　张堂恒（浙江农业大学）

参　编　陈慧春（安徽农学院）

　　　　施兆鹏（湖南农学院）

　　　　莫惠琴（安徽农学院）

# 第二版修订者

主　编　陆松侯（湖南农学院）

参　编　陈慧春（安徽农学院）

　　　　施兆鹏（湖南农学院）

　　　　胡月龄（浙江农业大学）

　　　　莫惠琴（安徽农学院）

　　　　徐幼君（浙江农业大学）

审　稿　徐宏宾（云南农业大学）

　　　　戴素贤（华南农业大学）

　　　　童梅英（皖南农学院）

# 第三版修订者

主　　编　陆松侯（湖南农业大学）

执行主编　施兆鹏（湖南农业大学）

参　　编　黄建安（湖南农业大学）

　　　　　龚淑英（浙江农业大学）

　　　　　夏　涛（安徽农业大学）

　　　　　周跃斌（湖南农业大学）

审　　稿　戴素贤（华南农业大学）

　　　　　郭雅玲（福建农业大学）

# 第四版修订者

**主　编**　施兆鹏（湖南农业大学）

**副主编**　黄建安（湖南农业大学）

**参　编**（按姓氏笔画排序）

　　　　周跃斌（湖南农业大学）

　　　　夏　涛（安徽农业大学）

　　　　郭雅玲（福建农林大学）

　　　　龚淑英（浙江大学）

　　　　童华荣（西南大学）

**审　稿**　戴素贤（华南农业大学）

　　　　周斌星（云南农业大学）

# 第五版前言

《茶叶审评与检验》于 1979 年出版后，分别于 1985 年、2000 年、2010 年进行了修订，目前第五版即将面世。本教材在 1988 年由国家教委主办的"全国高等学校优秀教材评奖审定会"上获评"全国优秀教材奖"，成为当时农业领域五本获此殊荣的教材之一。第二版被列入普通高等教育"九五"国家级重点教材，1997 年由农业部推荐为全国高等农业院校第一批 25 本国家重点教材之一，2000 年被湖南省教育厅列入"湖南省高等教育 21 世纪课程教材"。第三版被列入普通高等教育"十一五"国家级规划教材，于 2005 年获评"全国高等农业院校优秀教材"。第四版被列入"十二五"普通高等教育本科国家级规划教材，于 2011 年再次获评"全国高等农业院校优秀教材"。

本教材凝聚了几代茶学专家的智慧和心血，在系统阐述茶叶品质评价基本理论和技术的同时，向读者全面地展示了我国不同历史时期的茶叶评鉴文化，以及茶文化、茶科技、茶产业统筹发展的理念。本教材在我国高等院校茶学专业教学中连续使用了四十余年，并被诸多研究机构、企业和市场监管部门作为茶叶研究、生产和流通环节开展品质评价的参考用书。教材的广泛使用为提高茶学专业人才培养质量、推动茶叶科学技术研究、促进茶产业健康发展，助力茶区乡村振兴发挥着重要作用。

本次修订教材框架结构未做大的更动，补充更新了近年来茶叶审评与检验学科领域的研究成果和内容。各章后设置了复习思考题，作为课堂学习的有效延伸，帮助学生巩固学习内容，提高教学效果。

新版教材目标与导向更加明确，将价值引领、知识传授、能力培养有机统一，实现素质、知识、能力的有机融合；突出系统性与实用性，教材体系更加科学、严谨、合理，内容力求与我国茶叶行业生产现状同步；教材科学性与技术性有机结合，使学、思、习、行认知过程紧密联系、相互促进。

在教材表现形式上，将原有彩插图片及补充图片以二维码形式融合到教材内容中，扫描二维码即可观看精美实物图片，能够给读者更好的学习体验。

本次修订人员有一些变动，由湖南农业大学黄建安教授、施兆鹏教授担任主编，浙江大学龚淑英教授担任副主编。修订内容分工如下：前言、绪论、第一章由施兆鹏教授、黄建安教授修订；第二章由黄建安教授修订；第三章第一、二、六节及第五章第六、七节由龚淑英教授修订；第三章第四、五节由郭雅玲教授修订；第三章第三、七节及第四章第二节由李适副教授修订；第四章第一、三节由郭桂义教授修订；第四章第四节由周跃斌教授修订；第五章第一至五节由夏涛教授、戴前颖教授修订；第六章由童华荣教授、李适副教授修订；第七章第一节由陈玉琼教授、戴前颖教授修订，第二节由陈玉琼教授修订。附录及二维码图片由周跃斌教授负责整理。

本次修订得到了修编人员所在单位的大力支持，教材修订过程中还得到了湖南省教育厅及中国农业出版社的指导与帮助，在此一并致谢！

由于编者水平及时间所限，教材中疏漏甚至错误在所难免，恳请广大同行在使用过程中提出批评与建议，以便再版时完善。

编　者

2021 年 5 月

# 第一版前言

　　本教材编写工作经过调查研究，收集资料，并广泛地征求意见，得到茶叶外贸、供销、科研、商品检验等有关部门的大力支持和帮助。写出初稿后，又经上述有关部门及茶叶专业的兄弟院校派代表参加了审稿会议，所以，本书是在各级领导的重视下，由集体的力量编成的。

　　根据当前国内外茶叶品质审评的实际情况，本书以感官审评的基本理论、基本知识和基本技能为主，同时较为系统介绍国内外茶叶检验标准和方法以及当前茶叶理化审评试验研究的进展和取得初步成果的情况。

　　本书系湖南农学院、浙江农业大学和安徽农学院分工协作编写的，各章节的初稿编写分工是：陆松侯写绪论、第一章和第四章。陈慧春写第二章。张堂恒写第三章、第八章和第六章第二节。莫惠琴写第五章。施兆鹏写第六章、第七章。书内图片及拍照所需样茶全由湖南农学院制茶教研室负责办理。

　　由于时间仓促，水平所限，加上"四人帮"干扰破坏教育事业时，这门课程被砍掉后，十多年来有关这门学科的科学研究也陷于停顿状态，新的资料收集就有一定的困难。书中缺点或错误希望读者指正，并提宝贵意见，以便今后进一步修改提高。

1978 年 12 月

# 第二版前言

《茶叶审评与检验》第一版作为全国高等农业院校试用教材于1979年出版发行后，每年重印一次。农牧渔业部决定该教材列入1983年30门全国通用教材修订计划后，仍由湖南农学院主持，邀请参加第一版编写的院校研究制订了修订计划，确定了章节结构的调整。全书包括：绪论，第一章评茶基础知识，第二章茶叶品质形成，第三章茶叶品质特征，第四章茶叶标准样，第五章茶叶感官审评，第六章茶叶检验标准，第七章茶叶物理检验，第八章茶叶化学检验。修订分工为：陆松侯修订绪论、第一章及第四章。胡月龄修订第六章、第八章的第二节，徐幼君修订第三章及第七章第二节。陈慧春修订第二章。莫惠琴修订第五章。施兆鹏修订第六章至第八章的第一节。有些章节标题虽与第一版相同，按照教材改革、更新、精选的要求，尽可能吸收国内外一些最新资料，大部分是重新编写的，进一步提高了内容质量。

《茶叶审评与检验》是在学过制茶学和茶叶生物化学等课程的基础上开设的。全书内容既要与有关课程相协调，又要避免不必要的重复，还要注意到本学科的系统性、科学性。此次修订尽量推陈出新、深入浅出、清晰简明，以便于学生及广大茶叶工作者学习。

本教材修订过程中得到了茶叶供销、外贸、科研、商品检验部门的大力支持。商业部王永增对第四章茶叶标准样提出了宝贵的意见；中国农业科学院茶叶研究所沈培和、福建省茶叶进出口公司庄任提供了资料和照片。对此表示衷心的感谢。

1985年4月

# 第三版前言

《茶叶审评与检验》自1979年第一版出版发行后，经5年使用，农牧渔业部决定将该教材列入1983年30门全国通用教材的修订计划，1985年4月出版第二版，1988年，国家教委授予本教材"国家优秀教材奖"，1997年由农业部定为全国高等农业院校第一批25本国家重点教材之一，还受湖南省教育厅资助，立项为"湖南省高等教育21世纪课程教材"，予以第三次修订。

本次修订参加学校仍是湖南农业大学（主编单位）、浙江农业大学和安徽农业大学。主编陆松侯教授已有86岁高龄，目前身体欠安，参与第一、二版编写的同志多已退休。本次修订，受主编单位和主编委托，经全国高等农业院校教学指导委员会批准，由原编写人员施兆鹏教授任执行主编，由各院校推荐从事本课程教学的优秀教师参加，组成新的编写班底进行修订和编写。本书是国家教委颁发的第一批获奖的好书，结构严谨，贴近专业，科学性强，本次修订在章节上不做大的调整，根据科学发展和市场经济的需要，在理论部分增加了茶叶品质形成的最新研究成果及感官审评的生理学基础等内容；根据近年名优茶发展迅速这一情况，在品质特征中增加了部分新的特种茶的内容；从实践上，根据已公布的并又已修订的国家标准和新制定即将公布的国家标准，在审评检验标准和方法方面做了一些更正。此外新拍了几十幅茶叶外形的彩色照片以增加读者对茶叶外形及色泽的直观认识。

参加人员和修订分工如下：绪论、第一章、第四章由施兆鹏修订，第二章、第八章第一节及附录由黄建安修订，第三章、第七章第二节由龚淑英修订，第五章、第八章第二节由夏涛修订，第六章、第七章第一节由周跃斌修订。本版新增近60幅彩色照片，由周跃斌负责收集整理。

本书在修订过程中，仍然得到了茶叶外贸、内贸、科研、商检等部门的大力支持，得到了教育部、农业部和主编单位所在地湖南省教育厅的指导和帮助，还有许多生产单位馈赠珍贵样品供拍摄照片和审评用，对此深表谢意。

2000 年 7 月

# 第四版前言

《茶叶审评与检验》经过 1979 年第一版出版、1985 年第二版、2000 年第三版修订后，现在进入了第四版修订。本教材于 1988 年获得"国家优秀教材奖"，1997 年由农业部定为全国高等农业院校第一批 25 本国家重点教材之一。湖南省教育厅将本教材列为"湖南省高等教育 21 世纪课程教材"，进入第三次修订。2005 年本教材第三版获评"全国高等农业院校优秀教材"，成为我国茶学专业用教材中唯一获得两次大奖的专业教材。也是一本集三代教师心血、精心撰写的颇受学生欢迎和同仁厚爱的教材。

本次修订扩大了修订队伍，参加编写的学校有湖南农业大学（主编单位）、浙江大学、安徽农业大学、西南大学、福建农林大学。主编由施兆鹏教授担任，副主编由黄建安教授担任。本次修订结构上未做大的更动，有些章节技术较规范，并已达到程序化、标准化，因此内容上未做大的修改，只是补充了一些新的内容。鉴于目前全国茶叶实物标准向茶文字标准过渡的时期，因此把原茶叶标准样和茶叶检验标准两章合并，第七章茶叶化学检验中，增加茶叶农药残留检验和重金属检验两节。附录中选录了一些茶叶产品和茶相关标准，以便查阅。并适当增加一些茶外形彩色照片。

本次修订内容分工如下：绪论，第一章，第四章第一、二、三节由施兆鹏教授修订；第二章由黄建安教授修订；第三章第一、二、三、六节，第五章第六、七节由龚淑英教授修订；第五章第一、二、三、四、五节，第七章第三、四节由夏涛教授修订；第六章，第三章第七节由童华荣教授修订；第三章第四、五节，第七章第一、二节由郭雅玲教授修订；第四章第四节由周跃斌教授修订。附录及彩插由周跃斌教授负责整理。湖南农业大学高级实验师施玲协助整理文件资料，湖南省教育厅给予了指导支持，在此一并致谢！

2010 年 5 月

# 目 录

# 绪　　论

中国是茶树的起源地，从神农尝百草发现茶的功用到现在茶叶成为家喻户晓的日常饮料已有 4 000 余年历史。茶发乎神农氏，闻于鲁周公，兴于唐，盛于宋，后传入世界各国，目前全世界约有 30 亿人饮茶。茶之所以为越来越多的世人青睐，是由于它有许多有益于人体健康的成分。茶初饮苦涩，而后甘甜，味感丰富，既益思明智，又清凉解渴，客来敬茶成为中国人民传统的好客习惯。

我国茶叶品种花色繁多，有绿茶、红茶、黑茶、黄茶、白茶及青茶六大茶类，每大茶类又分几十种甚至上百种品种花色，还有再加工的花茶、砖茶、茶粉以及深加工的各类速溶茶、液体罐装茶等。每大类的每个等级的商品茶，都有自己的品质特征和品质标准，必须经过科学的审评检验来衡量其品质和确定其价格。茶叶审评与检验，是茶叶品质的一面镜子，全面、客观地反映出茶的品质水平。

## 一、茶叶审评与检验的重要性

茶叶审评与检验是一门关于茶叶品质感官鉴定和理化检验技术的应用型课程，是茶学本科专业的重要专业课，它贯穿着茶树的栽种、茶叶的加工、贸易及科学研究全过程。

茶叶审评与检验，对茶叶生产起着指导和促进作用，对茶叶品质相关的科学研究起着客观评定的作用，一向被看成茶叶生产的中枢。茶叶生产的特点在于茶鲜叶不是最终产品，而需要经过加工塑造品质后才能进入市场。每个加工环节都存在着品质问题，每个工序都要经过品质鉴定才能进入下一工序，成品要对照国家或地方标准进行品质检验才能进入市场。而且，通过品质评定可以发现各加工工序存在的问题并提出改进办法。在科学研究及其成果鉴定中，往往要经过审评检验来确认成果的可靠性及评定其等级高低。

茶叶贸易过程中必须通过审评与检验手段来确定茶叶品质及价格，正确的审评检验，有利于维护好茶好价、次茶次价的市场秩序。审评检验无误，能在国际贸易中避免发生纠纷，可以维护国家和企业信誉，有利于维系较好的贸易关系。茶叶审评与检验是一项技术性工作，其技术是与时俱进的。

## 二、茶叶审评与检验的发展

成书于秦汉时期的《神农本草经》，论茶的药理功能载有"茗，苦荼，味甘苦，微寒无毒，主瘘疮，利小便，去痰渴热，令人少睡"。这既是茶的药理功效的最早记载，也是对茶味的最早描述。汉宣帝（前73—前49）时的王褒《僮约》中记有"晨起洒扫，食了洗涤……烹茶（茶）尽具，已而盖藏……武都买茶（茶）"，提到"烹茶（茶）""盖藏""买茶（茶）"等词句，说明当时在蜀西地区的茶饮已是相当普遍了，虽谈到了茶具，但尚未涉及茶的品质及饮茶的具体方法。南朝宋文帝年间（424—453）鲍令晖《香茗赋集》，提出"香茗"一词。唐代陆羽（733—804）的

陆羽像

《茶经》，全书十卷，全面论及茶的起源、形态、加工、审评、茶史、茶区、茶文化，其中茶叶审评从审评用具形状、色泽、规格、作用、使用方法，以及炙茶、煮茶、用水、饮茶各环节的要领，都作了阐述，并提出了内质色、香、味的基本标准与要求，是关于茶的审评检验的第一部书籍。《茶经》"三之造"中记有："自采至于封，七经目。自胡靴至于霜荷，八等。"从采到封藏共分7道工序；而茶的形状，从有如胡人的皮靴，到如受寒霜侵害的败荷，共分8个等级。此时的感官审评，已经到了能评分8个等级的水平了。其评定依据如："以光黑平正言嘉者，斯鉴之下也；以皱黄坳垤言嘉者，鉴之次也；若皆言嘉及皆言不嘉者，鉴之上也。何者？出膏者光，含膏者皱；宿制者则黑，日成者则黄；蒸压则平正，纵之则坳垤。"若以

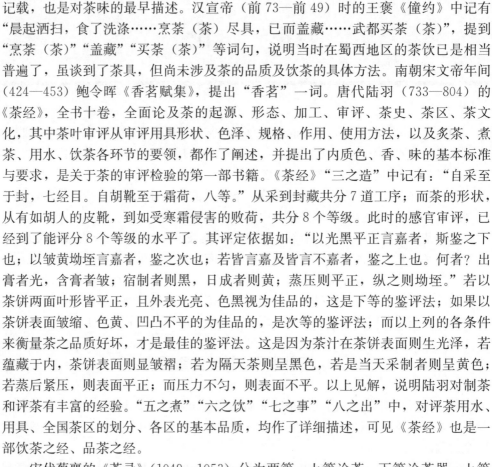
《茶经》

茶饼两面叶形皆平正，且外表光亮、色黑视为佳品的，这是下等的鉴评法；如果以茶饼表面皱缩、色黄、凹凸不平的为佳品的，是次等的鉴评法；而以上列的各条件来衡量茶之品质好坏，才是最佳的鉴评法。这是因为茶汁在茶饼表面则生光泽，若蕴藏于内，茶饼表面则显皱褶；若为隔天茶则呈黑色，若是当天采制者则呈黄色；若蒸后紧压，则表面平正；而压力不匀，则表面不平。以上见解，说明陆羽对制茶和评茶有丰富的经验。"五之煮""六之饮""七之事""八之出"中，对评茶用水、用具、全国茶区的划分、各区的基本品质，均作了详细描述，可见《茶经》也是一部饮茶之经、品茶之经。

宋代蔡襄的《茶录》（1049—1053）分为两篇，上篇论茶，下篇论茶器。上篇论茶中包括茶叶的色、香、味、藏茶、炙茶、碾茶、罗茶、候汤、熁盏、点茶10条。下篇论茶器，分茶焙、茶笼、砧椎、茶钤、茶碾、茶罗、茶盏、茶匙、汤瓶9条。全书对茶叶内质色、香、味的品质条件，烹茶方法与器具，作了十分详尽的描述。"茶色贵白""茶有真香""茶味主于甘滑"。对茶叶色、香、味颇具匠心的见解，尤其对茶味主"甘滑"，即茶味重"甘爽润滑"之意，不是一般的茶人能体验出来的。蔡襄的《茶录》是一部偏重评茶的著作。

唐代苏廙《十六汤品》（900年前后），按煎汤老嫩分三品，按注汤缓急分三品，按贮汤器具分五品，按煮汤薪火分五品，虽说某些方法有牵强附会之嫌，但对烹茶方法及冲泡条件描述细腻，提出茶汤品质与盛器有关，金银盛器虽好不能广用，铜铁铅锡盛器使汤腥苦且涩，以磁瓶为佳。《十六汤品》对了解当时品茶及为后者提供的经验，大有裨益，不愧为一本很有参考价值的佳作。

明代许次纾的《茶疏》（1597）共写了36条，主要论述茶叶的采制、贮藏、烹点等方法，首先提出"名山必有灵草"的见解，通篇贯穿着品质高下的对比，并提出一些文字优雅简洁而涵义深远的评茶术语。

此外，宋代宋子安《东溪试茶录》（1064 前后）、黄儒《品茶要录》（1075 前后）、宋徽宗赵佶《大观茶论》（1107），明代罗廪《茶解》（1609）等著作，都对茶叶审评与品质分析作了较为独特的阐述。

赵孟頫
《斗茶图》

唐宋的茶宴，宋代的斗茶、分茶，都是全国性或州府性的评茶大会。这些茶事活动，都有一定的成文或不成文的条款。这些条款和方法，成为我国茶事传播给外国的主要内容，也成为现今茶叶审评与检验学科的基础。

南北朝时期，佛教在我国迅速发展并兴盛起来，佛教的六根六识认知事物的理论，正是当今茶叶感官审评的基础。佛家认为，人有六根，外有六尘，中有六识。"六根"是指眼、耳、鼻、舌、身、意，它们分别具有六种感觉功能。所谓"六尘"，是指色、声、香、味、触、法等六种外部的存在。所谓"六识"，是指"六根"对"六尘"的感知：眼识为见、耳识为闻、鼻识为嗅、舌识为味、身识为触、意识为思虑。我们就是用感官来认识和评定茶叶的。

六七世纪，日本派僧人来华学佛，从而将种茶、制茶、饮茶的方法传到了日本。593 年前后，来华使节和留学僧带去茶籽种于滋贺村的国台麓。806 年，空海法师再度携带茶籽献与嵯峨天皇，并在日本传授制茶和饮茶技术。宋代时，日本僧人荣西禅师先后两次来华留学，1191 年 7 月归国后，翌年著有《吃茶养生记》一书，称颂茶是"养生的仙药，延龄的妙方"。饮茶逐渐成为日本人的尊荣和社交必需品。15 世纪后期，饮茶发展成为日本上层社会的"珠光茶道"。16 世纪形成以"和、敬、清、寂"为主的千利休茶道，将茶的点法、饮法、礼仪、茶会较为圆满地结合，形成了日本当今社会的礼仪、习俗。朝鲜半岛三国时代，茶叶栽培制造由中国传入（544），经一千多年的发展，形成目前韩国的"茶礼"，并将该茶礼列入教育体系，强调"清、敬、和、乐"。茶于 1690 年前后由我国传入印度尼西亚，1780 年英国东印度公司船主从广东运茶籽种植于印度加尔各答，1833 年茶传入俄国，1860 年前后德国人瓦姆来中国旅游并带茶苗栽植于斯里兰卡的普塞拉华。茶传到各国后，这些国家都参照我国的饮茶和评茶经验，制定出相应的适合本国的最佳评茶和饮茶方法，通过茶叶贸易进行国际交流，同时开始制定统一的评茶检验的方法标准，逐步形成茶学的一个重要分支学科。

茶叶检验始于 18 世纪初。1725 年英国颁布禁止茶叶掺假条例，并开始茶叶进口检验。1883 年美国国会通过茶叶法，取缔掺假茶叶输入。1888 年日本实施茶叶检验，禁止掺假茶进口。我国自宋代以来就颁布法令，如 979 年有"伪茶一斤，杖一百，二十斤以上弃市"的禁令。我国正式的茶叶检验始于 1915 年，浙江地方当局设立温州茶叶检验处，检查掺假茶叶，禁止假茶出口。1931 年上海、汉口、广州等口岸实行茶叶出口检验，检验品质、水分、粉末、灰分等项目。1936 年安徽的祁红、屯绿产区实施茶叶产地检验。1937 年在浙江平水、温州，福建福鼎、厦门等地设立茶叶检验机构。1938 年在主要产茶省份设立管理处，负责办理茶叶检验事宜。1946 年恢复了茶叶出口检验。1950 年在北京召开了第一届全国商品检验会议，建立了新的进出口商品检验制度，公布了输出茶叶检验标准，并开始外销茶的驻厂检验。1952 年制定了边销茶的检验标准，开始进行边销茶的检验工作。

1962 年试行第二次输出茶叶检验暂行标准。1986 年对第二次输出茶叶检验暂行标准进行了修订。1988 年以后开始大范围建立国家茶叶标准，并引用 ISO 国际标准，使茶叶审评检验工作与国际接轨，提高了我国茶叶的国际地位。

国内外各茶叶生产单位、专职的科研院所均设立了茶叶审评检验室，专司审评检验工作，并成为各单位的品质控制中枢。茶叶审评检验的发展，制度的建立健全，使我国茶叶生产、贸易、科学研究，沿着保障质量、发展生产、维护国家利益和声誉的健康轨道发展。

科学的进步，也给茶叶审评检验带来了新的发展。自 20 世纪 80 年代以来，各产茶国和主要消费国，均开展了卓有成效的茶叶理化检验的科学研究，旨在以数据来代替千百年来的感官审评定级给价。80 年代中期，我国商业部主持了国家计委的大型"茶叶理化分析"项目，商业部茶叶加工研究所、中国农业科学院茶叶研究所、浙江农业大学茶学系、安徽农业大学茶学系、湖南农业大学茶学系等协同攻关，从色、香、味、形几个主要方面，研究理化审评的可能性，取得了较好的成绩。在花茶等级香气、绿茶色泽、滋味等级指标及外形容重、电导率等级评定等方面，都取得了长足的进展，为进一步研究奠定了坚实的基础。在国外，日本、斯里兰卡等国家对绿茶的叶绿素和去镁叶绿素含量的比率与茶叶等级关系做了研究，英国采用红茶茶黄素和茶红素的含量与比率对茶叶品质进行鉴定，并试用于市场评价，具有较高的准确性。色谱、质谱和核磁共振技术的发展，为茶叶内含化学成分的分离与鉴定提供了更方便、更准确的途径。据最近资料报道，茶叶香气组分已鉴定出 700 余种，另有几百种色泽、滋味和结构成分，这些都为探求茶叶理化检验方法提供了基础。然而，茶叶品质的高低与这些成分的含量，并不成简单的比例关系，而是各成分的比例适量，色、香、味几个方面协调综合的结果。正由于茶叶品质成分组成复杂，许多内含化学成分及其组成比例关系，尚未被人们认识，因此理化审评这一设想的实现，尚有较高的难度。印度托克莱茶叶试验场认为："感官评茶仍是制茶工艺及茶叶研究工作不可缺少的一部分，在生物化学和化学知识水平的现阶段，感官评茶似乎在未来很长的时期内仍起着有效的作用。一位有经验的评茶师，看一看样品，尝一尝，比一比，就能对茶叶外形和内质做出客观的评定，这些工作只需几秒钟就能完成。"这种感官评茶的方法，已经专业化和国际化，好的茶各国评茶师都会给出好的评价，都能卖出好的价钱，这就是当前国际茶贸易顺利进行的基础。

随着人们生活水平的提高，人们将饮食的安全、卫生要求已放在首位，对茶叶中农药残留的标准愈来愈严。如欧洲联盟国家，1988 年规定检验农药仅 6 种，到 1996 年扩大到 62 种，2000 年增加至 200 多项，2019 年达到 486 项之多。一些发达国家大幅度降低茶叶中农药最高残留限量（maximum residue limit，MRL），有的规定不得检出。我国 2001 年颁布了无公害茶叶生产标准，其中包括 MRL 标准。之后进行了多次修订和补充，禁止使用一些稳定性、内吸性和高毒残留农药，以保证中国茶叶的安全卫生水平。生物工程技术的应用已经进入现代化农业领域，如已有研究开展发酵工程、特种酶工程在茶叶深加工中的应用技术探索，这些技术的发展与应用，要求有相应的检验技术，明确这些技术带来的物质变化情况，以保证贯彻相关标准，确保人的健康和产品质量安全。因此，茶叶审评与检验，是一门既古老又现代、技术性很强的应用学科，需要一代又一代的学者去深入、持久地研究，将大量有规律的现象归纳整理成为理论，并运用这些理论去指导实践，形成一门新型学科。

## 三、茶叶审评与检验课程的特点及学习方法

茶叶审评与检验是一门综合性很强、技术性突出的专业课，是建立在其他茶学专业课基础上的课程。茶叶经过审评与检验，能判别品质的高下，鉴定品种的优劣，认定加工工艺的优次，评定该茶的等级和价格，每个方面都与相关课程紧密结合，必须学好茶树育种、茶树栽培、茶叶机械、茶叶加工、茶树病虫害防治、茶树生理生态、茶叶生物化学等专业课，以及分析化学、仪器分析等基础课，此外，还要了解医学、数学等方面的知识，才能既快速又准确地指导茶叶生产。

茶叶审评与检验是一门实践性很强的课程。要紧密结合生产实践，注重经验的积累，进行理性分析，上升形成理论。"实践出真知"，多评茶，多进行各项理化检验工作，多参加茶叶生产，对生产上出现的各种茶在制品的表征，色、香、味形成的变化，进行经常性的记录和记忆，为提高感官审评的准确性打下良好的基础。

茶叶审评与检验是一门包容性很强的课程。从时空来说，上至唐代下至当今，只要有茶叶生产就离不开感官审评，从内容来说有最为原始的"六根""六识"运用，也有当今先进的原子吸收光谱和气相色谱质谱、液相色谱质谱联用等仪器设备的使用，但仍存在着诸多目前尚无法解决的难题，要求认真学习和探求。

学习茶叶审评与检验，要把感官审评的结果与理化测定的结果结合起来去体验与分析，如滋味的"浓""强""鲜""醇""纯""平"，对应样品的化学成分分析结果，如茶多酚、氨基酸、咖啡碱等成分的含量进行分析。等级茶的色、香、味、形等级差异的感受，如什么是"地域性"香气、什么是"自然花香"，要注重锻炼自己的感官感受，在日常生活中要善于捕捉一些自然香味的信息，以丰富感官感知知识；并锻炼反应快捷、判断准确的能力，也要注意保护感官的灵敏性。

总之，要扎扎实实学好茶叶审评与检验的基本理论知识，尤其是牢牢掌握各类茶叶的品质特征，理论与实践紧密结合，通过反复的训练，获得从茶样中发现品质问题的能力，并进一步分析问题产生的原因，指导生产或进行科学研究，这样才能成长为一名全面的茶学专业人士。

## 复习思考题

1. 简述茶叶感官审评与检验工作的作用与意义。
2. 请联系茶叶审评与检验课程特点，谈谈如何才能学好这门课程。

# 第一章　评茶基础知识

茶叶品质是依靠人的嗅觉、味觉、视觉和触觉等感觉来评定的。感官评茶是否准确，除评茶人员应具有敏锐的感官审评能力外，也要有良好的环境条件、设备条件及有序的评茶方法，诸如对各种评茶用具、评茶水质、茶水比例、评茶步骤及方法等，都作了相应的规定。国家标准《茶叶感官审评室基本条件》（GB/T 18797—2012）规定了茶叶审评室的基本要求、布局和建立，等同于 ISO 8589：2007，国内外均趋统一。客观条件统一了，才能在主观认知上达到对具体某一款茶叶的品质优次评鉴上的接近。经过近百年来的贸易交往，这种特殊的近于古老的品质评定法，获得了举世的公认。

本章对评茶的客观条件要求及评茶步骤分节论述。

## 第一节　评茶设备与要求

评茶设备是评茶的基本条件，有了设备用具的一致性，才有评茶结果的同一性。评茶设备虽比较简单但具特殊性，有些用具是专业性且国际化的。一般情况下，市面上没有出售，需要业内统一制作，对其规格要求较为严密，以免产生人为误差。可按 GB/T 18797—2012 规定的感官审评室的基本设施和环境条件要求布局执行。

### 一、评茶室的要求

感官审评室要求光线均匀、明亮，避免阳光直射。若阳光直射茶汤或叶底，易产生雀斑光点，从而产生误差。地处北半球地区的评茶室应坐南朝北，北向开窗宽敞，不装有色玻璃。北面透射的光线较均匀，早晚变化较小。评茶室内外不能有异色反光和遮挡光线的障碍物。为了避免窗外反射光的干扰，有条件的可采用北向斗式采光窗，窗高 2 m，斜度 30°，半壁涂以无反射光的黑色油漆，顶部镶无色透明平板玻璃，向外倾斜 3°～5°，用以遮障外来直射光线及窗外其他有色干扰物，使光线从上方玻璃射入，评茶台面光线柔和。干评台工作面光照度要求约 1 000 lx，湿评台面光照度不低于 750 lx。为了改善室内光线，墙壁、天花板及家具均漆成白色。评茶台的正上方可安装昼光灯管，以备自然光较差时使用；应使光线均匀、柔和、无投影。在恒温评茶室，人造光源作为主要的评茶光源。

评茶室要求干燥清洁，最好设在楼上，过去俗称"茶楼"，避免地面潮湿，以利保存样茶。室内最好是恒温（20～25 ℃）、恒湿（相对湿度不高于70%）。如条件稍差，主要注意防潮。评茶室最好与贮茶室相连，避免与生化分析室、生产资料仓库、食堂、卫生间等异味场所相距太近，也要远离喧闹场所，确保宁静，室内严禁吸烟，地面不要打蜡，评茶人员不施脂粉，以免影响评茶的准确性。如有条件，可在审评室附近设休息室、洗浴室和更衣室。

评茶室内设有干评台、湿评台、样茶柜架等设备。

**1. 干评台** 评茶室内靠窗口设置干评台，用以放置样茶罐、样茶盘，用以审评茶叶外形形态与色泽。干评台的高度一般为90～100 cm，宽50～60 cm，长短视审评室及具体需要而定，台面漆成黑色，台下设置样茶柜。

**2. 湿评台** 湿评台设置在干评台后面，用以放置审评杯碗，冲泡评审内质，包括评审茶叶的香气、汤色、滋味和叶底。湿评台一般长140 cm，宽36 cm，高88 cm，台面镶边高5 cm，台面一端应留一缺口，以利台面茶水流出和清扫台面，台面涂刷白漆。

**3. 样茶柜架** 审评室要配置适量的样茶柜或样茶架，用以存放样茶罐。柜架放在评茶室的两侧，漆成白色。

除茶叶审评用具外，评茶室陈设宜简单、适用，给评茶人员整洁、宽敞、明亮的感觉。

## 二、评茶用具

评茶用具是专用物品，应备足数量，规格一致，质量上乘，力求完善，以尽量减少客观原因导致的审评误差。评茶常用器具包括如下几种：

**1. 审评盘** 审评盘也称样茶盘或样盘，供审评茶叶外形用。审评盘用硬质薄木板制成，有长方形和正方形两种，正方形审评盘一般边长、高分别为23 cm、3 cm，长方形审评盘长、宽、高分别为25 cm、16 cm、3 cm，木质无异味，漆成白色。审评盘的一角开一缺口，便于倾倒茶叶。正方形盘方便筛转茶叶，长方形盘节省干评台面积。审评毛茶一般采用篾制圆形样匾，直径为50 cm，边高4 cm。

**2. 审评杯** 审评杯用来泡茶和审评茶叶香气。杯瓷质纯白，杯盖有一小孔，杯柄对面的杯口有一排锯形缺口，当杯盖盖着审评杯横搁在审评碗上时，茶汁从锯齿间滤出。国际上采用的标准审评杯的容量为150 mL，杯高66 mm，外径67 mm，与杯柄相对杯缘的小缺口为锯齿形。杯盖上面外径为76 mm，杯盖上面有一小孔。

目前，我国审评各类精制茶时采用国际通用规格的标准审评杯，审评毛茶时采用容量为250 mL的毛茶审评杯，杯高75 mm，外径80 mm，杯沿小缺口为弧形或锯齿形。审评青茶（乌龙茶）时多用盖碗，容量为110 mL。速溶茶审评使用250 mL的透明玻璃杯或烧杯。审评杯要求高低、厚薄、大小一致。

**3. 审评碗** 审评碗为特制的广口纯白瓷碗，用来审评汤色和滋味。毛茶用审评碗的容量为440 mL，碗高71 mm、上口外径112 mm。精制茶审评碗容量为240 mL，碗高56 mm，上口外径95 mm。乌龙茶审评碗容量为160 mL，碗高

51 mm，上口外径 95 mm。

**4. 叶底盘**　叶底盘审评叶底用。木质叶底盘有正方形和长方形两种，正方形叶底盘边长 10 cm、边高 2 cm，长方形叶底盘长、宽、高分别为 12 cm、8.5 cm、2 cm。叶底盘通常漆成黑色。此外，配置适量长方形白色搪瓷盘，盛清水漂看叶底。

**5. 样茶秤**　样茶秤常用感量为 0.1 g 的小型托盘天平或电子天平，审评速溶茶时宜采用感量为 0.01 g 的电子天平。

**6. 定时器**　一般采用准确到秒的定时器，可设置冲泡时间自动响铃报时。

**7. 网匙**　网匙用细密不锈钢丝网制成，用以捞取审茶碗中的茶渣碎片。

**8. 茶匙**　茶匙瓷质纯白，容量约 10 mL，用以舀取茶汤审评滋味。

**9. 汤碗**　汤碗用于放茶匙、网匙，可盛开水对茶匙、网匙消毒。

**10. 吐茶桶**　吐茶桶审评中用以吐茶及盛装清扫的茶汤和叶底。吐茶桶有圆形和半圆形两种，圆形的高 80 cm、直径 35 cm，可分为两节，上节底设筛孔，以滤茶渣，下节用于盛茶汤水。

**11. 烧水壶**　烧水壶为食品级不锈钢电热水壶，或用一般烧水壶配置电炉。

# 第二节　茶叶扦样

扦样又称取样、抽样或采样，是从一批茶叶中扦取能代表本批茶叶品质的最低数量的样茶，作为审评检验品质优劣和理化指标的依据，扦样方法是否正确，样品是否具有代表性，是审评检验结果准确与否的首要关键。

## 一、扦样的意义

茶叶审评的对象，包括毛茶、精茶、再加工茶和深加工茶等。每个样茶都是由许多形态互异的个体组成，品质则是由诸多因子组成，关系十分复杂。即使是同批茶叶，形状上有大小、长短、粗细、松紧、圆扁、整碎的差异，有芽叶质地、茎梗老嫩的差异，内含成分有组分的多少、比例及量的差异。地域、品种、加工条件和工艺技术的不同，使得产品外形、内质有许多差异。即使经拼配的精茶，也存在上、中、下三段品质截然不同的现象：有上段茶条索较长略松泡，中段茶细紧重实，下段茶短碎之别；内质滋味有淡、醇、浓之别，香气有稍低、较高、平和之别；叶底有上段茶完整、下段茶短碎带暗、中段茶较为嫩软之别。正是由于茶叶具有不均匀性，要扦取具有代表性的样品，更需认真细致。从大批茶取样要准确，审评检验时的取样同样要准确。开汤审评只需茶样 3～5 g，更需严格，因为通过对这 3～5 g 茶的审评，需对一个地区、一个茶类或整批产品给予客观正确的鉴定，关系着全局。因此，样品没有代表性，审评检验结果就丧失了准确性。

从收购、验收角度来看，样茶将决定一批茶的品质等级和经济价值，是体现按质论价的实物依据。从生产、科学研究角度来说，样茶是反映茶叶生产水平和指导生产技术改进、正确反映科研成果的依据。从茶叶出口角度来看，样茶反映茶叶品质规格是否相符，关系到国家信誉。总之，扦样工作绝不是一项无关紧要的技术工作，应该引起高度重视。

## 二、扦样的方法

扦样的数量和方法因审评检验的要求不同而有所区别，可按国家标准《茶　取样》（GB/T 8302—2013）对样品扦取的规定执行。对收购毛茶的扦样尚无标准规定，一般以扦取代表性茶样、评茶计价够用为准。在扦样前，应先检查每票毛茶的件数，分清票别，做好记号。再从每件茶叶的上、中、下及四周各扦取一把，先看外形色泽、粗细及干嗅香气是否一致，如不一致，则将茶叶从袋中倒出匀堆后从堆中扦取。有时需从一个大的茶堆中扦取样品，必须十分注意，必要时重新匀堆扦样。一票茶叶扦取一个样品。如果一票茶叶的件数过多，可抽若干袋重新匀堆后再扦样，或可按件数规定抽扦法扦取样品，但一般不要少于总件数的 1/3。将扦取的各茶样拼匀作为大样，从大样中用对角分样法扦取小样 500 g，供审评检验用。对角分样法是将样茶充分混合并摊平，再用分样板沿对角线划沟，将茶分成独立的 4 份，取第 1、3 份，弃第 2、4 份，反复分取，直至获得所需重量为止。扦样时，要注意茶叶的干燥程度和干香，如含水量过高或干香异常者，应按照规定，根据具体情况分别处理。

毛茶调拨验收的扦样，通常由毛茶收购单位与毛茶精制经营部门负责办理。毛茶调拨验收是对样复验收购毛茶的等级是否符合标准、品质有无劣变情况，以明确和加强调出调入双方责任。为使验收正确无误，必须记录毛茶交货拨运单的批次、等级、数量、收购单价，对照来货扦取。

茶叶精制厂精茶的扦样，是贯彻执行产品出厂负责制的关键。一般在匀堆后，装箱前扦取。先在茶堆的各个部位分多次扦取样品，再将扦取的样茶混合后堆成圆锥形小堆，然后从茶堆的上、中、下不同部位扦取所需样品，供审评检验之用。规模大的茶厂，作业机械联装，加工连续化，匀堆装箱亦实施连续化及自动化，扦样就在匀堆作业流水线上定时分段进行。再加工的紧压茶，则在干燥过程中随时扦样。如砖茶、紧茶、饼茶等从烘房不同部位扦样审评检验。篓装散茶如六堡茶、湘尖茶、方包茶等在各抽检样的腰部或下层部位扦取样茶。

沱茶取样，每件取 1 个（约 100 g），在取得的茶样整体中，随机抽取 6～10 个作为平均样，分装于 2 个茶样罐或包装袋中供检验用。砖茶、饼茶、方茶取样，随机抽取规定的件数，逐件开启，从各件内不同位置处取出 1～2 块。在取得的茶样块整体中，对单重在 500 g 以上的随机留取 2 块，500 g 及 500 g 以下的随机留取 4 块，分装在 2 个包装袋中，供检验用。

出口茶的扦样，其抽样件数，按照茶叶输出、输入标准规定的扦样办法，分装箱前和装箱后扦样两种。装箱前扦样是在匀堆装箱时按规定抽检件数，从每箱中抽取一小铲，放入样箱中，再把样箱中样茶通过分样器或四分法逐步缩分至约1 000 g，分装于两个样茶罐中，作审评检验之用。装箱后的扦样，是在包装完毕加刷唛头后进行，扦样员在扦样前，先对检验单所列件数、品名、标记、号数或批别、制造茶厂、堆存地点等校对无误后，随机抽取规定的件数，逐件开启箱盖，将箱内茶叶分别倒入竹篾盘内，用扦样铲各抽出有代表性的样品约 500 g，放入专用茶箱中，全部扦取完毕后，将所扦样品充分混合，经分样器分取样品约1 000 g，分装为两罐样品，作审评检验之用。为简化手续，减少消耗，现主要采取装箱前扦样法。

称取感官审评开汤用的茶样时，将样茶罐中的茶样倒出 200～250 g 放入样茶盘里，混匀后，用食指、拇指和中指抓取茶样，每杯用样应一次抓够，宁可手中有余茶，不宜多次抓茶添加。对于理化检测样茶，按规定数量拌匀称取。

扦取茶样动作要轻，尽量减小将茶叶抓断导致审评检验误差。

# 第三节　评茶用水

审评茶叶是通过沸水冲泡后鉴定，而评茶用水的软硬清浊，对茶叶汤色、香味品质的影响极大。一杯好的红茶，用水质好的水冲泡，汤色红艳，香味浓强鲜爽。而用含铁量较高的水冲泡，汤色乌暗，铁腥气浓，茶味淡而苦，使人厌恶，可见评茶用水的重要性。

## 一、用水的选择与处理

**1. 评茶用水选择及水质对茶汤品质的影响**　水可分天然水和人工处理水两大类，天然水又分地表水和地下水两种。地表水包括河水、江水、湖水、水库水等，地面水从地表流过，溶解的矿物质较少，水的硬度一般为 50～400 mg/L（CaCO₃），水中带有黏土、沙、水草、腐殖质、盐类和细菌等。地下水主要是井水、泉水和自流井水等，由于经过地层的渗滤，溶入了许多矿物质元素，一般硬度为 100～500 mg/L（CaCO₃），有的高达 500～1 250 mg/L（CaCO₃）。由于水透过地质层，经过滤作用，含泥沙、悬浮物和细菌较少，水质较为清亮。

地表水与地下水质量不同，同一类型的水质亦有差异。同是江水，江中心的水与江岸边的水水质不同；同是井水，深井水与浅井水泡出的茶是两种不同的色香味。陆羽《茶经》记有"其水，用山水上、江水中、井水下""其山水，拣乳泉、石池漫流者上。其瀑涌湍漱，勿食之"，又说"其江水，取去人远者。井，取汲多者"。陆羽把乳泉、石池漫流的水看成最好的泡茶用水是有科学道理的。明代张大复在《梅花草堂笔谈》中记有："茶性必发于水，八分之茶，遇十分之水，茶亦十分矣。八分之水，试十分之茶，茶只八分耳。"许次纾《茶疏》曰"精茗蕴香，借水而发，无水不可与论茶也"，可见水之重要性。宋徽宗赵佶的《大观茶论》记有："水以清轻甘洁为美，轻甘乃水之自然，独为难得。古人品水，虽曰中泠惠山为上，然人相去之远近，似不常得，但当取山泉之清洁者，其次，则井水之常汲者为可用。"他不喜取江河之水，认为江河水有"鱼鳖之腥，泥泞之污，虽轻甘无取"。

古人称颂山泉，山泉之水，长流不息，经自然过滤后，已经形成径流，少夹有机物及过多的矿物质，水中有较充足的空气，保持水质的凛冽与鲜活。又如明代张源在《茶录》中所载："山顶泉清而轻，山下泉清而重；石中泉清而甘，砂中泉清而冽，土中泉清淡而白；流于黄石为佳，泻出青石无用；流动者愈于安静，负阴者胜于向阳；真源无味，真水无香。"文中所说的水的轻重，即有现在的软水与硬水之意。

彭乃特（Purmett P. W.）和费莱特门（Fridman C. B.）的试验证明，水中矿物质及盐类化合物对茶汤品质有较大的影响。

氧化铁：当新鲜水中含有低价铁 0.1 mg/L 时，茶汤发暗，滋味变淡，含量越高影响越大。如水中含有高价氧化铁，其影响比低价铁更大。

铝：茶汤中含有 0.1 mg/L 时，似无感觉；而含 0.2 mg/L 时，茶汤产生苦味。

钙：茶汤中含有 2 mg/L 时，茶汤滋味带涩；含有 4 mg/L 时，滋味发苦。

镁：茶汤中含有 6 mg/L 时，茶味变淡。

锌：茶汤中加入 0.2 mg/L 时，会产生难受的苦味，但水中一般无锌，可因与锌质自来水管接触而来。

硫酸盐：茶汤中含有 1～4 mg/L 时，茶味有些淡薄，但影响不大；含 6 mg/L 时，茶味带涩。在自然水源里，硫酸盐是普遍存在的，有时多达 100 mg/L。

氯化钠：茶汤中加入 16 mg/L，茶味略显淡薄。

碳酸氢盐：茶汤中加入碳酸氢钠 16 mg/L，似有提升滋味的效果，茶味比较醇厚。

另据日本西条了康对水质与煎茶品质关系的研究，水的硬度对煎茶的浸出率有显著影响。硬度 40 度（德国度）的水浸出液的透过率仅为蒸馏水的 92%，汤色泛黄而淡薄。用蒸馏水沸水溶出的多酚类有 6.3%，而硬度为 30 度的水多酚类只溶出 4.5%，因为硬水中的钙与多酚类结合起着抑制溶解的作用。同样，与茶味有关的氨基酸及咖啡碱也随水的硬度增高而浸出率降低。可见，硬水冲泡茶叶对浸出的汤色、滋味和香气都是不利的。蒸馏水冲泡茶叶比硬水好，是因为蒸馏水中除含少量空气和 $CO_2$ 外，基本上不含其他溶解物，而这些气体在水煮开后即消失了。而河水，尤其是硬水，一般含矿物质较多，对茶汤品质有不好的影响。

水的硬度也影响水的 pH，而茶汤颜色对 pH 变化很敏感。当 pH 小于 5 时，对红茶汤色影响较小；如 pH 超过 5，则汤色加深；当茶汤 pH 达到 7 时，茶黄素倾向自动氧化而损失，茶红素则由于自动氧化而使汤色发暗，以致失去汤味的鲜爽度。用非碳酸盐性质的具一定硬度的水泡茶，并不影响茶汤色泽，同用蒸馏水泡茶色泽相近，汤色变化甚微；但用碳酸盐性质的同等硬度的水泡茶，汤色变化很大，钙镁等的碳酸盐与酸性茶红素作用形成中性盐，使汤色变暗，如将碳酸盐性质的硬水通过树脂交换进行软化，即钙被钠取代，则水变成碱性，用此法软化的水，pH

达到 8 以上，用这种处理的水泡茶，汤色明显发暗，因为 pH 增高，产生不可逆的自动氧化，形成大量的茶红素盐。

尹军峰等的研究也证实，不同水质影响茶汤风味品质及化学成分含量。研究结果表明，弱酸性，$Ca^{2+}$、$Mg^{2+}$ 及总离子含量较低的纯净水和虎跑冷泉冲泡龙井茶较为适宜，既能较好地呈现茶汤的苦、涩、鲜等滋味，也能挥发茶汤特有的香气。随着饮用水离子浓度增加，茶汤中的茶多酚、氨基酸、EGCG 的含量均显著下降；咖啡碱和总糖含量差异较小；黄酮类化合物含量略有增加。$Ca^{2+}$、$Mg^{2+}$ 浓度较高的矿物质水对茶汤中的芳樟醇、反-丁酸-3-己烯酯、十二烷、十四烷、顺-3-己烯异戊酸酯、香叶醇、β-紫罗酮等龙井茶特征香气成分的挥发有抑制作用。

**2. 评茶用水的处理**　泡茶用水的处理与使用，古今中外都有许多方法。地层结构和组成差异、人类的生产活动使不同国家、不同地区水质差异较大。评茶用水首先应符合《生活饮用水卫生标准》（GB 5749—2006），达到"无色、无味"等感官标准，符合相关理化指标要求（表 1-1）。

表 1-1　生活饮用水水质标准（GB 5749—2006）

| 项　目 | 标　准 | 项　目 | 标　准 |
|---|---|---|---|
| 色度（铂钴色度单位） | <15 度 | 锌 | <1.0 mg/L |
| 浑浊度（NTU-散射浊度单位） | <1 度 | 铝 | <0.2 mg/L |
| 臭和味 | 无异臭、异味 | 硫酸盐 | <250 mg/L |
| 肉眼可见物 | 无 | 氯化物 | <250 mg/L |
| pH | 6.5~8.5 | 氟化物 | <1.0 mg/L |
| 总硬度（以 $CaCO_3$ 计） | <450 mg/L | 砷 | <0.01 mg/L |
| 溶解性总固体 | <1 000 mg/L | 汞 | <0.001 mg/L |
| 挥发酚类（以苯酚计） | <0.002 mg/L | 镉 | <0.005 mg/L |
| 阴离子合成洗涤剂 | <0.3 mg/L | 铬（6 价） | <0.05 mg/L |
| 铁 | <0.3 mg/L | 铅 | <0.01 mg/L |
| 锰 | <0.1 mg/L | 菌落总数 | <100 CFU/mL |
| 铜 | <1.0 mg/L | 总大肠菌群 | 不得检出 |

常用的泡茶用水根据来源可分为天然水、自来水（符合要求的生活饮用水）和包装饮用水。评茶用水除了需要达到生活饮用水的基本要求外，还应满足低矿化度、低硬度、低碱度的"三低"要求。尹军峰等人研究表明，离子总量低于50 mg/L，$Ca^{2+}$、$Mg^{2+}$ 等阳离子含量分别低于 5 mg/L，pH 5.5~6.8 的水较适合于评茶。对于不符合评茶要求的水，泡茶之前要通过净化、软化处理。

（1）天然水源水的处理　符合低矿化度、低硬度、低碱度要求和生活饮用水要求的泉水、江河湖水、井水等天然水源水，经过适当的静置处理（一昼夜以上）一般即可直接使用。对于达到生活饮用水安全卫生要求，但感官品质不够好的天然水源水,可以使用由高分子纤维、活性炭、反渗透膜等构成的多层膜处理净水设备对水进行系统处理,去除颗粒物、异味,硬水变为软水后可用于评茶。受到污染,不符合生活饮用水安全卫生标准的天然水源不能用于泡茶和饮用。

(2)自来水的处理 我国自来水厂供应的生活用水一般已达到相关的国家标准,来源于优质水源地的自来水,余氯较少,无异气味,一般可以直接使用。但出于消毒等方面的考虑,绝大多数城市自来水中常会残留一定量的游离余氯,普遍带有漂白粉的气味,直接泡茶对茶汤风味影响大,泡茶前需进行处理。处理方式可以是将自来水在陶瓷缸等卫生容器中放置一昼夜,散发部分氯气;泡茶时加热煮沸5 min 左右,也可起到去除余氯、灭活微生物的作用。此外,随着净水器的普及,通过膜过滤系统去除自来水中残留的胶体、细菌、病毒、重金属离子及残余的余氯、有机污染物后,也可作为评茶用水。

(3)包装饮用水的处理 市场售卖的包装饮用水包括饮用纯净水、饮用矿泉水及其他类饮用水(饮用天然泉水、饮用天然水)等。饮用纯净水的硬度极低、矿化度接近零,是弱酸性软水,可直接用来泡茶。饮用矿泉水及其他饮用天然水由于水源地的生态环境不同,水质的理化性质差异较大,并不是都适合作为评茶用水。其中,低矿化度、低硬度、低碱度的天然饮用水可直接用于评茶;而高矿化度、高硬度的偏碱性矿泉水、天然泉水等天然水需要通过软化、酸化等处理后才能泡茶。

随着净水设备在茶叶企业和家庭的普及,在使用净水设备处理评茶用水时,应注意根据原水水质需要,有针对性地选择滤芯和滤膜,以达到最佳过滤效果;为防止净水器中滤芯饱和富集污染物和微生物的繁殖所造成的二次污染,需要定期对净水设备进行清洗并更换滤芯。

## 二、泡茶的水温

审评泡茶用水的温度应达到沸滚起泡的程度,水温标准是 100 ℃。沸滚过度的水或不到 100 ℃的水用来泡茶,都达不到评茶的良好效果。

陆羽《茶经》云:"其沸,如鱼目,微有声,为一沸。边缘如涌泉连珠,为二沸。腾波鼓浪,为三沸。以上水老,不可食也。"明许次纾《茶疏》云:"水一入铫,便须急煮,候有松声,即去盖,以消息其老嫩。蟹眼之后,水有微涛,是为当时。大涛鼎沸,旋至无声,是为过时,过则汤老而香散,决不堪用。"

以上是古人对烧水煮茶的历史记载,可供参考。评茶烧水应达到沸滚起泡为度,这样的水泡茶才能使茶的香味更好地发挥出来,使茶中的可浸出化学成分溶出得较多。水沸过久,溶解于水中的空气全被驱逐,俗称千滚水,不适合饮用。若用这种沸水泡茶,必将失去用新沸滚的水所泡茶汤的新鲜滋味。如果用没有沸滚的水泡茶,则茶叶中的水可浸出物不能有效浸出。如表 1-2 所示,用样茶 3 g,注入150 mL 不同温度的水冲泡 5 min,测定茶汤中水浸出物、游离氨基酸及多酚类化合物含量结果不同。

表1-2　不同水温对茶叶主要成分浸出量的影响（％）

| 样品 | 成分 | 100 ℃ | | 80 ℃ | | 60 ℃ | |
|---|---|---|---|---|---|---|---|
| | | 含量 | 相对 | 含量 | 相对 | 含量 | 相对 |
| 特级龙井 | 水浸出物 | 16.66 | 100 | 13.043 | 78.27 | 7.49 | 44.96 |
| | 游离氨基酸 | 1.81 | 100 | 1.53 | 84.53 | 1.21 | 66.85 |
| | 多酚类化合物 | 9.33 | 100 | 6.70 | 71.81 | 4.31 | 46.20 |
| 一级龙井 | 水浸出物 | 21.83 | 100 | 19.50 | 89.33 | 14.16 | 64.86 |
| | 游离氨基酸 | 2.20 | 100 | 1.97 | 89.55 | 1.54 | 70.00 |
| | 多酚类化合物 | 11.29 | 100 | 8.36 | 74.05 | 5.59 | 49.51 |

资料来源：中国农业科学院茶叶研究所王月根等，1980。

　　水浸出物是茶叶经冲泡后的可溶性物质，水浸出物含量多少可在一定程度上反映茶叶品质的优劣。如表1-2所示，若以100 ℃沸水泡出的特级龙井的水浸出物为100％，80 ℃热水的泡出量约为80％，60 ℃温水的泡出量只有约45％。沸水冲泡后的水浸出物含量为温水的2倍多，游离氨基酸及多酚类物质的浸出量与冲泡水温完全成正相关。结果显示，以沸滚适度的100 ℃开水冲泡，能得到较为理想的茶汤品质。

　　此外，审评杯的冷热对茶叶品质的呈现也有影响。据测试，使用冷的审评杯，当开水冲下去后，水温就降为82.2 ℃，5 min后降到67.7 ℃。如果先将审评杯用开水烫热，这样冲泡半分钟后水温只降到88.8 ℃，3 min后为82.2 ℃，5 min后为78.8 ℃，能取得审评的良好效果，所以古人泡茶有燖盏程序。目前凡审评或品饮乌龙茶时，通常先将钟形审评瓯或饮茶小杯用开水烫热，便于准确鉴评茶的香味优次。日常品鉴冲泡细嫩名茶，从欣赏角度出发，为保持汤清叶绿，有的将沸滚开水先注入杯中，然后放入茶叶。日本的高级玉露茶，采用50 ℃左右的水冲泡，中级煎茶用60~80 ℃水冲泡，一般香茶则用100 ℃开水冲泡。但采用审评方法评鉴茶叶品质时，都要求用100 ℃沸水冲泡。

## 三、泡茶的时间

　　茶叶汤色的深浅、明暗和汤味的浓淡、爽涩，与茶叶中水浸出物的数量特别是主要呈味物质的浸出量和浸出率有密切关系。根据中川致之1970年试验资料，取高级煎茶3 g，投入小茶壶内，冲入沸水180 mL，冲泡2 min后，将茶汤倒出供测定用；对第一次冲泡后的茶叶再用180 mL沸水冲泡2 min，倾出茶汤待测；第三泡重复同一操作。测定的主要成分如表1-3所示。

　　表1-3所示，主要呈味成分头泡浸出量最多，而后呈直线下降。不同成分的浸出速度有快有慢。呈鲜甜味的氨基酸和呈苦味的咖啡碱最易浸出，头泡2 min的

表 1－3　高级煎茶 3 次冲泡茶汤中的主要成分测定（％）

| 冲泡次数 | 氨基酸 | | | 儿茶素 | | | | 咖啡碱 | |
|---|---|---|---|---|---|---|---|---|---|
| | 浸出量 | 浸出率 | 其中茶氨酸 | 酯型浸出量 | 非酯型浸出量 | 总浸出量 | 浸出率 | 浸出量 | 浸出率 |
| 头泡 | 1.29 | 65.82 | 0.88 | 2.64 | 2.72 | 5.36 | 52.04 | 1.81 | 65.11 |
| 二泡 | 0.50 | 25.51 | 0.36 | 1.77 | 1.27 | 3.04 | 29.51 | 0.80 | 28.78 |
| 三泡 | 0.17 | 8.67 | 0.10 | 1.28 | 0.62 | 1.90 | 18.45 | 0.17 | 6.12 |
| 3 泡合计 | 1.96 | 100 | 1.34 | 5.69 | 4.61 | 10.30 | 100 | 2.78 | 100 |

浸出量几乎占总浸出量的 2/3，头泡和二泡共 4 min 可浸出量达 90％以上。呈涩味的儿茶素浸出相对较慢，头泡浸出率为 52％，二泡约 30％，头泡和二泡共浸出约80％；其中收敛性较弱的非酯型儿茶素与收敛性较强的酯型儿茶素两者的浸出速率亦有差别，非酯型儿茶素浸出较快，头泡、二泡 4 min 可浸出 87％，而酯型儿茶素的浸出量为 78％。

据中国农业科学院茶叶研究所王月根的研究，试验设置 3 min、5 min、10 min3 个不同冲泡时间，分别取 3 g 龙井茶用 150 mL 沸水冲泡，测定结果表明，茶汤中主要成分的浸出量不同（表 1－4）。

表 1－4　不同冲泡时间对茶叶主要成分浸出量的影响（％）

| 化学成分 | 3 min | | 5 min | | 10 min | |
|---|---|---|---|---|---|---|
| | 含量 | 相对 | 含量 | 相对 | 含量 | 相对 |
| 水浸出物 | 15.07 | 74.60 | 17.15 | 84.90 | 20.20 | 100 |
| 游离氨基酸 | 1.53 | 77.66 | 1.74 | 88.32 | 1.97 | 100 |
| 多酚类化合物 | 7.54 | 70.07 | 8.98 | 83.46 | 10.76 | 100 |

表 1－4 显示，随着冲泡时间的延长，浸出量随之增多。其中游离氨基酸较易浸出，3 min 与 5 min 的浸出量分别约占总量的 78％和 88％。多酚类化合物 5 min与 10 min 相比，浸出量增加了近 17％。冲泡 5 min 以后再浸出的物质主要是多酚类化合物中残余的涩味较重的酯型儿茶素，这些成分的继续浸出将对滋味品质不利。良好的滋味，是在适当浓度的基础上，涩味的儿茶素、鲜味的氨基酸、苦味的咖啡碱、甜味的糖类等呈味成分的含量相调和最为重要。实践证明，冲泡不足5 min，汤色浅，滋味淡。超过 5 min，汤色深，呈涩味的多酚类化合物特别是酯型儿茶素浸出量多，使味感差。而且在高温下，若冲泡时间太长，将引起多酚类等化学成分自动氧化缩聚加强，导致绿茶汤色变黄，红茶汤色发暗。

张月玲等（2006）研究报道：试验设置 1～8 min 共 8 个冲泡时间，分别用150 mL 100 ℃ 沸水冲泡 3 g 碧螺春，然后测定不同时间冲泡茶汤中主要成分的浓度及浸出率，结果表明冲泡时间与各有效成分的浸出量均成对数相关，同等条件下，游离氨基酸与咖啡碱的浸出率大于茶多酚（表 1－5）。游离氨基酸、茶多酚和咖啡碱的浸出率随冲泡时间的延长而增大，尤以 1～2 min 的浸出率增加最快。

表 1-5  冲泡时间对茶汤中主要成分浸出比率的影响

(张月玲等，2006)

| 冲泡时间（min） | 1 | 2 | 3 | 4 | 5 | 6 | 7 | 8 |
|---|---|---|---|---|---|---|---|---|
| 游离氨基酸（%） | 31.36 | 52.12 | 59.87 | 66.22 | 65.93 | 68.93 | 74.73 | 76.06 |
| 咖啡碱（%） | 46.79 | 57.99 | 65.83 | 66.12 | 67.24 | 72.47 | 72.57 | 75.51 |
| 茶多酚（%） | 22.50 | 37.22 | 39.54 | 45.03 | 49.52 | 51.77 | 54.04 | 54.79 |

注：浸出率＝浸出百分含量/干重百分含量×100%。

各类茶的制法不同，有散茶，有紧压茶，一般情况下，散茶冲泡时间为 5 min，绿茶可冲泡 4 min。冲泡紧压茶时要先将茶砖（坨）充分解体呈散状，可根据压制原料的老嫩及紧压程度适度延长冲泡时间。青茶和花茶按各自规定的时间和次数冲泡。

## 四、茶水的比例

审评的用茶量和冲泡的水量多少，与汤味浓淡和汤色深浅有很大关系。若用茶量多而水少，则茶叶难泡开，并使茶汤过分浓厚。反之，茶少水多，汤味就过淡薄。等量茶样冲泡用水量不同，或用水量相同而用茶量不同，都会影响茶叶香气及滋味的呈现，从而导致审评结果产生差异。根据 Wigner G. W. 的研究，用不同水量冲泡等量茶样（2.82 g），检测茶汤中的水浸出物含量，结果如表 1-6 所示。

表 1-6  冲泡用水量对水浸出物含量的影响

| 泡水量（mL） | 200 | 100 | 50 | 20 |
|---|---|---|---|---|
| 水浸出物（%） | 34.10 | 30.55 | 27.55 | 22.90 |

表 1-6 表明，用茶量相同，冲泡时间相同，因用水量不同，其可以浸出的水浸出物就不同。水量大时，可从茶叶中冲泡出更多的水浸出物；水量小时，可以浸出的物质就少。

用 3 g 茶样冲泡，假定茶样的水分含量为 3.3%，则干物质为 2.9 g，因冲泡用水量不同，水浸出物含量与茶汤滋味的浓淡不同（表 1-7）。

表 1-7  冲泡用水量对茶汤滋味的影响

| 用水量（mL） | 50 | 100 | 150 | 200 |
|---|---|---|---|---|
| 水浸出物（%） | 27.6 | 30.6 | 32.5 | 34.1 |
| 水浸出物（g） | 0.80 | 0.89 | 0.94 | 0.99 |
| 茶汤滋味 | 极浓 | 太浓 | 正常 | 淡 |

审评茶叶品质时，往往将多种茶样同时冲泡，来进行比较和鉴定，用水量必须一致。国际上审评红茶与绿茶，一般采用的比例是 3 g 茶用 150 mL 水冲泡。如毛

茶审评杯容量为 250 mL，应称取茶样 5 g，茶水比例为 1∶50。但审评岩茶、铁观音等青茶，因品质要求着重香味并重视耐泡次数，多用特制钟形茶瓯审评，其容量为 110 mL，投入茶样 5 g，茶水比为 1∶22。

# 第四节 评茶程序

茶叶品质的好坏、等级的划分、价值的高低，主要是对茶叶外形、香气、汤色、滋味、叶底等项目，通过感官审评来决定。

感官审评分为干茶审评和开汤审评，俗称干看和湿看，即干评和湿评。一般来说，感官审评品质的结果应以湿评内质为主要根据，但因产销要求不同，也有以干评外形为主作为审评结果的。同类茶的外形、内质不平衡不一致是常有的现象，如有的内质好、外形不好，或者外形好而色香味未必全好，所以，审评茶叶品质应外形与内质兼评。

茶叶感官审评按外形、香气、汤色、滋味、叶底的顺序进行。先嗅香气后看汤色，是因为香气物质容易挥发散失。由于高温下溶于茶汤的多酚类等化学成分很容易发生氧化而使汤色发生改变，或茶汤刚沥出时因茶杯温度高而不宜立即嗅香气，所以有的把看汤色放在嗅香气之前，尤其是绿茶审评应先看汤色。

## 一、把 盘

把盘，俗称摇样匾或摇样盘，是审评干茶外形的首要操作步骤。

审评干茶外形，依靠视觉和触觉鉴定。茶类、花色不同，茶叶外在的形状、色泽是不一样的。因此，审评时首先应核对茶样，判别茶类、花色、名称、产地等，然后扦取有代表性的样茶，审评毛茶需 250～500 g，精茶需 200～250 g。

审评毛茶外形一般是将样茶放入篾制的样匾里，双手持样匾的边沿，运用手势做前后左右的回旋转动，使样匾里的茶叶均匀地按轻重、大小、长短、粗细等不同有次序地分布，然后把均匀分布在样匾里的毛茶通过反转顺转收拢集中成为馒头形，这样摇样匾的"筛"与"收"的动作，使毛茶分出上、中、下 3 层。一般来说，比较粗长轻飘的茶叶浮在表面，叫面张茶，或称上段茶；细紧重实的茶叶集中于中层，叫中段茶，俗称腰档或肚货；体小的碎茶和片末沉积于底层，叫下身茶，或称下段茶。审评毛茶外形时，对照标准样，先看面张茶，后看中段茶，再看下身茶。看完面张茶后，拨开面张茶放在样匾边沿，再看中段茶，看完后又用手将中段茶拨在一边，再看下身茶。看 3 段茶时，根据外形审评各项因子对样茶进行评比分析确定等级时，要注意各段茶的比重，分析 3 层茶的品质情况。如面张茶过多，表示粗老茶叶多，身骨差；一般以中段茶多为好；如果下身茶过多，要注意是否属于本茶本末，条形茶或圆炒青如下段茶断碎片末含量多，表明做工、品质有问题。

审评圆炒青外形时，除同样先有"筛"与"收"的动作外，再有"剥"（切）或"抓"的操作，即用手掌沿馒头形茶堆面轻轻地像剥皮一样，一层一层剥开，剥开一层，评比一层，一般剥 3～4 次直到底层为止。操作时，手指要伸直，动作要轻巧，防止层次弄乱。最后还有一个"簸"的动作，在簸以前先把剥好的各层毛茶向左右拉平，小心不能乱拉，然后将样匾轻轻地上下簸动 3 次，使样茶按颗粒大小从前到后依次均匀地铺满在样匾里。综合外形各项因子，对样评定干茶的品质优次。此外，审评各类毛茶外形时，还应手抓一把干茶，以嗅干香及手测水分含量。

审评精茶外形一般是将样茶倒入木质审评盘中，双手拿住审评盘的对角边沿，一手握住样盘的倒茶小缺口，同样用回旋筛转的方法使盘中茶叶分出上、中、下 3 层。一般先看面张茶和下身茶，然后看中段茶。看中段茶时将筛转好的精茶轻轻地抓一把到手里，再翻转手掌看中段茶品质情况，并衡量身骨轻重。看精茶外形，要对样评比上、中、下 3 段茶的拼配比例是否恰当和相符，是否平伏匀齐不脱档。看红碎茶外形虽不能严格分出上、中、下 3 段茶，但样茶在盘中筛转后要对样评比粗细度、匀齐度和净度，同时抓一撮茶在盘中散开，使颗粒型碎茶的重实度和匀净度更容易区别。审评精茶外形时，各盘样茶的量应大体一致，便于评比。

## 二、开  汤

开汤，俗称泡茶或沏茶，为湿评内质的重要步骤。开汤前应先将审评杯碗洗净擦干，按号码次序排列在湿评台上。一般红茶、绿茶、黄茶、白茶散茶，称取样茶 3 g 投入审评杯内（审评毛茶，如用 250 mL 容量的审评杯，则称取茶样 5 g），杯盖应放入审评碗内，然后用沸滚适度的开水依次冲泡，泡水量应齐杯口锯齿边缘，并保持各杯加水量一致。冲泡第一杯起即应计时，随泡随加杯盖，盖孔朝向杯柄。冲泡到规定时间后，按冲泡次序将杯内茶汤滤入审评碗内，倒茶汤时，杯应卧搁在碗口上，杯中残余茶汁应完全滤尽。

在日本，茶叶开汤时为了使浸出时间和浸出浓度保持一致，合理地审评汤色和滋味，对排列成一行的审评碗，从右到左顺次盛开水，并分两次盛满，第一次盛到七成，第二次盛满。

## 三、嗅 香 气

茶的香气是依靠嗅觉辨别。通过泡茶使其内含芳香物质得以挥发，挥发性物质的气流刺激鼻腔内嗅觉神经，呈现出不同类型、不同浓度的气味，从而鉴评茶叶香气。嗅觉感受器是很敏感的，直接感受嗅觉的是嗅觉小胞中的嗅细胞。嗅细胞表面为水样的分泌液所湿润，俗称鼻黏膜黏液，嗅细胞表面为负电性，当挥发性物质分子吸附到嗅细胞表面后，使表面的部分电荷发生改变而产生电流，使嗅神经的末梢接受刺激而兴奋，传递到大脑的嗅区而产生对香的嗅感。

嗅香气应一手拿住已倒出茶汤的审评杯，另一手揭开杯盖，靠近杯沿用鼻轻嗅或深嗅。为了正确判别香气的类型、高低和长短，嗅时应重复 1～2 次，但每次嗅的时间不宜过久，因嗅觉易疲劳，嗅香过久，嗅觉会失去灵敏性，一般一次 2～

3 s。另外，杯数较多时，嗅香时间太长，因冷热程度不一，就难以评比。注意在每次嗅评时都将杯内叶底抖动翻个身，在开始评定香气前，杯盖不得打开。

嗅香气应以热嗅、温嗅、冷嗅相结合进行。热嗅重点是辨别香气正常与否、香气类型及高低，但因茶汤刚倒出来，杯中蒸汽分子运动剧烈，嗅觉神经受到高温的刺激，敏感性受到一定影响。因此，辨别香气的优次，还是以温嗅为宜，准确性较高。冷嗅主要是评定茶叶香气的持久程度，或者在评比时有两种茶的香气在温嗅时不相上下，可根据冷嗅的余香程度来加以区别。审评茶叶香气最适合的叶底温度是55 ℃左右。超过65 ℃时感到烫鼻，低于30 ℃时茶香低沉。特别是染有异气的茶，如烟气、木气等将随热气而挥发，因此温度低了可能就嗅不到了。一次审评若干杯茶时，为了区别各杯茶的香气，嗅评后分出香气的高低，可把审评杯做前后移动，一般将香气好的往前推，次的往后摆，此项操作称为香气排队。审评香气不宜红茶、绿茶同时进行。审评香气时还应避免外界因素的干扰，如抽烟、擦化妆品、喷香水、香皂洗手等都会影响香气鉴别的准确性。

## 四、看 汤 色

汤色靠视觉审评。茶叶开汤后，茶叶内含成分溶解在沸水中形成的溶液所呈现的色彩，称为汤色，又称水色，俗称汤门或水碗。审评汤色要及时，因茶汤中的成分容易发生进一步氧化而使汤色加深，冬季审评红茶时，还可能由于冷后浑的形成而使茶汤出现浑浊。汤色还受光线强弱、茶碗规格、容量多少、排列位置、沉淀物多少、冲泡时间长短等各种外因的影响，在审评时应注意。如果各碗茶汤水平不一，应加调整。如茶汤混入茶渣残叶，应以网匙捞出。用茶匙在碗里打一圈，使沉淀物旋集于碗中央，然后开始审评，按茶汤颜色类型及深浅、明暗、清浊及沉淀物多少等评比优次。

## 五、尝 滋 味

滋味是由味觉器官来区别的。茶叶是一种风味饮料，不同茶类或产地不同的同一茶类都各有独特的风味或味感特征，良好的味感是构成茶叶质量的重要因素之一。不同味感是因茶叶中呈味物质的数量与组成比例不同而致。味感有甜、酸、苦、辣、鲜、涩、咸、碱及金属味等。味觉感受器是满布舌面上的味蕾，味蕾接触到茶汤后，立即将受到刺激的兴奋波经过传入神经传导到中枢神经，经大脑综合分析后产生不同的味觉。舌头各部分的味蕾对不同味感的感受能力不同。如舌尖最易为甜味所兴奋，舌的两侧前部最易感觉咸味而两侧后部为酸味所兴奋，舌心对鲜味、涩味最敏感，近舌根部位则易被苦味所兴奋。

审评滋味时茶汤温度要适宜，一般以50 ℃左右较符合评味要求。如茶汤太烫时评味，味觉受强烈刺激而麻木，影响正常评味；如茶汤温度低了，味觉将受两方面因素的影响，一是味觉灵敏度降低，二是与滋味有关的物质溶解在热汤中多而协调，但随着汤温下降，溶解在热汤中的物质逐步被析出，汤味随之变得不协调。评滋味时用汤匙从审评碗中取一汤匙放入品茗小杯，然后吮入口内，由于舌的不同部位对滋味的感觉不同，茶汤入口后需在舌头上循环滚动，才能较全面地辨别滋味。尝味后的茶汤一般可不咽下。审评滋味主要按浓淡、强弱、厚薄、鲜滞、爽钝及纯异等评定优次。国外认为在口里尝到的香味是茶叶香气最高的表现。为了准确评味，在审评前不宜吃有强烈刺激味的食物，如辣椒、葱蒜、糖果等，并不宜吸烟，以保持味觉和嗅觉的灵敏度。

# 六、评 叶 底

评叶底主要靠视觉和触觉来判别，根据叶底的老嫩、软硬、整碎、净杂、色泽和开展与否等来评定优次。

评叶底是将杯中冲泡过的茶叶倒入叶底盘或放在审评杯盖的反面，因茶类不同有时也可将叶底放入白色搪瓷漂盘里评比。要注意把细碎的附着在杯壁、杯底和杯盖上的茶叶倒干净。采用叶底盘或杯盖审评叶底时，先将叶张拌匀、铺开、揿平，观察其嫩度、匀度和色泽。如感觉不够明显时，可在盘里加茶汤揿平茶叶，再将茶汤徐徐倒出，观察平铺时和翻转后的叶底，或将叶底盘反扑倒出叶底在桌面上观察。用漂盘看叶底，则加清水漂叶，使叶张漂在水中便于观察分析。评叶底时，要充分发挥眼睛和手指的作用，先用手指按揿叶底感受软硬、厚薄等，再看芽头和嫩叶含量、叶张卷摊、光糙、色泽及均匀度等。

茶叶品质审评，一般通过上述干茶外形和内质汤色、香气、滋味、叶底5个项目的综合观察，才能准确评定品质优次和确定等级价格。实践证明，单独项目的审评不能反映出茶叶的整体品质，但某一茶样各审评项目的品质又不是单独形成和孤立存在的，相互之间有密切的相关性。因此，综合审评茶叶时，应对每种茶叶每个审评项目之间做仔细比较，然后再下结论。对于不相上下或有疑问的茶样，应采用双杯冲泡审评或重复多次审评的方法，通过反复比较以获得相对准确的评鉴结果。总之，茶叶审评要根据不同情况和要求具体掌握，以对外形和内质进行全面综合审评为准则，有时也可根据具体情况选择重点项目进行审评。茶叶感官审评要严格依照统一的评茶程序和操作规则进行，并做好记录，力求减少因主观因素导致的误差，以获得能真实反映茶样品质情况的审评结果。

## 复习思考题

1. 茶叶感官审评时评茶环境需满足哪些要求？
2. 请列举茶叶感官审评所需的主要设备与设施。
3. 简述评茶的基本程序及方法。
4. 影响茶叶感官审评结果准确性的主观因素有哪些？

# 第二章  茶叶品质形成

茶叶品质，一般是指茶叶的色、香、味、形与叶底。茶叶是一种饮料，就饮用需要而言，茶汤的香气和滋味应是品质的核心。但茶叶的商品性强，美观的外形与光润的色泽也是不能忽视的。感官审评茶叶品质的优劣，往往首先审查外形（包括干茶的形状和色泽），然后嗅香气、看汤色、尝滋味、评叶底，这是鉴别茶叶品质由表及里、从现象到本质的辩证过程。本章的内容是在学习制茶学和茶叶生物化学等有关课程的基础上，对茶叶品质形成的内因与外因，按茶叶色泽、香气、滋味、形状4节分别论述，使茶叶审评从感性认识上升到理性认识，从而对茶叶品质有比较深刻的理解。

## 第一节  茶叶色泽

茶叶色泽包括干茶色泽、汤色和叶底色泽3个方面。色泽是鲜叶内含物质经制茶发生不同程度降解、氧化聚合变化的总反映。茶叶色泽是茶叶命名和分类的重要依据，是分辨品质优次的重要因子，是茶叶主要品质特征之一。茶叶的色泽与香、味有内在联系，色泽的微小变化易被人们视觉感知，审评时抓住色泽因子，便可从不同的色泽中推知香味品质优劣的大致情况。茶叶色泽因鲜叶和制造方法不同而表现出明显的差别。

### 一、茶叶色泽的化学物质基础

茶叶的干茶色泽、汤色和叶底色泽均是茶叶中多种有色化合物颜色的综合反映，构成这些色泽的有色物质，主要包括黄酮、黄酮醇（花色素、花黄素）及其苷类、类胡萝卜素、叶绿素及其转化产物、茶黄素、茶红素、茶褐素等。根据其溶解性能的不同，可分为水溶性色素和脂溶性色素两大类。

（一）绿茶色泽的化学物质基础

绿茶中的有色物质，有的是鲜叶中固有的，有的是通过制造转化而来的。

**1. 绿茶干茶色泽和叶底色泽的化学物质基础**　绿茶干茶色泽和叶底色泽主要由叶绿素及其转化产物、叶黄素、类胡萝卜素、花青素及茶多酚不同氧化程度的有色产物所构成。其中脂溶性色素是构成绿茶外形色泽和叶底色泽的主体部分。运用薄层色谱法可以从成品绿茶中一次分离出10～14种脂溶性色素物质（表2-1），不同的色素物质具有各自独特的颜色特征，它们融于一体共同构成了绿茶的外形色泽和叶底色泽。水溶性色素在茶叶冲泡之前也参与绿茶外形色泽构成，冲泡后没有完全溶到茶汤中的部分则参与叶底色泽构成，如黄酮醇（花黄素）为金黄色，在制茶过程中的转化产物呈棕黄色或棕红色，是导致绿茶暗黄或泛红的原因之一。花青素含量高时导致干茶发暗，叶底呈靛蓝色。黄烷醇未氧化时无色，在绿茶制造中发生一定量的氧化聚合，产物呈黄色或棕红色，其氧化产物还可进一步与氨基酸等作用形成有色物质，这些有色物质均影响绿茶外形和叶底色泽。

运用高效液相色谱法测定成品绿茶中叶绿素 a、叶绿素 b 及类胡萝卜素的含量表明，成品绿茶中叶绿素 b 的含量高于叶绿素 a，品质较高的绿茶其叶绿素的含量亦高（表 2-2）。大叶种绿茶中 β-胡萝卜素、叶黄素的含量明显高于小叶种绿茶，而紫黄质（堇黄质）的含量则是小叶种绿茶明显高于大叶种绿茶（表 2-3）。

表 2-1　绿茶中脂溶性色素的组成及颜色

| 色素名称 | 斑点颜色 | 比移（RF）值 |
|---|---|---|
| β-胡萝卜素（β-carotene，β-Car） | 橙黄 | 0.96 |
| γ-胡萝卜素（γ-carotene，γ-Car） | 金黄 | 0.89 |
| 脱镁叶绿酸酯 a（pheophorbide-a，Po a） | 灰绿黄 | 0.51 |
| 脱镁叶绿酸酯 b（pheophorbide-b，Po b） | 灰绿黄 | 0.46 |
| 脱镁叶绿素 a（pheophytin-a，Py a） | 黑褐 | 0.41 |
| 脱镁叶绿素 b（pheophytin-b，Py b） | 黄褐 | 0.37 |
| 叶绿酸酯 a（chlorophyllide-a，Cd a） | 蓝绿 | 0.32 |
| 叶绿素 a（chlorophyll-a，Chl a） | 蓝绿 | 0.29 |
| 叶绿素 b（chlorophyll-b，Chl b） | 黄绿 | 0.21 |
| 叶绿酸酯 b（chlorophyllide-b，Cd b） | 黄绿 | 0.24 |
| 叶黄素（xanthophyll，Xan） | 深黄 | 0.18 |
| 玉米黄质（zeaxanthin，Zea） | 黄 | 0.15 |
| 紫黄质（violaxanthin，Vio） | 浅黄 | 0.10 |
| 新黄质（neoxanthin，Neo） | 浅黄 | 0.08 |

资料来源：黄孝原等，1988。

表 2-2　成品绿茶中叶绿素的测定（mg/100 g）

| 茶样 | 叶绿素 a | 叶绿素 b | 叶绿素总量 |
|---|---|---|---|
| 特茶 1 号 | 367.6 | 444.2 | 811.8 |
| 特茶 2 号 | 192.0 | 288.0 | 480.0 |
| 玉露 1 号 | 286.3 | 370.3 | 656.6 |
| 玉露 2 号 | 193.7 | 255.7 | 449.4 |
| 煎茶 1 号 | 104.3 | 197.6 | 301.9 |
| 煎茶 2 号 | 85.9 | 195.1 | 281.0 |
| 番茶 1 号 | 56.7 | 114.3 | 171.0 |
| 番茶 2 号 | 47.0 | 105.5 | 152.5 |

（续）

| 茶　样 | 叶绿素 a | 叶绿素 b | 叶绿素总量 |
| --- | --- | --- | --- |
| 焙茶 | 1.9 | 8.7 | 10.6 |
| 中国绿茶 1 号 | 124.6 | 192.4 | 317.0 |
| 中国绿茶 2 号 | 68.1 | 105.3 | 173.4 |

资料来源：林刚，1985。

表 2-3　大叶种绿茶和小叶种绿茶中 4 种主要类胡萝卜素的测定（μg/g）

| 茶　样 | β-胡萝卜素 | 叶黄质 | 紫黄质 | 新黄质 |
| --- | --- | --- | --- | --- |
| 小叶种绿茶 | 158.38 | 15.87 | 3.11 | 4.23 |
| 大叶种绿茶 | 189.41 | 19.31 | 1.54 | 4.01 |

资料来源：吉宏武等，1997。

**2. 绿茶汤色的化学物质基础**　绿茶中的水溶性色素是构成绿茶汤色的主要物质，主要包括黄酮醇、花青素、黄烷酮和黄烷醇类的氧化衍生物等。黄酮醇及其糖苷是与茶汤黄色有关的重要物质，在茶叶中已发现有 20 多种，在绿茶中的含量为 1.3%～2%。板本裕（1970）通过色层分析，从绿茶沸水浸出液中分离出 21 种具旱芹素基本结构的黄烷酮化合物，已鉴定的有牡荆苷（C-葡萄糖基黄烷酮）和异牡荆苷（皂草素），6,8-2-C-D-葡萄糖吡喃基旱芹素等，这些物质具有极强的水溶性，在水溶液中呈深绿黄色，是构成绿茶茶汤黄绿色的主要物质。黄烷醇在绿茶制造过程中也能发生氧化聚合等变化（主要是非酶促氧化），其产物部分能溶于茶汤，呈现棕色或黄色。花青素可溶于茶汤，导致汤色深暗。

叶绿素虽属脂溶性色素，但其对汤色也起到一定的作用。高效液相色谱分析表明，绿茶茶汤中也有极微量的叶绿素存在（表 2-4），但它不是溶于茶汤，而是以微细的胶质状或油状悬浮于茶汤之中，从而对茶汤的色泽起一定的作用。另外，绿茶制造过程中脂溶性叶绿素有少量转化为可溶于水的降解产物。如叶绿素 a、叶绿素 b 在叶绿素酶的作用下，脱植基成为叶绿酸酯 a、叶绿酸酯 b，分别呈蓝绿和黄绿色，能溶于水而影响汤色；脱镁叶绿素 a、脱镁叶绿素 b 在叶绿素酶的作用下也脱植基成为脱镁叶绿酸酯 a、脱镁叶绿酸酯 b，呈灰绿黄色，能溶于水而参与汤色组成。

表 2-4　绿茶茶汤的叶绿素测定（mg/100 mL）

| 茶　样 | 叶绿素 a | 叶绿素 b |
| --- | --- | --- |
| 上等玉露 | 0.013 | 0.044 |
| 深蒸煎茶 | 0.016 | 0.100 |
| 普通煎茶 | 0.011 | 0.078 |

资料来源：林刚等，1985。

## （二）红茶色泽的化学物质基础

**1. 红茶干茶色泽和叶底色泽的化学物质基础**　红茶干茶色泽和叶底色泽主要

是叶绿素降解产物、果胶质及多种物质（如茶多酚、蛋白质、糖等）参与氧化聚合所形成的有色产物综合反应的结果。运用薄层色谱法和分光光度法同时分析不同地区、不同花色红茶中的脂溶性色素和水溶性色素表明，红茶中含有丰富的各类色素物质。薄层色谱法可以一次从红茶中分离出 β-胡萝卜素、γ-胡萝卜素、花药黄质（Ant）、脱镁叶绿酸酯 a、脱镁叶绿酸酯 b、脱镁叶绿素 a、脱镁叶绿素 b、叶绿酸酯 a、叶绿酸酯 b、叶绿素 a、叶绿素 b、叶黄素及 4 种未鉴定的色素物质等 15 种色素成分，它们与水溶性的茶多酚氧化产物茶黄素、茶红素、茶褐素等融为一体共同构成红茶的外形和叶底色泽。一般而言，红茶色泽要求干茶乌黑油润，而这种乌黑油润度与脱镁类叶绿素降解产物的形成量有很大关系。从表 2-5 可见，红碎茶的叶绿素降解比例不及工夫红茶大，因而成品茶中的叶绿素，尤其是叶绿素 b 的保留量较多，而工夫红茶中有较多的脱镁类叶绿素降解产物，从而使得工夫红茶通常要比红碎茶的乌润度好得多。但与红茶外形色泽关系更为密切的是水溶性的茶黄素（theaflavin，TF）、茶红素（thearubigin，TR）和茶褐素（theabrownin，TB），由于 TR 有较强的呈色能力和较高的含量，使得其比 TF 和 TB 的作用更为明显。研究发现（表 2-5），脱镁类叶绿素与 TR 的比值越高，则该茶的外形色泽越乌黑油润，反之，该比值愈低时，则色泽愈泛棕色。

表 2-5　红茶中色素物质含量及其内部比例与外形色泽的关系

| 成　分 | STD$_{5454}$ | STD$_{442}$ | STD$_{470}$ | 祁东碎 2 | 云南碎 1 | 祁红一级 | 滇红一级 |
|---|---|---|---|---|---|---|---|
| β-胡萝卜素（β-Car） | 21.28 | 14.41 | 17.52 | 26.19 | 13.99 | 17.41 | 23.54 |
| γ-胡萝卜素（γ-Car） | — | — | — | — | — | 0.79 | 0.68 |
| 脱镁叶绿酸酯 a（Po a） | 1.48 | 1.66 | 0.81 | 1.33 | 1.00 | 1.22 | 1.14 |
| 脱镁叶绿酸酯 b（Po b） | 1.45 | 1.59 | 1.36 | 1.71 | 0.89 | 1.31 | 1.81 |
| 脱镁叶绿素 a（Py a） | 7.64 | 5.70 | 6.03 | 6.94 | 4.57 | 6.63 | 5.74 |
| 脱镁叶绿素 b（Py b） | 3.88 | 6.57 | 6.46 | 5.09 | 5.50 | 7.60 | 6.72 |
| 叶绿酸酯 a（Cd a） | 1.44 | 1.64 | 1.55 | 1.64 | 1.32 | 1.36 | 1.38 |
| 叶绿酸酯 b（Cd b） | 2.86 | 2.84 | 2.45 | 2.66 | trace | trace | trace |
| 叶绿素 a（Chl a） | 1.45 | trace | 2.00 | 2.55 | 0.75 | 1.04 | trace |
| 叶绿素 b（Chl b） | 2.22 | 7.61 | 8.26 | 7.46 | trace | 1.32 | 1.46 |
| 叶黄素（Xan） | 3.33 | 3.86 | 1.14 | 1.30 | trace | 3.62 | 9.17 |
| Phy 类总量 | 14.45 | 15.52 | 14.66 | 15.07 | 11.96 | 16.76 | 15.41 |
| 茶黄素（TF） | 0.70 | 0.63 | 0.43 | 0.45 | 0.76 | 0.79 | 0.65 |
| 茶红素（TR） | 8.53 | 6.32 | 8.25 | 6.78 | 4.71 | 5.28 | 5.06 |
| 茶褐素（TB） | 7.58 | 7.16 | 6.29 | 8.14 | 7.78 | 8.07 | 6.89 |
| Phy 类/TR | 1.69 | 2.46 | 1.78 | 2.22 | 2.54 | 3.17 | 3.05 |

资料来源：刘仲华等，1990。

注：STD$_{5454}$、STD$_{442}$、STD$_{470}$ 为斯里兰卡红碎茶；Phy 类总量为 Po a、Po b、Py a、Py b 的总量；TF、TR、TB 的单位为%，其余为 mg/100 g。

脂溶性色素和未溶入茶汤中的部分水溶性色素是红茶叶底色泽的物质基础。目前研究认为红茶叶底的橙黄明亮主要由茶黄素决定，而红亮则是茶红素较多所致。

若留在叶底上的 TF、TR 太少，叶底将主要呈现脂溶性色素及不溶性多酚高聚物的颜色，而使红茶叶底多呈乌条暗叶，红茶不红。

**2. 红茶汤色的化学物质基础** 红茶汤色的构成主要应归因于水溶性的茶多酚氧化产物茶黄素（TF）、茶红素（TR）和茶褐素（TB）。茶黄素的提纯物为橙黄色的针状结晶体，其水溶液呈鲜明的橙黄色。茶黄素及其没食子酸酯对汤色的明亮度有极其重要的作用，茶黄素含量越高，汤色明亮度越好（表 2-6）。茶黄素的组成成分中，$TF_1$（茶黄素）、$TF_2$（茶黄素单没食子酸酯）都与汤色审评得分之间成高度正相关，相关系数分别高达 0.89 和 0.91；$TF_3$（茶黄素双没食子酸酯）与汤色评分也成正相关，相关系数为 0.60。茶红素呈红色是红茶汤色红浓的主体，含量为 5%～10%。茶褐素呈暗褐色是茶汤发暗的因素，含量为 4%～9%。茶黄素、茶红素、茶褐素 3 种色素物质与红茶品质的相关系数分别为 0.875、0.633、−0.797。因此，茶黄素、茶红素含量越多，茶汤红色越明亮鲜艳，汤质越好；茶褐素含量越高，汤色越暗，茶汤品质越差。

**表 2-6 茶黄素含量与红茶汤色的关系**

| 茶黄素（%） | 汤色评语 |
| --- | --- |
| 0.23 | 很浓、暗、浊 |
| 0.28 | 暗灰色 |
| 0.36 | 暗 |
| 0.56 | 灰 |
| 0.60 | 淡、灰 |
| 0.60 | 暗 |
| 0.78 | 亮、金黄色 |
| 0.86 | 亮、金黄色 |
| 1.03 | 很亮、强的金黄色 |
| 1.10 | 很亮、金黄色 |
| 1.55 | 很亮、金黄色（CTC 制） |
| 1.75 | 很亮、金黄色（CTC 制） |

资料来源：Roberts E. A. H，1973。

注：CTC（crush，tear，and curl or cut，tear and curl）。

## 二、影响茶叶色泽的主要因素

茶叶色泽品质的形成是品种、栽培、制造及贮运等因素综合作用的结果。优良的品种、适宜的生态环境、合理的栽培措施、先进的加工技术、理想的贮运条件是良好色泽形成的必备条件。

### （一）品种与色泽

鲜叶中的有色物质是构成茶叶色泽的基础物质，主要有叶绿素、胡萝卜素、叶黄素、花青素和黄酮类物质。前 3 种属脂溶性色素，其与干茶和叶底色泽有关。茶树品种不同，叶子中所含的色素及其他成分也不同，使鲜叶呈现出深绿、黄绿、紫色等不同的颜色，而鲜叶的颜色与茶类适制性有一定的关系。从表 2 - 7 可看出，深绿色鲜叶的叶绿素含量较高，多酚类含量较低，如用来制绿茶，则具"三绿"的色泽特点，即干茶色绿，汤色、叶底绿亮，这种色型的优良品种有淳安鸠坑种、大叶乌龙（又叫高脚乌龙）、紫阳槠叶种、休宁牛皮种等。深绿色鲜叶如用来制红茶，则干茶色泽青褐，叶底乌暗，不具优质红茶色泽；制黄茶也显黄暗，色泽不好。浅绿色或黄绿色鲜叶，其叶绿素含量较低，而多酚类含量高，适制性广，用于制红茶、黄茶、青茶，其茶叶色泽均较好。如制红茶，则干茶色泽乌黑油润，汤色、叶底红艳。如云南大叶种、英红 1 号、槠叶齐、云台山大叶种等均是适制红茶的优良品种，其叶色呈黄绿色，如用来制绿茶，则品质表现不如红茶。紫色鲜叶的花青素含量较高，而叶绿素尤其是叶绿素 a 的含量明显较低，不论制哪类茶，茶叶色泽均带暗。如制绿茶不仅干茶色枯，而且叶底靛青，汤色发暗，严重影响绿茶品质。

表 2 - 7　不同叶色鲜叶的化学成分含量（％）

| 成　分 | 浅绿色 | 深绿色 | 紫色 |
| --- | --- | --- | --- |
| 叶绿素 | 0.53 | 0.73 | 0.50 |
| 多酚类 | 31.37 | 28.54 | 30.81 |
| 水浸出物 | 44.56 | 48.89 | 49.21 |
| 咖啡碱 | 2.31 | 2.27 | 2.28 |
| 粗蛋白质 | 30.95 | 31.78 | 30.97 |

资料来源：湖南省茶叶研究所。

## （二）栽培条件与色泽

栽培条件综合影响茶树的生长及叶片的颜色，对茶叶色泽影响很大。

**1. 生态条件与色泽**　茶区纬度不同，由于温度、湿度、日照长短及强弱等气候因素不同，茶叶的叶色及内含成分也不相同。一般而言，纬度低的南方茶区，温度高，日照强，有利于糖类及多酚类的合成，叶子中水浸出物、多酚类、儿茶素的含量高，酶活性强。这种鲜叶制红茶，汤色及叶底红艳，品质好；制绿茶干茶色深暗、汤色叶底较黄，品质不如红茶。纬度高的北方茶区，气温较低，鲜叶中叶绿素、蛋白质含量高，多酚类含量较低。这种鲜叶所制绿茶其干茶色泽、汤色和叶底均绿亮，品质好；如用来制红茶，则干茶、叶底青暗，味淡，品质差。

海拔高度不同，气候条件不同。我国宜茶地区的高山，一般是云雾弥漫，雨量充沛，日照时间短而弱，漫射光占优势，日夜温差大，土壤较肥沃，茶树生长正常，叶质柔软，持嫩性好，这种鲜叶用来制茶，干茶色泽调匀、光泽度好。如特级黄山毛峰，干茶具金黄色，也叫象牙色；又如武夷水仙，干茶具碧砂宝色。一般平地茶园，光照较强，多直射光，气温高，湿度低，持嫩性差，叶片易老化，叶质较硬，内含水浸出物等有效成分较低，对品质不利的纤维素含量增多，这种鲜叶做茶，色枯而不活，品质差。

　　阴山、阴坡、阳山、阳坡的地势、地形不同，气候、土壤条件不同。一般阴山、阴坡光照时间短，湿度高，温度低，土壤中有机质丰富，有利于蛋白质、叶绿素形成，鲜叶叶质柔软，持嫩性好，制绿茶色绿汤清品质好，干茶与叶底色泽调匀，制红茶色泽较暗。反之，阳山、阳坡日照长而强，湿度低，温度高，茶叶机械组织发达，易老化、叶质硬，这种鲜叶制茶露筋梗，色花杂，对品质不利。

　　光照是茶树光合碳代谢的必要条件，影响碳氮代谢的比例。温度高低决定了碳氮代谢的速度，导致了春夏茶色泽品质上的差异。春季温度逐渐上升，日照适度，水湿适宜，茶树生长好，芽毫肥壮，新梢上、下叶片嫩度相近，蛋白质、黄酮类含量高（表2-8）。春茶色泽特征表现为红茶乌黑油润，叶底红匀；绿茶色泽绿润，叶底绿匀，汤色绿亮，品质好。夏茶季节，高温炎热，日照强，日照时数长，茶树碳代谢旺盛，氮代谢受抑，叶绿素合成减少，类胡萝卜素增加，花青素增加，多酚类含量高，而蛋白质及对绿茶汤色起重要作用的黄酮类含量低于春季（表2-8）。芽叶色泽向黄绿和红紫方向发展，同时夏季茶叶生长很快，易老化，芽头小，新梢上、下嫩度差异大，这些都影响夏茶色泽。制绿茶色泽青绿带暗，叶底多靛青叶；制红茶干茶色泽红褐，汤色、叶底尚红亮，尤以大叶种产区春茶制红茶其色泽品质好。秋茶温度高，在水湿供应差的情况下，茶树生长受阻，对夹叶多，正常芽叶少。制绿茶干茶色泽青绿不匀，汤色较浅暗，叶底青绿较暗；制红茶干茶棕红色，汤色红明，叶底红匀。

表2-8　不同季节鲜叶主要黄酮类成分的含量（％）

| 黄酮类 | 春季 | 夏季 |
|---|---|---|
| 槲皮苷 | 0.49 | 0.22 |
| 飞燕草苷 | 0.35 | 0.16 |
| 芸香苷 | 0.15 | 0.05 |

　　在高温炎热的夏季，采取适度遮阴的办法，减弱光强，降低温度，可以提高叶绿素含量，使夏季茶也能形成翠绿的色泽（表2-9）。但是，遮阴会使鲜叶中L-EGC的含量明显减少，这可能对某些茶黄素组分的形成不利，因而影响红茶汤色，故就红茶汤色而言，遮阴不宜过度，以60％～70％的透光率为宜。

表2-9　遮阴对叶绿素含量的影响

| 遮阴度（％） | 叶绿素a | | 叶绿素b | | 叶绿素总量 | | 叶绿素a/叶绿素b | |
|---|---|---|---|---|---|---|---|---|
| | 夏梢 | 暑梢 | 夏梢 | 暑梢 | 夏梢 | 暑梢 | 夏梢 | 暑梢 |
| 60 | 1.63 | 1.05 | 0.51 | 0.14 | 2.14 | 1.27 | 3.22 | 7.34 |
| 45 | 1.63 | 0.93 | 0.49 | 0.11 | 2.12 | 0.99 | 3.31 | 8.30 |
| 30 | 1.54 | 0.92 | 0.47 | 0.09 | 2.03 | 0.97 | 3.27 | 9.78 |
| CK（对照） | 1.11 | 0.61 | 0.33 | 0.06 | 1.43 | 0.79 | 3.41 | 10.88 |

资料来源：翁伯琦等，2005。

注：供试茶树品种为黄棪，叶绿素含量单位为mg/100 g。

光照不仅其光强对色泽发生影响，而且光质也影响色素物质代谢。以不同颜色膜做滤光处理的试验表明，能除去蓝紫色的黄色膜，可以明显地提高叶绿素含量，特别有利于夏季绿茶的色泽品质；以滤除黄绿光的蓝紫色膜覆盖茶树，也能促进叶绿素的积累。

**2. 栽培技术与色泽**

（1）水分与灌溉　水是茶树光合、呼吸、养分吸收运转及物质形成与转化的介质。若水分足，茶树生长好，正常芽叶多，叶质柔软，持嫩性好，制茶色泽一致、油润。而在干旱和茶园土壤供水不良的情况下，茶树生长受阻，叶子瘦小，对夹叶多，叶质硬，纤维素含量增加，由于分解代谢大于合成代谢，叶绿体解体破坏，叶绿素分解，芽叶焦黄，这种鲜叶难以加工出理想的成茶色泽，导致干茶色泽干枯、花杂，汤色浅淡发暗，叶底也花杂。

在干旱季节，对茶园进行适当灌溉，可以使茶树获得充足的水分，酶活性增强，全氮量提高，叶绿素合成加强，芽叶呈嫩绿色，有利于绿茶色泽形成。

（2）土壤与施肥　土壤是茶树生长发育的场所，不同的土壤类型、土壤肥力、土壤酸碱度、土壤质地和结构，都会对茶树色素物质代谢带来一定的影响。黑油沙土、冲积土土壤肥沃，有机质含量高，茶树生长在这些土壤中，叶片肥厚，鲜叶叶绿素含量较高，使芽叶色泽鲜绿，做绿茶干茶色泽油润，汤色清澈明亮，叶底绿色调匀。而茶树在黏质黄土上的生长势较差，鲜叶中叶绿素含量较低，色泽品质低下。土壤 pH 4.5～6.5 是茶树生长最适酸碱度，当 pH<4 或>7 时，叶绿素的形成受到影响，叶色发黄，甚至枯焦，严重影响鲜叶的色泽品质。茶园土壤肥力是影响色泽的重要因子，施用氮肥，可以增加叶绿素的形成，使叶色浓绿，且 $NH_4^+ - N$ 比 $NO_3^- - N$ 的效果更好。不过 $NO_3^- - N$ 使茶多酚降低的幅度比 $NH_4^+ - N$ 小，这有利于红茶色泽的形成。

### （三）采摘质量与色泽

采摘质量在很大程度上影响着鲜叶品质，从而影响色泽品质的形成。采摘质量主要包括采摘嫩度、匀净度及鲜叶新鲜度等方面。

**1. 鲜叶嫩度与色泽**　鲜叶嫩度不同，内含成分不同，对茶叶色泽的影响也不同。鲜叶中影响茶叶色泽的主要成分有色素、多酚类、纤维素和果胶物质等。鲜叶嫩度不同或嫩梢叶位不同，其多酚类、儿茶素、叶绿素、类胡萝卜素、水溶性果胶等的含量均有明显差别（表 2 - 10、表 2 - 11、表 2 - 12），多酚类及儿茶素以一芽一叶最高，随着芽叶嫩度下降而逐减；嫩叶中水溶性果胶含量多，老叶中含量少；嫩叶中全果胶含量少，而老叶中则含量较多；茶叶中的纤维素含量是嫩叶少，老叶多。因此，通常嫩叶做的茶，干茶色泽深而润，汤色明亮，叶底色泽浅而亮；而老叶做的茶则相反，往往是干茶色浅而灰枯或花杂，汤色、叶底比较深暗甚至花杂。

表 2-10 云南大叶种不同嫩梢叶位的色素含量（mg/g 鲜重）

| 叶 位 | 叶绿素 a | 叶绿素 b | 类胡萝卜素 |
| --- | --- | --- | --- |
| 一 | 0.434 | 0.192 | 0.371 |
| 二 | 0.572 | 0.567 | 0.398 |
| 三 | 0.796 | 0.500 | 0.563 |
| 四 | 0.840 | 0.488 | 0.588 |
| 总平均 | 0.658 | 0.436 | 0.481 |

资料来源：严学成，1983。

注：为广东地区云南大叶种。

表 2-11 不同嫩度鲜叶的多酚类、儿茶素含量（%）

| 成 分 | 芽 | 一芽一叶 | 一芽二叶 | 一芽三叶 | 一芽四叶 | 一芽五叶 |
| --- | --- | --- | --- | --- | --- | --- |
| 多酚类 | 26.84 | 27.15 | 25.31 | 23.60 | 20.56 | 16.19 |
| 儿茶素 | 13.65 | 14.68 | 13.93 | 13.61 | 11.92 | 10.96 |

资料来源：程启坤，1962。

表 2-12 不同嫩度鲜叶的水溶性果胶和全果胶含量（%）

| 成 分 | 一芽一叶 | 一芽二叶 | 一芽三叶 | 一芽四叶 | 茎 |
| --- | --- | --- | --- | --- | --- |
| 水溶性果胶 | 1.66 | 1.98 | 1.92 | 1.40 | 1.13 |
| 全果胶 | 3.84 | 4.02 | 4.27 | 4.41 | 3.69 |

资料来源：三轮悦夫，1978。

**2. 鲜叶匀净度与色泽** 鲜叶匀净度是指鲜叶理化性状的相对一致性，具体是指鲜叶的芽叶组成、嫩梢壮瘦、叶片大小、叶色深浅及夹杂物的多少等。在制茶技术合理的前提下，若鲜叶匀净度好，则各种理化变化相对一致，使茶叶色泽调和均匀；若鲜叶匀净度差，老、嫩、壮、瘦、叶色参差不齐，将导致茶叶色泽不匀、花杂。

**3. 鲜叶新鲜度与色泽** 鲜叶新鲜，其芽梢保持刚采下时的理化状态，叶子鲜活，内含物的变化与损耗少，所制茶叶通常具有干茶色泽光润、汤色清澈带艳、叶底鲜亮的特点。新鲜度差的鲜叶，因其理化性状发生不正常的变化，叶子由鲜绿色有光泽变为暗绿无光泽，或芽梢失水萎缩，叶尖、叶缘出现褐变，这种已失去新鲜叶特性的叶子做茶，往往使成茶色泽枯暗，香气、滋味也缺乏鲜爽感。

## （四）制茶工艺技术与色泽

鲜叶是绿色的，经不同制茶工艺，可制出红茶、绿茶、青茶、黑茶、黄茶、白茶六大茶类，表明茶叶色泽形成与制茶关系密切，在鲜叶符合各类茶要求的前提下，制茶技术是形成茶叶色泽的关键。

**1. 绿茶色泽与制造** 绿茶以"清汤绿叶"为本质特征，制茶技术必须采取保绿，防红、黄的措施。

杀青是利用高温迅速钝化酶活性，阻止茶多酚的酶促氧化，这就要求叶温在最短的时间内上升到足以使酶完全失活的水平，才能阻止红变，以确保绿茶本色。如果杀青锅温太低，酶活性没有完全钝化，将引起茶多酚的酶促氧化，继而聚合成茶黄素、茶红素等红色氧化产物，出现红梗红叶，失去绿茶应有的色泽品质风格。在湿热作用强烈的杀青阶段，叶绿素破坏的速度相当快，如果杀青时间拖得太长或闷杀的机会太多，则叶绿素（尤其是叶绿素 a）的破坏量增多，大量形成黑褐色的脱镁叶绿素，并使以黄色为主体的类胡萝卜素的色泽得以显现，使叶色泛黄。据日本资料，在蒸青过程中，蒸青 40 s，茶叶外形色泽较好，蒸青 50 s，有约 50% 的叶绿素转化为脱镁叶绿素，若蒸青时间延长，叶绿素转化为脱镁叶绿素的量明显增加，使叶色偏黄。但是，高温杀青，温度并非越高越好，有试验表明，260 ℃比 220 ℃杀青时的叶绿素含量要低，因此在不使叶子产生红梗红叶的前提下，掌握适当低温及多抖少闷的技术是阻止叶绿素破坏的有力措施之一。

揉捻工序的色泽变化虽不如杀青剧烈，但揉捻过程中，叶组织受到损伤，胞汁液酸度有所增强，叶绿素的脱镁反应持续进行，脱镁叶绿素含量增加，同时还伴随着黄酮类的自动氧化，这时若揉捻叶温度过高（40 ℃以上），将加剧这些反应，使黄褐色成分大量形成，因此应尽量控制揉捻叶温的升高。名优绿茶十分讲究色泽品质。根据制作过程是否有揉捻工序，把名茶分为两类，即揉捻型（如曲条形、眉条形、卷曲形）和未揉捻型（如自然形、扁形）。从表 2-13 可看出，未揉捻型名茶的叶绿素 a（Chl a）的含量高于揉捻型名茶，而脱镁叶绿素 a（Py a）的含量则相反。做形时间越长的揉捻型名茶，叶绿素 a 破坏越多，脱镁叶绿素 a 形成也越多，这对色泽品质不利。扁形茶Ⅱ由于采用龙井制法，要求外形色泽为糙米色，为达到这种品质，在辉锅过程中往往采用高温措施，也因而导致了叶绿素 a 的破坏较多。因此，为了提高名优茶的色泽品质，揉捻技术应以短时轻压为主，并尽量缩短做形时间。

表 2-13　主要类型名茶叶绿素及其降解产物的差异（mg/100 g）

| 茶　类 | Chl b | Cd b | Chl a | Cd a | Py b | Py a | Chl/Phy |
|---|---|---|---|---|---|---|---|
| 眉条形茶 | 26.44 | 16.47 | 27.29 | 17.45 | 15.63 | 29.58 | 1.94 |
| 卷曲形茶 | 26.22 | 16.77 | 24.73 | 16.30 | 15.86 | 29.53 | 1.85 |
| 曲条形茶 | 25.87 | 16.67 | 25.88 | 16.32 | 15.63 | 28.05 | 1.94 |
| 针形茶 | 27.42 | 16.55 | 27.16 | 17.52 | 15.22 | 28.85 | 2.01 |
| 自然形茶 | 27.75 | 16.88 | 31.53 | 17.83 | 15.26 | 26.07 | 2.27 |
| 烘青型茶 | 27.68 | 16.71 | 29.09 | 17.27 | 15.58 | 27.87 | 2.09 |
| 扁形茶Ⅰ | 27.11 | 16.62 | 30.49 | 18.05 | 15.59 | 26.43 | 2.20 |
| 扁形茶Ⅱ | 26.57 | 16.59 | 26.08 | 16.91 | 15.24 | 27.52 | 2.01 |

资料来源：倪德江等，1997。

注：不同类型的名茶为同一鲜叶制成；Chl a、Chl b 为叶绿素 a、叶绿素 b；Cd a、Cd b 为叶绿酯 a、叶绿酯 b；Py a、Py b 为脱镁叶绿素 a、脱镁叶绿素 b；Chl/Phy=（Chl a＋Chl b＋Cd a＋Cd b）/（Py a＋Py b）。

干燥工序历时较长，是叶绿素破坏较多的阶段，黄酮类仍继续自动氧化。在烘二青阶段，茶坯的含水量较高，其湿热作用强烈，所采用的烘干温度不宜太高或太低，若烘二青温度过高（115 ℃以上），虽能缩短烘二青时间，但高温加剧了叶绿素的破坏，且由于外干内湿，芽尖叶边焦枯，将使成茶色泽灰枯不润。而过低的温度（90 ℃以下），又延长了湿热作用时间，叶绿素的破坏量也增加，使叶色黄暗。三青和足干阶段，茶坯水分含量已较低，宜采用适当偏低的温度，以尽可能多地保留叶绿素。绿茶的杀青叶、揉捻叶、二青叶、三青叶等出锅或出机后，其叶温均较高，此时色素物质的变化仍在继续，必须及时薄摊冷却，以防止叶色黄变，但不宜过度摊放。

水分是茶叶制造中色素物质形成与转化的介质，各工序含水量的调控，将对色泽品质产生深刻的影响。施兆鹏等对炒青绿茶干燥工序的烘、炒、滚 3 个环节的最适干度的研究表明，烘二青含水量以 40％±5％、炒三青含水量以 20％±5％为最佳干度，这时毛茶外形色泽深绿光润，茶汤黄绿明亮。若二青叶含水量过高，则在后续的炒、滚过程中，湿热作用剧烈，使叶绿素的破坏及黄酮类的自动氧化加剧，导致毛茶色泽黄褐，茶汤泛黄。若三青含水量过低，则毛茶干色灰枯，甚至焦黄。

工艺和机具不同，茶叶色素物质变化的方式和数量将发生明显变化。施兆鹏等曾以 6CS-60 型带排湿装置的滚筒杀青机替代传统的锅式杀青机，使杀青叶出机后色泽尚翠绿，部分叶子尚鲜绿，黄变程度大大降低。在后续的干燥工序中，以烘、炒、滚取代原来的烘、滚、烘，烘、炒、炒及一滚到底的工艺，并在二青、三青阶段控制最佳的温度和水分参数，大大增加了成品茶中叶绿素的保留量，减少了黄酮类的自动氧化，获得了深绿光润的干茶色和黄绿明亮的汤色。

总之，制造合理，内含物变化适度，各种有色成分比例适当，绿茶干茶色泽翠绿或绿润，汤绿亮，叶底色绿鲜亮。如制造不当，或叶绿素破坏转化较多，使绿色减褪，而其他色素显露出来，导致绿茶带黄褐；或酶活性未彻底破坏，多酚类氧化变红，使干茶色泽发褐，汤色发黄，叶底出现红梗红叶等不良色泽。

**2. 红茶色泽与制造** 红茶色泽要求"红汤红叶"，制茶技术以破坏叶绿素，促进多酚类的氧化，使形成茶黄素、茶红素等有色物质为目的。

萎凋温度的高低是影响化学物质转化的重要因素。阮宇成等研究认为，萎凋温度不宜过高，时间不宜太短，适宜的自然萎凋其红茶色泽品质比加温萎凋的好。然而，大生产中多采用加温萎凋，以缩短加工时间。萎凋温度一般不宜超过 35 ℃，因为过高的温度使茶多酚损失太多，茶黄素的形成减少，影响茶汤色泽，且萎凋失水过快，难以形成乌润的干茶色泽。红茶萎凋失水程度也对成茶色泽影响较大，Pradip K. 等研究认为，重萎凋的传统红碎茶比轻萎凋的 CTC 茶的叶绿素降解率要高 30％，且脱镁叶绿素与茶红素之比也要高，故传统茶色泽乌黑油润，而 CTC 茶呈棕褐色。萎凋程度对茶汤色泽也有较大的影响，一般而言，随萎凋程度的加重，茶黄素含量减少，茶红素则增加，由于茶黄素与茶红素之比下降，汤色亮度有所下降。萎凋程度应因茶而异，工夫红茶萎凋叶含水量掌握在 62％～65％为好，而红碎茶则以 68％～70％为佳。

发酵叶温的高低对红茶色泽具有决定性的影响。湖南省茶叶研究所的研究表明，发酵前期要求温度稍高，以利提高酶活性，促进茶多酚的酶促氧化，形成较多的茶黄素和茶红素，中后期则必须逐渐降低温度，以减慢茶黄素和茶红素向高聚物转化的速度，增加茶黄素的积累。为了获得红艳明亮的茶汤色泽，在肯尼亚采用"∧"形发酵温度控制模式，利用可控的透气发酵，在发酵初期采用 30 ℃左右的高温以激发酶活性，中后期则采用低温以抑制高级聚合物的形成，这不仅缩短了发酵时间，而且获得了较高的茶黄素含量。程启坤研究认为，保持 90% 以上高湿度发酵，有利于提高多酚氧化酶活性，促进茶多酚氧化形成茶黄素。反之，若空气湿度太小，使发酵叶易于失水变干，导制茶多酚的非酶促自动氧化加速，茶褐素的含量增加，使汤色深暗，叶底花青。因此生产上常用洒水或喷雾的办法，使空气相对湿度保持在 90% 以上。

红茶干燥分毛火、足火，为了获得红艳明亮的汤色，要求毛火在高温下（110～120 ℃）迅速破坏酶活性，使茶多酚氧化产物得以固定，否则温度过低，酶不能钝化，在强烈的湿热作用下，使黑褐色聚合物大量积累，茶汤深暗。红茶初干的程度一般不应低于八成干，否则初干茶叶含水过高，在摊凉过程中，茶黄素将较多地聚合成茶褐素，影响汤色。红茶干燥过程中叶绿素转化为脱镁叶绿酸和脱镁叶绿素，两者的比例影响着红茶的干茶色泽。较充分的发酵加上较慢速的足火烘干，有利于黑褐色脱镁叶绿素的形成，能提高红茶的乌润度。

红碎茶加工由最早的平盘揉切发展到转子机、CTC、LTP（Lawrie tea processor）等。阮宇成等研究发现，上述机具的组合方式不同，使色泽变化很大，平揉机加转子机或 CTC 加转子机的组合方式，能获得乌润的干茶色泽；而 LTP 与 CTC机的组合使干茶色泽带棕褐欠润，但由于其强烈快速的揉切创造了较长的可控发酵时间，使其汤色的红亮度比前两者为好。

Ramasawamy S. 等为了提高 CTC 红茶的乌润度，采用改进分段 CTC 法加工红碎茶，即萎凋叶经 CTC 机揉切两次后发酵，当发酵至最佳总发酵时间的 1/3 时，将该发酵茶坯与加有 20% 茶末（将级外茶粉碎，并过 40 孔筛所得）并在 CTC 机上刚揉切两次的揉切叶混合，混合物再经 CTC 机揉切两次，随后发酵干燥。结果发现，该工艺比正常 CTC 工艺和分段 CTC 工艺更能促使叶绿素向脱镁叶绿素转化，茶黄素和没食子酸等的含量均有所提高，干茶乌润度好，汤色明亮，叶底呈紫铜色且明亮。

总之，红茶制造中萎凋程度、时间、温度，揉捻程度、时间、温度，发酵程度、时间、温度，供氧状况及干燥温度等都对叶绿素破坏和多酚类的氧化程度有很大的影响。制茶技术合理，条件掌握适当，则叶绿素破坏多，茶黄素、茶红素含量高，茶褐素含量低，且各种色素物质的比例适当，并与果胶物质协调，使红茶呈现干茶乌黑油润，汤色红艳，冲牛奶后乳色呈棕红色或玫瑰红色，叶底红亮鲜艳的特征；若制茶技术不合理，如萎凋、揉捻（切）、发酵不足，叶绿素保留量多，茶黄素形成较多而茶红素过少，往往使干茶泛青，汤色偏黄欠红，叶底花青或红黄色带绿；如萎凋、发酵过度，干燥不及时，多酚类氧化过度，茶黄素、茶红素大量向茶褐素转化，往往表现为干茶色黑灰枯，汤色暗红，叶底暗红或乌条暗叶。

### （五）贮藏与色泽

茶叶贮藏条件好，则色泽比较稳定，若贮藏条件不好，则色泽变化很大而影响品质。贮藏中影响色泽变化的因子主要有水分、温度、氧气和光线等几个方面。

**1. 贮藏期间与色泽有关的物质变化**　茶叶长期存放，自然会导致品质下降，而且首先表现在色泽上。叶绿素是绿茶外形与叶底色泽的主要成分，而它是一种很不稳定的物质，在光和热的作用下，易转化为黑褐色的脱镁叶绿素和棕色的脱镁叶绿酸，尤其在紫外光下作用强烈，这是绿茶外形色泽褐变的重要原因。在茶叶贮放过程中，茶多酚也会产生非酶促自动氧化，形成水溶性的棕褐色产物，使茶汤褐变；同时茶多酚的自动氧化产物又会和氨基酸、蛋白质等物质结合，形成深色的高聚物，这种色素溶于水的部分使汤色加深发暗，不溶于水的部分使叶底深暗失去光亮。Stag G. V. 通过研究表明，红茶贮放过程中，茶黄素减少，而非透析性的高聚物增加。Cloughley J. B. 研究认为，由于多酚氧化酶和过氧化物酶都具有较强的热稳定性，红碎茶颗粒内部仍有残余酶活性存在，造成了贮藏中的"后发酵"，使颗粒内部的儿茶素进一步氧化成邻醌；由于颗粒在干燥时被果胶类形成的非渗透树脂类物质密封，因颗粒内部缺氧，使邻醌更多地聚合成暗褐色的 S Ⅱ 型茶红素，使得茶汤深暗。Pradip K. 研究了红茶贮放过程中叶绿素降解产物的形成，发现在贮藏过程中脱镁叶绿素开始增加，而后又减少，而脱镁叶绿酸则一直增加。Furuya 发现，绿茶贮藏期间维生素 C 含量明显下降，维生素 C 本身是一种理想的绿茶汤色褐变抑制剂，它的氧化破坏降低了茶汤本身防止褐变的能力，同时，它的氧化产物及其与氨基酸进一步作用的产物，都为褐色物质，故有损汤色。

**2. 贮藏期间影响色泽变化的环境因子**

（1）温度　原利男研究认为，温度每升高 10 ℃，绿茶色泽的褐变速度将加快 3～5 倍。10 ℃以下的冷藏虽可抑制褐变进程，但－20 ℃的冷藏也不能完全阻止褐变。红茶贮藏中残留的多酚氧化酶和过氧化物酶活性的恢复与温度成正相关，因此相对较高的贮藏温度将使未氧化的黄烷醇的酶促氧化和自动氧化以及茶黄素与茶红素进一步氧化聚合的速度加快。

（2）空气湿度和茶叶本身的含水量　茶叶在包装不够严密的情况下，若空气湿度过高，将促使茶叶吸湿，尤以在相对湿度 50％以上时茶叶含水量将迅速上升。随着茶叶含水量的升高，叶绿素的降解，茶多酚的自动氧化，多酚氧化产物的进一步聚合均会加速，使色泽变化很快。茶叶的含水量在 5％以下时较耐贮藏，如含水量高则促进茶叶内含物的氧化，且由于氧化反应所释放出的部分热能在茶堆中积累，使堆温逐渐增高，加速化学反应的进行，茶叶品质也加速陈化，使干茶色泽由鲜变枯，汤色、叶底色泽由亮变暗。

（3）氧气　空气中含有约 20％的氧气，几乎能与所有的元素作用形成氧化物。

茶叶中儿茶素的自动氧化、维生素C的氧化、茶多酚在残留酶催化下的氧化以及茶黄素和茶红素的进一步氧化聚合等不利于色泽品质的变化，都与氧气的存在有关。原利男等研究认为，抽气充氮包装能有效地阻止这一系列对色泽品质不利的氧化作用。

（4）光线　足干的茶叶贮藏在密闭不透光的容器中，茶叶色泽较稳定，但若把茶叶放在有光环境特别是直射光下，绿茶将失去绿色，变成棕红色。茶叶嫩度越高，对光线的灵敏度越高，色泽变化也越大。日本研究表明，高级绿茶对光特别灵敏，经过10 d的照射就完全变色，普通绿茶经20 d照射也将褪去鲜绿色泽，所以透明的包装材料会加速茶叶褪色进程。

上述各因子对色泽品质的影响都很大，然而，多个因子的共同作用，对汤色和干茶色泽的影响更加突出。要抑制茶叶在贮藏期间色泽品质的劣变，首先茶叶本身要充分干燥，控制含水量在5%以下，贮藏温度控制在0～5 ℃，空气湿度不宜超过50%，并采用抽气充氮避光密闭包装。近期研究表明，纳米包装材料与普通包装材料相比，由于前者的透氧量与透湿量降低，从而有利于绿茶保鲜。

# 三、茶叶色泽类型

各种茶的色泽是鲜叶中内含物质经制茶过程转化形成各种有色物质，由于这些有色物质的含量和比例不同，茶叶呈现各种色泽。现按干茶色泽、汤色和叶底色泽，分别分类如下。

## （一）干茶色泽类型

按各种茶叶的正常呈色特点分类列举如下。

翠绿型：鲜叶嫩度好，为一芽一叶至一芽二叶初展，新鲜，绿茶制法，杀青质量好，在短时间内迅速彻底地破坏了酶活性，其余工序处理及时合理。属此类型的茶如高级绿茶、瓜片、龙井、银峰、松针、古丈毛尖、信阳毛尖、江山绿牡丹等。

深绿型：鲜叶嫩度好，为一芽一二叶，新鲜，绿茶制法，杀青投叶量较多，且杀青质量好，其余工序处理及时合理。属此类型的茶有天目青顶、高级炒青、滇晒青等。深绿在评茶术语上也称苍绿，如猴魁色苍绿属此类型。

墨绿型：鲜叶较嫩，为一芽二三叶制成的烘青、雨茶、珠茶、火青等。

黄绿型：鲜叶嫩度为一芽三叶，第三叶接近成熟或为相应嫩度的对夹叶，绿茶制法。如制作正常的中低档烘青、炒青、小兰花等。

嫩黄型：鲜叶细嫩，为一芽一叶，制造中有闷黄工序，属黄茶制法。该色为高级黄茶的典型色泽，干茶嫩黄或浅黄，茸毛满布。如蒙顶黄芽、莫干黄芽、建德苞茶等。

金黄型：鲜叶细嫩，为单芽或一芽一叶初展，黄茶或绿茶制法。属此类型的有：君山银针，其芽头肥壮，芽色金黄，芽毫闪光，有"金镶玉"之美称；沩山毛尖，俗称"寸金茶"；黄山毛峰，干茶金黄隐翠，俗称象牙色。

黄褐型：制茶过程有长时间的闷黄工序，并由于高温烘烤所产生的湿热作用，使内含物有部分聚合变化，由可溶性小分子物质聚合成黄褐色不溶性大分子物质，使外形呈黄褐色。如黄大茶等。

黑褐型：制茶过程有渥堆或发酵工序，在湿热作用下，内含物发生聚合变化，由可溶性小分子物质聚合成不溶性大分子物质，聚合量较黄大茶多，使干茶呈黑褐色。如黑毛茶、湘尖、六堡茶、普洱茶、红砖茶和中低档红茶等。

砂绿型：鲜叶具一定的成熟度，青茶制法，火工足，干茶色泽似蛙皮绿而有光泽，俗称"砂绿润"，为铁观音等优质青茶的典型色泽。

灰绿型：鲜叶较细嫩，为一芽二叶，制茶经萎凋和干燥工序，使干茶绿中带灰。如白牡丹，其毫心银白、叶面灰绿。

青褐型：鲜叶绿色，叶张厚实，干茶色泽褐中泛青。如大叶青、青茶中的水仙和武夷岩茶等。

乌黑型：采用一芽二三叶的鲜叶制成，干茶色泽乌黑而有光泽。如工夫红茶、高级条形红毛茶、传统制法的红碎茶中上等茶等。

棕红型：干茶色泽棕红，如转子机或 CTC 制法红碎茶的碎、片、末茶，工夫红茶中的花香茶等。

银白型：鲜叶嫩度为单芽或一芽一叶，芽叶上白毫特多，采取保毫制法，不经揉捻或轻揉捻，使干茶满披白毫，属此类型的茶有五盖山米茶、保靖岚针、白毫银针、仙台白眉或采用福鼎大白茶和大面白品种的鲜嫩芽叶做的各种茶。

## （二）汤色类型

按各种茶叶正常冲泡后的茶汤呈色特点分类列举如下。

浅绿型：鲜叶为一芽二叶初展，绿茶制法，轻揉捻，细胞破损率低，制造及时合理，常伴有清鲜香、鲜醇味，叶底嫩绿色鲜亮，大多数名茶属此类型。如太平猴魁、庐山云雾、银峰、惠明茶、各种毛尖及毛峰等。

杏绿型：鲜叶细嫩，新鲜，制造得法的高级龙井、瓜片、天山绿茶等属此类型。

绿亮型：包括绿明、清亮、清明在内。鲜叶嫩，绿茶制法，工艺合理，为高级绿茶的汤色。属此类型的有古丈毛尖、安化松针、信阳毛尖等。

黄绿型：鲜叶新鲜，一芽二三叶，绿茶制法，为大众化绿茶的典型汤色，有烘青、眉茶、珠茶等。

杏黄型：鲜叶幼嫩，为全芽或一芽一叶初展，黄茶做法，属高级黄茶的典型汤色。属此色型的有蒙顶黄芽、君山银针、莫干黄芽、建德苞茶等。

微黄型：鲜叶柔嫩，制造经萎凋、干燥两道工序，白茶制法，属高档白茶的典型汤色。如白毫银针、白牡丹等。

金黄型：俗称茶油色。鲜叶具一定成熟度，青茶制法或经压造加工。属此类型的有铁观音、黄棪、闽南青茶、广东青茶等。

橙黄型：属此型的茶类较多，黄茶、青茶、紧压茶等的汤色均可为橙黄色。如大叶青、沩山毛尖、闽北青茶、武夷岩茶、沱茶、茯砖茶等。

橙红型：制造中经渥堆和压制加工，如花砖茶、康砖茶；或精制中火工饱足的青茶类。

红亮型：鲜叶较嫩，新鲜，红茶制法，制造及时合理，干茶色泽黑褐油润、滋味醇厚、叶底红亮、质量较好的工夫红茶常呈红亮型汤色。

红艳型：鲜叶较嫩，内含物丰富，尤其是多酚类、儿茶素的含量高，鲜叶新鲜，红茶制法，制造经快速揉切，前后工序及时合理，滋味浓、强、鲜爽，叶底红艳的优质红碎茶常呈红艳型汤色。红艳型也是高级工夫红茶的典型汤色。

深红型：鲜叶较老，加工中经压制工序。如方包茶、红砖茶、六堡茶等。

### （三）叶底色泽类型

按各种茶叶正常叶底色泽的呈色特点分类列举如下。

嫩黄型：鲜叶柔嫩，为一芽二叶初展，是高级黄茶典型的叶底色泽，部分绿茶的叶底也呈嫩黄型。如黄茶类中的君山银针、蒙顶黄芽、莫干黄芽；绿茶类中的黄山特级毛峰等。

嫩绿型：鲜叶为一芽一二叶，新鲜，绿茶制法，制工讲究，大多数高级绿茶属此类型。如猴魁、甘露、雨花茶、银峰、庐山云雾、各种毛尖及毛峰等。

黄绿型：鲜叶为一芽二三叶，新鲜，绿茶制法，属此类型的有珠茶、雨茶、小兰花茶等。

翠绿型：鲜叶细嫩，新鲜，绿茶制法，工艺讲究得法，具杏绿的汤色。如高级龙井、六安瓜片、天山绿茶等。

鲜绿型：鲜叶深绿色，蒸青绿茶制法，采用蒸汽热在短时间内迅速彻底地破坏酶活性，工艺讲究，保持近似鲜叶的绿色。高级蒸青绿茶如玉露、高级煎茶、碾茶、抹茶等属此类型。

绿亮型：鲜叶绿色，厚实，新鲜，绿茶制法，加工及时合理。此类型的茶有旗枪、松萝、高级烘青等。

绿叶红镶边型：鲜叶绿色，有一定成熟度，青茶制法，制工讲究，为青茶的典型叶底色泽。绝大多数青茶属此类型。

黄褐型：鲜叶较老，黄茶或黑茶制法。属该类型的有黄大茶、方包茶及中低级黑毛茶等。

棕褐型：加工有压造过程。属此类型的茶有芽细、康砖茶、金尖等。

黑褐型：包括暗褐色。鲜叶粗老，制茶中有渥堆或陈醇化过程，在湿热条件下形成有色物质，使干茶颜色加深，叶底变暗。属该类型的有黑砖茶、茯砖茶、六堡茶等。

红亮型：鲜叶较嫩、新鲜，红茶制法，加工及时合理，具干茶乌黑油润、味醇厚、汤红亮的特点。属优良工夫红茶典型的叶底色泽。

红艳型：鲜叶内含物丰富，尤其是多酚类、儿茶素的含量高，红茶制法，加工及时合理，具滋味浓、强、鲜，汤红艳的特点。属红碎茶最优的叶底色泽。

# 第二节 茶叶香气

茶叶香气是由性质不同、含量差异悬殊的众多物质组成的混合物。迄今为止已鉴定的茶叶香气物质约有 700 种，但主要成分仅为数十种（山西贞，1994）。其中鲜叶中的香气种类较少，有近 100 种，绿茶有 200 多种，红茶有 400 多种。随着分析检测技术的不断发展及研究的不断深入，新的香气物质还在不断发现。根据气相色谱、质谱、红外光谱、紫外光谱及核磁共振分析，茶叶中的芳香物质包括烃类、醇类、酮类、酸类、醛类、酯类、内酯类、酚类、过氧化物类、含硫化合物类、吡啶类、吡嗪类、喹啉类、芳胺类等。茶叶香气成分虽然很多，但其含量却是微乎其微，鲜叶中仅有 0.03%～0.05%（占干物）、绿茶中仅有 0.005%～0.01%（占干物）、红茶中仅有 0.01%～0.03%（占干物）。

## 一、茶叶香气的化学物质基础

茶叶香气的化学成分，按其结构特点大致可分为 4 类。

**1. 脂肪类衍生物** 重要的有顺-3-己烯醇（又称青叶醇）、反-2-己烯醛（又称青叶醛）、顺-3-己烯醛、正己醛、正己酸、顺-3-己烯酸等，其中顺-3-己烯醇占茶鲜叶挥发性物质的 60%，另外还有茉莉酮、α-紫罗酮、β-紫罗酮、茶螺烯酮、二氢海葵内酯等脂环类衍生物，该类物质对红茶香气特征的形成有重要影响。

**2. 萜烯类衍生物** 主要是单萜烯类，包括芳樟醇、香叶醇（又称牻牛儿醇）、橙花醇（又称刘萱醇）、芳香醇等以及它们的乙酸酯类，如乙酸芳樟酯、乙酸香叶酯等，其中芳樟醇与香叶醇最为重要，芳樟醇在斯里兰卡红茶中占芳香物质总量的 20% 以上，在绿茶中占 10% 左右。

**3. 芳香族衍生物** 主要有苯乙醛、苯甲醛、苯甲醇、α-苯乙醇、苯甲酸甲酯、乙酸苯甲酯等化合物。

**4. 含氮、氧的杂环类化合物** 主要是吡嗪、吡啶、吡喃类衍生物及吲哚、喹啉等化合物。

我国茶类花色品种繁多，它们具有各种各样的香型，而各种香型都具有一定的物质基础。山西贞曾列出了与某些香型相对应的主要香气成分（表 2-14），由于各类香气之间的平衡及各种成分相对比例的不同，便形成了各种茶叶的香气特征。Yang 等（2013）归纳总结了茶汤中部分特征性香气物质的香型及阈值（表 2-15）。

表 2-14 茶叶某些香型所对应的主要香气成分

| 香气特征 | 相对应的有关成分 |
| --- | --- |
| 嫩茶的鲜爽型清香 | 顺-3-己烯醇、其他的六碳醇及其六碳酸与六碳酯类、反-2-六碳酸与六碳酯类 |
| 铃兰类的鲜爽型花香 | 芳樟醇 |

（续）

| 香气特征 | 相对应的有关成分 |
|---|---|
| 蔷薇类的柔和花香 | α-苯乙醇、香叶醇 |
| 茉莉、栀子类的甜醇浓郁花香 | β-紫罗酮及其他紫罗酮衍生物、顺茉莉酮、茉莉酮酸甲酯 |
| 果味香 | 茉莉内酯及其他内酯类、茶螺烯酮及其他紫罗酮类化合物 |
| 木质气味 | 倍半萜等碳氢化合物、苯乙烯（4-乙烯苯酚） |
| 重青苦气味 | 吲哚、其他未知物质 |
| 焦糖香及烘炒香 | 吡嗪类、呋喃类 |
| 贮藏中增加的陈气味 | 反-2，顺-4-庚二烯醛、5,6-环氧-β-紫罗酮 |
| 青草气和粗青气 | 正己醛、异戊醇、顺-3-己烯醛等 |

资料来源：山西贞，1994。

表 2-15　茶叶中主要芳香物质的香型及阈值

| 芳香成分 | 香型 | 阈值（水溶液，μg/L） |
|---|---|---|
| 己醇 | 青气、青草气 | 92～97 |
| 己醛 | 青气、青草气、金属味 | 10 |
| 反-2-己烯醛 | 青气、果香 | 190 |
| 顺-3-己烯醛 | 清新、水果青气 | 13 |
| 茉莉酸甲酯 | 甜香、似花香 | 未检测 |
| 芳樟醇 | 似花香、似柠檬香 | 0.6 |
| 芳樟醇氧化物 | 似甜花香、柠檬香、果香 | 未检测 |
| 香叶醇 | 似花香、似玫瑰香 | 3.2 |
| α-苯乙醇 | 花香、似玫瑰香、似蜜香 | 1 000 |
| 苯甲醇 | 甜香、果香 | 未检测 |
| 苯乙醛 | 似蜜香 | 未检测 |
| 香豆素 | 甜香、似樟脑香 | 0.02 |
| β-紫罗酮 | 木香、似紫罗兰香 | 0.2 |
| 达马烯酮 | 似蜜香、果香 | 0.004 |

资料来源：Yang，2013。

茶叶中的香气除了芳香物质外，某些氨基酸如谷氨酸、丙氨酸和苯丙氨酸等也具有花香，某些糖具有甜香，糖和果胶等在一定程度上焦化后具有焦糖香等，它们都有一定的助香作用。

## （一）绿茶香气的化学物质基础

绿茶香气的主体是芳香物质，其中有的是鲜叶中原有的，有的是制茶过程中形成的，但由于绿茶加工的第一道工序就使酶失活，所以绿茶香气的大部分组分是鲜叶中原有的，而在加工中所形成的香气物质较其他茶类少。

绿茶花色品种众多，其香型及香气组成各异。早在 20 世纪 60 年代初期，Kiri-buehi T. 等从绿茶中分离出二甲硫，并认为它是绿茶清香的缘由。武居蓉子等研究表明，春季绿茶的典型新茶香是由顺-3-己酸乙烯酯和反-2-己烯酸、顺-3-己烯酯等化合物所构成。山西贞研究证实，构成春季绿茶清香的组分主要是顺-3-己烯醇及其酯类、吲哚及二甲硫等。小营充子等对我国碧螺春、黄山毛峰的香气与日本的薮北种进行了对比分析，结果证实碧螺春含低沸点的清香组分较多，其中以甘甜清香为特征的五碳醇的含量特别高；而黄山毛峰具玫瑰花香，其以高沸点的糖香化合物为主，如具蜜糖香的苯乙醇、苯甲醇及 β-紫罗酮和顺-茉莉酮的含量均较高，还有香叶醇的含量也特别高，为碧螺春的 2.5 倍。日本绿茶中含量最多的芳樟醇及其氧化物、橙花叔醇和吲哚等物质却在碧螺春和黄山毛峰中的含量都较低。川上美智子等对中国龙井茶与日本釜炒茶（薮北种）的香气进行了对比分析，从龙井茶中分离出了 100 多种香气成分，其芳香物质的总量为日本釜炒茶的 3 倍多，其中芳樟醇及其氧化物、香叶醇和 α-苯乙醇均比釜炒茶多，而顺-3-己烯醇、顺-茉莉酮、橙花叔醇、吲哚以及苯基氰化物较少。中国龙井茶与日本煎茶相比（山西贞，1994），煎茶由于采取蒸青工序，其含硫香气成分如硫化氢、二甲硫等的含量较高，而龙井茶中芳樟醇、香叶醇、苯乙醇等花香型成分以及吡嗪、吡咯类焦香型成分的含量明显高于煎茶。日本田中伸三等研究，用同一品种鲜叶分别制造釜炒茶和蒸青煎茶，虽然两种茶的芳香物质种类相同，但是釜炒茶含有较多的顺-3-己烯醇、吡嗪及吡咯类等焙炒香成分，而煎茶却含有较多的顺-3-己烯己酸酯、顺-3-己烯苯甲酸酯、橙花叔醇、β-紫罗酮＋顺-茉莉酮、芳樟醇及其氧化物等成分，两种茶香气成分含量的侧重不同，使其香气有明显的差异，釜炒茶带焙炒香，煎茶却有青香气。竹尾忠一将同一品种鲜叶分别加工成蒸青玉绿茶和炒青茶，分析表明，蒸青玉绿茶香气成分种类、含量都较少，低沸点有青气的成分保留较多，茶叶香气不高，常有青气；而炒青茶中低沸点青草气大部分挥发，高沸点香气成分较多，如芳樟醇及其氧化物、香叶醇、α-苯乙醇、苯甲醇、橙花叔醇等的含量较高，同时带焦糖香味的吡嗪和吡咯类化合物的含量亦高，所以炒青茶往往带熟板栗香。韩国 Jaksol 茶为其绿茶之珍品，具有花香和清香，用 GC-MS 进行分离和鉴定的结果表明，Jaksol 茶香气浓缩物的主要成分是香叶醇、苯甲醇、苯乙酸和吲哚等（Chol Sung-Hoo，1996）。

绿茶香气构成除以芳香物质为主体外，还有一些非芳香物质也参与其香气形成，有些氨基酸在热的作用下氧化转变成有香气的物质，如亮氨酸氧化后生成异戊醛、苯丙氨酸氧化后生成苯乙醛，蛋白质水解为氨基酸后可与儿茶素氧化时产生的邻醌作用形成苹果香等，这些都有益于增进绿茶香气。另外糖类也参与绿茶香气构成，因糖类在烘炒过程中受热焦糖化，依焦糖化程度的不同而散发出不同的香气，如熟板栗香、甜香、高火香、老火香、焦烟气等。有些糖类与氨基酸在热的作用下还可形成有益于香气的糖胺化合物，如茶氨酸与葡萄糖缩合形成 1-脱氧基-1-L-茶氨酸-D-吡喃果糖。因此在绿茶烘炒过程中，只要掌握好"火候"，则可大大促进香气的形成，而赋予成茶以十分幽雅和诱人的香型。

## （二）红茶香气的化学物质基础

红茶中的香气物质部分是鲜叶中含有的，绝大部分是在制造过程中由其他物质变化而来。红茶香气成分的形成和转化较其他茶类充分，导致红茶香气成分种类多，含量亦较其他茶类为高。在众多的红茶香气组分中，真正决定香气特征的在20种左右（Pandeys，1994）。据研究报道，在具有花果型甜香的斯里兰卡红茶中，以4-辛烷内酯、4-壬烷内酯、2,3-二甲基-2-壬烯-4-内酯、5-癸烷内酯、茉莉内酯和茉莉酮甲酯6种化合物的含量较高，其香气强度都胜过二氢海葵内酯和茶螺烯酮。而其中的茉莉酮甲酯和茉莉内酯又可能是决定斯里兰卡高香茶香气特征的主要成分。中国祁门红茶以蔷薇花香和浓厚的木香为其特征，其精油中以香叶醇、香叶酸、苯甲酸、苯甲醇、α-苯乙醇的含量较高。竹尾忠一研究了中国有代表性的几个产区的红茶的香气组成（表2-16），结果表明，滇红所富有的高锐的花香与其精油中的芳樟醇、香叶醇及芳樟醇氧化物含量高有关；而祁红具有的鲜爽花果香与其香叶醇、苯乙醇、苯甲醇含量高有关；闽红白琳工夫有清爽的甘草香、政和工夫有高浓的鲜甜香都与它们含有主要香气组分的数量和比例不同有关。综合以上研究结果，竹尾忠一认为，红茶有3种类型的香型：第一种是芳樟醇及其氧化物占优势，芳樟醇含量特高（如滇红）；第二种是中间型，其芳樟醇和香叶醇含量均较高；第三种是香叶醇占优势，其含量特高（如祁红）。Svivaslava提出，红茶的特征香气鲜香和花香形成的化学基础是叶中脂类的氧化降解产物，如顺-2-己烯醛、反-3-己烯醇及其酯类以及芳樟醇及其氧化物和香叶醇等单萜烯醇。

**表2-16　中国红茶主要香气组成比较**（占总峰面积的%）

| 主要香气组分 | 云南 | | 广西 | | 广东 | 福建 | | 安徽祁门 |
| --- | --- | --- | --- | --- | --- | --- | --- | --- |
| | 1 | 2 | 1 | 2 | | 1 | 2 | |
| 顺-芳樟醇氧化物 | 3.0 | 3.1 | 4.0 | 3.5 | 3.2 | 2.0 | 1.8 | 2.7 |
| 反-芳樟醇氧化物 | 10.2 | 10.0 | 9.5 | 8.0 | 7.0 | 3.5 | 3.8 | 7.3 |
| 芳樟醇 | 31.0 | 33.5 | 13.7 | 11.7 | 11.0 | 14.1 | 6.8 | 5.0 |
| 香叶醇 | 12.0 | 10.7 | 10.5 | 10.0 | 8.2 | 18.9 | 18.1 | 34.6 |
| α-苯乙醇 | 3.6 | 2.9 | 5.1 | 5.6 | 6.8 | 7.9 | 8.1 | 8.0 |
| 苯甲醇 | 3.0 | 2.7 | 6.9 | 6.8 | 8.5 | 6.6 | 7.7 | 8.5 |
| 水杨酸甲酯 | 7.3 | 7.0 | 7.9 | 6.2 | 6.7 | 2.3 | 3.2 | 5.3 |
| 苯甲醛 | 0.7 | 0.5 | 2.1 | 2.8 | 1.4 | 3.2 | 3.2 | 1.4 |
| 顺-3-己烯醇 | 3.4 | 3.2 | 1.5 | 3.8 | 5.3 | 4.8 | 4.6 | 3.0 |
| 顺-3-己烯醇酯 | 1.4 | 微量 | 微量 | 微量 | 微量 | 1.4 | 1.0 | 2.3 |
| 紫罗酮＋顺-茉莉酮 | 1.9 | 1.1 | 1.7 | 2.0 | 2.2 | 2.5 | 2.3 | 1.2 |

资料来源：竹尾忠一，1983。

Owuor（1986）分析比较了世界主要产茶国红茶的香气组成，将主要香气成分分为两组：第一组包括己醛、戊烯-2-醇、顺-3-己烯醛、反-2-己烯醛、顺-2-

戊烯醇、顺-3-己烯醇、反-2-己烯醇、戊醇、己醇及 2,4-庚二烯醛等化合物，它们对红茶特征香气很重要，但浓度过高会产生不良香气（如青草气）；第二组包括苯甲醛、芳樟醇及其氧化物、苯乙醛、水杨酸甲酯、香叶醇、香叶酸、苯甲醇及 β-紫罗酮等化合物，它们能使红茶产生甜润花香。第二组化合物总含量与第一组化合物总含量之比即为 Owuor 香气指数（FI）。一般认为 Owuor 香气指数可以反映出茶叶的香型，FI 高的红茶，其香型较好。许多研究表明，传统红茶和 CTC 红茶的香气差异明显，几乎所有的研究结果都认为，传统红茶的香气比 CTC 红茶的高，主要表现在传统红茶中芳樟醇及其氧化物、香叶醇、水杨酸甲酯等重要香气成分的含量及香气指数均明显高于 CTC 红茶（表 2-17）。

表 2-17　传统红茶和 CTC 红茶中挥发性成分的含量

（各组分色谱峰面积/内标峰面积）

| 成　分 | 阿萨姆种（汉瓦尔茶场） | | TV-2（托克莱茶叶试验站） | |
| --- | --- | --- | --- | --- |
| | 传统工艺 | CTC 工艺 | 传统工艺 | CTC 工艺 |
| 反-2-己烯醇 | 0.2 | 0.6 | 0.3 | 0.5 |
| 顺-3-己烯醇 | 2.7 | 0.6 | 0.6 | 0.2 |
| 反-2-己烯甲酯 | 1.3 | 0.3 | 0.6 | 0.2 |
| 芳樟醇氧化物（顺式呋喃型） | 0.8 | 0.3 | 0.2 | 0.1 |
| 芳樟醇氧化物（反式呋喃型） | 1.8 | 0.7 | 0.1 | 0.1 |
| 芳樟醇 | 4.1 | 1.1 | 4.1 | 1.6 |
| 苯乙醛 | 0.9 | 1.0 | 0.6 | 0.7 |
| 顺-3-己烯己酸酯 | 0.5 | 0.2 | 0.1 | 0.1 |
| 水杨酸甲酯 | 2.0 | 0.6 | 1.6 | 0.9 |
| 香叶醇 | 0.7 | 0.2 | 0.6 | 0.4 |
| 苯甲醇 | 1.0 | 0.8 | 0.1 | 0.1 |
| α-苯乙醇 | 0.8 | 0.6 | 0.1 | 0.2 |
| 顺-茉莉酮＋β-紫罗酮 | 1.6 | 1.2 | 0.1 | 0.3 |
| 各组分比值的总和 | 18.4 | 8.2 | 9.1 | 5.4 |

资料来源：Харебава，1986。

此外，鲜叶中的氨基酸、蛋白质、多酚类、类胡萝卜素等在茶叶制造中经各种化学变化后也参与香气形成，如类胡萝卜素氧化降解产生紫罗酮系化合物，后者具有浓郁的花香，其中顺-茶螺酮具有水果的甜香、反-茶螺酮具有土香、β-紫罗酮具有甘甜浓厚的茉莉香，二氢海葵内酯具有果香等，这些物质也是构成红茶香气的重要组分。另据包库恰瓦等研究报道，儿茶素氧化后在苯丙酸存在时可产生玫瑰花香、在天冬酰胺存在时可产生苹果香、在丙氨酸和缬氨酸存在时可产生特殊的花香。

## （三）乌龙茶香气的化学物质基础

乌龙茶以其特殊的天然花果香和独特的韵味而负盛名。乌龙茶为半发酵茶，综合了绿茶和红茶的制法特点，形成了独特的香气特征。

台湾包种茶由于其特殊的制茶方式及种性，以具有花香而著称，山西贞（1979、1994）研究了包种茶的香气组成，其中橙花叔醇、茉莉内酯、苯甲基氰化物、吲哚的含量很高，芳樟醇氧化物、3,7-二甲基-1,5,7-辛三烯-3-醇的含量比日本绿茶中的高，茉莉内酯和茉莉酮酸甲酯的含量比茉莉花茶中的还高得多。此外，橙花叔醇、芳樟醇氧化物、香叶醇、吲哚等的含量也比茉莉花茶中的高。1981—1983年，竹尾忠一先后研究了福建铁观音和台湾乌龙茶的香气成分，结果表明，福建铁观音中橙花叔醇和吲哚的含量特别高，而且以这两种成分高者为上品。台湾乌龙茶则以芳樟醇及其氧化物比例高，而橙花叔醇、吲哚及顺-茉莉酮几乎检不出来。骆少君等（1987）分析我国有代表性的乌龙茶品种铁观音、黄棪、毛蟹和水仙的香气表明，这些乌龙茶都富含橙花叔醇、顺-茉莉内酯、顺-茉莉酮或β-紫罗酮、法尼烯、芳樟醇及其氧化物、3,7-二甲基-1,5,7-辛三烯-3-醇、苯乙醛、α-萜品醇、乙酸苄酯、香叶醇、苯甲醇、α-苯乙醇、苯乙腈和吲哚等香气成分。与其他茶类相比，乌龙茶的香气成分比较丰富，不同品种有比较明显的香气组成特征，而且同一品种的香气组成与其品质等级具一定的相关性。最突出的特点是，橙花叔醇几乎是大部分品种乌龙茶香气的最主要特征成分，在有的品种中占到香气成分总含量的50%。

各种乌龙茶因品种、产地及发酵程度的不同而表现出各自所侧重的香气特征，特别是受发酵程度的影响极大。一般而言，发酵程度轻的，其香气特征接近包种茶的风格，如在发酵较轻的福建铁观音中检出了橙花叔醇、茉莉内酯和吲哚；而发酵程度重的，则接近红茶的香气组成，如在发酵较重的台湾乌龙茶中含有较多的芳樟醇及其氧化物、香叶醇、苯甲醇等成分，而未检出（或检出量很少）橙花叔醇、茉莉内酯和吲哚。

## （四）茉莉花茶香气的化学物质基础

茉莉花茶香气成分主要来自窨花过程中吸收的花香，香气物质含量占干物质的0.06%～0.4%，是各种茶叶中香气物质含量最高的。山西贞等分析了茉莉花茶的香气，结果表明，茉莉花茶的香气具有茉莉花香精油组成的特点，以乙酸苯甲酯最多，占总量的40%～60%，其次是芳樟醇及其衍生物，占10%左右，还有约6%的苯甲醇。中国茉莉花茶的主要香气成分约有40种，含量较高的有芳樟醇、乙酸苯甲酯、苯甲酸（顺）-3-己烯酯、邻氨基苯甲酸甲酯、乙酸（顺）-3-己烯酯、顺-3-己烯醇、苯甲酸酯、水杨酸甲酯、吲哚等，这些化合物的含量随窨次、配花量的增加而增加，香气组分也随窨次、配花量的递增而发生一定的变化。递增的有乙酸苯甲酯、α-法尼烯、苯甲酸（顺）-3-己烯酯、顺-茉莉酮＋β-紫罗酮等，递减的有芳樟醇、顺-3-己烯醇乙酸酯等。

具有独特香气的印度尼西亚茉莉花茶是由炒青茶坯与两种茉莉花（分别为白花和红花）窨制而成，产品的香气由三者的混合比例所决定，其中芳樟醇、苯乙酸酯、苯甲酸-(Z)-3-己烯酯、顺-茉莉酮及几种倍半萜烯的含量都较高，与白花相比，红花中含有较高的苯乙酸酯、茉莉内酯和甲基茉莉酮酯。

### （五）黑茶香气的化学物质基础

黑茶是我国独有的茶类，独特的加工工艺形成了其特有的香气特征。不同产地黑茶的感官香气特征鲜明，成为区分不同黑茶产品的重要指标。例如，湖南湘尖茶和千两茶、湖北青砖茶、四川南路边茶、云南普洱茶（熟茶）、广西六堡茶等都具有能相互区分的特有的陈香，茯砖茶具有特殊的"菌花香"。有研究证实，陈香特征与1,2,3-三甲氧基苯、1,2,4-三甲氧基苯、3,4-二甲氧基苯、4-乙基-1,2-二甲氧基苯等芳香族化合物相关，而"菌花香"特征则与烯醛类化合物相关。

王华夫等在分析湖南黑毛茶的香气时鉴定出6-甲基-5-庚烯-2-酮、间苯三酚、荜澄茄油烯、N,N-二甲基-2-嘧啶酰胺、邻甲酚、3-氨基-4-甲基苯酚、二苯并呋喃等在绿茶中未检测到的香气成分。邹瑶等研究比较了湖南与四川黑茶的香气成分差异，表明四川黑茶中酸类、醛类香气成分的含量较高。

王华夫等研究茯砖茶发花过程香气物质的变化，发现醛、酮类和2,5-二甲基吡嗪、2,6-二甲基吡嗪等杂环化合物的含量均随茯砖茶发花工序的进行而有所增加，而对"菌花香"有重要贡献的（反，顺）-2,4-庚二烯醛、（反，反）-2,4-庚二烯醛以及（反，反）-2,4-壬二烯醛等化合物的含量增加显著。

颜鸿飞等分析发现，湖南茯砖茶香气成分以醛类和酮类为主，其中（反，反）-2,4-庚二烯醛、甲基庚烯酮、2-戊基呋喃、香叶基丙酮、（E，E）-3,5-辛二烯-2-酮、6-甲基-3,5-庚二烯-2-酮等的含量较高。另外，有研究显示，与茯砖茶菌花香密切相关的烯醛类物质只在新茶中被发现，在陈茶中未检测到。

李勤等研究茯砖茶加工过程中特征香气物质的动态变化，发现醇类、内酯、醛类、酮类、烃类和杂氧类挥发性成分含量在加工过程中逐渐降低，而酯类挥发性成分含量显著升高。加工前期以"青草气"占主导地位，而加工后期以"菌花香""薄荷香"和"木香"等为主。其中，"青草气"主要与苯甲醇和己醛等12种醇类和醛类化合物有关，"菌花香"和"薄荷香"主要与芳樟醇、苯乙酮和水杨酸甲酯有关，而"木香"主要与雪松醇有关。

有研究表明，普洱熟茶的陈香以甲氧基苯以及萜烯类等物质为特征成分。吕海鹏采用SPME-GC-TOF-MS法分析发现，普洱茶的陈香成分以杂氧化合物和醇类为主，具陈香特征的普洱茶中，$\beta$-芳樟醇、癸醛、壬醛、水杨酸甲酯、3,4-二甲氧基苯、4-乙基-1,2-二甲氧基苯，以及2,6-二叔丁基对甲苯酚的含量明显高于不具陈香特征的普洱茶。

陈梅春等采用SPME-GC-MS分析发现，陈年普洱茶的香气成分以高沸点的芳烃类及其衍生物和萜烯类化合物为主，以酯类及其衍生物为辅。而2,2,5,5-四甲基联苯和1,2,3-三甲基-4-丙烯基萘是芳烃类及其衍生物的主体，$\alpha$-雪松烯和长叶烯两种异构体是萜烯类化合物的主体。

陈文品等分析比较了两种不同风格六堡茶的香气组分，结果显示，在具有槟榔香的六堡茶中检测出具花果香的芳樟醇和D-柠檬精油等成分的含量较高，而在菌香韵六堡茶中则检出较高含量的醇类化合物 3-甲氧基-1,2-丙二醇,并检测到吡咯、1-乙基吡咯等成分。

Lv 等采用 SPME-GC-TOF-MS 分析了茯砖茶与普洱茶挥发性成分组成,发现甲氧基苯类是普洱茶中主要挥发性成分,而酮类是茯砖茶中主要挥发性成分。其中,1,2,3-三甲氧基苯、棕榈酸和 1,2,4-三甲氧基苯是普洱茶中主要挥发性化合物,而 β-紫罗酮、香叶基丙酮和二氢猕猴桃内酯是茯砖茶中主要挥发性化合物。

Shi 等采用 SDE-GC×GC-Q-TOF 分析了茯砖茶与普洱茶挥发性成分组成,发现茯砖茶中烯酮类、酮类、醛类、烯醛类挥发性成分含量显著高于普洱茶。其中,壬醛和 2-己烯醛在茯砖茶中的含量显著高于普洱茶,而苯甲醛和苯乙醛在普洱茶中的含量显著高于茯砖茶。

## 二、影响茶叶香气的主要因素

茶叶香气组成复杂,香气形成受许多因素的影响,不同茶类、不同产地的茶叶均具有各自独特的香气。例如,红茶香气常用"馥郁""鲜甜"来描述,而绿茶香气常用"鲜嫩""清香"来表达,不同产地茶叶所具有的独特的香气常用地域香来形容,如祁门红茶的"祁门香"等。总之,任何一种特有的香气都是该茶所含芳香物质的综合表现,也是品种、栽培技术、采摘质量、加工工艺及贮藏等因素综合影响的结果。

### (一) 品种与香气

鲜叶中的芳香物质是形成茶叶香气的物质基础,由于茶树品种不同,其鲜叶中的芳香物质及与茶叶香气形成有关的其他成分如蛋白质、氨基酸、糖及多酚类等的含量不同,即使采用相同的加工方法,所制得成品茶的香气也不一样,单就香气品质而言,不同品种也具有各自的适制性。

研究表明,红茶香气与茶树品种有密切的关系,品种不同,红茶的香气特征有明显差异。中国的祁门红茶、印度的大吉岭红茶以及斯里兰卡的乌瓦红茶乃世界著名的三大高香红茶,祁门红茶和大吉岭红茶为小叶种茶 (Camellia sinensis) 所制,而乌瓦红茶为大叶种茶 (Camellia sinensis var. assamica) 所制。祁门红茶精油中香叶醇、苯甲醇及 α-苯乙醇的含量较高,致使其富有蔷薇花香和浓厚的木香;而乌瓦红茶精油中芳樟醇及其氧化物、茉莉内酯、茉莉酮酸甲酯等化合物的含量丰富,使其具有清爽的铃兰花香和甜润浓郁的茉莉花香;大吉岭红茶品种原是从中国祁门移植培育而成的,故其香气特征为上述两种红茶的中间型,含有芳樟醇、香叶醇、苯甲醇及 α-苯乙醇等成分。Clonghley J. B. 等分析 7 个无性系红茶的挥发性化合物的结果表明,用中国类型茶树鲜叶所制的红茶以香叶醇居多,而阿萨姆类型的则以芳樟醇居多。分析中国云南、广西、广东、安徽祁门和福建红茶的香气组成的结果依然表明,品种与印度茶相似的云南、广东、广西红茶中的芳樟醇及其氧化物居多,而中小叶种的福建、祁门红茶中的香叶醇居多。据此,竹尾忠一指出

（1996），不同栽培品种中，决定茶叶香气的单萜烯醇受茶树品种的影响很大，阿萨姆种茶树的香气以芳樟醇及其氧化物为主，中国种茶树的香气以香叶醇为主，而印度大吉岭茶树则是芳樟醇和香叶醇并存，由于这两种萜烯醇数量的差异与制成红茶或半发酵茶的花香特征密切相关，因此他提出以萜烯指数［$TI＝$芳樟醇/（香叶醇＋芳樟醇）］来表示茶树的种类、其传播途径及商品茶的香气特征，$TI$ 值高，则香气馥郁宜人；$TI$ 值低，则香气高锐。

刘春丽等测定比较了武夷山地区生产的红茶金骏眉及采用同样工艺技术在云南以云南大叶种茶树同等嫩度的鲜叶为原料所生产红茶的香气成分的差异，结果显示，芳樟醇（27.9 $\mu g/g$）、芳樟醇氧化物（14.5 $\mu g/g$）、香叶醇（9.85 $\mu g/g$）、$\alpha$-松油醇（4.28 $\mu g/g$）、苯乙醛（3.79 $\mu g/g$）、2-己烯醛（3.34 $\mu g/g$）、苯乙醇（2.72 $\mu g/g$）占云南红茶香气挥发油的 54.9%，与武夷山金骏眉主要香气成分的组成相似，但含量差别较大，武夷山金骏眉香叶醇含量高达（51.6 $\mu g/g$），是云南红茶香叶醇含量的 5 倍左右，但芳樟醇（12.4 $\mu g/g$）的含量远低于云南红茶（27.9 $\mu g/g$）。在武夷山金骏眉中检测到的醇类香气成分 3-戊烯醇、3-甲基丁醇、戊醇、2-戊烯醇、（Z）-3-己烯醇、2,5-二甲基吡嗪、6-甲基-5-庚烯-2-酮、顺-柠檬醛、$\delta$-杜松萜烯、苯甲醇、6,10,14-三甲基-2-十五酮在云南红茶中未检测到。这些香气成分的差异主要来源于茶树品种的不同，云南红茶是用大叶种茶树鲜叶加工而成，萜烯指数为 0.74，武夷山金骏眉用小叶种茶树鲜叶加工，两者在香气前体物质组成、含量和糖苷水解酶活性上存在差异。

西条了康研究表明，红茶适制品种（红誉）和绿茶适制品种（三籽）间，芳香物质总量和组分均有差异，红誉所制红茶其香气有较多的反-2-己烯醛、顺-2-戊烯醇、正己醇等，而三籽所制红茶，则以乙酸、水杨酸甲酯等成分较多。池田奈实子等（1993）考察了因配糖体的酸水解而生成的茶叶香气成分的品种间差异，发现红光、红誉、红富士、直锦、印杂 131 等阿萨姆杂种中橙花叔醇的生成量极少，而在中国种中较高，特别是适制绿茶的数北、朝露、奥绿等品种中橙花叔醇的生成量均较高，因此认为橙花叔醇是反映绿茶香气好坏的一个指标。游小清等在对安徽绿茶品种的香气分析中也发现，具有兰花香型的名优绿茶中橙花叔醇的含量较高。

乌龙茶的香气受品种的影响也十分明显，如适制青茶的铁观音品种制成的铁观音具爽快的兰花香、水仙品种制的凤凰单丛具黄枝花香，梅占品种制的青茶具玉兰花香、黄棪品种制的青茶具蜜桃香或桂花香，佛手品种制的青茶有雪梨香等。

即使同一品种，其鲜叶因颜色等的分化，也导致香型的变化。游小清等分析了龙井长叶春季紫、绿色鲜叶及其烘青茶的香气差异，发现绿色鲜叶中脂肪族醇类的含量几乎是紫色叶的 2 倍，此外，醛酮类、酯类及含氮化合物的含量也高于紫色鲜叶的，相反，紫色鲜叶中萜烯类的含量却较高，紫色鲜叶中 35 种化合物的总量仅为绿色叶的 65% 左右。绿色鲜叶制的烘青茶中顺-3-己烯酸己烯酯、顺-3-己烯醇的含量均明显高于紫色鲜叶所制的烘青茶，这两种物质能在一定程度上反映绿茶的嫩香和清香。另外，沸点较高的橙花叔醇、$\beta$-紫罗酮、顺-茉莉酮等香气物质在绿色鲜叶烘青茶中的含量也较高，因而使绿色鲜叶所制烘青茶的香气较为持久。

### （二）栽培条件与香气

**1. 海拔高度对香气的影响** 茶树生长在不同环境中，将导致其香气特点产生明显的差异。海拔高度的影响，主要是气候条件综合作用的结果。在高山茶园，茶树生长在云雾弥漫，空气湿度高，日照较短、较弱，多蓝紫光及昼夜温差大的环境中，蛋白质、氨基酸及芳香油等物质的形成较多，而糖类、多酚类含量较少，叶质柔软，持嫩性好，用这种鲜叶制绿茶香高品质好，如做红茶香气不如绿茶。山西贞和 Fermando 等研究了山区高地与茶叶香气成分的关系，结果表明，高山茶芳樟醇的含量高，而反 - 2 - 己烯醛的含量较低。Owuor 等测定了 10 km 半径范围内平均海拔高度分别为 1 860 m、1 940 m、2 120 m 和 2 180 m 茶园中生长的 3 个无性品系所制得 CTC 红茶的挥发性香气成分（$VFC$）及香气指数（$FI$），结果表明，第一组 $VFC$ 随海拔下降而增加，第二组 $VFC$、$FI$ 都随海拔上升而增加。李名君等（1988）在研究海拔高度对红壤茶园茶叶品质的影响时也得出了相同的结论，试验表明，同样的土壤，在高海拔条件下，茶树形成了较多的高沸点香气物质，它们都是香高而持久的成分。相反，在低海拔条件下，茶树则大量形成低沸点香气成分，而高沸点成分无论在含量或种类上都不及高海拔的。江口英雄等比较了相同栽培区域中茶鲜叶蒸青样和毛茶中的香气成分，试验发现，庚醛无论在蒸青叶还是毛茶中均有随海拔高度增加而增加的趋势，并且在从采摘到制造的整个过程中的变化很小，因此认为庚醛可作为反映海拔高度的一个指标。Wickremasinghe R. L. 在研究高山茶叶香气形成机理后指出，山区低温，茶树生长缓慢是形成高山茶香的主要原因。

许多香气独特的名优茶均出自高海拔的生态环境中，如黄山毛峰、庐山云雾、齐云山瓜片、武夷岩茶等。有些地方海拔虽不高，但气候、土壤条件与"高山"相类似，如驰名中外的屯绿高档茶产区——凫溪口、流口，龙井高档茶产地狮峰，海拔不高，但微域气候好，绿茶香气自然不亚于高山茶。

**2. 季节对香气的影响** 茶叶香气受季节影响，不同季节其温度、湿度、雨量、日照强度、光的性质均有变化。我国茶区季节性明显，一般而言，春茶香气高，秋茶次之，夏茶低。各季茶芳香物质的种类及含量均不相同，春茶含有己烯醛、戊烯醇等有青香气或清香的物质，并含有具新茶香和花香的正壬醛、己烯己酸酯、二甲硫、芳樟醇、香叶醇等，这些成分在夏秋茶中很少，但秋茶中含有较多的苯乙醇、苯乙醛、乙酸异戊酯等具花香的成分，因此，我国一些产区的秋茶有很好的花香，俗称"秋香"。大吉岭茶香气的季节变化与我国相类似，春季（3—5 月）气候凉爽，所产茶叶香气高锐，随着雨量增加，气温上升，茶树生长加速，茶香越来越低，直至 9 月中旬，雨季终止，温度开始下降，茶树生长减慢，香气回升而出现"秋香茶"。

Mridul H. 和 Mahanta 等研究印度、斯里兰卡茶叶在不同季节的香气变化表明，第一轮茶叶中所有香气成分的含量都较高，而干季的第二轮茶（5—6 月）中芳樟醇及其氧化物、香叶醇等单萜烯类的含量较高。而且，不论高山或平地，都是干季鲜叶的香气优于雨季（7—8 月）。

Wickremashingh R.L. 研究气象因子对茶叶香气成分形成的影响，结果表明，茶叶中的叶绿素、亮氨酸、α-丙氨酸、α-异己酮酸以及类胡萝卜素、β-紫罗酮、二氢海葵内酯、茶螺烯酮、β-香树精、乙酸、反-2-己烯醛和苯甲醛等均随气候条件的变化而变化。在进一步探讨气象因子与茶叶香气物质形成机制的关系后指出，叶绿体膜外的亮氨酸合成途径比膜内的乙酸盐合成途径能合成更多的萜烯类，在高香季节里，由于气候晴朗、凉爽，叶片气孔常关闭，叶绿素含量低，降低了乙酸盐合成途径的代谢，同化二氧化碳的能力也降低，使茶树生长缓慢，而叶绿体膜外的亮氨酸合成途径不受或少受影响，因此有利于香气的生物合成。高湿、阴雨的季节，茶树生长迅速，乙酸盐合成途径代谢旺盛，相对削弱了叶绿体膜外的亮氨酸途径，不利于香气物质的形成与积累。

**3. 茶园土壤性状对香气的影响** 土质条件对乌龙茶的香气品质具有明显影响。如名茶之乡安溪的西坪、感德、祥华等高山茶园，土层深厚，多为山地棕壤，质地为沙质壤土，表层有机质含量较多，矿质营养丰富，pH 4.5～6.5，不仅适宜茶树生长，而且加工的乌龙茶品质优异。在闻名遐迩的武夷岩茶产地，茶树生长于峰峦岩壑之间，土壤多为岩石风化的暗色茶坛土，土层深厚，富含有机质和各种矿物元素，对岩茶优良品质的形成起到了至关重要的作用。但全山茶园土壤差异仍然很大，有正岩、半岩、洲茶、外山之分，对品质的影响也十分明显。同是一个品种，如肉桂和水仙，种植在不同地点，其品质差异很大。如武夷山市茶叶研究所在九曲溪沿岸有肉桂品种茶园 18 片，不同片的鲜叶原料所加工的毛茶品质却不尽相同，而每一地段每年的品质都较稳定，形成各个山头的特征香味。其中，品质优者，其土壤为灰棕壤，土质疏松，有半风化的沙砾石块，茶树长势尚好。品质一般者，其土质为沙壤土，土层深达 1 m 以上，土质比较肥沃，有沉积淤泥，茶树生长旺盛。同一良种，因土质不同形成不同品质风格，其鲜叶原料仅在萎凋时就会表现出明显差异，一般正岩茶青，经阳光照晒 30 min 左右就有清香味，而一般外山茶青则无明显品种香。可见土质是岩茶香气品质形成的一个重要外因。

## （三）栽培管理措施与香气

施肥与否、施肥种类与数量均影响茶叶香气，通常施氮素肥料可促使鲜叶中蛋白质、氨基酸含量增加，而使多酚类含量较低，这种鲜叶制绿茶香高、味醇、品质好。在施用一定量氮素肥料的同时，配合施磷肥可促进多酚类、儿茶素的形成与积累，而蛋白质等含氮物质相对减少，有利于提高红茶香气品质。

山西贞研究表明，茶园多施肥后清香型香气含量下降，而高沸点的紫罗酮系化合物的含量上升。竹井瑶子等就不同施肥量（重肥、标准肥和不施肥）对煎茶香气组分的影响进行了比较，试验表明，施肥的煎茶中的芳香物质的含量较高，而不施肥的煎茶则较低；重肥栽培的煎茶中吲哚含量高，赋予高香的 β-紫罗酮、5,6-环氧-β-紫罗酮、二氢海葵内酯等紫罗酮系列化合物亦高，而具鲜爽香的顺-3-己烯酯等的含量低；不施肥的煎茶与施重肥的煎茶的香气组成大体成相反的趋势，紫罗酮系化合物少，己烯酯略高，且与感官审评的结果相吻合。Owuor等研究了大量施氮及不同氮肥对茶叶脂肪酸的影响，结果表明，除棕榈油酸外，其他不饱和脂肪酸（亚麻酸、亚油酸、棕榈酸、硬脂酸、油酸）的含量都随施氮量的增加而增加，而茶叶中的不饱和脂肪酸在红茶加工过程中由于脂肪氧合酶的作用，将产生对茶叶品质具不良影响的挥发性物质。由此证明大量施氮肥引起红茶香气品质下降的原因之一是增加了茶叶中不饱和脂肪酸的含量。

赵和涛、游小清等探讨了茶园施肥对祁门红茶香气品质的影响，结果表明，单施尿素的红茶中，顺-3-己烯醇、反-2-己烯醛、己醛、戊醇、2,4-庚二醛等带青草气的第一组化合物及呋喃、吡嗪、吡咯类等带有焦味的化合物的含量偏高，Owuor香气指数偏低（为5.23），"祁红香"不突出。全年施用有机肥的红茶中，香叶醇、香叶酸、苯乙醇、芳樟醇及其氧化物等第二组化合物的含量高，香气指数高（为8.52），红茶甜香突出，具有明显的"祁门香"特征。茶叶中胡萝卜素的氧化降解产物对红茶香气具有很重要的影响，虽然施尿素处理的红茶，其胡萝卜素的降解产物紫罗酮系化合物大多表现为含量较高，但与红茶香气密切相关的二氢海葵内酯则是施有机肥的红茶中含量较高。有研究表明，吡嗪类、吡咯类、吡喃类化合物大量形成将出现焦味，而这些物质在施尿素茶园采制的红茶中的含量较高，这对茶叶香气不利。因此茶园多施有机肥，少施化肥是提高香气品质的有效栽培措施之一。

遮阴可改变光照强度、光质、温度等与生长有关的环境因子，因而也影响茶叶香气品质的形成。川上美智子等的研究表明，遮阴茶园鲜叶与普通茶园鲜叶的香气组分差别不大，但是加工后的覆下茶却含有大量的 α-紫罗酮、β-紫罗酮、2,6,6-三甲基-α-羟基环己烷酮和4-(2,6,6-三甲基-1,2-环氧基环己基)-3-丁烯酮-(2)等紫罗酮类化合物，这些香气组分的先质为类胡萝卜素，因遮阴茶园鲜叶中的类胡萝卜素为露天栽培的1.5倍，在加工过程中类胡萝卜素减少了20%～40%，是产生特殊"覆下香"的原因。竹井瑶子等研究了尼龙纤维大棚栽培与室外栽培的春季煎茶的香气差异，结果表明，前者含紫罗酮系化合物多，而具鲜爽香的芳樟醇、顺-茉莉酮、顺-3-己烯乙酯及吲哚的含量少，导致茶叶香气低微，鲜爽不足。Takei Y. 等研究表明，塑料棚中种植的茶树，香叶醇含量增高，但降低了水杨酸甲酯和苯甲醇的含量。沈生荣等研究了遮阴对蒸青绿茶香气成分的影响，结果表明，露天茶不含 β-檀香醇、苯甲酸及其酯，除低级脂肪族化合物的含量较高外，其他香气成分的含量明显低于遮阴茶。

## （四）采摘质量与香气

鲜叶中的芳香物质是形成茶叶香气的物质基础，而鲜叶品质除受品种、栽培条件影响外，采摘的老嫩、匀净度等直接影响香气品质的形成。

**1. 鲜叶老嫩度对香气的影响**　鲜叶嫩度不同，内含芳香成分不同。鲜叶嫩度高，内含芳香物质较多，高级茶香气往往嫩香高而持久。随着芽梢渐渐伸长和叶片长大，香气成分增加，增加的成分有苯乙醇、苯乙醛、乙酸异戊酯、正己酸和香叶醇等，经制茶过程的重新组合形成的香型较多，有清香型、花香型、果香型、甜香型、烘炒的火香型等。粗老叶做的茶有粗老气或粗青气。据日本阿南氏报道，老叶中亚麻酸含量比嫩叶多，亚麻酸自动氧化产物 2,4-庚二烯酸带有陈气。Fernando 和 Roberts 指出，香气成分随采摘标准而变化（表 2-18），其中 α-己烯醛和芳樟醇的变化特别明显。Pandey S. 的研究也表明，粗老茶中香叶醇、芳樟醇的含量较低，而不利于香气品质的己醛含量较高。Owuor 研究表明，红茶的挥发性香气中，对品质起不良作用的第一类组分，随采摘嫩度的降低（芽至一芽五叶）而逐渐增加，而有利于香气品质的第二类组分则基本上依次减少，以一芽二叶的第二类组分最高。Mahanta 等用无性系 TV-17 新梢的芽、第一叶、第二叶、第三叶等不同部位的鲜叶制成 CTC 红茶，发现 1-戊烯-3-醇、反-2-戊烯醇、反-3-己烯醇、芳樟醇及其氧化物、苯乙醛、水杨酸甲酯、苯甲醇、β-紫罗酮＋顺-茉莉酮等挥发性香气成分从芽至第三叶逐渐增加。竹尾忠一的研究也表明产生单萜烯醇最多的是第三叶期的新梢，随着新梢的进一步成熟，单萜烯醇的含量逐渐降低，因而采摘一芽二至三叶香气最佳。

表 2-18 鲜叶成熟度对红茶香气的影响（占峰高度，%）

| 挥发性成分 | 粗老叶 | 正常芽叶 |
| --- | --- | --- |
| α-己烯醛 | 32.2 | 20.6 |
| 顺-3-己烯醇 | 2.2 | 4.1 |
| 1-辛烯-3-醇 | 2.5 | 7.6 |
| 芳樟醇 | 4.5 | 26.0 |
| 水杨酸甲酯 | 3.9 | 4.6 |
| 香叶醇 | 3.1 | 4.6 |

资料来源：钟萝，1987。

优质乌龙茶需采摘较为成熟的开面三至四叶嫩梢为原料。春季鲜叶持嫩性较好，以采摘中开面为主；秋季气候干燥，鲜叶持嫩性差，以采摘小开面为主。因为：①较成熟嫩梢叶片的表皮角质层已发育形成，并在角质层外被有较厚的蜡质层。蜡质层的主要成分是高碳脂肪酸和高碳一元脂肪醇，在乌龙茶加工过程中，蜡质层分解与转化，产生香气成分。②适制乌龙茶的品种其较成熟新梢叶背下表皮的特殊腺鳞结构也发育完全，并开始分泌芳香物质。③较成熟新梢叶片内的叶绿体开始退化产生原质体，使类胡萝卜素增加，并且随叶肉细胞分化，叶绿体片层清晰，巨型淀粉粒及中脂颗粒增多，这些都是乌龙茶香气与风味物质的基础。

**2. 鲜叶新鲜度和匀净度对香气的影响** 用新鲜叶做茶有鲜爽而愉快的新茶香，鲜叶新鲜度下降使芳香物质逐步挥发，加上糖类等有机物分解、发热，引起叶子不同程度的红变，红变轻的叶子做茶有熟闷气，红变重的叶子做茶有酸馊等腐败的气息。

鲜叶采摘还需注意净度，采摘时不带入老叶、老梗、杂草、泥沙等夹杂物，不采农药残效期内的鲜叶，保证鲜叶净度和卫生，是提高香气品质的基础。

**3. 鲜叶含梗量对香气的影响** 茶梗中含有较多的氨基酸、类胡萝卜素，它们均参与香气的形成，如氨基酸在制茶过程中与多酚类的氧化产物结合，产生醛类香气物质，而有的氨基酸本身就有香味，如丙氨酸、谷氨酸、己氨酸、苯丙氨酸等均具有花香，苏氨酸有酒香味等；类胡萝卜素在加工过程中发生氧化降解，形成一系列带有浓郁花香的物质，如二氢海葵内酯、茶螺烯酮等。因此，用于制乌龙茶的鲜叶需一定的成熟度才能制出其特有的花香味。原利男研究普通煎茶与精制过程中产生的茎梗茶的香气成分的差异也表明，虽然茎梗茶香气成分中橙花叔醇、吲哚、茉莉酮等的含量比煎茶少，但十分重要的香气成分芳樟醇、香叶醇和顺-3-己烯-1-醇的含量却比煎茶高。

另外，在一天中，鲜叶采摘的时间不同，对乌龙茶品质的形成也有一定影响。加工优质乌龙茶，应选择晴朗天气的午青鲜叶制作。10:00以前采摘的鲜叶（早青），大多带有露水，其制茶品质较差。10:00—12:00所采鲜叶，因茶树经过一段时间的阳光照射，露水已消失，制茶品质优于早晚青。12:00—16:00所采鲜叶，新鲜清爽，具有诱人的清香，又有充分的晒青时间，制茶品质优异。16:00—17:00所采鲜叶（晚青），将错过晒青的最佳时机，不能利用阳光进行晒青萎凋，制茶品质也欠佳，但优于早青。

## （五）制茶工艺技术与香气

茶叶香气除与鲜叶中芳香物质的含量、组成有关外，加工合理与否对茶叶香气影响很大，不同茶类因加工方法不同，其香气特点也不同。

**1. 绿茶香气与制造** 绿茶制造过程中挥发性芳香物质的变化较为复杂，经过绿茶加工各工序后，香气成分比鲜叶原有成分增加数十种到近百种，尤其是绿茶的特征香气，主要是通过加工而形成。绿茶初制过程中香气成分变化的主要表现是低沸点的青草气物质大部分挥发散失，而高沸点的芳香物质得以显露及绿茶清香和烘炒香成分的生成，各种绿茶因加工工艺的不同，将导致其香气的差异很大。

（1）鲜叶摊放 鲜叶尤其是雨水叶和露水叶在杀青前进行适当摊放，往往有利于制茶品质的提高。鲜叶摊放更是许多名优绿茶加工的必需工序，如西湖龙井茶，加工中一般都要将鲜叶摊放6~10 h。因鲜叶历经摊放，将促进香气物质的形成与转化，这对提高茶叶香气具有积极意义。据研究，鲜叶经适度摊放后很多芳香物质都大幅度增加，使摊放叶显露出清香和花香（表2-19）。游小清等探讨了不同摊放程度对龙井茶香气的影响，结果表明，茶叶中大部分香气物质均随摊放进程而逐渐增加，反-2-己烯醛、顺-2-戊烯-1-醇、顺-3-己烯醇、芳樟醇、芳樟醇氧化物Ⅰ、芳樟醇氧化物Ⅱ、香叶醇等成分的含量均与摊青时间成高度正相关，而这些成分都是茶叶香气前体物质的酶解产物，如脂质水解生成C5醇、C6醇及醛类物质；单萜烯醇糖苷物经酶解后游离出单萜烯醇类物质，从而有益于改善茶叶的香气。

表 2-19 鲜叶经适度摊放后芳香物质的变化（气相色谱峰面积/40 g 鲜叶）

| 香气成分 | 鲜叶 | 摊放叶 | 香气成分 | 鲜叶 | 摊放叶 |
|---|---|---|---|---|---|
| 己烯醛 | 0 | 5.0 | 芳樟醇氧化物 | 26.2 | 167.2 |
| 青叶醛 | 4.4 | 20.0 | 芳樟醇 | 16.1 | 38.0 |
| 顺-2-戊烯醇 | 0.4 | 20.0 | 橙花醇 | 0.5 | 8.0 |
| 己烯醇 | 0.2 | 89.0 | 香叶醇 | 1.1 | 50.0 |
| 青叶醇（顺式） | 7.6 | 146.0 | 苯甲醇 | 23.1 | 155.0 |
| 青叶醇（反式） | 0 | 144.0 | α-苯乙醇 | 16.9 | 355.0 |

资料来源：竹尾忠一，1979。

虽然鲜叶摊放有利于香气品质的形成，但摊放失水要适度，并且要依气温、湿度、叶片嫩度及摊放厚度的不同而灵活掌握，一般以摊放至含水 70% 左右为宜。此外，依绿茶种类不同也要区别对待，有的绿茶其鲜叶摊放时间不宜过长，有的以现采现制为好。

（2）杀青　鲜叶经杀青后香气成分发生了根本性变化，大量青草气物质尤其是青叶醇大量挥发，热与杀青初期的酶促作用使新的香气成分种类大大增加。据研究，绿茶杀青初期随叶温上升，酶促作用在一定阶段处于加速状态，之后，酶活性逐渐下降，但杀青结束时，仍有 20% 的多酚氧化酶尚未钝化，导致多酚类氧化，类胡萝卜素氧化降解，使杀青叶中紫罗酮系化合物明显增加；亚麻酸氧化裂解所需的金属蛋白酶在 110 ℃（10 min）内仍很活跃，使亚麻酸氧化裂解成青叶醇、青叶醛等化合物。竹尾忠一的研究结果表明，绿茶杀青方法不同，其香气成分的增减不同，蒸青茶采用蒸汽杀青，酶在 30 s 内失活，由于蒸青时间短，低沸点有青气的成分保留较多，茶叶香气不高常有青气，釜炒茶采用锅炒杀青，时间较长，低沸点青草气大部分挥发，而高沸点的香气成分如芳樟醇、芳樟醇氧化物、香叶醇、α-苯乙醇、苯甲醇、橙花叔醇等的含量较高。从表 2-20 也可以看出，鲜叶经杀青后，其脂肪族醇、醛、酮、酸类的含量明显减少，而酯类、芳香族化合物、萜烯类的含量均明显增加，并新形成了鲜叶中不存在的吡嗪类物质。田中伸三的研究也表明，釜炒茶杀青过程中产生了吡嗪、吡咯类化合物，但随着杀青时间的延长（2 min 后），含量又渐渐减少。深津修一等研究了日本煎茶加工过程中香气成分的变化（表 2-21），结果表明，在 30 s 蒸青期间，顺-3-己烯醇、顺-3-己烯乙酸酯

表 2-20 不同在制品挥发性成分的组成（峰面积百分比/20 g 干样）

| 样品 | 脂肪族醇、醛、酮、酸 | 酯类 | 芳香族化合物 | 萜烯类 | 吡嗪类 |
|---|---|---|---|---|---|
| 鲜叶 | 77.38 | 3.61 | 1.76 | 2.54 | — |
| 杀青叶 | 6.84 | 4.63 | 4.94 | 10.68 | 1.57 |
| 炒干叶 | 3.63 | 8.30 | 13.48 | 21.43 | 5.07 |

资料来源：潘根生主编，1995。

表 2 - 21　日本煎茶加工过程中精油含量的变化（mg）

| 样品 | 5月10日 | 5月12日 | 6月23日 | 8月3日 |
|---|---|---|---|---|
| 鲜叶 | 1.7 | 2.8 | 2.4 | 4.0 |
| 蒸青叶（30 s） | 9.0 | 10.0 | 2.7 | 3.3 |
| 蒸青叶（120 s） | 5.3 | 3.0 | 1.9 | 1.4 |
| 粗揉叶 | 1.8 | 1.3 | 1.2 | 2.3 |
| 精揉叶 | 1.0 | 1.8 | 1.7 | 1.0 |

资料来源：深津修一等，1978。

和芳樟醇氧化物等大量增加，如果蒸青时间延长至 120 s，则芳香物质的含量明显降低，降低最多的成分有顺-3-己烯己酸酯、顺-3-己烯醇、芳樟醇及其氧化物，所以蒸青时间越长，香气越淡薄，青草味也愈少。

　　总之，绿茶香气的形成，应充分利用杀青初期的酶促作用，并合理控制杀青温度和时间，促使热物理化学作用朝有利于香气品质的方向发展。通过长期的实践摸索，我国绿茶初制杀青工艺总结出了抛闷结合、多抛少闷的杀青技术，就香气形成而言，抛有散发青气的作用，但抛不利于叶温升高，而闷可提高叶温以破坏酶活性及加速热物理化学作用，但闷不利于散发青臭气，只有充分利用二者的优点，避免其缺点，才能提高杀青叶的香气品质。

　　（3）揉捻　深津修一等的研究表明，在煎茶加工中，从粗揉开始，所有香气成分都逐渐减少（表 2 - 21）。据研究，名优绿茶加工中揉捻与否，对香气的影响十分明显（表 2 - 22），用同一鲜叶原料制作的不同类型名优绿茶的香气成分的含量因制作工艺中是否有揉捻工序而表现出明显的差异。揉捻型名茶中除橙花叔醇、顺-3-苯甲酸己烯酯、博伏内酯、茶螺烯酮等少数成分含量较高外，多数芳香成分的含量均以未揉捻型名茶较高；在未揉捻型名茶中，具清香的顺-3-己烯-1-醇和具花果香的芳樟醇、香叶醇等主要香气成分的含量普通较高。自然型与烘青型名茶仅仅是有无揉捻工序之别，但香气成分的含量相差悬殊，有揉捻工序的烘青型茶其反-2-戊烯醛和橙花叔醇等的含量显著高于未经揉捻的自然型茶。无揉捻工序的扁形Ⅱ因采用龙井茶制法，更有利于香气的形成，如顺-3-己烯-1-醇、芳樟醇、香叶醇等的含量较高，尤其是香叶醇的含量达揉捻型茶平均含量的 3.8 倍。生产实践也表明，无论成茶外形如何，未揉捻的名茶常呈花香型，而揉捻的名茶多呈清香型，且香气浓度及鲜爽度都要低一些。竹尾忠一、王华夫等的研究表明，儿茶素对香叶醇、芳樟醇等萜烯醇类的形成有抑制作用，因揉捻使茶汁溢出，使多酚类物质与各种内含物混合在一起，这可能影响了揉捻型茶中香气物质的形成与转化。因此，为了提高绿茶香气特别是名优绿茶的香气，应提倡采用轻压短时的揉捻技术。

　　（4）干燥　干燥工序的热物理化学作用对发展绿茶香气至关重要，表 2 - 20 表明，历经干燥工序后的在制品，其芳香物质的含量与鲜叶、杀青叶相比发生了明显的变化，其中低沸点的具青草气味的脂肪族醇、醛类物质继续减少，而有益于绿茶

表 2 - 22　揉捻对绿茶香气成分的影响（化合物峰面积/内标峰面积）

| 香气成分 | 未揉捻 | | | 揉　捻 | | | |
|---|---|---|---|---|---|---|---|
| | 自然型 | 扁形 I | 扁形 II（龙井制法） | 烘青型 | 曲条形（毛峰制法） | 卷曲形（碧螺春制法） | 针形 |
| 反-3-戊烯-2-酮 | 2.67 | 0.90 | 2.21 | 0.59 | 0.39 | 0.69 | 0.48 |
| 反-2-戊烯醛 | 1.29 | 4.99 | 0.61 | 2.81 | 1.68 | 0.37 | 2.85 |
| 4-甲基-3-戊烯-2-酮 | 0.48 | 0.79 | 0.34 | 0.01 | 0.01 | 0.14 | 0.34 |
| 2-庚酮 | 0.66 | 0.3 | 0.57 | 0.14 | 0.07 | 0.18 | 0.08 |
| 反-2-己烯醛 | 4.31 | 2.17 | 2.15 | 1.37 | 0.85 | 1.26 | 1.2 |
| 戊醇 | 1.76 | 0.59 | 0.83 | 0.54 | 0.19 | 0.32 | 0.28 |
| 正己醇 | 0.53 | 0.29 | 0.43 | 0.25 | 0.14 | 0.22 | 0.22 |
| 顺-3-己烯-1-醇 | 1.48 | 0.93 | 1.19 | 0.66 | 0.38 | 0.53 | 0.55 |
| 三甲基吡嗪 | 2.20 | 1.23 | 1.56 | 1.39 | 0.80 | 1.12 | 1.07 |
| 芳樟醇氧化物 I | 0.17 | 0.14 | 0.17 | 0.12 | 0.10 | 0.06 | 0.11 |
| 芳樟醇氧化物 II | 0.14 | 0.12 | 0.21 | 0.05 | 0.05 | 0.03 | 0.03 |
| 芳樟醇 | 1.72 | 1.47 | 1.85 | 0.99 | 0.77 | 0.82 | 0.99 |
| 顺-3-己酸己烯酯 | 1.18 | 1.31 | 1.19 | 1.02 | 0.98 | 0.79 | 1.04 |
| α-萜品醇 | 0.22 | 0.22 | 0.23 | 0.15 | 0.18 | 0.16 | 0.18 |
| 芳樟醇氧化物 III | 0.10 | 0.12 | 0.20 | 0.20 | 0.24 | 0.21 | 0.17 |
| 芳樟醇氧化物 IV | 0.31 | 0.24 | 0.25 | 0.16 | 0.21 | 0.18 | 0.19 |
| 香叶醇 | 1.14 | 1.27 | 3.81 | 0.87 | 1.03 | 0.99 | 1.02 |
| 苯甲醇 | 0.46 | 0.36 | 0.46 | 0.24 | 0.23 | 0.31 | 0.25 |
| β-紫罗酮＋顺-茉莉酮 | 1.33 | 1.48 | 1.29 | 1.16 | 1.56 | 1.56 | 1.46 |
| 橙花叔醇 | 0.94 | 1.08 | 0.75 | 1.22 | 1.47 | 1.49 | 1.30 |
| 博伏内酯 | 0.50 | 0.34 | 0.26 | 0.63 | 0.66 | 0.90 | 0.38 |
| 吲哚 | 0.42 | 0.50 | 0.20 | 0.30 | 0.24 | 0.49 | 0.31 |

资料来源：倪德江等，1997。

香气的带清香或花香的酯类、芳香族化合物、萜烯类及使绿茶具有令人愉快烘炒香的糖胺反应产物吡嗪类、吡咯类、糠醛类等成分的含量都大幅度增加。原利男等的研究发现，绿茶在烘焙时氨基化合物与糖类在热的作用下将形成大量的吡嗪、吡咯和呋喃类成分，其中主要是2-甲基吡嗪、2,5-二甲基吡嗪、2,6-二甲基吡嗪、2,3-二甲基吡嗪和2,3,5-三甲基吡嗪等。在炒青绿茶初制中，有经验的茶师往往在干燥后期茶叶出锅前几分钟提高锅温，以增进茶叶香气，即生产上所称的"旺火提香""升温增香"。有关研究探讨了干燥后期"升温增香"过程中香气物质的变化，结果表明，虽然香气物质种类的差异不明显，但大多数有益成分的含量都明显上升，而低沸点成分进一步挥发。如1-戊烯-3-醇、正己醇、顺-3-己烯醇、橙花叔醇和 6,10,14-三甲基-2-十五烷酮增加 50％以上，正戊醇、藏花醛、芳樟醇氧化物Ⅲ、橙花醇、苯乙醇、β-紫罗酮＋顺-茉莉酮增加 30％以上，大部分吡嗪类物质也呈现不同程度的增加。研究还发现，在升温增香过程中，伴随着香气物质的变化，还导致了大多数氨基酸及可溶糖含量的下降和糖胺化合物含量的升高。这说明"升温增香"过程有利于糖与氨基酸缩合形成糖胺化合物，并进一步降解形成吡嗪、吡咯类等香气物质，在热的作用下，氨基酸还可脱羧生成酚及吲哚等物质，也可氧化产生醇类物质，这些都是香气物质的重要来源。但是应注意掌握好升温过程的时间和温度，温度不宜过高，时间不宜过长，否则将产生老火茶甚至焦变。

施兆鹏等的研究表明，在炒青绿茶的干燥过程中，采用炒干技术有利于茶叶香气的发展，并且采用烘-炒-滚的干燥工艺比滚-炒-滚的工艺更有利于香气物质的形成。

（5）复火　原利男等在研究绿茶复火过程中香气成分的形成和变化时发现，在 130 ℃下复火 10～30 min，虽然绿茶的主要香气成分略有减少，但具有陈茶气味的 2,4-庚二烯醛在复火中却大量减少，复火中除形成吡咯、吡嗪和呋喃类物质外，还形成 3,7-二甲基-1,5,7-辛三烯-3-醇和苯乙醛，复火 30 min 后，甲基吡嗪、2,5-二甲基吡嗪、1-乙基吡咯-2-醛、2-乙酰基吡咯和糠醛等均显著增加。因此认为，吡嗪和吡咯类是复火香的主要成分。低级茶与中级茶相比，甲基吡嗪、2,5-二甲基吡嗪、1-乙基吡咯-2-醛、2-乙酰吡咯等挥发性含氮化合物的生成量较少，而 3,7-二甲基-1,5,7-辛三烯-3-醇和苯乙醛的生成量较多，3,7-二甲基-1,5,7-辛三烯-3-醇具有鲜爽的花香，这有益于改善低级茶的粗青气。这种化合物大量生成的最佳温度范围是 130～140 ℃，在 110～120 ℃时只有少量生成，当温度低于100 ℃时则不形成该化合物。堀田博等分析了煎茶（毛茶）、复火茶、焙茶的香气成分，结果发现甲基吡嗪、2,5-二甲基吡嗪、1-乙基吡咯-2-醛 3 种物质可以作为茶叶加热香气的代表性成分，这 3 种成分在煎茶中含量甚微，但复火后则明显增加，特别是在具有高火香的焙茶中含量最高。这表明，茶叶火工程度愈高，这 3 种成分的含量也愈高（表 2-23），因此一般复火温度必须高于 110 ℃，但超过 120 ℃后茶叶易产生焦变。吡嗪类等化合物的生成除与加热温度有关外，还与茶叶水分含量、加热时间以及茶叶投入量等有关。在同样温度下，水分含量低有助于生成更多的吡嗪类化合物，而复火温度高时需缩短复火时间，相反复火温度低时可适当延长复火时间。对于中低档茶，宜采用高温短时的复火方法，这更有利于吡嗪类化合物的形成。

表 2-23　火工程度对加热香气成分含量的影响（相对峰面积）

| 成　分 | 煎茶毛茶 | 焙　茶 |
|---|---|---|
| 甲基吡嗪 | 9.89 | 56.48 |
| 2,5-二甲基吡嗪 | 13.15 | 64.30 |
| 1-乙基吡咯-2-醛 | 13.58 | 24.87 |

资料来源：堀田博等，1985。

**2. 红茶香气与制造**　红茶制造中芳香物质的变化十分复杂，通常鲜叶中的芳香物质不到 100 种，但制成红茶后，香气成分增加到 400 多种，虽然香气物质的种类如此之多，但其含量甚微，仅为 0.03% 左右。红茶加工经萎凋、发酵等工序，许多香气前体物质发生相应的转化而产生很多新的香气成分，如醇类的氧化、氨基酸与胡萝卜素的降解、有机酸和醇的酯化、亚麻酸的氧化降解、己烯醇的异构化、糖的热转化等都会导致许多新的香气物质的产生。

（1）萎凋　山西贞研究表明，鲜叶经萎凋工序后使部分芳香物质的含量显著增加，如羰基化合物增加 10 倍，增加最多的是正己醇、橙花醇、反-2-己烯酸；其次是反-2-己烯醇、芳樟醇氧化物、正戊醛、己醛、正庚醛、反-2-己烯醛、反-2-辛烯醛、苯甲醛、苯乙醛、正丁酸、异戊酸、正己酸、顺-3-己烯酸、水杨酸及邻甲苯酚等；而大量减少的成分有顺-2-戊烯醇、芳樟醇、香叶醇、苯甲醇、苯乙醇和乙酸。但竹尾忠一的研究结论与之不尽相同，他经多次研究表明，鲜叶经萎凋后除青叶醛、青叶醇、己烯醛、己烯醇增加外，芳樟醇、香叶醇、苯甲醇、α-苯乙醇、顺-3-己烯醇及其酯和水杨酸甲酯等也随萎凋程度的加重而增加。Fernando V. 和 Roberts E. A. H. 的研究则显示，在萎凋过程中芳樟醇显著增加，而反-2-己烯醛减少，并认为萎凋程度最终影响红茶的香气品质。竹尾忠一的研究表明，经萎凋后的叶子在揉捻（切）过程中，重要香气成分芳樟醇和水杨酸甲酯的形成加快，而未经萎凋的叶子在揉捻（切）时上述两成分的形成均受到抑制，轻萎凋叶也受到一定程度的影响（表 2-24）。

表 2-24　萎凋程度对红茶芳香物质的影响（相对峰面积）

| 芳香物质 | 不萎凋 | 轻萎凋 | 重萎凋 |
|---|---|---|---|
| 1-戊烯-3-醇 | — | 0.2 | 0.2 |
| 反-2-己烯醛 | 1.2 | 0.5 | 0.4 |
| 顺-2-戊烯-1-醇 | 0.5 | 1.1 | 1.2 |
| 正己烯-1-醇 | 0.1 | 0.5 | 0.4 |
| 顺-3-己烯醇 | 0.8 | 1.1 | 1.0 |
| 反-2-己烯基甲酯 | 0.2 | 0.5 | 0.9 |
| 芳樟醇氧化物（顺式呋喃型） | 0.3 | 0.5 | 0.5 |
| 芳樟醇氧化物（反式呋喃型） | 0.7 | 1.0 | 1.1 |
| 芳樟醇 | 0.9 | 1.3 | 1.8 |
| 顺-3-己烯基己酸酯 | 微量 | 0.2 | 0.1 |
| 苯乙醛 | 微量 | 0.4 | 0.5 |
| γ-萜品醇 | 0.2 | 0.1 | 0.1 |
| 苯甲醇 | 0.5 | 0.5 | 0.6 |
| 水杨酸甲酯 | 0.6 | 0.9 | 1.2 |
| 香叶醇 | 3.6 | 3.6 | 3.3 |
| α-苯乙醇 | 2.6 | 2.2 | 1.7 |

资料来源：竹尾忠一，1984。

实践已充分肯定和证明了传统红茶比 CTC 红茶的香气更好，CTC 茶有青草气，香气低。这除了与揉切方式不同有关外，大量的试验证实了传统红茶的萎凋程度重于 CTC 红茶，是导致其香气差异的主要原因。Owuor 等研究表明，萎凋时间和萎凋温度均直接影响红茶的香气品质，通过设置萎凋时间为 3 h、14 h、20 h、26 h、38 h、48 h 6 种处理的结果表明，以反-2-己烯醛为主的第一组香气成分，随萎凋时间的延长而下降，以芳樟醇及其氧化物为主的第二组香气成分虽略有下降，但香气指数得到改善，香气总量在 3～14 h 期间最高。通过设置在 10 ℃、15 ℃、20 ℃、25 ℃ 和 30 ℃ 下萎凋 16 h 的试验表明，萎凋温度在 10～25 ℃ 之间，香气指数较高，萎凋温度再升高，则香气指数下降。

光照萎凋影响工夫红茶的香气。项丽慧等将政和大白茶鲜叶置于 LED 黄光下照射萎凋 16 h，以室内萎凋为对照，按工夫红茶工艺制成毛茶。结果显示 LED 黄光照射萎凋前期可促进萎凋叶香气相关酶基因上调表达，在萎凋后期调控 β-葡萄糖苷酶活性提高，使工夫红茶甜花香显现，品质提升。黄光照射萎凋后挥发性香气组分显著提高的有芳樟醇、香叶醇、β-紫罗酮、α-荜澄茄醇、十六碳烯-1-醇等成分，这些物质具有令人愉快的花香、甜香（表 2-25）。

**表 2-25　LED 黄光萎凋和对照组毛茶挥发性香气组分比较**（相对含量,%）

| 挥发性香气组分 | 黄光萎凋 | 对照组 |
| --- | --- | --- |
| 柠檬烯 | 0.38 | 0.61 |
| 苯甲醇 | 0.98 | 0.55 |
| 芳樟醇氧化物 I | 1.51 | 0.81 |
| 芳樟醇氧化物 II | 3.77 | 1.87 |
| 芳樟醇 | 6.23 | 3.86 |
| 苯乙醇 | 2.60 | 2.52 |
| 松油烯 | 0.40 | 0.50 |
| 2,2,6-三甲基-6-乙烯基四氢-2H-呋喃-3-醇 | 3.08 | 2.11 |
| 水杨酸甲酯 | 1.13 | 1.03 |
| α-松油醇 | 1.84 | 1.73 |
| 十二烷 | 0.45 | 0.51 |
| 橙花醇乙酸酯 | 0.67 | 0.47 |
| (E)-柠檬醛 | 0.58 | 1.80 |
| 香叶醇 | 26.38 | 12.51 |
| 柠檬醛 | 1.66 | 0.91 |
| 十三烷 | 1.42 | 1.25 |
| (Z)-3,7-二甲基-2,6-辛二烯酸甲酯 | 0.79 | 0.54 |
| 己酸-顺-3-己烯酯 | 0.62 | 0.87 |

（续）

| 挥发性香气组分 | 黄光萎凋 | 对照组 |
|---|---|---|
| 己酸-反-2-己烯酯 | 0.90 | 0.47 |
| 邻苯二甲酸二甲酯 | — | 0.64 |
| β-紫罗酮 | 0.69 | — |
| 2-十四（碳）烯 | 0.39 | 0.45 |
| δ-杜松烯 | 0.52 | — |
| 橙花叔醇 | 3.23 | 1.06 |
| 柏木脑 | 2.11 | 0.77 |
| α-荜澄茄醇 | 0.13 | |
| 十八烷 | — | 0.73 |
| 十六酸甲酯 | 0.31 | |
| 十六碳烯-1-醇 | 0.34 | — |
| 二酚基丙烷 | 0.31 | 0.69 |

资料来源：项丽慧等，2015。

（2）揉捻（切）、发酵　茶叶经揉捻或揉切后，由于酶的催化作用，加速了多酚类物质的氧化聚合等变化，多酚类虽本身不是红茶香气的组成成分，但在其氧化过程中所引起的次生和伴随反应，对红茶香气的形成影响较大。

发酵是形成红茶香气品质的关键性工序，在发酵过程中芳香物质各组分的含量均有增有减，这种增减的协调使发酵叶已初步具有红茶的香气特征。在红茶揉切发酵过程中，除了一些非挥发性的糖苷前体物水解形成香气物质以外，还有许多与茶多酚氧化相偶联的化学过程产生相应的香气成分，如氨基酸氧化脱氨形成羟基化合物；类胡萝卜素氧化降解形成β-紫罗酮、二氢海葵内酯、茶螺烯酮等；不饱和脂肪酸氧化降解形成顺-3-己烯醛、顺-3-己烯醇、反-2-己烯醛等挥发性香气物质。研究表明，在发酵2 h后，正己醛增加了4.1倍，反-2-己烯醛增加了10余倍，顺-3-己烯酸增加了1.2倍，此外，水杨酸、苯甲醛、正己酸等均有增加，而正己醇、顺-3-己烯醇和水杨酸甲酯等均较萎凋叶有所降低。若发酵程度过重，则芳樟醇减少，而反-2-己烯醛增加。竹尾忠一用同一原料进行试验，其中一部分进行轻发酵，另一部分不发酵，结果发现，轻发酵茶的挥发性成分高于不发酵茶，其中芳樟醇氧化物（反式呋喃型和吡喃型）只存在于轻发酵茶中，发酵茶中含量较高的成分还有芳樟醇、香叶醇、α-苯乙醇、苯甲醇、橙花叔醇、吲哚、β-紫罗酮、顺-茉莉酮、茉莉内酯、茉莉酸甲酯等。由此可见，发酵工序使香气成分发生了极为深刻的变化。许多研究及生产实践都证明了传统红茶与CTC红茶具有不同的香气特征，且前者的香气物质含量明显高于后者。研究已经证实，茶叶香气中的单萜烯醇类是由相应的非挥发性前体物质水解形成的，而缺氧环境有利于单萜烯醇的加速形成，相反，在充分通气的情况下，当茶多酚强烈氧化时，单萜烯醇的形成将受到抑制。以CTC或其他强烈快速方法切碎的红茶，其发酵进程比传统红茶明显加快，因茶多酚氧化迅速而使单萜烯醇的形成受到抑制，顺-3-已烯醇、水杨酸甲酯等的含量也低。Owuor 等比较了茶叶破碎方法对无性系红茶香气品质的影响，结果表明，传统制法中，由脂质氧化分解的第 I 组挥发性成分增高（如已醛、1-戊烯-3-醇、顺-3-已烯醛、反-2-已烯醛、顺-2-戊烯-1-醇、顺-3-已烯-1-醇、反-2-已烯-1-醇、戊醇、已醇、2,4-庚二烯醛等），但是高沸点的第 II 组香气组分的含量也大量增加，各试验品系的香气指数都是传统制法高于其他制法。Pandey S. 研究指出，茶叶中的挥发性醇有相当一部分在体内是以糖苷的形式存在，在发酵时被水解释放，由于 CTC 茶中氧化还原酶的活性较强而抑制了水解酶的活性，使靠水解酶水解而释放的芳樟醇及其氧化物、水杨酸甲酯等物质在 CTC 茶中的含量较低，因而导致了 CTC 茶的香气低于传统红茶。

（3）干燥　在干燥阶段，由于高温的作用，使很多低沸点的香气物质大量挥发，最后留在干茶中的是一些高沸点的芳香成分，其中以醇类和羧酸类为主，其次是醛类。干燥后保留量较高的组分有乙酸、丙酸、异丁酸、正已醇、反-2-已烯醇、橙花叔醇、芳樟醇氧化物（顺式呋喃型）、香叶醇、苯乙醛、正已酸、顺-3-已烯酸、甲酸、正已醛、反-2-已烯醛、乙酸苯甲酯等。

发酵茶坯进入干燥工序后，茶坯温度很快上升，但在干燥刚刚开始时，茶叶的酶促氧化仍处于加速状态，这对茶叶香气品质的形成至关重要。安徽祁门茶叶研究所研究了祁红初制过程中芳香物质的增变动态，结果表明，发酵叶经干燥，由于干燥前期相对高温的催化作用，仍使部分香气物质的含量增加，特别是一些在鲜叶中不存在的，即在加工过程中新增加成分的含量都有较大程度的提高，其中主要是醇类的氧化产物及部分酸类和醛类芳香物质。因此，在红茶初制干燥过程中，如何利用前期相对高温的催化作用，促使这些新添芳香物质的含量大幅度增加，这对改进红茶的香气特征具有重要意义。研究还表明，茶叶干燥时的高温湿热作用，也可引发类胡萝卜素的部分氧化降解，形成多种挥发性成分，如 β-紫罗酮、二氢海葵内酯等，这些都是红茶香气的重要组分。

**3. 乌龙茶香气与制造**　乌龙茶按产地不同可分为闽北乌龙茶、闽南乌龙茶、广东乌龙茶和台湾乌龙茶 4 类，依发酵程度又分为轻发酵型、中发酵型和重发酵型乌龙茶。乌龙茶品质十分注重香味，发酵程度不同，其香味品质差异明显。

乌龙茶发酵程度主要取决于其特殊的做青工艺，随做青强度的增加而增加。福建省农业科学院茶叶研究所以武夷肉桂品种鲜叶为原料，采用闽南乌龙茶加工工艺，用 GC/MS 检测不同做青强度对做青过程中香气组成与动态变化的影响。结果表明，鲜叶经过晒青后，香精油总量急剧上升，明显增加的组分有已醛、丁醇、芳樟醇、水杨酸甲酯、香叶醇、橙花叔醇和吲哚等；而丁酸己酯、(E)-2-辛烯醛、苯甲醛、(E,E)-2,4-癸二烯醛、茉莉酮和苯甲酸己酯相应减少。摇青是乌龙茶香气形成的必要条件，从摇青开始后，香精油总量继续大幅度增加，但不同做青强度的做青叶其香精油含量有明显差异，适当重摇可以加速这一变化进程，但过度做青又会导致香精油总量的下降。摇青过程中，已醛、正戊醇、芳樟醇氧化物 I、芳樟醇氧化物 II、(Z)-已酸-3-已烯酯＋苯乙醛、α-法尼烯、香叶醇、苯乙醇、β-紫罗酮、橙花叔醇、吲哚等香气组分持续增加，且随做青强度的增加而积累，品质也相应提高，其中橙花叔醇是优质肉桂乌龙茶最主要的香气组分，与乌龙茶品质密切相关。其他相关研究也表明，在闽南做青工艺下，橙花叔醇也是其他品种乌龙茶的主要香气组分。传统乌龙茶的加工技术经验与科学研究都表明，适当加大做青强度将使乌龙茶特征品质的出现提早，故做青时间必须相应缩短。在正常做青下，品质优良与否与杀青时机的掌握有密切的关系。

20世纪90年代中期，闽南乌龙茶传统加工技术受台湾乌龙茶轻发酵工艺的影响，发展形成了清香型乌龙茶加工技术，而将传统工艺技术加工而成的乌龙茶称为浓香型乌龙茶。清香型乌龙茶加工利用现代空调技术低温做青，茶青在一定的温湿度条件下（20℃±2℃，60%～70%）较缓慢地发生生理生化变化，形成叶绿酸、果胶酸及低沸点醇系芳香物质，糖类物质分解转化，形成香气清高持久、滋味清醇鲜爽的品质特征。在清香型乌龙茶中，以清香型铁观音的数量最多、品质最优，其加工采用低温、轻摇、薄摊、长凉的做青工艺，并采用冷包揉和低温慢烘来保持香味的清鲜度，使最终香气品质清高持久，高雅悦鼻，花香凸显。

对闽北乌龙茶而言，不仅做青强度影响其香气的形成，烘焙也是其品质风格形成的重要工序。张丽等以水仙和肉桂两个品种的武夷岩茶毛茶为原料，经不同程度焙火处理后，采用GC-MS检测分析及感官审评，探讨焙火工艺对武夷岩茶挥发性组分和品质的影响。结果表明，相比于未焙火的毛茶样品，经过焙火处理的武夷岩茶挥发性组分的种类更丰富、含量更高。随着焙火程度的增加，醇类呈降低趋势，酯类和酮类呈增加趋势。其中，脱氢芳樟醇、己酸叶醇酯、己酸己酯等具有花果香的成分随焙火程度增加呈先增后减的变化趋势，具有烘烤香或焦糖香的香气物质（如1-乙基-1H-吡咯）呈增加趋势，苯乙腈、2,5-二甲基吡嗪、2-乙基-5-甲基吡嗪和2-乙酰基呋喃等呈先增后减的变化趋势。感官审评结果表明，适度焙火能改善武夷岩茶香气品质，但焙火程度过重会使花香散失。总体而言，闽北乌龙茶的做青程度偏重、烘焙火候程度偏足，从而形成了有别于闽南乌龙茶的独特风格。

岭头单丛是广东省的优质乌龙茶之一。蜜香是岭头单丛的特征香气，做青是形成岭头单丛蜜香的关键工序。对单丛茶做青微域环境与品质关系的研究表明，做青温、湿度是影响其香气的重要因素。岭头单丛乌龙茶以中温中湿（25℃，80%）做青最好，芳香物质种类多，含量高，具有一些能够赋予愉快香气的芳香成分，如具轻微花香的芳樟醇氧化物、有固香作用的1,2-苯二甲酸酯类及具甜苹果香的橙花叔醇的含量较高，感官审评花蜜香高锐清纯持久，这与"温和"的做青环境对酶促反应的调控密切相关；低温与低中湿组合处理做青能形成高长持久的花蜜香；中湿与低中温组合处理做青能得到清纯持久的花蜜香；高温低湿（29℃，70%）做青芳香物质种类少，精油总量低，特征组分含量低，花香低微带青、欠纯；高温（29℃）做青花香低，做不出岭头单丛乌龙茶特有的"蜜香"（表2-26）。试验结果与茶农的生产实践经验相吻合。

表 2 - 26 不同温湿度下做青对岭头单丛乌龙茶香气品质的影响

| 不同温湿度处理 | 芳香物质种类 | 精油总量（%） | 香气特点 | 感官评分 |
|---|---|---|---|---|
| 21℃，湿度70% | 40 | 65.156 | 花蜜香高，较清纯持久 | 40.5 |
| 25℃，湿度70% | 39 | 58.299 | 花蜜香高，较锐，清纯持久 | 41.5 |
| 29℃，湿度70% | 32 | 37.958 | 花香低微，带青，欠纯 | 32.5 |
| 21℃，湿度80% | 33 | 66.553 | 花蜜香高，清纯持久 | 41.0 |
| 25℃，湿度80% | 45 | 59.782 | 花蜜香高锐，清纯持久 | 42.5 |
| 29℃，湿度80% | 40 | 66.273 | 花香较低，尚清爽 | 39.0 |
| 21℃，湿度90% | 44 | 58.041 | 花蜜香较低 | 38.0 |
| 25℃，湿度90% | 38 | 54.658 | 花蜜香尚高，尚清爽 | 39.5 |
| 29℃，湿度90% | 37 | 56.778 | 花香，微带青 | 35.5 |

资料来源：魏新林等，2002。

注：精油总量为各香气组分总峰面积与内标峰面积的比值。

根据王登良等人的研究，焙火工序对岭头单丛乌龙茶特有品质"蜜韵"的形成也十分重要。岭头单丛经过焙火工序后，香型由足火样的花香型向其特有的蜜香型转变。其中，具有清新花香的芳樟醇、橙花叔醇等芳香物质的相对含量少量减少，其氧化物的含量有所增加；具果香的芳香成分的相对含量大幅度增加，如芳樟醇氧化物Ⅱ、苧烯（柠檬果香）、β-紫罗酮（紫罗兰香）、法尼烯等；并且有（Z,Z,Z）-9,12,15-十八（碳）三烯酸甲酯、4-异丙基-α-甲基苯乙酸甲酯、（E）-6,10-二甲基-5,9-十一碳二烯-2-酮、β-雪松烯等新芳香物质形成（表2-27）。

表 2 - 27 岭头单丛乌龙茶足火样和焙火样芳香组分及其相对含量

| 化合物名称 | 足火样 | 焙火样 | 化合物名称 | 足火样 | 焙火样 |
|---|---|---|---|---|---|
| 3,7-二甲基-1,5,7-辛三烯-3-醇 | 23.83 | 21.02 | 1-苧烯 | 1.10 | 1.59 |
| 芳樟醇氧化物Ⅱ | 11.21 | 13.87 | β-法尼烯 | 1.09 | 0.77 |
| 苯乙腈 | 1.81 | 1.39 | 2-莰烯 | 0.88 | 1.29 |
| 芳樟醇 | 4.87 | 3.06 | α-榄香烯 | 0.56 | 0.66 |
| 棕榈酸 | 3.06 | 1.59 | γ-杜松烯 | 0.52 | 0.65 |
| δ-杜松烯 | 2.95 | 3.20 | 3,7,11,15-四甲基-2-十六烯醇 | 0.33 | 0.56 |
| 2,6-二叔丁基对甲苯酚 | 2.72 | 3.03 | 2-甲基丙烯苯 | 0.87 | — |
| 1,6-二甲基-4-异丙基萘 | 0.92 | 0.48 | 顺-茉莉酮 | 1.71 | — |
| 苯乙醛 | 1.12 | 1.23 | 香树烯 | 2.05 | |
| 2,6,10,14,18,22-六甲基-2,6,10,15,19,23-廿四碳六烯 | 1.08 | 0.95 | 法尼醇 | 0.94 | — |
| 橙花叔醇 | 1.00 | 0.67 | β-环柠檬醛 | 0.35 | — |

（续）

| 化合物名称 | 足火样 | 焙火样 | 化合物名称 | 足火样 | 焙火样 |
|---|---|---|---|---|---|
| 石竹烯 | 0.94 | 0.87 | 1,2-二氢-1,1,6-三甲基萘 | 0.79 | — |
| 法尼烯 | 0.86 | 0.81 | (4aS-cis)-2,4a,5,6,7,8,9,9a-八氢-3,5,5-三甲基-9-亚甲基苯并环庚烯 | 0.37 | — |
| 吲哚 | 0.78 | 0.69 | α-蒎烯 | 0.31 | — |
| α-摩勒烯 | 0.77 | 0.77 | 邻苯二甲酸-2-乙基己二酯 | 0.20 | — |
| β-紫罗酮 | 0.62 | 1.03 | (1-á,4á-â,8a-á)1,2,3,4,4a,5,6,8a-八氢-7-甲基-4-亚甲基-1-异丙基萘 | — | 1.53 |
| α-古巴烯 | 0.61 | 0.52 | (E)-6,10-二甲基-5,9-十一碳二烯-2-酮 | — | 0.39 |
| 2-羟基苯甲酸甲酯 | 0.59 | 0.88 | 2-丙烯基苯 | — | 1.49 |
| 9-十八（碳）烯 | 0.47 | 0.49 | 2,3-二氢-5-甲基茚 | — | 1.80 |
| 邻苯二甲酸二异丙酯 | 0.45 | 0.44 | (Z,Z,Z)-9,12,15-十八（碳）三烯酸甲酯 | — | 0.42 |
| β-达玛烯酮 | 0.43 | 0.37 | 4-异丙基-α-甲基苯乙酸甲酯 | — | 0.39 |
| 棕榈酸甲酯 | 0.42 | 0.61 | β-雪松烯 | — | 0.39 |
| 2,3-二氢-1,3-二甲基茚 | 0.39 | 0.56 | 罗汉柏烯 | — | 0.41 |
| 长叶烯 | 0.52 | 0.87 | | | |

资料来源：王登良等，2004。

注：表中所示含量为各成分峰面积与内标峰面积的比值。

## （六）贮藏与香气

茶叶若贮藏得当，其香气较稳定；若贮藏不当，使茶叶吸收异气或陈化，其品质下降。

**1. 贮藏期间影响香气变化的环境因子** 贮藏中影响香气变化的因子，主要有光线、水分、温度、贮藏容器及周围环境的气味等。茶叶最好贮藏在干燥无光的容器或仓库中，贮藏中如受到日光照射，会使茶叶产生不愉快的日照气。茶叶含水量在5%以下时较耐贮藏，香气变化小；当茶叶含水量超过6.5%时，存放6个月便产生陈气，含水量越高，陈化越快，陈气越重；茶叶含水量达8.8%时便开始发霉，使茶叶产生霉气；茶叶含水量达12%时，霉菌滋生，因茶叶霉气重而使香气明显下降。此外，香气变化与贮藏温度也密切相关，足干的茶叶，贮藏在0℃时，可保持原来的新鲜香气，且香气较高；贮藏在5℃时，香气比原来的稍低；贮藏在10℃时，茶叶微有原来的新鲜香而无变质气；而在常温下贮藏的有陈气。因此，茶叶本身含水量低，且避光低温冷藏时香气较稳定。

茶叶香气还与贮藏容器有关，在常温条件下，将茶叶分别用茶袋装及罐装后用石蜡封口，结果表明，茶袋装的香气下降快，贮藏1个月后香气明显降低，5个月后茶叶有茶袋气。而罐装且用石蜡封口的，经贮藏1~2个月后香气还有所提高，到第3个月时香气与贮藏前相同或较高，贮藏5个月后香气纯度开始下降。另外，茶叶中所含的萜烯类物质具有吸收异气的特性，因此贮藏一定要注意环境和容器的清洁卫生，不能有异气，否则本来香气正常的茶叶将很快吸收异气，变成有异气味的茶叶。

此外，若茶叶贮藏得当，还可使一些本身不利于香气品质的气味向好的方面转化，如有些茶叶干燥时火工饱满，新茶有火燥气，使其他香气被掩盖，经一段时间的贮藏后，火燥气消失，而良好的香气透发出来。如武夷岩茶、六安瓜片都有这一特点。有些茶叶刚制成时有生青气，经适当贮藏后，生青气消失，使香气变得有爽快感。如西湖龙井刚制成时带有生青气，必须在石灰缸中贮藏1~2个月后，生青气才消失，馥郁的香气才得以显现。

总之，要使茶叶在贮藏期间能保持相对稳定的香气品质，茶叶必须足干，含水量在5%以下；贮藏的容器、仓库要干燥，以使贮藏中茶叶水分不再增加；周边环境要无异气味；并将茶叶充氮包装后在低温避光条件下贮藏，则能较好地保全香气。

**2. 贮藏期间香气物质的变化** 茶叶在贮藏过程中，香气物质及其相关的内含成分发生了一系列的变化，如类脂物质逐渐水解，使茶叶产生陈气；芳香物质中的某些羟基化合物与氨基酸进行缩合变化，使具鲜爽感的主要香气成分的含量降低，导致香气"滞钝"而缺乏鲜爽感；香气成分中的含硫化合物，如二甲硫等新茶香气成分，随茶叶陈化而消失，使茶叶由有新茶香变为带陈气。原利男研究认为，与绿茶新茶香密切相关的主要成分如正壬醛、顺-3-己烯己酸酯、反-2-己烯酸、顺-3-己烯酯等的含量在贮存中都明显下降，即使在-20℃条件下贮藏，这些物质也将逐渐消失，但其进程要比高温条件下的慢；在绿茶贮存中，含量明显增加的成分主要有1-戊烯-3-醇、丙醛、顺-2-戊烯-1-醇、3,4-庚二醛、辛二烯酮等，这些成分的含量随着贮存时间的延长而逐渐增加，且温度越高，增加越快，一般认为这些物质的形成，将导致绿茶香气"失风"而产生陈气味。

原利男等还进一步研究了高、低档绿茶在相同温度下贮藏后的香气变化，结果表明，在25℃下贮藏后的低档绿茶中，1-戊烯-3-醇、顺-2-戊烯-1-醇、反-2,顺-4-庚二烯醛和反-2,反-4-庚二烯醛的含量均显著高于高档绿茶。2,4-庚二烯醛是亚麻酸自动氧化的产物，粗老叶中亚麻酸的含量较高，故2,4-庚二烯醛的形成量也较多。在绿茶贮藏期间，类胡萝卜素的氧化降解产物α-紫罗酮、5,6-环氧-β-紫罗酮、二氢海葵内酯等紫罗酮系化合物及β-环柠檬醛、2,6,6-三甲基-2-羟基环己酮等的含量都有一定量的增加，而己酸的含量却大幅度增加。

Stagg G. V. 研究了红茶在贮藏期间香气物质的变化，结果表明，红茶贮藏6周后很多具有花果香的成分显著下降，而一些不良成分却有所增加，并且随贮藏温度和湿度的提高而加剧。另有研究报道，茶叶在室温下贮藏后，其异丁醛、异戊醛、芳樟醇及其氧化物、α-苯乙醇等的含量均显著减少。

黑茶比其他茶类耐贮藏，且经贮藏期间的后熟作用，黑茶品质能够得到一定程度的提升。有研究表明，与陈香特征相关的甲氧基苯类化合物如1,2,3-三甲氧基苯、1,2,3-三甲氧基-5-甲基苯等的含量，在普洱熟茶中随贮藏时间的延长而增加，而在普洱生茶中随贮藏时间的延长呈现出先增加后减少的趋势。郭爽爽的研究表明，茯砖茶贮藏过程中醇类物质的相对含量呈减少趋势，而酮类、酯类物质的相对含量呈增加趋势。随着贮藏时间的延长茯砖茶中2-己烯醛、(E，E)-2,4-庚二烯醛、甲基庚烯酮、(E,E)-3,5-辛二烯-2-酮、香叶基丙酮等对"菌花香"起重要作用的烯醛类、烯酮类化合物逐渐增加。另有研究报道，与茯砖茶"菌花香"密切相关的烯醛类物质只在新茶中被发现，在陈茶中未检测到。六堡茶的槟榔香气在新茶中较少出现，随着贮藏陈化时间的延长会产生明显的类似槟榔成熟干燥种子的香气，其具体化学成分尚不明确。

贮藏期间茶叶香气的变化还受包装材料及光照等因素的影响。试验表明，采用透明薄膜袋包装的茶叶在光照度800~1 000 lx下保存24 h，茶叶便因受光而产生陈气，其中1-戊烯-3-醇、戊醇、辛烯醇、庚二烯醛、辛醇等与陈气味相关的成分增加。另有研究报道，光诱发的日晒气主要与博伏内酯、二氢博伏内酯的形成有关，它们是反映茶叶光照劣变的重要指标，另外类胡萝卜素的氧化降解对光照也特别敏感。茶叶在贮藏中除产生陈气、日晒气外，若贮藏湿度太高，还可导致茶叶产生霉气味。

## 三、茶叶香气类型

毫香型：鲜叶有白毫、嫩度高，经正常制茶过程。干茶白毫显露，冲泡时这种茶叶所散发出的香气叫毫香。如各种银针茶具典型的毫香，部分毛尖、毛峰茶有嫩香带毫香。

嫩香型：鲜叶新鲜柔软，一芽二叶初展，制茶及时合理的茶多有嫩香。具嫩香的茶有各种毛尖、毛峰茶等。

花香型：鲜叶嫩度为一芽二叶，制茶合理，茶叶散发出类似鲜花的香气。按花香清甜的不同又可分为清花香和甜花香两种，属清花香的有兰花香、栀子花香、珠兰花香、米兰花香、金银花香等，属甜花香的有玉兰花香、桂花香、玫瑰花香和墨红花香等。属花香型的茶有青茶、花茶和部分绿茶、红茶。青茶如铁观音、包种、凤凰单丛、水仙、浪菜、台湾青茶等均有明显的花香；花茶因窨花种类不同而有各自的花香；绿茶如桐城小花、舒城小兰花、涌溪火青、高档舒绿等有幽雅的兰花香；红茶如祁门工夫有悦鼻的花果香。

果香型：茶叶中散发出各种类似水果的香气，如毛桃香、蜜桃香、雪梨香、佛手香、橘子香、李子香、菠萝香、桂圆香、苹果香等。闽北青茶及部分品种茶属此香型。红茶常有苹果香。

清香型：鲜叶嫩度为一芽二三叶，制茶及时正常。清香型包括清香、清高、清纯、清正、清鲜等。清香是绿茶的典型香型，另外少数闷黄程度较轻、干燥火工不饱足的黄茶及摇青做青程度偏轻、火工不足的青茶的香气也属此香型。

甜香型：鲜叶嫩度为一芽二三叶，红茶制法。甜香为工夫红茶的典型香型。甜香型包括清甜香、甜花香、干果香、甜枣香、橘子香、蜜糖香、桂圆香等。

火香型：鲜叶含梗较多，制造中干燥火温高、火工充足、糖类焦糖化。火香型包括米糕香、高火香、老火香及锅巴香。属此类型的茶有黄大茶、武夷岩茶和古劳茶等。

陈醇香型：鲜叶成熟度较高，制造中有渥堆陈醇化过程。属此香型的茶有六堡茶、普洱茶及大多数压制茶。

# 第三节　茶叶滋味

茶叶是饮料，它的饮用价值，主要体现于溶解在茶汤中的对人体有益物质含量的多少及有味物质组成配比是否适合消费者的要求。因此，茶汤滋味是组成茶叶品质的主要项目。

从茶叶作为饮料以来，人们就开始研究其饮用价值。对滋味的形成和转化，从19世纪中叶开始着手研究，至今已基本弄清了鲜叶中主要有味物质及有关成分在制造中的变化、茶叶中可溶性成分与滋味及不同冲泡条件下有味物质的溶解度与滋味的关系等一系列的问题。目前认为影响茶叶滋味的主要物质有多酚类、氨基酸、咖啡碱、糖类和果胶物质等。这些物质都有各自的滋味特征，同一种成分因含量不同而构成感官上的差异，而各类物质相互配合所引起的滋味的综合感觉构成了滋味的不同类型。因此，探讨滋味的形成与影响滋味的各种因素，对全面准确地认识茶叶的滋味品质很有必要。

## 一、茶叶滋味的化学物质基础

茶叶滋味的化学组成较为复杂，正是人们的味觉器官对这些错综复杂的呈味成分的综合反应构成了各式各样的茶汤滋味，不同茶类、不同等级和品质的茶叶之所以在滋味品质上表现出很大的差别，也是茶叶中呈味物质的种类、含量及比例的改变所致。茶叶中主要的呈味成分如表 2 - 28 所示，归纳起来大致可分为如下几类，即刺激性涩味物质、苦味物质、鲜爽味物质、甜味物质、酸味物质。其中涩味物质主要是多酚类，鲜叶中的多酚类含量占干物质的 30% 左右，其中儿茶素类（又叫黄烷醇类）物质所占比例最高，儿茶素中酯型儿茶素的含量占 80% 左右，酯型儿茶素具有较强的苦涩味，收敛性强，是构成涩味的主体；非酯型儿茶素稍有涩味，收敛性弱，回味爽口；黄酮类有苦涩味，自动氧化后涩味减弱。构成茶叶苦味的成分主要有咖啡碱（含量占干物质的 4% 左右）、花青素、茶皂素，而儿茶素、黄酮类等是既呈涩味、又具苦味的物质，茶的苦味与涩味总是相伴而生，二者的协同作用主导了茶叶的呈味特性。研究表明，茶汤中的生物碱与儿茶素容易形成氢键，而氢键络合物的味感既不同于生物碱，也不同于儿茶素，而是相对增强了茶汤的醇度和鲜爽度，减轻了苦味和粗涩味。鲜爽味在茶叶品质评价上有重要意义，茶的鲜爽味物质主要有游离氨基酸类及茶黄素、氨基酸、儿茶素与咖啡碱形成的络合物，茶汤中还存在可溶性的肽类和微量的核苷酸、琥珀酸等鲜味成分，其中鲜味物质的主体是氨基酸类（含量占干物质的3%左右），如茶氨酸具有鲜甜味，谷氨酸、天冬氨酸有酸鲜味等。甜味不是茶汤的主味，但甜味能在一定程度上削弱茶的苦涩味，茶叶中具有甜味的物质很多，如醇类、糖类及其衍生物、醛类、酰胺类和某些氨基酸等，其主要甜味成分是可溶性糖类和部分氨基酸，如果糖、葡萄糖、蔗糖、麦芽糖、甘氨酸、丙氨酸、丝氨酸等，糖类中的可溶性果胶有黏性，能增进茶汤浓度和"味厚"感，并使汤味甘醇。酸味也是调节茶汤风味的要素之一，茶叶中的酸味成分有部分是鲜叶中固有的，也有部分是在加工过程中形成的，因此在发酵茶的滋味构成中酸味所占的比重要大一些，茶汤中带酸味的物质主要有部分氨基酸、有机酸、抗坏血酸、没食子酸、茶黄素及茶黄酸等。

**表 2 - 28　茶汤中的主要呈味成分及呈味特点**

| 呈味物质 | 滋味 | 呈味物质 | 滋味 |
| --- | --- | --- | --- |
| 多酚类 | 苦涩味 | 氨基酸类 | 鲜味带甜 |
| 儿茶素类 | 苦涩味 | 茶氨酸 | 鲜爽带甜 |
| 酯型儿茶素 | 苦涩味较强 | 谷氨酸 | 鲜甜带酸 |
| 没食子儿茶素 | 涩味 | 天冬氨酸 | 鲜甜带酸 |
| 表儿茶素 | 涩味较弱，回味微甜 | 谷氨酰胺 | 鲜甜带酸 |
| 黄酮类 | 苦涩味 | 天冬酰胺 | 鲜甜带酸 |
| 花青素 | 苦味 | 甘氨酸 | 甜味 |
| 没食子酸 | 酸涩味 | 丙氨酸 | 甜味 |
| 茶黄素 | 刺激性强烈，回味爽 | 丝氨酸 | 甜味 |
| 茶红素 | 刺激性弱，带甜醇 | 精氨酸 | 甜而回味苦 |
| 茶褐素 | 味平淡，微甜 | 茶皂素 | 辛辣的苦味 |
| 咖啡碱＋茶黄素 | 鲜爽 | 可溶性糖 | 甜味 |
| 咖啡碱 | 苦味 | 果胶 | 味厚感 |
| 草酸等有机酸 | 酸味 | 抗坏血酸 | 酸味 |
| 游离脂肪酸 | 陈味感 | 琥珀酸、苹果酸 | 清新鲜味 |

## （一）绿茶滋味的化学物质基础

滋味是构成绿茶品质的主要因素，由于绿茶是一种不发酵茶，鲜叶经高温杀青后，钝化了酶的活性，使鲜叶中固有的品质成分被保留下来，这些成分是形成绿茶滋味品质的主要物质基础。绿茶滋味虽然因品质等级、不同花色品种而差异很大，但一般以味感浓厚、鲜爽、回味甘甜为上品。绿茶在冲泡后，其中的许多成分以水浸出物的形式溶解于茶汤之中，各种成分的含量及其组成比例的变化，构成了不同的味感和不同的滋味类型。绿茶中主要成分的含量与滋味感觉的相关性如表2-29所示，其中味感最强烈的是茶多酚，其次是氨基酸类和咖啡碱等。茶多酚对绿茶滋味品质的影响较为复杂，由于其含量高，在水浸出物中所占比重最大，因此是决定茶汤浓度的主要物质，在一定范围内必然对品质有积极的作用，同时由于它又是绿茶苦涩味形成的主要物质，当超过一定限度后，便会对品质带来消极影响。施兆鹏等的研究表明（图2-1），茶多酚含量在20％以内时，滋味得分与其含量表现为显著的正相关关系，在22％左右时达到顶峰，在20％～24％范围内仍维持茶汤浓度、醇度和鲜爽度的和谐统一，而当茶多酚含量进一步增加时，尽管茶汤浓度加大，但鲜醇度降低，苦涩味开始形成并逐渐加重，因味感所产生的质变，使其相关关系发生了逆转。儿茶素总量与滋味的关系，也有着与茶多酚类似的规律，其逆转阈值为105～115 mg/g。氨基酸是一类以鲜味为主的物质，许多研究都表明它与绿茶滋味品质成显著的正相关，而带甜鲜味的茶氨酸占氨基酸总量的70％左右，是绿茶鲜味的主要成分。有研究证实，茶氨酸可以缓冲茶多酚的收敛性，若在煎茶的茶汤中加入少量茶氨酸，其涩味就减弱，当加入量为3％时，便呈现玉露茶的鲜味。谷氨酸、甘氨酸、丙氨酸、脯氨酸等与茶氨酸共存于茶汤中，对茶氨酸鲜味的呈现具有协同增效作用。

表2-29　绿茶主要成分与滋味的相关性

| 成　分 | 相关系数 | 成　分 | 相关系数 |
|---|---|---|---|
| 儿茶素总量 | 0.929 | 天冬氨酸 | 0.752 |
| 表儿茶素 | 0.729 | 谷氨酸 | 0.892 |
| 表没食子儿茶素 | 0.704 | 茶氨酸 | 0.787 |
| 表儿茶素没食子酸酯 | 0.876 | 精氨酸 | 0.641 |
| 表没食子儿茶素没食子酸酯 | 0.850 | 咖啡碱 | 0.864 |
| 氨基酸总量 | 0.788 | 其他可溶物 | 0.767 |

资料来源：中川致之，1973。

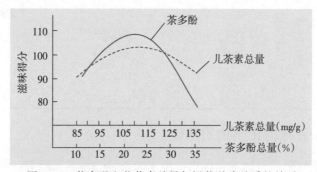

图2-1　茶多酚和儿茶素总量与绿茶滋味品质的关系

茶多酚与氨基酸是两类截然不同的滋味物质，许多研究表明，以茶多酚与氨基酸的比值（即酚氨比）可以较好地反映绿茶的滋味品质。一般情况下，只有多酚类、氨基酸二者的含量都高而比率低时，味感才浓而鲜爽，这时绿茶品质较优；若二者含量高，比率也高，则味浓而涩；若二者含量低，比率高，则味淡涩；若茶多酚含量低，氨基酸含量高，酚氨比低，则味淡而鲜爽；若茶多酚含量高，氨基酸含量低，酚氨比高，则味浓而苦涩。茶叶中主要化学成分与苦涩味级别的关系如图2-2所示，两类不同的滋味物质与苦涩味级别之间呈现出完全相反的曲线关系，它们相互不协调的程度越大则苦涩味也越重。咖啡碱虽然是一种苦味物质，但它与茶多酚、氨基酸等形成的络合物却是一种鲜爽物质，由此可见，它对绿茶滋味品质的形成既有积极作用，也有消极影响，在一定含量范围内，咖啡碱与茶多酚、氨基酸等的络合物起着主导作用，但当超过一定限度后，将导致苦味显露。可溶性糖是一种甜味物质，可以削弱绿茶的粗涩味，增进茶汤的甜醇度，因此对绿茶滋味品质的构成具有积极的作用。另外，绿茶味觉的厚薄感及回味的长短感还与可溶性果胶的黏稠度有关。水浸出物是可溶性物质的总和，其含量反映了茶汤滋味成分的多少，因此它与绿茶滋味品质成正相关；但在某些特殊情况下，当水浸出物含量特别高时，会感觉其滋味特别浓、特别苦涩，因为这种茶往往茶多酚含量特别高。

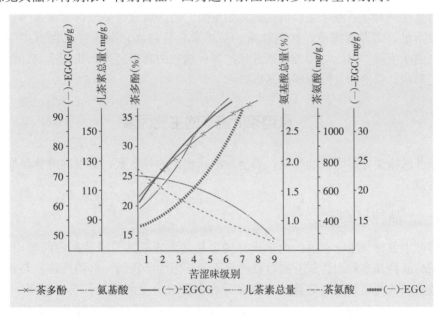

图2-2　主要化学成分与苦涩味级别的关系

综上所述，构成绿茶滋味的物质主要有苦涩味兼收敛性的多酚类、有鲜味的氨基酸类、有甜味的糖类、有苦味的咖啡碱及有黏稠性的果胶物质等。绿茶滋味是各种成分彼此协调后的综合反映。

## （二）红茶滋味的化学物质基础

红茶滋味与绿茶不同，工夫红茶要求滋味甜醇，红碎茶要求滋味浓厚、强烈、鲜爽。在红茶制造过程中多酚类物质发生了极其深刻的氧化变化，因此构成红茶滋味的主要成分是茶多酚的氧化产物茶黄素（TF）、茶红素（TR）、茶褐素（TB）及未氧化的保留多酚类物质。其中茶黄素是汤味刺激性强烈和鲜爽的重要成分，含量为0.4%～2%；茶红素是汤味浓醇的主要成分，刺激性较弱，含量为5%～11%；茶褐素是汤味淡薄的因素，含量为3%～9%；红茶中保留多酚类的含量对滋味品质影响很大，是构成滋味浓厚、强烈的主要物质；而氨基酸及儿茶素、茶黄素等与咖啡碱形成的络合物，在红茶中很重要，是构成鲜爽滋味的主要物质；另外有甜味的可溶性糖、有黏稠性的可溶性果胶及在加工过程中形成的各种酸类物质等，都是红茶滋味构成不可缺少的因素。

红碎茶滋味要求浓、强、鲜，浓厚的物质基础在于水浸出物含量高，其中特别是茶多酚氧化产物茶黄素、茶红素的含量高；强烈的关键在于儿茶素要有一定的保留量，且茶黄素含量高；鲜爽主要在于氨基酸、茶黄素、咖啡碱的含量高。工夫红茶的滋味特点是醇厚鲜爽，这就要求多酚保留量相对较少，茶黄素与茶红素含量的比例要适当。一般情况下，红碎茶中茶多酚的保留量为 55%～65%，而工夫红茶中茶多酚的保留量多在 50% 以下。实践证明，红茶中茶多酚保留量、茶黄素、茶红素的含量与滋味品质成正相关，而茶褐素的含量与滋味品质成负相关，这几种物质的组成比例对红茶滋味品质的构成尤为重要。若茶黄素及多酚保留量太多，茶红素含量不足，则青涩味重；如茶红素、茶褐素含量过多，茶黄素及保留多酚量太少，则滋味淡薄。因此，构成红茶滋味的各种物质的含量适当，比例适宜，组成协调，是形成红茶滋味良好味感的基础。

## 二、影响茶叶滋味的主要因素

茶叶滋味受许多因素的影响，弄清与滋味相关的各要素，对提高滋味品质具有积极的意义。

### （一）品种与滋味

鲜叶中各种与滋味有关的化学成分的含量是形成成品茶滋味品质的物质基础，不同茶树品种其多种内含成分的含量明显不同，因为品种的一些特性往往与物质代谢有着密切的关系，因而导致了不同品种在内含成分上的差异。茶树树型、叶型、叶色、发芽迟早等均与滋味成分有着密切的关系。一般乔木型品种都含有较丰富的茶多酚，而灌木型品种多酚含量往往较乔木型低；叶型大小与茶多酚含量同样表现出正相关关系，叶型较大的品种，其茶多酚、儿茶素的含量一般较高；叶色与茶多酚含量的关系也很密切，一般而言，叶色呈黄绿色的品种往往含有较多的茶多酚和儿茶素，而叶色为深绿色的品种则茶多酚、儿茶素的含量较低，而氨基酸的含量较高，紫芽型品种含有较高的花青素；早生种由于在较低的温度条件下就能萌发生长，其氮代谢比较旺盛，因而氨基酸、咖啡碱的含量一般较高，而晚生种则相反，碳代谢较为旺盛，使其茶多酚的含量较高。因为品种与滋味物质含量的关系十分密切，因此同一品种鲜叶制成不同茶类或不同品种鲜叶制成同一茶类，都可能使滋味品质差异悬殊。

红碎茶滋味要求浓、强、鲜爽，大量研究表明，茶多酚及其氧化产物、茶黄素、茶红素的含量与红茶滋味品质的关系最为密切，因此茶多酚含量较高的品种制红茶，其滋味品质较好，如云南大叶种、海南大叶种、英红 1 号等品种的茶多酚含量在夏季可达到 40%。研究还表明，从红茶中已分离出的茶黄素中，有 6 种茶黄素是由 L-EGC、L-EGCG 和 L-ECG 的参与形成，因此这 3 种儿茶素含量高的品种制红茶，其茶黄素的形成量也相对较高。还发现在 L-EGCG 和 L-ECG 有一定含量的基础上，L-EGC 的含量与茶黄素的形成量成高度正相关。从表 2-30 可以看出，不同品种因 L-EGC 的含量不同，红茶中茶黄素的含量表现出显著差异。云南大叶种是我国制红茶最好的品种，但其茶黄素的含量与肯尼亚的一些无性系红茶相比还有一定的差距，从表 2-31 可以看出，云南大叶种与肯尼亚品种两者的儿茶素总量差异不大，主要差别在于肯尼亚品种鲜叶中含有较多的 L-EGC，制成红碎茶后其茶黄素的含量也更高一些，在感官上表现为滋味的刺激性更强，鲜爽度更好，同时汤色、叶底也更加红艳明亮。

表 2-30　L-EGC 的含量对茶黄素形成量的影响

| 无性系品种 | L-EGC (μmol/g) | 茶黄素 (%) |
|---|---|---|
| K$_6$/97 | 137 | 3.21 |
| MT14 | 101 | 2.88 |
| MT7 | 79 | 2.35 |
| SFS446 | 69 | 1.96 |
| MFS143 | 64 | 1.78 |
| SFS420 | 48 | 1.32 |
| FR$_1$ | 24 | 0.82 |

资料来源：P. J. Hilton，1973。

表 2-31　云南大叶种与肯尼亚品种鲜叶的儿茶素分析

| 儿茶素 | 云南大叶种 | | 肯尼亚品种 | |
|---|---|---|---|---|
| | 含量 (mg/g) | 占总量 (%) | 含量 (mg/g) | 占总量 (%) |
| L-EGC | 21.67 | 9.64 | 63.17 | 27.91 |
| D. L-GC | 10.65 | 4.74 | 19.04 | 8.41 |
| L-EC+D. L-C | 18.68 | 8.31 | 20.53 | 9.07 |
| L-EGCG | 112.16 | 49.91 | 100.63 | 44.46 |
| L-ECG | 61.57 | 27.40 | 22.98 | 10.15 |
| 儿茶素总量 | 224.73 | — | 226.35 | — |

资料来源：程启坤，1980。

绿茶滋味决定于多种水可溶性物质的含量及组成比例，其中茶多酚主要调节茶汤浓度及苦涩味程度，氨基酸调节鲜、甜味。实践证明，茶树品种的氨基酸含量在一定程度上可以反映其绿茶滋味品质的优次，一般而言，氨基酸含量高的品种，制绿茶的滋味得分较高，两者之间成高度正相关。与适制红茶的品种相比，用来制绿茶的品种要求氨基酸含量较高，而茶多酚含量相对较低，酚氨比值较小；若用茶多酚含量高、氨基酸含量低、酚氨比值较大的品种制绿茶，则往往滋味苦涩。如安吉白茶、湘西保靖黄金茶都是适制绿茶的优异品种资源，安吉白茶在白化期、保靖黄金茶在春茶早期的氨基酸含量都占干物质总量的 5% 以上，所制绿茶都具有特别鲜爽的滋味特征。

## （二）栽培条件与滋味

栽培条件及管理措施合理与否直接影响茶树生长、鲜叶质量及内含物质的形成和积累，从而影响茶叶滋味品质的形成。

### 1. 生态条件与滋味

（1）纬度及海拔高度对滋味的影响　茶树生长随纬度而变化。一般纬度低的地方，气温高，雨量充沛，日照强度大，我国南方茶区具此气候特点，生长在此环境下的茶树，叶片较大，叶组织结构疏松，多酚类含量高，酶活性强，做红茶品质好，滋味浓强，而做绿茶滋味苦涩。反之，纬度高的地方，气温低，雨量减少，日照时数增长，我国北方茶区有此气候特点，生长在此环境下的茶树，叶片较小，叶组织紧密，多酚类含量低，酶活性减弱，叶绿素、蛋白质等的含量增高，做绿茶滋味品质好，而做红茶滋味淡薄。不同海拔高度的影响，主要是气候条件综合作用的结果，高山茶园一般气候温和，雨量充沛，云雾较多，湿度较大，且土壤肥沃，茶树生长在这种良好的生态环境下，有利于含氮化合物的合成和积累，而茶多酚的形成在一定程度上受到抑制，这种鲜叶制绿茶滋味醇厚、耐冲泡。表 2 - 32 是我国不同省份茶树品种资源中主要滋味成分的含量比较。

表 2 - 32　中国不同省份茶树品种资源中主要滋味成分的含量比较

| 省份 | 茶多酚（%） | 儿茶素（g/kg） | 氨基酸（%） | 咖啡碱（%） | 水浸出物（%） |
|---|---|---|---|---|---|
| 云南 | 31.9±4.6 | 133.9±27.4 | 3.2±0.8 | 4.5±0.5 | 46.1±2.1 |
| 广西 | 30.2±4.0 | 148.4±35.6 | 3.1±0.7 | 4.0±0.5 | 42.5±1.5 |
| 贵州 | 29.2±5.3 | — | 3.2±0.6 | 4.4±0.3 | 46.2±6.8 |
| 广东 | 27.6±5.8 | 127.9±16.3 | 3.8±0.7 | 4.1±0.4 | 43.9±2.9 |
| 福建 | 27.5±4.1 | 152.5±23.0 | 3.0±0.4 | 4.3±0.4 | 42.0±2.5 |
| 四川 | 27.3±2.8 | — | 3.8±0.7 | 3.8±0.4 | 42.1±2.2 |
| 湖北 | 27.2±3.7 | — | 3.8±0.7 | 4.1±0.3 | 43.4±2.7 |
| 湖南 | 26.2±7.6 | 177.3±48.4 | 2.9±0.9 | 3.9±0.7 | 40.2±4.6 |
| 江西 | 25.8±4.8 | 133.4±7.0 | 3.7±0.7 | 4.0±0.3 | 41.8±3.6 |
| 陕西 | 25.1±4.7 | — | 3.8±0.8 | 4.0±0.3 | 41.1±1.5 |
| 浙江 | 22.0±3.6 | 125.3±23.8 | 3.7±0.6 | 3.7±0.5 | 40.2±4.6 |

资料来源：陈亮等，2005。

注：各品质成分的含量均为干物质含量。

（2）季节对滋味的影响　不同季节的茶树鲜叶，其内含成分含量的差异很大，制茶后滋味品质也明显不同。一般春茶滋味醇厚、鲜爽，因为春季气候温和，水分适宜，光合作用强度较低，茶树生长正常，氨基酸、果胶物质含量多，多酚类含量少，特别是春初各种成分的含量丰富且协调，所以早春茶的茶味特别醇厚、鲜爽。夏茶生长季节气温较高，日照较强，多酚类及其组分中酯型儿茶素的含量高，氨基酸、果胶物质含量较低，使酚氨比增大，夏季做绿茶滋味苦涩、品质差，而制红茶滋味浓厚、品质好。

（3）茶园土壤性状对滋味的影响 土壤物理性状与茶树根系生长发育有密切关系。土壤物理性状好，则茶树根深叶茂，根系生长发育好，根系吸收营养物质多，茶叶品质好。根据贵州省茶叶研究所的测定结果（表2-33），硅质黄壤表层土物理性状好，土壤疏松，透气、透水性能良好，有利于土壤有益微生物活动和根系生长，加速了茶园的土壤生物小循环，加快了茶园土壤营养元素的富集、贮存和转化利用，进而保证根系对营养元素的吸收，从而提高茶叶滋味品质，如贵州名茶都匀毛尖就产于该类土壤。第四纪黏质黄壤表层土物理性状较差，土壤板结紧密，透气、透水性能差，不利于根系生长发育，从而抑制了茶园土壤有益微生物的生长发育，减缓了生物小循环，减少了茶园土壤营养富集、贮存与转化利用，造成营养元素流失、损失，从而降低茶叶滋味品质。砂页岩黄壤表层物理性状较好，土壤较为疏松，透气、透水性能较好，产出的茶叶滋味品质较佳。

表 2-33 茶园土壤性状对滋味成分的影响（%）

| 土　　壤 | 氨基酸 | 茶多酚 | 咖啡碱 | 水浸出物 |
|---|---|---|---|---|
| 砂页岩黄壤 | 1.82 | 20.34 | 2.55 | 40.29 |
| 硅质黄壤 | 2.32 | 25.68 | 3.20 | 45.33 |
| 第四纪黏质黄壤 | 1.46 | 18.47 | 2.23 | 36.55 |

资料来源：贵州省茶叶科学研究所，2000。

**2. 栽培管理措施与滋味** 施肥是茶树高产优质的重要措施。肥料种类不同，对茶树生长和内含物的形成与积累的影响也不同，氮素肥料有利于茶树生长，正常芽叶多，持嫩性好，并能促使鲜叶中的含氮化合物如蛋白质、氨基酸的含量增加，同时可限制一部分糖分向多酚类转化，使多酚类含量降低，这种鲜叶制绿茶滋味品质好，而做红茶滋味淡薄；磷肥有促进多酚类含量提高的作用，尤其是在施氮肥的基础上配合施磷肥后，鲜叶中的多酚类含量高，叶绿素含量低，芽叶呈黄绿色，这种鲜叶制红茶，易制出浓厚、强烈、鲜爽的风格。

适当遮光，对茶树体内的物质代谢具有深刻的影响，主要表现为碳代谢受到部分抑制，糖类、多酚类物质的含量有所下降，而氮代谢加强，使全氮、咖啡碱、氨基酸的含量提高，因此有利于提高绿茶的滋味品质。但是遮光处理对茶多酚的生物合成有所抑制，使茶多酚总量有所下降。有研究表明，非酯型儿茶素受遮阴影响的程度比酯型儿茶素大，如遮阴使 L-EGC 的含量明显下降，这可能对某些茶黄素的形成不利，所以就提高红茶滋味品质而言，遮光程度不宜太高，一般以60%～70%的透光率为宜。华南农业大学的研究表明，在一定茶园面积上，用不同透光率的遮光网四周建成茶园微域气候，能降低夏季温度、光强，提高春、冬季低温，增大秋季的湿度，有利于茶树生长；用透光率为80%或60%的遮光网处理的微域环境能增加单丛茶新梢的生长量并提高生长速度，新梢持嫩性好，能降低多酚类物质的含量，提高氨基酸的含量，协调各种物质的比例，使单丛茶的品质提高。光照对滋味品质的影响,除了光照强度外,光质的影响也很大,研究表明,用除去紫蓝色光的黄色覆盖物遮阴,可显著提高氨基酸、叶绿素的含量,对绿茶滋味有明显的增进效果;做此遮阴处理后茶多酚的含量有所下降,有利于改善夏季绿茶的苦涩味。

灌溉使茶树获得充足的水分,各种物质代谢机能及酶活性增强,使鲜叶中茶多酚、氨基酸、咖啡碱、儿茶素等成分的含量得到普遍提高,因此能明显改善滋味品质。

### (三) 采摘质量与滋味

**1. 鲜叶嫩度与滋味** 茶叶滋味的优劣与鲜叶嫩度有密切关系。鲜叶嫩度不同,其内含呈味物质的量不同(表2-34),一般嫩度高的鲜叶内含物丰富,如多酚类、蛋白质、水浸出物、氨基酸、咖啡碱、水溶性果胶等的含量较高,且各成分的比例协调,茶叶滋味较浓厚、回味好。嫩度低的鲜叶内含物少而单调,通常是糖类、淀粉、粗纤维的含量较高,而蛋白质、氨基酸、咖啡碱、多酚类的含量较少,且各成分的组成难以协调,所以老叶制的茶往往滋味粗淡或粗涩。据彭继光报道,若鲜叶太嫩,其多酚类、儿茶素的含量较低,而氨基酸的含量较高,按正常冲泡5 min后,其氨基酸与多酚类泡出量的比值大(为0.29),使得茶味鲜而淡;而嫩度较低的鲜叶则多酚类和水浸出物的含量较高,而氨基酸的含量相对较少,氨基酸与多酚类的比值小(为0.20),使茶味浓而苦涩。味质较好的优质茶,多酚类和氨基酸含量及二者的比值均居上述两种味型之间(表2-35)。研究证实,嫩芽叶中的酶活性较高,多酚类在酶促氧化下形成的茶黄素也较多,对红茶滋味有利。如表2-36所示,用不同嫩度的鲜叶按相同工艺制成红茶后其内含成分的含量不同,随着鲜叶级别的下降,与滋味品质直接相关的物质减少,因此滋味品质也随之降低。总之,各类茶要获得好的滋味,首先鲜叶嫩度要符合各类茶的采摘标准,如一般红、绿茶的采摘嫩度标准是一芽二三叶和同等嫩度的对夹叶。

**表 2-34 不同嫩度鲜叶主要成分含量(%)**

| 成 分 | 第一叶 | 第二叶 | 第三叶 | 第四叶 | 老 叶 | 嫩 茎 |
|---|---|---|---|---|---|---|
| 水分 | 76.70 | 76.30 | 76.00 | 73.80 | — | 84.60 |
| 水浸出物 | 47.52 | 46.90 | 45.59 | 43.70 | — | — |
| 多酚类 | 22.61 | 18.30 | 16.23 | 14.65 | 14.47 | 22.75 |
| 儿茶素 | 14.74 | 12.43 | 12.00 | 10.50 | 9.80 | 8.61 |
| 全氮量 | 7.55 | 6.73 | 6.20 | 5.50 | — | — |
| 咖啡碱 | 3.78 | 3.64 | 3.19 | 2.62 | 2.49 | 1.63 |
| 氨基酸 | 3.11 | 2.92 | 2.34 | 1.95 | — | 5.73 |
| 茶氨酸 | 1.83 | 1.52 | 1.23 | 1.16 | — | 4.35 |
| 水溶性果胶 | 3.21 | 3.45 | 3.26 | 2.23 | | 2.64 |
| 还原糖 | 0.99 | 1.15 | 1.40 | 1.63 | 1.81 | — |

（续）

| 成 分 | 第一叶 | 第二叶 | 第三叶 | 第四叶 | 老 叶 | 嫩 茎 |
|---|---|---|---|---|---|---|
| 淀粉 | 0.89 | 0.92 | 5.27 | — | — | 1.49 |
| 粗纤维 | 10.87 | 10.90 | 12.25 | 14.48 | | 17.08 |
| 总灰分 | 5.59 | 5.46 | 5.48 | 5.44 | | 6.07 |
| 可溶性灰分 | 3.36 | 3.36 | 3.32 | 3.02 | | 3.47 |

表 2 - 35　不同滋味类型绿茶多酚类与氨基酸 5 min 泡出量比较

| 滋味类型 | 多酚类 | | | 氨基酸 | | | 氨基酸/多酚类 | |
|---|---|---|---|---|---|---|---|---|
| | 5 min 浸出量（A） | 总含量（B） | A/B（%） | 5 min 浸出量（a） | 总量（b） | a/b（%） | 总量比 | 5 min 浸出量比 |
| 鲜而淡 | 5.10 | 23.02 | 22.15 | 1.48 | 3.86 | 33.34 | 0.168 | 0.290 |
| 优质味 | 8.52 | 24.83 | 34.30 | 1.98 | 3.50 | 56.40 | 0.141 | 0.232 |
| 爽而浓 | 10.31 | 25.16 | 39.41 | 2.39 | 3.50 | 68.29 | 0.134 | 0.232 |
| 浓而苦涩 | 11.48 | 26.22 | 43.76 | 2.36 | 3.34 | 70.68 | 0.127 | 0.206 |

资料来源：彭继光等。

表 2 - 36　不同级别鲜叶制得红毛茶的内含成分含量（%）

| 鲜叶级别 | 水浸出物 | 多酚类 | 儿茶素 | 氨基酸 |
|---|---|---|---|---|
| 三 | 45.47 | 30.12 | 7.63 | 3.64 |
| 四 | 44.27 | 29.24 | 7.06 | 3.41 |
| 五 | 42.44 | 26.58 | 6.96 | 2.50 |
| 六 | 37.91 | 22.54 | 4.98 | 1.67 |

资料来源：云南省茶叶研究所。

**2. 鲜叶匀净度、新鲜度与滋味**　鲜叶新鲜度、匀净度直接影响滋味品质。用新鲜的鲜叶制茶，滋味鲜爽、纯正；若鲜叶堆积过厚，压得过紧，使叶温升高，在通气不良、供氧不充分的情况下，有机物将进行无氧呼吸，形成醇、酸等中间产物，导致产生酒味和酸、馊味。

若鲜叶嫩度不匀，叶内含水量及其他化学成分的含量差别较大，将造成加工过程中各种工艺指标难于控制一致，如绿茶杀青及红茶萎凋的程度无法统一等，这些因素都将进一步影响滋味品质的形成。鲜叶的净度也影响滋味品质，各种混杂物的存在将使滋味的纯正度差。

## （四）制茶工艺技术与滋味

制茶工艺与滋味形成的关系十分密切，同样的鲜叶原料，若采取科学合理的加工工艺，则能充分发挥原料中各种滋味物质的作用，形成良好的滋味品质，如果加工工艺不合理，往往造成滋味物质的转化不充分或比例不恰当而形成不良的滋味，因此各种茶叶的滋味是鲜叶中的内含物质经过一系列制茶工序发展形成的。

**1. 绿茶加工技术与滋味**　高温杀青是绿茶加工中的第一道工序，通过杀青迅速破坏酶的活性，抑制多酚类物质的氧化变化，然后经揉捻、干燥工序，使绿茶中的滋味物质得以转化形成和固定。在鲜叶经杀青、揉捻、干燥的加工过程中，与滋味有关的各种物质发生了一系列的变化。如多酚类的酶促氧化程度虽然不大，但在高热条件下仍发生部分氧化、热解、聚合和异构等变化，使总量有所降低，降低幅度一般在15％左右，其中酯型儿茶素在湿热条件下水解，变成非酯型儿茶素和没食子酸，而非酯型儿茶素的苦涩味较酯型儿茶素弱，故降低了茶汤的苦涩味，使滋味变得醇爽，但绿茶制造中多酚类的减少不宜太多，否则将使滋味变淡。在高温高湿作用下，一部分蛋白质水解形成氨基酸，使蛋白质含量有所减少，而氨基酸含量有所增加，增进汤味的鲜度，同时因多酚类的适度减少，调整了酚氨比，有利于增进滋味的鲜醇度。在湿热条件下，部分淀粉水解使可溶性糖的含量增加，其甜味具有减涩、增醇的作用；部分原果胶物质水解成水溶性果胶，可增进茶汤浓度和厚味感；咖啡碱受热升华、维生素 C 受热氧化均使含量减少。虽然绿茶加工过程中各种物质变化的基本趋势如上所述，但各种物质的增减幅度依工艺和茶类不同而异，加工合理与否对茶叶滋味影响很大。

（1）鲜叶摊放　实践证明，鲜叶在杀青之前进行适度摊放，将促使一系列滋味物质的转化，从而为增进绿茶滋味品质提供物质基础。如通过摊放，使部分蛋白质水解成游离氨基酸，部分酯型儿茶素水解为非酯型儿茶素和没食子酸，多糖和果胶部分水解为可溶性糖和水溶性果胶，由于多种物质的水解，增加了水浸出物的总量等，这些变化有利于增进茶汤的鲜醇度、浓度及减轻苦涩味。虽然摊放确有改进绿茶滋味品质的积极作用，但摊放失水的程度要掌握适当，如摊放过度使内含物质损失过多，反而不利于滋味形成。一般认为摊放叶含水量在70％左右时氨基酸等成分的含量最高，多酚类等物质的降低程度也较为适度，这时的滋味品质较为协调。

（2）杀青　绿茶杀青的主要目的是钝化各种酶，并伴随着完成某些物质的形成与转化，杀青温度、时间、程度掌握恰当，将有利于各种滋味物质的形成，否则将导致不良滋味的产生。杀青掌握高温杀青、先高后低，但失水过快，杀青时间过短，使多糖、蛋白质、茶多酚等的水解转化不充分，可溶性糖、游离氨基酸等滋味物质的形成较少，不利于茶汤滋味形成。杀青要求"抖闷结合、多抖少闷"，适当闷杀有利于促进各种物质的水解和转化，累积闷杀时间太长、太短均不利于滋味物质的形成与积累。杀青依鲜叶嫩度不同分别对待，杀青时间和温度随之调整，"嫩叶老杀，老叶嫩杀"。嫩叶的含水量较高，酶活性较高，采用稍高的温度和适当延长杀青时间，迅速破坏酶活性，散发适量的水分，同时也有助于蛋白质、多糖等物质的部分水解，以形成有益于滋味的转化产物，但老杀程度也要恰当，若杀青过老，将使内含物质损失过多；而较老的鲜叶含水量、酶活性及氨基酸等的含量均较低，因此适当降低杀青温度，增加闷炒时间，将有助于滋味品质的形成。杀青过程虽然历经时间很短，但因处在高温高湿的条件之下，加之酶钝化之前仍有一段时间存在酶的催化作用，因此控制好这些物理化学过程，特别是适当利用酶钝化前期的酶催化生化变化，是提高绿茶滋味品质的重要途径。

（3）揉捻　绿茶经揉捻，使部分叶细胞破损，挤压出部分茶汁，并达到初步成型的目的。湿热作用在整个揉捻过程中依然存在，同时伴随着细胞破损使部分茶汁溢出，故提高了各种物质化学变化的程度，因此只有采用合理的揉捻工序，才能保证良好滋味品质的形成。如果揉捻时间过长，加压过重，将使内含成分损失较多，而不利于滋味形成。另外，揉捻程度不同的茶叶因其叶细胞的破损率不同，将最终影响滋味物质的冲泡浸出率和滋味的感官特性。揉捻通常掌握"嫩叶冷揉、老叶热揉""嫩叶轻压短揉，老叶重压长揉"。较嫩的原料，纤维素含量低，叶质柔软，蛋白质、茶多酚、果胶等黏稠性成分含量较多，揉捻易于成型，因此为了避免滋味成分的过多损失，应该采取冷揉、轻揉、短揉的方法，若揉捻叶温过高，时间过长，将加速茶多酚的自动氧化及其他滋味成分的转化消耗而不利于滋味形成；粗老的叶子纤维素含量较高，揉捻较难于成型，因此应趁热揉捻，并且适当增加压力和延长时间，同时由于老叶中含有较多的淀粉和糖，趁热揉捻有利于淀粉的糊化，有利于黏稠性成分的转化形成与混合，在便于成型的同时也改善了滋味品质。

有研究探讨了不同形状绿茶的滋味差异。采用同样的鲜叶原料，若采用不同的揉捻造型工序，将加工成不同形状的绿茶。试验采用福鼎大白茶和云南大叶种茶的一芽一叶鲜叶为原料，分别制成扁形、毛峰形、针形和卷曲形绿茶，结果表明，用相同原料制成的不同形状绿茶滋味差异较大，其中以扁形茶、毛峰形茶的滋味得分较高，而针形、卷曲形茶的滋味得分相对较低，生化分析结果也表明，扁形和毛峰形绿茶含有相对较多的氨基酸、维生素等生化成分，且酚氨比较小，故滋味鲜爽醇厚而不苦涩，这对大叶种绿茶显得更为有利。不同形状绿茶之所以在滋味品质上表现出明显的差异，主要与揉捻成型工序的热、力作用方式有关，不揉捻或轻揉捻、工艺较简单的绿茶（如扁形、毛峰形），在加工过程中由于热和力的作用相对温和，加工时间较短，叶细胞破损程度较低，茶汁溢出少，有利于内含成分的保留和滋味的协调性。加工工艺较复杂的绿茶（如卷曲形、针形等），由于在加工做形时力的作用相对较强，时间较长，叶组织破损较重，茶汁大量外溢，使成茶冲泡时滋味物质的浸出率增大，并促使一些生化成分不断地转化与降解，从而不利于滋味成分的保留及味感的协调性，特别是大叶种绿茶，若茶汁外溢太多，使冲泡浸出率太高，导致滋味浓涩、协调性差。

（4）干燥　揉捻叶通过干燥，使滋味品质得以固定和发展，不同的干燥方式、干燥温度及各干燥阶段含水量的控制都将对滋味品质的形成产生深刻的影响。特别是干燥方式不同，将影响成茶的冲泡浸出率，从而导致味感明显不同。实践表明，烘干的茶叶，其物质的转化不及炒干的充分，故烘青的滋味一般不如炒青的浓烈，而晒干的茶叶带有很重的日晒味。茶叶干燥的温度应先高后低，首先采用适当的高温快速去掉水分，以便于滋味物质的迅速固定，避免过多的氧化、水解和消耗。施兆鹏等的研究表明，炒青绿茶干燥工序各阶段的含水量以控制烘二青为40%±

5%，炒三青为20%±5%，再滚至足干的滋味品质较好。若烘二青水分控制不当，在长时间的炒、滚过程中，其剧烈的温热作用将不利于滋味物质的保留和发展。另据研究，不同的干燥方式将引起扁形绿茶氨基酸各组分含量存在一定的差异，以半烘炒工艺制成的扁形绿茶其丙氨酸、缬氨酸、亮氨酸、异亮氨酸、酪氨酸、苯丙氨酸、赖氨酸等多数游离氨基酸组分的含量较高，烘青工艺制成的扁形绿茶则天冬氨酸、脯氨酸含量较高，其他氨基酸组分的含量相对偏低，而全炒青工艺制成的扁形绿茶其天冬氨酸、丙氨酸、缬氨酸、异亮氨酸等大多数氨基酸组分的含量介于半烘炒和烘青工艺之间，因此认为半烘炒工艺有利于扁形绿茶中多种氨基酸组分的保留、形成和发展。

**2. 红茶加工技术与滋味** 没有好的鲜叶原料制不出好滋味的红茶，没有合理的加工技术和适宜制茶机具，即使有了好的适制红茶良种和高质量的鲜叶原料，也无法加工出好滋味的红茶。红茶滋味的形成与制造各工序的关系十分密切。

（1）萎凋 鲜叶通过萎凋，将发生一系列的生化变化，如蛋白质、多糖水解，使可溶性糖、氨基酸的含量增加；核酸降解产生嘌呤核苷酸，提供嘌呤环来源而使咖啡碱得以合成，因而使其含量增加；还有部分多酚类物质发生水解和氧化等。萎凋程度、萎凋时间、萎凋温度等因素均影响各种化学物质的转化程度，进一步影响红茶的滋味品质。萎凋程度因红茶种类不同而异，红条茶萎凋程度较重，萎凋叶适宜的含水量为60%～64%，如果萎凋太轻，使滋味物质的转化不充分，氨基酸和糖的形成量太少，导致滋味生青而不能形成甜醇的风味特征。红碎茶以萎凋叶含水量68%～72%的适度轻萎凋为宜，可以避免茶多酚的过多损失，并且在此萎凋程度下多酚氧化酶的活性最高，因而茶黄素的形成量也最多（表2-37），这有利于红碎茶滋味浓、强、鲜品质的形成。为了促使萎凋过程各种物质转化的进行，萎凋的温度不宜过高（一般不宜超过35℃），萎凋的时间不能太短，萎凋温度过高失水过快，会使应有的水解转化等过程不能完成，并且高温使茶多酚的氧化损失过多，茶黄素的形成量必然减少，势必造成滋味的鲜爽度和浓强度显著下降，因此通过升温来加速萎凋进程的方法对滋味品质的形成不利。许多研究表明，随着芽叶失水而发生的"化学萎凋"或化学变化取决于萎凋时间和失水量，自然萎凋的化学变化较充分，人工萎凋的次之，而在湿空气中进行的无失水的化学萎凋中的变化最少。用自然萎凋叶制成的CTC红茶的滋味得分较高，味感浓强度、鲜爽度较好。试验表明，鲜叶自然萎凋12 h即已具备了生产优质CTC红茶所必需的化学萎凋，再延长萎凋时间到20 h以上，其CTC茶的茶黄素含量逐渐降低，不利于茶汤滋味形成。

表2-37 不同萎凋程度对茶黄素含量的影响（%）

| 萎凋叶含水量 | 74.5 | 70.3 | 64.4 | 59.4 | 53.5 | 50.5 |
|---|---|---|---|---|---|---|
| 茶黄素 | 0.94 | 0.89 | 0.89 | 0.75 | 0.74 | 0.57 |

资料来源：湖南省茶叶研究所。

（2）揉捻或揉切 萎凋叶经揉捻或揉切，使叶细胞破损，茶汁外溢而与空气接触，使以茶多酚酶促氧化聚合作用为中心的一系列化学反应加速进行，因此揉捻（或揉切）实质上是发酵的开始。红条茶要求滋味浓厚甜醇，这与揉捻叶的细胞破损率密切相关，若揉捻不足，揉捻时间较短，细胞损伤不充分，导致发酵困难，使滋味淡薄带生青味；若揉捻过度，揉捻时间过长，使揉捻叶在供氧条件差的揉桶中长时间发酵，导致茶黄素的含量降低，而多酚高聚物的含量明显增加，使滋味淡薄、鲜爽度降低。为了降低揉捻过程中不正常发酵的程度，揉捻室及揉捻过程中要尽量提供低温高湿的条件，因为在较高的温度下，揉捻叶的水分容易蒸发，继而影响后续的正常发酵，从而影响滋味品质的形成。因此，一些有助于降低温度、提高湿度的工艺措施，都对增进红条茶的滋味产生积极的作用。

红碎茶的揉切与红条茶的揉捻完全不同，红碎茶为了尽可能地增强滋味的浓、强、鲜程度，要求揉切工序强烈、快速，即以最快的速度和最强的力量使叶片破碎，使叶细胞组织损伤、扭曲、变形，使酚类物质与多酚氧化酶和空气充分接触，以使发酵同步、充分地进行，获得滋味物质的最大形成量和红碎茶一次冲泡时的最大浸出量，这些都是形成浓、强、鲜滋味品质的先决条件。影响红碎茶揉切质量的最主要的因素是揉切机具、揉切方式及揉切时的温湿度条件，国内外许多研究都表明，CTC制法和LTP制法与转子机制法相比，CTC及LTP制法的揉切方式能显著提高茶黄素的含量（表2-38），在数分钟内便完成了揉切工序，叶温较低，发酵是在供氧充分且便于人工控制环境条件的情况下进行，滋味物质形成较多，茶黄素、茶红素的含量及其比例可以控制在一个有利于滋味浓强度和鲜爽度的水平上；转子机制法虽然耗时很长，但叶组织的破碎及叶细胞的破损都不充分，叶子的发酵实际上是在无法人工控制且叶温高、供氧不充分的长时间揉切条件下不同步地持续进行，因此导致茶叶的鲜强度大大下降。

表2-38　不同揉切方式对茶黄素含量的影响

| 揉切方式 | 茶黄素（%） | 相对比较（以转子机法的为100） |
| --- | --- | --- |
| 转子机法 | 1.32 | 100 |
| CTC法 | 1.70 | 129 |
| LTP法 | 1.88 | 142 |

资料来源：程启坤编著，1982. 茶化浅析。

马拉维中非茶叶研究所曾对4种不同的揉切机进行了制茶试验，研究结果也表明，应用CTC机和LTP机生产的红碎茶，其茶黄素的含量都比传统盘式机和洛托凡机生产的高得多。实践证明，各种揉切机具由于设计原理不同，各机器性能受限，在单机揉切无法同时实现叶片迅速破碎且叶细胞组织充分损伤的情况下，将不同的揉切机具组合使用，可以取长补短，使茶黄素的含量大幅度提高，从而大大增进滋味品质的强爽度（表2-39）。但Owuor（1994）的研究认为，在传统的CTC加工工艺中，茶叶细胞的破损并不严重，鲜叶中的酶促反应和红茶前体物质的转化并不完全，导致普通红茶中有效成分的含量低下。Owuor认为改变传统的CTC加工工艺，即在发酵前减少揉切，当发酵进行到一定程度后，再进行细切，以延长或推迟酶的释放，可以提高红茶的滋味品质。

表 2－39　不同揉切机组合对茶黄素含量的影响

| 组合方式 | 茶黄素（%） |
|---|---|
| 平盘揉条＋转子揉切 | 0.47 |
| 锤击机＋转子揉切 | 1.15 |
| 锤击机＋两次 CTC | 0.89 |
| LTP＋两次 CTC | 0.97 |

资料来源：程启坤编著，1982. 茶化浅析。

注：锤击机由中国农业科学院茶叶研究所研制。

（3）发酵　红茶的发酵在揉捻或揉切工序就已经开始，随着发酵的进展，各种化学变化得以快速进行，而与红茶滋味品质形成关系最为密切的是茶多酚的氧化及红茶色素的形成。因此，要获得良好的发酵，必须控制好茶多酚酶促氧化时的温度、湿度、发酵时间并提供充足的氧气。实践证明，恒温发酵法不管是高温或低温，都不利于茶黄素的积累，为了获得较高的茶黄素含量，应采用变温发酵法，即发酵前期采用相对较高的温度，以提高酶活性，促进茶多酚的酶促氧化，以形成较多茶黄素；在中后期转为低温，以减少茶黄素和茶红素向茶褐素的转化，使茶黄素最终的积累量和茶多酚的保留量都处于最高水平，以获得鲜爽度和浓强度均较好的滋味品质。发酵的质量主要以茶黄素的形成与积累量来衡量，而茶黄素的变化可分为 3 个阶段，即线性形成阶段、高峰阶段和消耗转化阶段（表 2－40），因此停止发酵的最佳时间应在茶黄素含量下降之前，即在高峰阶段停止发酵。湿度也是影响发酵的重要因素，实践表明，保持 90% 以上的高湿度有利于提高多酚氧化酶的活性和降低叶温，因此有利于茶黄素的形成与积累，反之，若空气湿度太低，将使茶多酚的非酶促自动氧化加速，导致茶褐素的过多积累，而使滋味淡薄。由于茶多酚的酶促氧化是以氧气的存在为前提，氧气供应充分，则茶黄素的形成与积累量较多，否则难以获得良好的发酵，同时充足的氧气还能排除叶坯内的 $CO_2$，调节液膜中的酸碱度。马拉维的研究结果表明，pH 4.5～4.8 时，最利于茶黄素的形成，pH 4.7 时的茶黄素含量比 pH 5.6 时的多一倍。因此，增湿、透气、变温发酵是形成红茶滋味品质的关键。红条茶的发酵程度一般较红碎茶的重，前者的茶黄素含量及茶多酚保留量都要比后者的低得多，这也就构成了二者在滋味品质上的显著差异，即红条茶的滋味醇厚甜和、刺激性弱，而红碎茶则浓厚、强烈、鲜爽。

表 2－40　发酵过程中主要化学成分含量的变化（%）

| 发酵时间 | 茶多酚 | 茶黄素 | 茶红素 | 茶褐素 |
|---|---|---|---|---|
| 揉切叶 | 18.55 | 0.41 | 6.42 | 4.82 |
| 发酵 20 min | 16.01 | 0.86 | 6.95 | 5.59 |
| 发酵 40 min | 12.86 | 0.98 | 7.03 | 6.59 |

（续）

| 发酵时间 | 茶多酚 | 茶黄素 | 茶红素 | 茶褐素 |
|---|---|---|---|---|
| 发酵 60 min | 11.35 | 0.91 | 7.13 | 6.77 |
| 发酵 100 min | 10.08 | 0.78 | 6.16 | 7.71 |
| 发酵 140 min | 9.91 | 0.64 | 5.90 | 8.01 |

资料来源：中国农业科学院茶叶研究所编，红碎茶加工技术。

在红茶的揉捻（切）、发酵过程中，虽然茶黄素、茶红素、茶褐素的形成与积累对滋味品质产生了决定性作用，而伴随着茶多酚的氧化，其他物质也发生了一系列的生物化学变化，如部分蛋白质继续水解、部分氨基酸与茶多酚的氧化产物结合或转化成其他物质、咖啡碱与茶黄素等多酚氧化产物形成络合物、多糖和糖苷的水解产生了较多的可溶性糖等，这些变化都对红茶滋味的形成产生了积极的作用。

（4）干燥 在发酵过程中所形成的滋味物质，必须采用合理的干燥技术快速固定，才能形成最终的滋味品质。当发酵茶坯刚进入干燥工序时，发酵还未停止，在高温还未完全破坏酶活性之前，茶多酚的酶促氧化还在加速进行，其自动氧化更加剧烈。为了尽量减少茶多酚、茶黄素、茶红素的消耗及茶褐素的积累，干燥应采用毛火高温快速、足火低温长烘的方法。毛火采用高温以迅速制止茶多酚的酶促氧化，并加快水分的蒸发，以缩短剧烈自动氧化的时间，在最短的时间内使有效的滋味成分被固定下来；足火采用低温长烘，以进一步发展品质，并使毛茶干匀干透。除烘干温度外，初干程度也是影响滋味形成的重要因素，试验和实践证明，初干叶水分在 15% 以内时，品质有效成分的变化较小，茶多酚、水浸出物、茶黄素、茶红素的损耗最少，茶褐素的积累也相对较少；若初干叶水分高于 20%，则初干后的氧化作用仍在加速进行，使毛茶滋味品质明显下降，表现在茶多酚、水浸出物、茶黄素的含量明显下降，而茶褐素却大量增加，使滋味浓度及强爽度都明显降低。另外，采用足够风量的热空气进行干燥也很重要，因为风量不足，导致排湿不良，高温湿气将使茶多酚、茶黄素加速自动氧化而大幅度损失，茶褐素则大量积累，使滋味品质明显降低。

（五）贮藏与滋味

茶叶在贮藏过程中，构成滋味品质的各种生化成分将发生一系列的化学变化，随着时间的延长，而使滋味品质逐渐下降。

1. 贮藏期间与滋味有关的物质变化 新做好的茶叶往往带有生青味，经一段时间的贮藏变化，可成为醇和可口的滋味。但继续延长贮藏时间，滋味将逐渐变淡，最终成为缺乏刺激性（或收敛性）而淡薄的陈茶味。茶叶在贮藏过程中，茶多酚、蛋白质、氨基酸、茶黄素、茶红素、茶褐素、可溶性糖、咖啡碱等与滋味品质密切相关的化学成分都将发生不同程度的增减变化，总的趋势是有益于滋味构成的物质都随贮藏时间的延长而不断减少，而有损于滋味品质的物质却不断增加，使滋味变得淡薄，鲜爽度也降低，最终因陈化而产生明显的陈味。其中最为明显的是茶多酚的非酶促自动氧化，使茶多酚、儿茶素的含量均不断减少。就红茶而言，除了自动氧化作用外，由于含水量的增加，导致残余酶活性提高，造成后发酵作用的发生，使茶多酚、水浸出物的含量均下降，而茶褐素的含量却明显增加。贮藏过程中茶黄素的变化规律一般是在最初几周内稍有增加，这可能是酶活性增强后儿茶素酶促氧化的结果，随后由于茶黄素迅速向高聚物转化，而使其含量迅速下降。对绿茶来说，茶多酚的适宜浓度有助于增进茶汤滋味的浓度和爽度；而对红茶而言，茶多酚、茶黄素的含量决定着茶汤滋味的浓强度和鲜爽度，因此茶多酚含量的下降有损于茶叶滋味。随着存放时间的延长，绿茶中的氨基酸、蛋白质、咖啡碱等物质都将与茶多酚的自动氧化产物结合形成分子量较大的高聚物，这种高聚物的过多积累，将使绿茶滋味变得淡薄，并失去鲜爽性。在红茶中，除了茶多酚的自动氧化外，氨基酸、咖啡碱等物质也将与茶黄素、茶红素形成聚合物，这同样使红茶的浓强度、鲜爽度降低。氨基酸除参与聚合物的形成外，还将在一定的温度条件下发生氧化、降解和转化，因此随着存放时间的延长，氨基酸、咖啡碱、蛋白质的含量必然下降，从而导致滋味的鲜爽度、浓度都不断削弱。抗坏血酸也是有益于滋味品质的营养成分，在高档绿茶中含量很高，在存放过程中，由于抗坏血酸的氧化作用而使其含量明显下降。茶叶中含有少量的类脂物质，在贮藏过程中容易水解而产生游离脂肪酸，从而导致陈味的产生。

Ku 等（2010）利用 LC - PDA - ESI/MS 技术比较了不同贮藏年限的普洱生茶和普洱熟茶中的代谢谱的差异，发现木麻黄素、三没食子酰葡萄糖、绿原酸、EGC、ECG、EGCG 和茶没食子素在生茶中含量较高，而熟茶中没食子酸（GA）含量较高；随着贮藏年限的增加，生茶中 EGCG、ECG、EGC、奎宁酸、绿原酸和木麻黄素显著降低，而 GA 显著增加。

**2. 环境因子对贮藏期间滋味变化的影响**　在茶叶存放过程中，导致滋味品质不断下降的环境因子主要包括温度、湿度、氧气及光照等。一般温度越高、湿度越大、氧气越充足、光线越强，将使氧化、水解、聚合等化学变化的速度越快，因而各种滋味成分的变化也就越快。同时干燥后茶叶本身的水分含量也很重要，一般要求足干茶叶的水分含量为 4%～5%，不超过 6%，若水分含量太高，自然会加速各种物质的化学变化，再加上贮藏期间不断吸收水分，将使滋味品质很快下降，甚至产生陈霉味。因此，为了延缓温、湿、氧、光等因子对滋味陈化劣变的催化作用，应采取低温、低湿、隔绝氧气、避免光线照射和降低茶叶本身含水量的技术措施，而有利于贮藏期间香气与色泽品质保存的环境条件同样也有利于滋味品质的保存。

另外，茶叶中含有萜烯类物质，具有吸收异味的特性，因此贮藏环境及容器必须清洁，不能有异味，否则茶叶吸收异味后使滋味品质下降，甚至无法饮用。

总之，茶叶贮藏得好，滋味的浓度、收敛性或刺激性、鲜爽度等味感的变化也较小，而贮藏不好将使滋味变淡、收敛性减弱、鲜爽度下降，并产生陈霉味，使滋味品质降低。

# 三、茶叶滋味类型

茶汤滋味因鲜叶质量、制法的不同和茶汤中呈味成分的数量、比例及组成的不同，使人们尝到的茶味多种多样。茶汤滋味的主要类型如下：

浓烈型：原料采用嫩度较好的一芽二三叶，芽肥壮，叶肥厚，内含滋味物质丰富，制法合理，一般用于描述绿茶的滋味，这类味型的绿茶还具有清香或熟板栗香，叶底较嫩，肥厚，尝味时，开始有类似苦涩感，稍后味浓而不苦，富有收敛性而不涩，回味长而爽口有甜感，似吃新鲜橄榄。属此味型的茶有屯绿、婺绿等。

浓强型：采用嫩度较好，内含滋味物质丰富的大叶种鲜叶为原料，红茶制法，萎凋适度偏轻，揉切充分，发酵适度偏轻的红碎茶滋味属此类型。"浓"表明茶汤浸出物丰富，当茶汤吮入口中时，感觉味浓黏滞舌头；"强"是指刺激性大，茶汤初入口时有黏滞感，其后有较强的刺激性。此味型是优质红碎茶的典型滋味。

浓醇型：鲜叶嫩度较好，制造得法，茶汤入口感觉内含物丰富，刺激性或收敛性较强，回味甜或甘爽。属此味型的茶有优质工夫红茶、毛尖、毛峰及部分乌龙茶等。

浓厚型：鲜叶嫩度较好，叶片厚实，制法合理，茶汤入口时感到内含物丰富，并有较强的刺激性和收敛性，回味甘爽。属此味型的茶有舒绿、遂绿、石亭绿、凌云白毫、滇红、武夷岩茶等。浓爽也属此味型。

醇厚型：鲜叶质地好、较嫩，加工正常的绿茶、红茶、乌龙茶均有此味型。如涌溪火青、高桥银峰、古丈毛尖、庐山云雾、水仙、包种、铁观音、川红、祁红及部分闽红等。

陈醇型：鲜叶尚嫩，制造中有发水渥堆的陈醇化过程。属此味型的茶有六堡茶、普洱茶等。

鲜醇型：鲜叶较嫩、新鲜，制造及时，绿茶、红茶或白茶制法，味鲜而醇，回味鲜爽。属此味型的茶有太平猴魁、紫笋茶、高级烘青、大白茶、小白茶、高级祁红、宜红等。

鲜浓型：鲜叶嫩度高，叶厚，芽壮，新鲜，水浸出物含量较高，制造及时合理，味鲜而浓，回味爽快。属此味型的茶有黄山毛峰、茗眉等。

清鲜型：鲜叶为一芽一叶、新鲜，红茶或绿茶制法，加工及时合理，有清香味及鲜爽感。属此味型的茶有蒙顶甘露、碧螺春、雨花茶、都匀毛尖、白琳工夫及各种银针茶。

甜醇型：鲜叶嫩而新鲜，制造及时合理，味感甜醇。属此味型的茶有安化松针、恩施玉露、白茶及小叶种工夫红茶。醇甜、甜和、甜爽都属此味型。

鲜淡型：鲜叶嫩而新鲜，鲜叶中多酚类、儿茶素和水浸出物的含量均少，氨基酸含量稍高，制造正常，茶汤入口感觉鲜嫩、味较淡。属此味型的茶有君山银针、蒙顶黄芽等。

醇爽型：鲜叶嫩度好，加工及时合理，滋味不浓不淡，不苦不涩，回味爽口者属此味型。如黄茶类的黄芽茶及一般中上等工夫红茶等。

醇和型：滋味不苦涩而稍有厚感，回味平和较弱。如黑茶类的湘尖、六堡茶及中等工夫红茶等。

平和型：鲜叶较老，制造正常。茶汤入口味感弱，不苦不涩，内含物质不丰富。属此味型的茶很多，如红茶类、绿茶类、青茶类、黄茶类的中下档茶及黑茶类的中档茶等。

# 第四节　茶叶形状

我国茶类多，品种花色丰富多彩，茶叶形状绚丽多姿，多数具有一定的艺术性，既可品饮，又可欣赏。叶底形状种类也较多，有的似花朵形，有的呈瓜片状等，茶叶形状是人们看得见摸得着的，既可区别花色品种，又可区分等级，因而是决定茶叶品质的重要项目。

## 一、茶叶形状的化学物质基础

鲜叶经过适当的加工工艺，采用不同的成型技术，通过干燥后使外形得以固定，因此茶叶的形状，虽然主要由制茶工艺所决定，但茶叶形状同样也与一些内含化学成分有关。与茶叶形状有关的主要内含成分有纤维素、半纤维素、木质素、果胶物质、可溶性糖、水分及内含可溶性成分总量等。这些成分都与鲜叶原料的质地有关，影响鲜叶的柔韧性、可塑性及制茶技术的发挥，进一步影响茶叶的形状品质。一般条索、颗粒紧结，造型美观的茶叶，除了良好的加工技术外，还与其纤维素、半纤维、木质素的含量较低，而具有黏性的有利于塑造外形的水溶性果胶及可溶性糖的含量较高有关；相反，若纤维素、半纤维素、木质素等使叶质硬脆的成分含量越高，则其茶叶的形状越差，如表现为条索松泡，颗粒粗糙松散；另外茶叶中内含可溶性成分的总量高，其形状也一般较好，如表现为条索紧结，有锋苗；茶叶在干燥后残留的水分也是影响外形形状的成分之一，没有足干的茶叶因其水分含量过高而使外形松散，条索或颗粒不紧结。

## 二、影响茶叶形状的主要因素

茶叶形状多样化的原因，主要是制茶工艺处理的多样化。但是，影响形状尤其是干茶形状的因素很多，如茶树品种、采摘标准等，虽然它们不是形状形成的决定性因素，但对形状的优美和品质的形成都很重要，个别因素也起着支配性的作用。

（一）品种与形状

茶叶的形状与茶树品种有密切的关系。茶树品种不同，鲜叶的形状、叶质软硬、叶片的厚薄及茸毛的多少有明显的差别，鲜叶的内含成分也不尽相同，一般质地好、内含有效成分多的鲜叶原料，有利于制茶技术的发挥，有利于造型，尤其是以品种命名的茶叶，一定要用该品种鲜叶制作，才能形成其独有的形状特征。如水仙茶需用水仙种鲜叶制作，因鲜叶的叶脉、叶柄宽才能制出"沟"状的特征；铁观音茶一定要用铁观音品种鲜叶制作；龙井茶要用龙井种鲜叶制作，才能制出芽长于叶，形似碗钉的特征。茶叶形状与鲜叶的叶形戚戚相关，而鲜叶的形状由茶树品种的遗传特性所决定。叶型大的鲜叶适宜做体型大而壮的大叶青、滇红、普洱茶、大方茶等；叶型小的鲜叶适宜做形状小巧的龙井、碧螺春、雨花茶等；长叶形或柳叶形鲜叶适宜做条形茶；椭圆形鲜叶具有不长、不短、不宽、不狭的叶形特点，适制性广，可做各种形状的茶叶，如驰名中外的祁门工夫茶、屯绿、外形美如"观音"的铁观音茶和以色翠、香郁、味甘、形美四绝闻名的龙井茶等。芽梢节间长短也是茶树的品种特性之一，它与制茶时可受力大小有一定的关系，通常节间短的芽梢耐受力大，节间长的耐受力小。芽梢节间短易做出姿态优美的各种形状，如太平猴魁用节间短且"三尖"平齐（即一芽二叶呈自然伸展，两个叶尖与一个芽尖三点连成一条直线）的鲜叶制作才能具备形如玉兰花瓣、两头尖的形状特征，而节间长的鲜叶受力差，做出来的形状像兰花。有些茶要用节间长的鲜叶才能做出形状合乎品质要求的茶，如河西园茶要用节间长的一芽三四叶，才能做出藤蔓状、俗称"挂面茶"的规格要求。又如，黄大茶要用节间长为 $1.5 \sim 4$ cm 的一芽三四叶、整个芽梢长 $10 \sim 13$ cm 的鲜叶，才能做出大叶长枝、枝梗象钓竿的形状。品种不同，鲜叶的厚薄、软硬度不同，适制茶叶的形状也不同，如讲究外形的龙井茶，用薄而软的嫩叶才能做出扁平光削的外形，如用厚而硬或厚而软的鲜叶，再好的制茶技术也做不出符合龙井形状规格的茶。品种不同，芽叶上茸毛的多少也不同，有些外形的茶对白毫有特殊的要求，如各种银针要求芽头肥壮、白毫满布，如福鼎白毫种、乐昌白毫种等都具有芽壮且白毫满布的特点，适宜做银针茶。

## （二）栽培条件与形状

栽培条件直接影响茶树生长、叶片大小、质地软硬及内含化学成分，而鲜叶的质地及化学成分与茶叶形状品质有密切的关系。一般茶树在日照适度，水湿适宜，温暖，土壤肥沃，保水、保肥、通气性良好，肥料充足，及时中耕除草及防治病虫害的环境中生长良好，正常芽叶多，叶厚实而质软，持嫩性好，内含可溶性成分多，汁水多，这种鲜叶因叶质软，可塑性好，黏合力大，有利于做形，使干茶重实，叶底柔软。反之，茶树在光照强，水湿差，温度高，土壤瘠薄，保肥、保水、通气性差，肥培管理不当的环境中生长差，对夹叶多，叶质硬，易老化，持嫩性差，内含可溶性物质下降，不溶性物质增多，汁水少，这种鲜叶因叶质硬，可塑性差，黏合力小，做形较为困难，且干茶轻飘。

春、夏、秋各季节的气候特点不同，茶叶的形状品质存在明显的季节性差异。春季天气温暖，日照适度，水湿适宜，除春茶前期的肥培管理外，茶树本身（在冬季贮藏）也有一定的养分供应，因此茶树生长良好，故春茶鲜叶具有叶肉厚、叶质柔软、新梢上下叶形大小相似、芽头长而壮的特点。春茶用来做红茶、绿茶条形茶，则条索紧结，有锋苗，老嫩均匀，身骨重实，嫩梗略扁，梗端卷曲，叶底老嫩均匀，柔软，叶脉平滑不突起。大多数外形优美的名茶都是用春季鲜叶制作。夏季日照较强，气温较高，雨水较多，茶树生长很快，机械组织发达，纤维素含量高，易老化，夏季鲜叶叶肉薄，叶质粗而硬，叶脉突出，芽头短小，新梢上下叶形大小与叶质老嫩相差明显，叶梗易老，使夏茶外形老嫩欠匀，条索松紧不一，叶脉突出，朴片较多，身骨较轻飘，叶底芽头短小，叶片老嫩、大小不匀，叶张薄，叶质硬，叶脉较粗且突出。秋季气候特点是秋高气爽，日照较强，气温较高，雨水较少，而茶树的蒸腾作用强，使水分平衡失调，茶树生长受阻，往往芽头短小，叶张薄，叶质硬，有大量的对夹叶，鲜叶易老化，故秋茶外形往往与夏茶相似。如雨水调匀，则秋茶的形状品质介于春、夏茶之间。

### （三）采摘质量与形状

**1. 鲜叶嫩度对形状的影响**　鲜叶嫩度直接决定茶叶的老嫩，鲜叶品质是构成茶叶形状的基础。

首先，鲜叶嫩度不同，其叶子的形态特点也不相同，从而对茶叶的形状品质产生深刻的影响。嫩叶小，叶质柔软，锯齿有排水孔，叶脉较平滑，制茶可塑性好，能做各种形状的茶叶，干茶重实，叶表组织平滑饱满，油润具光泽，形状品质好。具一定成熟度的叶片较大，叶质有硬化感，锯齿之间分开，叶片基部老化、叶脉突出，而叶端较嫩、叶脉较平滑，这种嫩度的叶子可塑性较差，做形受到一定影响，如做条形茶则呈现出半老半嫩的特点，即靠叶柄一端茶条较松、表面粗糙、叶脉突出，而靠叶尖一端茶条尚紧、表面平滑、总的形状品质一般。老叶的叶片较大，叶质粗硬，叶缘锯齿明显，锯齿尖呈褐色，叶脉突出、粗糙，这种叶子做条形茶，表现为条索粗松、多碎片、叶表粗糙、身骨轻飘、叶脉明显突出，叶底粗老、较碎、质硬、多摊张叶，形状品质差。

其次，芽叶内含化学成分的量因鲜叶嫩度而不同，粗纤维、糖类、淀粉等的含量均随叶片的老化而逐渐增加，而对造型密切相关的水溶性果胶及水分等的含量则嫩叶多老叶少（表2-12）。果胶物质具有黏性，热时黏性大，因此在初制加热过程中，有利于塑造外形。水分含量对做好外形至关重要，含水量太低，叶质干脆，可塑性差，容易断碎。因此嫩度高的鲜叶，由于其内含可溶性成分丰富，汁水多，水溶性果胶物质的含量高，纤维素含量低，使叶子的黏性高，黏合力大，有利于做形，如做条形茶则条索紧结、重实、有锋苗，做珠茶则颗粒细圆紧结、重实。反之，老叶内含可溶性成分少，汁水少，纤维素含量高，黏性降低，黏合力减小，如用来做条形茶则条索粗松，做珠茶则颗粒松泡。

**2. 鲜叶匀净度、新鲜度对形状的影响**　老嫩不匀的鲜叶，叶型有大有小，叶质有软有硬，初制技术很难同时适合不同嫩度鲜叶各自对加工工艺的要求，这种鲜叶做条形茶表现为茶条粗松、短碎、老嫩不匀、大小不一，叶底老嫩不匀、短碎、花杂。另外鲜叶老嫩不匀，叶内含水量及各种化学物质的含量悬殊，这将导致杀青、萎凋的老嫩程度不一及揉捻、揉切后条索或颗粒的松紧度不一,干燥后出现干湿不匀,条索或颗粒的松紧、粗细等都不相同,使茶叶形状参差不齐,杂乱无章。同样,鲜叶的净度、新鲜度也直接影响茶叶的形状品质。净度不高,混入各种夹杂物,自然会影响外形的美观。新鲜度差的鲜叶由于部分叶子沤坏、发热、红变、机械损伤或严重失水等,无法采用合理的加工技术制造出形状均匀一致的好茶。

**3. 茶叶形状与采摘标准**　各种茶的形状不同,采摘标准也不同。如青茶要求采顶叶开面的新梢 3～4 叶,才能做成钉头状或螺旋形;做君山银针所采芽头必须是刚萌芽、叶片未展、芽内包有 3～4 片幼叶、芽头肥壮重实、长 25～30 mm、宽 3～4 mm、芽基部 2～3 mm 长的嫩茎,才能使干茶似银针,冲泡后个个在杯中直立;白牡丹要求采芽身壮且白毫满布的一芽二叶,才能制出芽叶相连,形似花朵的特点。由此可见各种形状类型与精细严格的鲜叶采摘密不可分。

针形:如安化松针,要求采一芽一叶初展且白毫满布的幼嫩芽叶,严格做到"六不采",即不采虫伤叶、紫色叶、雨水叶、露水叶、节间过长或粗壮的芽叶。采摘应特别注意不使芽叶受到机械损伤,鲜叶采下后避免阳光直晒,并及时运送茶厂。只有优质鲜嫩匀整的鲜叶才能做出细、直、圆、秀丽和尖锐如针的松针茶。

扁形:如龙井茶,要求采摘鲜叶细嫩,高级龙井茶采一芽一二叶,芽长于叶,一般长在 3 cm 以下,要求芽叶均匀成朵,不夹带蒂、碎片;中级龙井茶采一芽二叶,一般长度在 3.5 cm 左右,芽尖与第一叶长度相等的较好,芽头短于第一叶的较差。采时不在手中紧握,不在篮里按压,采后及时运送到茶厂。只有保证鲜叶质量才能制出形似碗钉、扁平光滑、挺直尖削、均匀整齐、芽锋显露、无单叶条、叶底柔嫩成朵的高级龙井茶。

卷曲形:如碧螺春,要求在清明前后 3～4 d 开采,采一芽一叶初展且银芽显露的芽叶,芽叶的总长度为 1.5 cm,每 500 g 茶约有 6 万个芽头,采回的鲜叶要经精细的拣剔,将鱼叶、嫩茶果、二片叶拣去,拣净后用湿布遮盖,入晚进行炒制。用这种鲜嫩芽叶制作才能使碧螺春具有条索纤细卷曲、满身白毫的外形特点。

片形:如六安瓜片,传统方法要求采摘刚开面的一芽三四叶,采回后及时扳片,目前多采用直接采片的方法。采摘要求老嫩分开,即将 3～4 叶及 1～2 叶各放一堆,以便于炒制,使成品形成叶缘向背面翻卷的瓜片状特征。如采摘太嫩易做成麻绳条,采摘太老易制成摊片,都制不出外形符合规格的瓜片形。

尖形:如太平猴魁,其形状特征为两叶抱一芽,扁而伸展,挺直,芽不外露,两头尖,似玉兰花瓣,并且叶肉肥嫩,肉里嵌毛,含毫不露,叶底成朵,肥厚,叶脉下凹,叶肉成泡形隆起。太平猴魁之所以能形成独有的品质风格,除品种及产地优越的自然条件外,也与精细严格的采摘分不开。要求出早工在雾中采摘,雾退时(10:00)收工,并有"四拣八不采"的规定。"四拣":一是拣山,拣高山、阴山、茶树长势好的茶园;二是拣棵,拣生长健壮的大茶棵;三是拣枝,拣芽叶匀整、肥大、叶片发乌、枝干粗壮、节间短、挺直的茶枝;四是拣尖,做到无尖不要,小不要,瘦不要,弯曲不要,有病虫害的不要,色淡的不要,紫色的不要。采回后将鲜叶倒在"拣板"上,一朵一朵地选出芽叶肥壮、老嫩一致的一芽二叶(所谓两刀一枪）。第二片叶要求刚开面，即叶缘锯齿不明显，摊平而不老，太老使成茶翘散，太嫩使成茶成条。茶园采摘标准为一芽三四叶，采回后拣尖时将第二叶以下的叶片连梗折去，制成魁片，取一芽二叶制太平猴魁。

乌龙茶形状有的要求条索端部扭曲，有的要求呈螺钉形，要采摘顶叶中开面的三至四叶新梢，才能制出上述形状的茶，如用嫩叶则条索太紧，如用老叶则茶条松散，不符合要求。

红茶类和绿茶类大宗产品，其鲜叶采摘标准一般为一芽二三叶及同等嫩度的对夹叶。因采摘时芽叶组成比例的不同，干茶的大小、粗细、松紧也不相同。

### （四）制茶工艺技术与形状

干茶形状和叶底形状的优次，除与茶树品种、栽培条件等有关外，与制茶技术的关系更为密切。制法不同，茶叶形状各式各样，如条形茶、圆珠形茶、扁形茶、针形茶、片形茶、团块形茶、颗粒形茶等，同一种类形状的茶，也会因各自加工技术掌握的不同而使其形状品质差异很大。

**1. 绿茶加工技术与形状**　鲜叶适度摊放有利于绿茶形状的塑造。因为适度摊放可使鲜叶中的多糖和原果胶物质在酶的作用下发生不同程度的水解，使水溶性糖和水溶性果胶的含量有所提高，这两种物质在加热时具有黏性，有利于绿茶的造型。

掌握好杀青、干燥工序在制品的含水量有利于绿茶造型。实践证明，加工各阶段在制品的含水量对绿茶做形影响很大，含水量过高或过低都不利于条索卷紧。首先应根据叶质老嫩控制杀青叶的含水量，一般采用"嫩叶老杀，老叶嫩杀"的技术措施，因老叶叶质硬，应适当提高杀青叶的含水量，使之在揉、炒时易于成条，而嫩叶本身叶质较柔软，杀青叶的含水量可稍降低，这样反而可以减少揉捻时的断碎率。一般杀青后在制品的含水量以嫩叶为 58%～60%，中等嫩度叶为 60%～62%，低等嫩度叶为 62%～64% 时有利于揉捻造型。干燥各阶段在制品的含水量在 20%～50% 之间时，可塑性较大，有利于烘、炒过程中做条及减少断碎。不同的干燥方法及不同的外形形状对干燥各阶段在制品含水量的要求不尽相同，如眉茶干燥各阶段在制品的含水量以烘二青为 40%～45%，炒三青为 20% 时条索较为紧结，锋苗较好，且断碎率低。

掌握好"嫩叶冷揉，老叶热揉"，揉捻加压"轻-重-轻"的原则，有利于绿茶造型。嫩叶本身较为柔软，易于成条，为了提高色泽品质，故采用冷揉；老叶不易成条，应趁热揉捻，以便发挥果胶物质在受热时黏性较大而有利于成条的作用。揉捻掌握"轻-重-轻"的原则可使条索紧结圆浑，锋苗好。否则加压过重，导致扁条多，断碎也多；加压太轻，则又难于成条。另外，揉捻机、炒干机的转速及炒手与锅壁的间隙等都是影响干茶形状品质的重要因素，必须根据不同的茶类采用恰当合理的技术指标，才能塑造出符合各自品质特征的茶叶形状。

**2. 红茶加工技术与形状**　萎凋程度是影响红茶成型的主要因素之一。红茶通过萎凋使鲜叶在一定条件下均匀地散失适量的水分，以减少细胞张力，使叶质柔软，韧性增强，为揉捻、揉切造型创造条件。因此掌握萎凋程度，对红茶的成型非常重要。就红条茶而言，若萎凋不足，含水量偏高，则叶质硬脆，揉捻时芽叶易断碎；若萎凋过度，萎凋叶水含量过少，芽毫枯焦，叶质干硬，揉捻时条索不易卷紧，使毛茶条索松泡多扁条，断碎的也较多。红条茶萎凋叶含水量控制在60％～64％对后续各工序的做形较为有利，萎凋程度也应根据季节和鲜叶嫩度做适当的调整，如春季鲜叶含水量高，萎凋叶含水量宜适当偏低，以60％～62％为好；夏季高温低湿，鲜叶含水量低，且容易散发，萎凋叶含水量应适当偏高，以62％～64％为宜。对嫩度不同的鲜叶应掌握"嫩叶重萎凋，老叶轻萎凋"的原则。红碎茶的萎凋也是揉切做形不可缺少的前提条件，萎凋程度将影响颗粒的松紧度及花色比例。一般传统制法特别强调外形颗粒的紧卷度，要求萎凋叶的含水量较低，如大叶种以55％～58％、中小叶种以58％～60％为宜。转子机制法萎凋叶含水量则以大叶种58％～62％、中小叶种60％～65％时有利于揉切造型，能使颗粒的紧卷度较好。CTC、LTP制法与传统制法相反，若萎凋叶含水量太低，反而会使片茶增多，颗粒欠紧结。CTC制法的萎凋叶含水量为68％～72％、LTP制法的为68％～70％时，片茶显著减少，颗粒紧卷度也能得到改善，因为萎凋叶含水量较高时，叶质较硬脆，具有刚性，容易被CTC机和LTP机切碎，其碎片也较易粘结成颗粒状，所以片茶的比例明显降低。从表2-41可以明显看出，萎凋程度对LTP产品的花色比例影响很大。红碎茶对不同季节、不同嫩度鲜叶萎凋程度的掌握原则与红条茶的基本相同。

表 2 - 41　萎凋程度对锤击式机（LTP）产品花色比例的影响（％）

| 萎凋叶含水量 | 花色比例 | | | | |
| --- | --- | --- | --- | --- | --- |
| | 碎一 | 碎二 | 末茶 | 片茶 | 头子 |
| 62.0 | 26.7 | 19.4 | 31.2 | 18.2 | 4.5 |
| 66.4 | 27.2 | 25.3 | 27.3 | 15.8 | 4.4 |
| 69.2 | 26.4 | 36.8 | 28.1 | 5.2 | 3.4 |

资料来源：中国农业科学院茶叶研究所，1980、1981。

注：采用春茶一级鲜叶为试验原料。

　　揉捻、揉切是塑造红茶外形的关键工序。红条茶要求外形条索紧结，必须通过揉捻使萎凋叶搓卷成紧直条索，为了达到反复搓揉、卷曲成条的目的，一般均采用"轻-重-轻"的加压方式。揉捻程度要求达到90％以上的叶片成条，且条索紧卷。若揉捻不足或过度，均有损红条茶的形状品质，如揉捻不足使条索不紧，揉捻过度使断碎过多。红碎茶通过揉切工序，使外形呈颗粒、片、末状。不同揉切制法的产品其颗粒形状及花色组成都不相同，如用转子机切碎的红碎茶颗粒大，碎茶（BOP）花色占50％以上，并含有20％以上的碎茶5号（BOPF）；而CTC切碎的颗粒显著减小，多为片、末茶，占总量的80％以上。Narris N.等对采用不同揉切机械切碎的产品的花色组成进行了分析（表2-42），揉切机械影响红碎茶产品的颗粒大小，CTC与LTP制法使碎茶颗粒减少，而使片茶和末茶花色类型增加。

表 2 - 42　不同揉切制法产品的花色组成（%）

| 花　　色 | 传统盘式揉切机 | 洛托凡 | 洛托凡-CTC | LTP |
|---|---|---|---|---|
| 碎茶 2 号（BOP₁） | 55.0 | 52.6 | — | — |
| 碎茶 5 号（BOPF） | 9.0 | 24.0 | — | — |
| 碎茶（BOP） | — | — | 7.2 | 6.6 |
| 橙黄片（OF） | — | 10.3 | 28.2 | 35.5 |
| 白毫片（PF） | — | — | 20.9 | 21.5 |
| 碎白毫（BP） | — | 4.3 | — | — |
| 片 1（F₁） | 12.6 | — | 22.1 | 11.1 |
| 片 2（F₂） | — | — | — | 6.1 |
| 混合碎茶（BM） | 2.4 | 8.2 | — | — |
| 末茶（D） | 18.9 | — | 10.6 | 8.2 |
| 其他 | 2.1 | — | 11.0 | 11.0 |

资料来源：湖南省经济作物局，红碎茶生产技术资料汇编，1984。

　　干燥通过蒸发茶叶中的水分，使条索或颗粒紧缩，外形得以固定，因此干燥技术也会影响红条茶和红碎茶的形状品质。如干燥温度过高，水分蒸发过快，将造成外干内湿，使茶条不易胶紧，甚至"死条"，冲泡时叶底不能开展。

　　**3. 制茶技术与几种典型茶叶形状的形成**　茶叶形状不同，制法也不同，现以大宗的条形茶、圆珠形茶、扁形茶、针形茶、片形茶和团块形茶为例，分别说明如下：

　　条形茶：先经杀青或萎凋，使叶子散失部分水分，后经揉捻成条，再经解块、理条，最后烘干或炒干。烘干者茶条颖长较直，如条形红毛茶和烘青。炒干者在炒干时，茶叶沿圆弧形的锅壁或圆筒形的筒壁滚动摩擦及茶叶自身相互挤压，在各种力的作用下，愈炒愈紧，愈挤愈实，条索圆紧光滑。

　　圆珠形茶：经杀青、揉捻和初干使茶叶基本成条后，在斜锅中炒制，在相互挤压等力的作用下逐步造型，先炒三青做成虾形，接着做对锅使茶叶成圆茶坯，最后做大锅成为颗粒紧结的圆珠形。

　　扁形茶：经杀青或揉捻后，采用压扁的手法使茶叶成为扁形。如龙井茶的青锅分抖、榻（搭）、摩、挺 4 种手势，辉锅以搭、抓、捺、甩、推、磨等手势交替进行，才能制出扁平光削呈碗钉状的特有外形。而大方茶则在揉条后，在炒锅中经烤扁操作，使干茶呈现竹叶状，长、扁、直条形特征。

　　针形茶：经杀青后在平底锅或平底烘盒上搓揉紧条，搓揉时双手的手指并拢平直，使茶条从双手两侧平平落入平底锅或烘盒中，边搓条，边理直，边干燥，使茶条圆浑光滑挺直似针。

　　片形茶：制造分炒生锅、炒熟锅和干燥 3 道工序。制出的茶叶直顺而不弯曲，不折叠，不成麻绳条，叶片边缘微向背翻卷，形似瓜子。如六安瓜片在炒生锅时用特制的炒茶帚挑炒叶子，使叶子在锅中转动以均匀受热，达到杀青的目的，随着水分的散失，叶缘微向背面翻卷。炒熟锅时用炒茶帚轻轻拍压边缘已微卷的叶子，使微卷的边缘固定下来，最后经烘干即成瓜片茶。

团块形茶：由黑毛茶、红毛茶和绿毛茶等经付制再经蒸炒后灌模，经机压或槌棒筑压成各种形状。各种团块形的茶均要求压紧度适当，形状端正，模纹清晰，棱角分明，忌斧头形，忌起层、落面、龟裂、断甑。

总之，不同的制法将形成不同的形状，有的干茶形状和叶底形状属同一类型，有的干茶形状和叶底形状却有很大的差别。如白牡丹、小兰花的干茶都属花朵形，它们的叶底也都是花朵形；而珠茶、贡熙的干茶同属圆珠形，但珠茶叶底芽叶完整成朵为花朵形，而贡熙叶底为半叶形。

### （五）贮藏与形状

茶叶形状与贮藏条件也有关系。足干的茶叶若贮藏在不受外力挤压的茶箱或茶筒中，经贮藏后茶叶的直度比贮藏前好；若茶叶贮藏在软质的容器中，如塑料袋或布袋中，易遭受外力的挤压，经贮藏后往往使下盘茶增多。足干的茶叶若贮藏在干燥的环境中，则形状变化很小，若贮藏在湿度较大的环境中，茶叶将吸收水分而涨大、松开、发软，若吸水过多，如含水量超过12%以上时，茶叶将发生霉变，出现霉花、菌丝，霉变严重的茶叶易粘在一起结成块状，霉变轻的叶底筋骨差，霉变严重的叶底不成型。茶叶长时间贮藏后，将使叶底不展，并有发硬感。要使茶叶形状在贮藏中相对稳定，一定要保证茶叶充分干燥，含水量控制在6%以下，贮藏环境要干燥，最好贮藏在防潮的茶箱或茶筒中。

## 三、茶叶形状

### （一）干茶形状

根据茶树品种及采制技术的不同，可将干茶形状分为条形、卷曲形、圆珠形、螺钉形、扁形、针形、花朵形、尖形、束型、颗粒形、屑片形、晶形、片形、粉末形、雀舌形、环钩形、团块形等。

条形：条形茶的长度比宽度大许多，有的外表圆浑，有的外表有棱角较毛糙，茶条均紧结有锋苗。属此类型的茶极多，如绿茶中的炒青、烘青、晒青、特珍、珍眉、特针、雨茶，红茶中的条形红毛茶、工夫红茶、小种红茶，红碎茶中的花橙黄白毫、橙黄白毫、白毫等，黑茶中的黑毛茶、湘尖、六堡茶，乌龙茶中的水仙等。

卷曲形：鲜叶细嫩，满布白毫，制茶有搓团提毫工序，条索紧细卷曲，白毫显露。如碧螺春、高桥银峰、都匀毛尖、蒙顶甘露、湘波绿、南岳云雾等。

圆珠形：包括圆珠形、腰圆形、拳圆形、盘花形等。呈圆珠形的有珠茶，其颗粒细紧滚圆，形似珍珠；腰圆形的如涌溪火青；盘花形的如泉岗辉白；拳圆形的如有切口的贡熙。

螺钉形：茶条顶端扭曲成圆块状或芽菜形，枝叶基部翘起如螺钉状。顶端扭曲成圆块状的有闽南青茶、铁观音、乌龙、色种。顶端部分扭曲似蜻蜓头的有闽北青茶、武夷岩茶。

扁形：包括扁条形和扁片形，茶条扁平挺直，制茶中有专门的做扁工艺。属此类型的茶有龙井、旗枪、大方、湄潭翠芽、天湖凤片、仙人掌茶等，以龙井茶最为典型。高级龙井茶扁平光滑，挺直尖削，芽长于叶，形似碗钉。旗枪形状近似龙井，但不及龙井细嫩，不及龙井平扁直，有旗（叶）有枪（芽）。高级大方鲜叶为一芽三四叶，较龙井和旗枪长、大，制造时揉捻成条后再烤扁，形状较龙井、旗枪长而厚，因大方干茶形状似竹叶，故俗称竹叶大方。

针形：茶条紧圆挺直，两头尖，似针状。属此类型的茶有银针、松针、雨花茶、玉露、保靖岚针等。其中银针采用肥实芽头制成，茸毫满布，如白茶类的白毫银针、黄茶类的君山银针和绿茶类的蒙顶石花等；松针形的茶系用一芽一叶初展的鲜叶制成，细紧圆直，白毫显露，茶条秀丽形似松针，如安化松针、南京雨花茶等；恩施玉露系蒸青茶，条细直、锋苗较锐；日本的玉露茶（蒸青）亦属针形茶。

花朵形：鲜叶较嫩，制造中不经或稍经揉捻，采用烘干的茶叶，芽叶相连似花朵，如白牡丹、小兰花、绿牡丹、建德苞茶等。白牡丹要求采一芽二叶且毫心肥壮的鲜叶，采回后让其自然晾干收缩，干茶芽叶伸展似花朵，芽毫银白，叶片灰绿调和。小兰花茶鲜叶为一芽二叶，杀青后稍经揉捻，再烘干，芽叶相连，芽有白毫，叶片稍卷，形似开放的兰花。建德苞茶芽叶相连，基部如花蒂，芽叶端部稍散开，似兰花。

尖形：干茶两叶抱芽自然伸展，不弯、不翘、不散开，两端略尖，属此类型的茶有太平猴魁，鲜叶为一芽二叶、芽壮叶厚，在自然状态下芽和两叶的尖端即三尖可以基本连成一条直线，经制造后二叶包芽扁展似玉兰花瓣。

束型：加工经揉捻、烘成半干后，有专门理顺、捆扎的工序，将几十个芽梢理顺在一起，用丝线捆扎成不同形状，最后烘干的茶属此类型。束成似菊花形的叫菊花茶，束成似毛笔形的叫龙须茶。

颗粒形：紧卷成颗，略具棱角的茶属此类型。如绿碎茶、红碎茶中的花碎橙黄白毫、碎橙黄白毫、碎白毫等。

屑片形：形状皱褶，形似木耳，质地稍轻。如花碎橙黄白毫片、白毫片、橙黄片等。

晶形：茶叶经浸提、过滤、浓缩后得到的茶汁，采用冷冻干燥制成各种形状不定的晶状物，如速溶茶。

片形：分整片形和碎片形两种。整片形如六安瓜片，叶缘略向叶背翻卷形似"瓜子"，碎片形的有秀眉、三角片。

粉末形：凡体型小于34孔的末茶均属此类。如花香、红碎茶中的末茶、日本的抹茶等。

雀舌形：鲜叶为一芽一叶初展，制茶后形状似雀舌的属此类型，如顾渚紫笋、敬亭绿雪、黄山特级毛峰等。

环钩形：茶叶条索紧细弯曲呈环状或钩状，属此类型的茶有鹿苑毛尖、歙县银钩、桂东玲珑茶、广济寺毛尖、官庄毛尖、碣滩茶、九曲红梅等。

团块形：毛茶付制后经蒸炒压造呈团块形的均属此类型，如黑砖、花砖、茯砖、青砖、米砖、金尖、康砖、紧茶、普洱方茶、沱茶、方包茶和六堡茶等。

## (二) 叶底形状

叶底即冲泡后的茶渣，本来是废物，之所以将其作为品质项目，是因为茶叶在冲泡时吸收水分膨胀到鲜叶时的大小，比较直观，通过叶底可分辨茶叶的真假，也可分辨茶树品种及栽培状况的好坏，并能观察出采制中的一些问题。再结合其他品质项目，便可较为全面地分析不同茶叶的品质特点及其影响因素。

叶底的形状，大体可分为芽形、雀舌形、花朵形、整叶形、半叶形、碎叶形和末形等。

芽形：由单芽组成的叶底属此类型。如君山银针、白毫银针、米茶、蒙顶石花等。此类型的叶底均具有观赏性，如君山银针芽头肥壮，冲泡时芽头骤顶水面，而后徐徐下沉，似金枪直立，再沉于杯底，又似群笋出土，芽影水光交相辉映。

雀舌形：经冲泡后的叶底如雀嘴张开，芽梢基部茎叶相连。属此类型的茶大部分为一芽一叶初展的鲜叶所制，如黄山特级毛峰、莫干黄芽、敬亭绿雪等。

花朵形：叶底芽叶完整，冲泡自然展开似花朵。此类型的茶有火青、太平猴魁、白牡丹、绿牡丹、龙井、旗枪、小兰花、各种毛尖、毛峰等。高级珠茶的叶底多为完整的一芽二叶，亦属此类型。

整叶形：由芽叶或单叶制成，制茶中没有破碎的工序，如炒青、烘青、红毛茶的叶底均为整叶形。六安瓜片的叶底全叶完整无缺，也属此类型。

半叶形：条形茶经精制筛切整形后的精制茶的叶底，多为半叶形，如工夫红茶、眉茶、雨茶等，因精制后茶叶的外形匀整平伏，故叶底芽叶的大小也基本匀齐一致，老嫩也基本相同。

碎叶形：经揉切破碎工序制成的毛茶或精制茶的叶底均属此类型，如红碎茶的碎茶、片茶，绿碎茶等。

末形：干茶直径小于 0.5 mm 的末茶，其叶底均属此类型，如红碎茶的末茶、日本的抹茶等。

## 复习思考题

1. 简述构成绿茶色泽的物质基础。
2. 试分析影响绿茶色泽的因素。
3. 绿茶常见的香气类型有哪些？试分析这些香气产生的原因。
4. 简述加工工艺对红茶香气的形成作用。
5. 简述影响乌龙茶香气的因素。

6. 茶叶中主要的呈味物质包括哪些?

7. 影响茶叶滋味的主要因素有哪些?

8. 简述红茶加工过程中滋味物质形成与转化的机制。

9. 简述贮藏过程中茶叶色、香、味的变化趋势。

10. 茶叶外形与哪些因素相关?

# 第三章　茶叶品质特征

茶叶品质的形成与茶树品种、生长的环境条件（如土壤类型与肥力、经纬度、海拔、朝向、光照、降雨、温湿度等）、栽培技术、加工工艺等众多因素有关。我国的茶类按初制工艺与技术分为绿茶、黄茶、黑茶、乌龙茶、白茶和红茶六大类，各类茶均有典型的品质特征。不同茶类品质特征的形成主要是由于工艺不同，茶鲜叶中的主要化学成分转化途径不同，特别是多酚类中的儿茶素发生不同程度的酶促或非酶促氧化或降解，生成不同的化学物质，从而形成不同风格的茶类。

绿茶、黄茶和黑茶三大茶类在初制过程中，都是先通过高温杀青，破坏鲜叶中的酶活性，制止了多酚类的酶促氧化。绿茶通过做形、干燥工序形成清汤绿叶的特征；黄茶通过闷黄工序，在湿与热的作用下，化学成分聚合或降解，形成黄汤黄叶的品质特征；黑茶通过渥堆工序，在水热及微生物的作用下，多酚类产生不同程度的非酶促或酶促氧化，纤维素、蛋白质发生降解，形成外表色泽油黑、汤色橙黄或外表色泽褐红、汤色红浓的品质特征。红茶、乌龙茶和白茶类在初制过程中，都是先通过萎凋，为促进多酚类的酶促氧化准备条件。红茶继而经过揉捻或揉切、发酵和干燥，形成红汤红叶的品质。乌龙茶又进行做青，使叶片边缘的细胞组织破坏，局部多酚类与酶接触发生氧化，再经杀青固定氧化和未氧化的物质，形成汤色金黄和绿叶红边的特征。白茶经长时间萎凋后干燥，多酚类缓慢地发生酶促氧化，形成汤色嫩黄、毫香毫味显的特征。

各类初制加工茶称为毛茶，毛茶经过分筛、抖筛、风选、拣剔等工序加工后称为精制茶或成品茶，部分精制茶经再加工称为再加工茶，如各种花茶、压制茶及速溶茶等。各种毛茶、精茶和再加工茶具有各类茶的典型品质特征，在外形与内质上各茶类具有较明显的差别。

## 第一节　绿茶品质特征

绿茶是指初加工过程中，鲜叶经贮青或摊放、杀青（包括锅炒杀青、热风杀青、蒸汽杀青或微波杀青）、揉捻（或做形）、炒干或烘干或晒干或烘炒结合干燥的茶叶。绿茶在初加工过程中，首先利用高温钝化了酶活性，阻止了茶叶中多酚类物质的酶促氧化，保持了绿茶"清汤绿叶"的品质特征。同时，在加工过程中，由于高温湿热的作用，部分多酚类氧化、热解、聚合和转化后，水浸出物的总含量有所减少，多酚类约减少 15%。多酚含量的适当减少和转化，不但使绿茶茶汤呈嫩绿或黄绿色，还减少了茶汤的苦涩味，使之变得爽口。

　　绿茶由于其加工工艺与原料嫩度的差异，品质特征差异明显。根据杀青与干燥方式的不同，分为炒青绿茶、烘青绿茶、烘炒结合型绿茶、晒青绿茶、蒸青绿茶等。

# 一、炒青绿茶

　　炒青绿茶是指在初加工过程中，采用锅炒杀青、热风杀青或微波杀青，干燥以炒为主（或全部炒干），形成香气浓郁高爽、滋味浓醇厚爽的炒青绿茶风格。

　　炒青绿茶在干燥中，由于受到机械或手工的作用力不同，形成长条形、圆珠形、扁平形、针形、螺形等不同的形状，故又分为长炒青、圆炒青、扁炒青、特种炒青等。

## （一）长炒青

　　由于鲜叶采摘嫩度不同和初制技术的差异，历史上的长炒青有杭炒青（浙江北部）、遂炒青（浙江南部）、屯炒青（安徽黄山）、婺炒青（江西婺源）等之分，毛茶分六级十二等。长炒青一般要求外形条索细嫩紧结有锋苗，色泽绿润；内质汤色绿亮，香气高鲜，滋味浓而爽口、富收敛性，叶底嫩匀、嫩绿明亮。

　　长炒青精制后主要用于出口，统称眉茶，成品的花色有珍眉、贡熙、雨茶、茶芯、针眉、秀眉、茶末等，各具不同的品质特征。内销的长炒青，按照各地生产特色，经过简单的精制工序，生产的产品有湖北省的"邓村绿茶"、浙江省的"松阳香茶"及各种特种炒青绿茶。

**1. 眉茶花色产品**

　　（1）珍眉　眉茶中的主产品，条索细紧略直呈弯眉形，平伏匀称，色泽绿润起霜；香气高爽，滋味浓醇，汤色、叶底黄绿明亮。

　　（2）贡熙　长炒青中的圆形茶，精制后称贡熙。外形颗粒近似珠茶，圆结匀整，但有明显切断面，不含碎茶，色泽绿润起霜；汤色浅黄，香气纯正，滋味尚浓，叶底黄绿尚嫩匀。

　　（3）雨茶　原系珠茶中分离出的长形茶，现在大部分从眉茶中获取，外形条索细短似雨点状，尚紧，色泽深绿起霜；汤色黄绿，香气尚高，滋味尚浓爽，叶底黄绿尚嫩匀。

　　（4）茶芯　全部为碎茶，颗粒状，色泽深绿；汤色略黄，香气尚纯，滋味尚浓，叶底尚匀。

　　（5）针眉　条细如针，大部分为细筋梗，中下段略带片形，内质不及茶芯。

　　（6）秀眉　片形，身骨轻，色泽黄绿稍枯暗；香味粗涩，汤色、叶底黄暗。品质较差的称为"三角片"。

　　（7）茶末　粉状，汤色黄绿暗浊，味尚浓而涩。

**2. 各地区眉茶**

　　（1）屯绿　产于安徽省黄山市屯溪区等地。外形条索紧结，匀整壮实，色泽带灰发亮；内质汤色绿而明亮，香气高鲜持久、带熟板栗香，滋味浓厚爽口、回甘，叶底嫩绿厚实、柔软。

（2）婺绿　产于江西省上饶市婺源县等地。外形条索匀整，色泽深绿而稍有油光，味厚而收敛性较屯绿强。

（3）遂绿　产于浙江省遂昌县、淳安县等地。品质接近屯绿，外形条索壮结重实，色泽绿润起霜；内质汤色清澈微黄，香气高，滋味浓厚，叶底嫩厚开展、嫩绿明亮。

（4）芜绿　产于安徽省芜湖市。品质接近屯绿，但外形欠匀齐，香气也稍低而叶底较暗。

（5）温绿　产于浙江省温州市。外形条索细紧略扁，芽毫显露，色泽灰绿；内质汤色浅亮，香气鲜嫩，滋味鲜爽，叶底细嫩多芽、明亮带嫩黄色。

（6）舒绿　产于安徽省六安市舒城县等地。外形条索细紧，嫩梗较多，色泽带灰绿；内质汤色绿亮，香气高，偶有兰花香，滋味浓厚略涩，叶底柔软、带黄绿色。

（7）杭绿　产于浙江省杭州、临海等地。外形条索细紧，色泽绿润；内质汤色绿亮，香气清高，滋味尚浓，叶底嫩匀绿亮。

（8）黔绿　产于贵州省贵阳、都匀等地。外形条索直而带扁；细紧度不及杭绿，内质汤色清澈明亮，香气有甜枣香，滋味浓厚不涩。

（9）湘绿　产于湖南省湘西、益阳等地。外形条索尚紧结略扁，色泽略灰暗；内质汤色黄绿明亮，香气尚高，滋味尚浓，叶底黄绿。

## （二）圆炒青

圆炒青外形颗粒圆紧，因产地和采制方法不同，有平炒青、泉岗辉白和涌溪火青等。

**1. 圆（平）炒青**　圆（平）炒青原产于浙江省嵊州、新昌、上虞等地。因历史上毛茶集中在绍兴平水镇精制和贸易，成品茶外形细圆紧结似珍珠，故称"平水珠茶"或称"平绿"，毛茶称"平炒青"或"圆炒青"。现在，圆炒青的生产技术已经推广到全国各地，产地有浙江、贵州、安徽、福建、江西、湖北、云南等省份。

平炒青外形颗粒圆结重实，色泽墨绿较油润；香纯味浓，汤色黄绿明亮，叶底嫩匀完整、黄绿明亮。

平炒青精制后的成品花色有珠茶、雨茶、秀眉、茶末等，产品主要用于出口，内销很少。

珠茶颗粒比圆炒青更细圆紧结、匀整一致，色泽灰绿起霜；香味浓厚，汤色黄亮，叶底老嫩匀齐，色泽稍黄。

**2. 泉岗辉白**　泉岗辉白产于浙江省嵊州市泉岗村，为历史名茶。产品外观盘花卷曲成颗粒形，白毫隐露，色泽绿中带辉白；汤色嫩绿明亮，香高显栗香，滋味浓醇爽口，叶底嫩匀厚软、完整、绿亮。

珠茶

**3. 涌溪火青**　涌溪火青产于安徽省宣城市泾县，为历史名茶。外形颗粒如腰圆形的绿豆，多白毫，身骨重，色泽墨绿光润；内质汤色浅黄明亮，香气高爽、有自然的兰花香，滋味醇厚回甘，叶底匀嫩、有盘花芽叶、色泽绿微黄、明亮。

涌溪火青

## （三）扁炒青

扁炒青形状扁平光滑挺直。因产地和制法不同，历史上分为龙井、旗枪、大方3种。旗枪产地自 20 世纪 90 年代初开始改制生产龙井茶，市场上已难见旗枪茶产品，市场上典型的扁炒青产品是龙井茶，还有大方茶及工艺与龙井茶相似的其他扁形茶产品。

**1. 龙井茶**　龙井茶原产地为浙江省杭州市西湖风景区境内的龙井村、翁家山村、杨梅岭村、满觉陇村、灵隐村、梅家坞村、外大桥村等地，后产区逐步扩大到浙江省的其他区域。现为国家"地理标志产品"。根据《地理标志产品　龙井茶》（GB/T 18650—2008）规定，龙井茶产区根据地域分为西湖产区、钱塘产区和越州产区。西湖产区包括杭州市西湖区（西湖风景名胜区）现辖行政区域。钱塘产区包括杭州市萧山、滨江、余杭、富阳、临安、桐庐、建德、淳安等县（市、区）现辖行政区域。越州产区包括绍兴市绍兴、越城、新昌、嵊州、诸暨等县（市、区）现辖行政区域以及上虞、磐安、东阳、天台等县（市）现辖部分乡镇。

龙井茶鲜叶分特级、一至四级，鲜叶采摘细嫩。特级茶要求一芽一叶初展，芽叶夹角小，芽长于叶，芽叶匀齐肥壮，芽叶长度不超过 2.5 cm。龙井茶产品分特级、一至五级，加工前鲜叶经适当摊放。高级龙井茶做工特别精细，外形嫩叶包芽，扁平挺直似碗钉，匀齐光滑，芽毫隐藏稀见，色泽翠绿微带嫩黄光润；内质汤色绿、清澈明亮，香气鲜嫩馥郁、清高持久，滋味甘鲜醇厚，有新鲜橄榄的回味，叶底嫩匀成朵。具有色绿、香郁、味甘、形美的品质特征。

龙井茶因产地不同，产品各显特色，典型产品有狮峰龙井茶、西湖龙井茶、大佛龙井茶、越乡龙井茶、富阳龙井茶、千岛湖龙井茶等。

（1）狮峰龙井茶　历史名茶。产地为《地理标志产品　龙井茶》（GB/T 18650—2008）中规定的西湖产区中的杭州市西湖风景名胜区所辖区域，为龙井茶的原产地、核心区域，典型产地有狮峰山、天竺、白鹤峰、马儿山等地。茶树品种为龙井群体、龙井 43、龙井长叶，采用传统的摊青、青锅、辉锅等工艺在当地加工而成，具有"外形扁平挺秀、嫩绿光润，内质香气馥郁持久、滋味鲜醇甘爽"的品质特征，为扁形绿茶。工艺要求保持传统的手工辉锅，因此，其品质特征在具备龙井茶基本要求的基础上香气更加馥郁持久，滋味醇厚甘润鲜爽，是龙井茶中的精品。参照杭州西湖龙井茶核心产区商会团体标准《狮峰龙井茶》（T/XHS 001—2018），狮峰龙井茶产品分精品、特级和一级。

（2）西湖龙井茶　历史名茶。产地为《地理标志产品　龙井茶》（GB/T 18650—2008）中规定的西湖产区。茶树品种为龙井群体、龙井 43、龙井长叶，采用传统的摊青、青锅、辉锅等工艺在当地加工而成，具有"色绿、香郁、味甘、形美"的品质特征，为扁形绿茶。参照中华人民共和国供销合作行业标准《西湖龙井茶》

西湖龙井

（GH/T 1115—2015）和杭州市西湖区龙井茶产业协会联盟标准《西湖龙井茶》（Q/XLM 001—2012），西湖龙井茶分精品、特级、一到三级。

（3）大佛龙井茶　产于《地理标志产品　龙井茶》（GB/T 18650—2008）中规定的越州产区新昌县，是目前龙井茶的重点产区之一。鲜叶原料除龙井43、龙井长叶等品种外，还有鸠坑群体种、迎霜、乌牛早等。大佛龙井茶品质特征为外形扁平光滑挺直、色泽绿中呈黄；内质香气清高持久，滋味浓醇。

**2. 大方茶**　大方茶产于安徽省黄山市歙县和浙江省杭州市临安、淳安毗邻地区。以歙县老竹大方最著名，多作为窨制花茶的茶坯，窨花后称为花大方。老竹大方由大方和尚于明隆庆年间（1567—1572）在歙县南老竹铺创制。大方茶加工以黄山种和老竹大方等地方群体种鲜叶为主要原料，于谷雨前采制，要求一芽二叶初展新梢，经拣剔和薄摊，以手工杀青、做坯、整形、辉锅等工序制作而成。目前也有用机器加工的产品。外形扁而平直，有较多棱角，色泽黄绿微褐光润；内质汤色杏黄，有熟栗子香，滋味浓爽、耐冲泡，叶底厚软黄绿。

**3. 孝感龙剑茶**　孝感龙剑茶产于湖北省孝感市所辖的孝南区、大悟县、孝昌县、安陆市、应城市等5个县（市、区），产地气候温和，光照充足，雨量比较充沛，地形地貌为长江以北大别山脉的低山区和丘陵岗地特征。孝感龙剑茶外形扁平挺直似刀剑，色泽翠绿油润；内质汤色嫩绿清澈明亮，清香持久，滋味鲜嫩爽口，叶底嫩绿明亮。

### （四）特种炒青绿茶

炒青绿茶除了上述产量大的长炒青、圆炒青、扁形的龙井茶外，还有各种造型的细嫩炒青绿茶，如卷曲形的洞庭碧螺春、都匀毛尖、峨眉峨蕊、蒙顶甘露等，扁平形的峨眉竹叶青、茅山青锋等，针形的南京雨花茶、安化松针，直条形的三杯香、信阳毛尖、采花毛尖、石门银峰、古丈毛尖、婺源茗眉、雪青茶，颗粒形的绿宝石、平水日铸等。

特种炒青绿茶造型丰富，形态紧结，色泽光润度好；香气浓郁高爽，汤色嫩绿明亮，滋味醇厚甘爽、内含物丰富，叶底嫩匀鲜活。

**1. 洞庭（山）碧螺春**　洞庭（山）碧螺春主产区位于江苏省苏州市的太湖洞庭山，为历史名茶，创制于明末清初。鲜叶采摘时间为春分至谷雨，谷雨后采制的茶不得称为洞庭（山）碧螺春茶。鲜叶采摘标准为一芽一叶初展、一芽一叶、一芽二叶初展、一芽二叶。每批采下的鲜叶嫩度、匀度、净度、新鲜度应基本一致。工艺流程包括鲜叶拣剔、高温杀青、热揉成型、搓团提毫、文火干燥。碧螺春外形条索纤细匀整，卷曲呈螺，白毫特显，色泽银绿隐翠光润；内质汤色嫩绿带毫浑，嫩香持久，滋味浓醇清鲜回甘，叶底幼嫩柔匀明亮。

洞庭碧螺春

**2. 南京雨花茶**　南京雨花茶产于江苏省南京市的中山陵园和雨花台烈士陵园一带，南京市郊区、江宁、溧水、高淳、六合、江浦、金坛等产茶县（市、区）也有生产。南京雨花茶为新中国成立之后创制的名茶，象征雨花台革命烈士忠贞不屈、万古长青。南京雨花茶外形条索紧直浑圆、锋苗挺秀、形似松针，白毫显露，

南京雨花茶

色泽绿翠鲜润；内质汤色绿亮，香气清高幽雅，滋味醇厚鲜爽，叶底细嫩匀净。

**3. 三杯香茶**　三杯香茶产于浙江省温州市泰顺县。泰顺地处浙江南部，产茶条件得天独厚。三杯香茶主产品的采摘标准为一芽二叶，制法基本上与长炒青绿茶相似。三杯香茶条索细紧纤秀，毫锋显露，色泽绿润；内质汤色黄绿明亮，香气清高持久、三泡后犹存余香，滋味浓醇回味甘甜，叶底嫩匀黄绿。

**4. 休宁松萝**　休宁松萝原产于安徽省黄山市休宁县的松萝山，创制于明初。谷雨前后开园采摘，特级以一芽一叶初展、一芽一叶为主，一级以一芽二叶初展、一芽二叶为主，二级以一芽三叶初展、一芽三叶为主，不能夹带鱼叶、老叶、茶梗等。松萝茶外形条索紧结卷曲，显毫，色泽绿润；内质香气高爽持久，滋味浓厚，汤色、叶底绿亮。

安化松针

**5. 安化松针**　安化松针产于湖南省益阳市安化县，由安化县茶叶试验场于1959年创制。安化是湖南优质茶主产区。原料要求一芽一叶初展的幼嫩芽叶，一般3月中旬开采，严格做到六不采，即不采虫伤叶、紫色叶、雨水叶、露水叶、节间过长及特别粗壮的芽叶。加工分摊放、杀青、揉捻、炒坯、摊凉、整形、干燥、筛拣等工序。安化松针外形紧结挺直秀丽、形如松针，白毫显露，色泽绿翠；内质汤色清澈明亮，香气馥郁，滋味甘醇，叶底嫩匀。

古丈毛尖

**6. 古丈毛尖**　古丈毛尖产于湖南省湘西土家族苗族自治州古丈县。古丈位于湖南省湘西土家族苗族自治州中部，产茶历史悠久，茶区生态环境得天独厚，土壤有机质丰富，富含磷和硒。依级别不同，鲜叶采摘标准分为单芽至一芽二叶初展。加工分摊青、杀青、初揉、炒二青、复揉、炒三青、做条、提毫收锅等工序。古丈毛尖条索紧细圆直，白毫显露，色泽翠绿油润；内质汤色绿亮，香高持久、有嫩栗香，滋味浓醇鲜爽，叶底嫩匀明亮。

桂东玲珑茶

**7. 玲珑茶**　玲珑茶产于湖南省郴州市桂东县，创制于明末清初。鲜叶采摘标准为单芽至一芽二叶初展。特级玲珑茶外形条索紧细卷曲，状若环勾，白毫显露，色泽翠绿油润；内质汤色嫩绿明亮，嫩香馥郁持久，滋味浓爽回甘，叶底嫩绿鲜活匀齐。

金坛雀舌

**8. 金坛雀舌**　金坛雀舌产于江苏省常州市金坛区，创制于1982年，主产区为方麓茶场。于清明前后采制，采摘标准以单芽为主，少量一芽一叶初展。采回的鲜叶分级别摊放3~5 h后，方可炒制。炒制分杀青、摊凉、整形和干燥等工序。金坛雀舌外形扁平挺秀匀整，形似雀舌，色泽绿润；内质汤色明亮，香气清高，滋味醇爽，叶底嫩匀明亮。

信阳毛尖

**9. 信阳毛尖**　信阳毛尖产于河南省信阳市。炒制方法始于清朝光绪年间，现核心产区为车云山、连云山、集云山、天云山、云雾山、白龙潭、黑龙潭、何家寨等地。依生产季节和采摘嫩度的差异，分为不同级别。珍品信阳毛尖外形条索细、紧、圆、直，锋苗显露，色泽银绿隐翠；内质汤色碧绿、有毫浑，香气高鲜、有熟板栗香，滋味鲜醇厚、饮后回甘生津，叶底嫩绿匀整。

**10. 凌云白毫**　凌云白毫又称凌云白毛茶，为历史名茶，创于清乾隆以前。主产于广西壮族自治区百色市凌云、乐业两县，用凌云白毛茶茶树品种的鲜叶加工而成。特级以初展幼芽为主，一级以一芽一叶为主，二级以一芽二叶为主。凌云白毫外形条索壮实，满披白毫，色泽银灰绿色；内质汤色清澈明亮，香气清高、有熟板栗香，滋味浓厚鲜爽，叶底芽叶肥嫩柔软。

**11. 都匀毛尖** 都匀毛尖产于贵州省黔南布依族苗族自治州都匀市，创制于明清年间，1968 年恢复生产。外形可与碧螺春媲美，鲜叶要求嫩绿匀齐、细小、一芽一叶初展，形似雀舌，长度不超过 2 cm，叶柄梗长不超过 2 mm。都匀毛尖外形条索紧细卷曲，毫毛显露，色泽翠绿鲜润；内质汤色清澈，香气清嫩，滋味鲜浓回甘，叶底嫩绿匀齐。

都匀毛尖

**12. 茅山青锋** 茅山青锋产于江苏省常州市金坛区，创制于 1981 年，因出自茅山东麓，形如青锋宝剑而得名。主产区为茅麓茶场、石马林茶场及茅山东部丘陵山区，是带扁平形的炒青绿茶。茅山青锋外形挺秀显锋略扁、匀整光滑，色泽绿润；内质汤色绿亮，香气高爽，滋味鲜醇，叶底嫩匀。

茅山青锋

**13. 庐山云雾** 庐山云雾主产于江西省九江市庐山 800 m 以上的含鄱口、五老峰、汉阳峰、小天池、仙人洞等地。庐山云雾茶古称"闻林茶"，从明代起称庐山云雾茶。一般在谷雨后至立夏之间方开始采摘，以一芽一叶初展为标准，长约 3 cm。加工分杀青、抖散、揉捻、初干、理条、搓条、拣剔、做毫、再干燥等工序。庐山云雾条索紧结壮丽，色泽青翠显毫；内质汤色清澈明亮，香气清鲜持久，滋味醇厚回甘，叶底肥软嫩绿匀齐。

**14. 蒙顶甘露** 蒙顶甘露产于四川省雅安市名山区蒙山顶的甘露峰，蒙顶种茶历史悠久，品质极佳。鲜叶采摘以一芽一叶初展为标准，初制工艺为鲜叶摊放、高温杀青、三炒三揉和精细烘焙。蒙顶甘露外形条索紧卷多毫，嫩绿油润；内质汤色碧绿带黄、清澈明亮，香气鲜嫩馥郁，滋味鲜爽醇厚回甘，叶底嫩绿、秀丽匀整。

蒙顶甘露

**15. 峨眉峨蕊** 峨眉峨蕊产于四川省乐山市峨眉山市，历史悠久，采制精细。特级鲜叶的采摘标准是全芽，一级是一芽一叶初展。初制方法分四炒三揉一烘。特级峨眉峨蕊外形条索紧细纤秀，全芽如眉，色泽绿润活翠；内质香气清嫩馥郁持久，滋味鲜醇回甘，汤色清澈绿亮，叶底绿嫩匀齐。

**16. 狗牯脑茶** 狗牯脑茶产于江西省吉安市遂川县狗牯脑山，创制于清嘉靖年间。鲜叶采自当地茶树群体小叶种，于清明前后开采，采摘标准为一芽一叶。加工分拣青、杀青、初揉、二青、复揉、整形、提毫、炒干等工序。狗牯脑茶外形紧结秀丽，白毫显露，芽端微勾；内质汤色清澈明亮，香气浓郁高雅、略有花香，滋味醇厚，叶底黄绿。

**17. 竹叶青** 竹叶青产于四川省乐山市峨眉山市，创制于 1964 年。主产区为海拔 800～1 200 m 的清音阁、白龙洞、万年寺、黑水寺一带。高档茶在清明前采制完毕。根据级别不同，鲜叶采摘要求严格，标准为独芽至一芽一叶开展，每一等级应做到芽形基本一致，分级制作。竹叶青外形扁平光润，挺直秀丽，色泽嫩绿油润；内质汤色嫩绿明亮，香气清香馥郁，滋味鲜嫩醇爽，叶底嫩绿显芽匀齐。

**18. 贵州绿宝石** 贵州绿宝石产于贵州省，是 2003 年创制的新品类。采用一芽二三叶为原料，外形呈盘花状颗粒，重实匀整，色泽绿润；内质汤色黄绿明亮，栗香浓郁，滋味鲜爽醇厚，叶底芽叶舒展成朵、嫩绿鲜活，有似绿宝石光泽，故称为绿宝石。冲泡七次犹有茶香，享有"七泡好茶"的美誉。

**19. 湄潭翠芽** 湄潭翠芽产于贵州省遵义市湄潭县境内及与湄潭县环境相似的周边地域，创制于1943年，曾名湄江翠片。清明前后开采，特级翠芽采摘标准为单芽至一芽一叶初展，芽长于叶，芽叶长度约为1.5 cm。经摊青、杀青、理条、整形、脱毫、提香工序制成。特级湄潭翠芽外形扁平直，形似葵花籽，隐毫稀见，色泽绿翠；内质汤色黄绿明亮，香气清芬悦鼻、栗香浓郁并带有花香，滋味醇厚爽口、回味甘甜，叶底嫩绿匀整。

**20. 秭归丝绵茶** 秭归丝绵茶产于湖北省宜昌市秭归县，秭归为屈原故里。茶园土壤富含锌、硒等多种微量元素。丝绵茶历史悠久，清朝乾隆期间曾作为皇室贡品。鲜叶持嫩性特强，细嫩芽叶用手拉断，芽断丝连，银丝万缕，特别新奇，深受消费者青睐。丝绵茶外形条索紧秀匀齐，银绿隐翠；内质汤色清澈明亮，清香高纯，滋味鲜爽、回味绵长，具有"香高味甘、经久耐泡"的特点。

# 二、烘青绿茶

烘青绿茶是指在初加工过程中，干燥以烘为主（或全部烘干），形成香气清高鲜爽、滋味清醇甘爽的绿茶品类。烘青绿茶的香味不及炒青绿茶浓郁，但更鲜爽。

烘青绿茶一般根据原料的嫩度分普通（大宗）烘青绿茶和特种（细嫩）烘青绿茶。普通（大宗）烘青绿茶毛茶经精制后大部分作窨制花茶的茶坯，很少直接进入市场销售。特种（细嫩）烘青绿茶是指干燥时采用烘干为主的名优绿茶，如黄山毛峰、太平猴魁、安吉白茶、舒城小兰花等。

## （一）普通（大宗）烘青绿茶

全国各产区均有生产。所用鲜叶原料多为一芽二至四叶，或对夹叶，初制工艺为杀青、揉捻、初烘、摊凉回潮、足干。

**1. 烘青毛茶品质特征** 外形条索较紧结完整，显锋毫，色泽深绿油润；内质香气清高，汤色清澈明亮，滋味鲜醇，叶底完整、嫩绿明亮。

**2. 烘青茶坯品质特征** 烘青毛茶经精制后的成品茶外形条索较紧结、细直，有芽毫，平伏匀称，色泽深绿油润；内质清香纯正，滋味较醇厚，但汤色、叶底稍黄。

**3. 烘青花茶品质特征** 外形与原来所用的茶坯基本相同，内质的香味特征因所用鲜花不同而有明显差异，如茉莉、白兰、玳玳、珠兰、柚子等。与茶坯比较，窨花后花香鲜灵、浓郁、纯正，滋味涩味减轻，干茶、茶汤、叶底都略黄。

## （二）特种（细嫩）烘青绿茶

特种烘青绿茶所用鲜叶原料多为单芽、一芽一叶初展至一芽二叶，干燥采用以烘为主的工艺形式，茶叶受力的作用不大，细胞破损率小。外形多呈自然状态，冲泡时水浸出物含量低。产品主要有黄山毛峰、太平猴魁、安吉白茶、六安瓜片、开化龙顶、长兴紫笋等。

**1. 黄山毛峰**　黄山毛峰原产于安徽省黄山市歙县，现扩展到黄山市的各区、县。创制于清光绪年间，为历史名茶。采制黄山毛峰的茶树品种主要为黄山种。产品分特级、一至三级。特级毛峰的采摘标准为一芽一叶初展，经杀青、轻揉、初烘和足烘工序加工。黄山毛峰外形似雀舌，芽头肥壮匀齐，锋显毫露，鱼叶金黄，俗称金黄片，色泽嫩绿金黄油润，俗称象牙色；内质汤色清澈杏绿明亮，香气清鲜，滋味鲜爽醇厚甘甜，叶底嫩黄绿肥厚成朵。"金黄片"和"象牙色"是高品质黄山毛峰不同于其他毛峰茶的明显特征。

黄山毛峰

**2. 太平猴魁**　太平猴魁产于安徽省黄山市黄山区（原太平县）猴坑一带。外形整枝、平展、挺直，肥壮重实，含毫而不露，色泽苍绿匀润。传统猴魁茶两叶抱一芽，如含苞的白兰花，目前市场上的大多是两叶抱一芽被压成平扁状，长 8～10 cm，宽 0.7～0.9 cm。内质汤色清绿明净，香气高爽持久、有花香，滋味鲜醇回甜，叶底芽叶肥壮、嫩匀成朵、嫩绿明亮。外形与太平猴魁相似的茶叶有泾县尖茶（极品为提魁与特尖）。

太平猴魁

**3. 安吉白茶**　安吉白茶原产于浙江省湖州市安吉县，为 20 世纪 80 年代创制的名优茶。选用独特的茶树良种白叶 1 号的一芽二叶初展鲜叶加工而成。该品种经过低温诱导的越冬芽在次年春茶生长过程中，会出现白化，呈叶白脉绿现象，叶片呈玉白色，叶脉为翠绿色，此时，鲜叶中的氨基酸含量高达 6％以上。安吉白茶按照加工工艺分为龙形和凤羽形。龙形安吉白茶为炒青绿茶，外形扁平。凤羽形安吉白茶按照烘青茶的制作工艺（摊青、杀青、理条、初烘、足烘）加工而成，其品质独特，外形芽叶自然挺直如凤羽，色如翠玉、光亮鲜润；内质汤色嫩绿鲜亮、清澈剔透，嫩香持久，滋味鲜爽甘醇，叶底芽叶自然舒展、叶张玉白、叶脉翠绿。

**4. 六安瓜片**　六安瓜片产于安徽省六安市、金寨县和霍山县，创制于清末。采制方法独特，鲜叶为单片叶，不带芽与茎，当新梢生长到一芽三叶时开始采摘；传统工艺分采摘、扳片或直接从茶树上采大小和嫩度一致的单片鲜叶、炒生锅、炒熟锅、拉毛火、拉小火、拉老火等工序。三次烘焙，火温先低后高，特别是最后拉老火，炉火猛烈，火苗盈尺，抬篮走烘，一罩即去，交替进行。机械加工工艺分摊青、杀青、揉捻、理条做形、初烘、拣剔、摊放、老火、整理等工序。特级六安瓜片外形单片顺直匀整、叶边背卷平展，形似瓜子，色泽深绿起霜油润；内质汤色清澈、香气高长、滋味鲜醇回甘、叶底黄绿匀亮。一至三级六安瓜片外形可为近似条形。历史上按采摘季节和原料不同，六安瓜片有银针（芽尖）、提片（第一、二片叶）、瓜片（第三片叶）、梅片（第四片叶及以上）之分。

六安瓜片

**5. 开化龙顶**　开化龙顶产于浙江省衢州市开化县，创制于 1959 年。根据鲜叶嫩度分为芽形和条形。芽形采摘肥嫩单芽为原料，条形采摘一芽一叶初展至一芽二叶鲜叶为原料。加工包括杀青、初烘、理条、复烘等工序。开化龙顶外形紧直挺秀，色泽绿翠鲜润；内质汤色嫩绿清澈，香高味浓醇，并伴有幽兰清香的品质

开化龙顶

特征。

长兴紫笋

**6. 长兴紫笋**　长兴紫笋产自浙江省湖州市长兴县顾渚山，又名湖州紫笋茶、顾渚紫笋茶，为历史名茶，创制于唐代，为当时著名贡茶，1978年恢复生产。紫笋茶名源于陆羽《茶经》："阳崖阴林，紫者上，绿者次；笋者上，芽者次。"原料多选用当地紫笋群体种、鸠坑群体种、龙井43等。特级原料为一芽一叶初展，开采时间一般在3月下旬。加工工艺包括摊青、杀青、轻揉理条、烘干。高档紫笋茶芽形似笋，干茶色泽绿润；茶汤清澈、碧绿如茵，香气清高、兰香扑鼻，滋味鲜醇、甘味生津，叶底肥壮成朵。

径山茶

**7. 径山茶**　径山茶产于浙江省杭州市余杭区径山一带，为历史名茶。径山茶始于唐代，闻名于两宋，1978年恢复生产。清代金虞在一首《径山采茶歌》中云："天子未尝阳羡茶，百草不敢先开花。不如双径回清绝，天然味色留烟霞。"径山茶选用当地群体种茶树鲜叶为原料，采摘标准为一芽一叶至一芽二叶，加工工艺为鲜叶摊放、杀青、揉捻、初烘、摊凉、足烘至干。径山茶外形条索紧细稍卷曲，芽锋显露，略带白毫，色泽绿翠；内质汤色清澈明亮，嫩香高长，滋味鲜醇，叶底细嫩成朵、嫩绿明亮。

**8. 天山绿茶**　天山绿茶产于福建省跨越宁德、古田、屏南三县（市）的天山山脉，历史悠久，创制于元明年间。初制生产将不同嫩度的鲜叶分别加工，经摊放、杀青、揉捻、烘干等工序制成毛茶。历史上天山绿茶有针、圆、扁、曲形状各异的产品。现生产的花色品种主要包括不同级别的天山芽茶和天山清水绿，天山芽茶以肥壮单芽为原料，天山清水绿以一芽一叶初展、一芽二叶至三叶初展鲜叶为原料。天山绿茶具有香高、味浓、色翠、耐泡四大特点。

**9. 峨眉毛峰**　峨眉毛峰产于四川省雅安市雨城区凤鸣乡，原名凤鸣毛峰，1978年改为峨眉毛峰，是新创制的蒙山地区名茶。以早春一芽一叶初展鲜叶为原料制作。峨眉毛峰外形条索细紧卷曲秀丽多毫，色泽嫩绿油润；内质汤色微黄而碧，香气高鲜悦鼻，滋味醇甘鲜爽，叶底匀整、色绿明亮。

岳西翠兰

**10. 岳西翠兰**　岳西翠兰产于安徽省安庆市岳西县，创制于1983年。按照一芽二叶的标准采摘，经鲜叶摊放、杀青、理条、毛火、摊凉、足火等工序加工而成。岳西翠兰外形芽叶相连，舒展成朵，色泽翠绿，形似兰花；内质汤色浅绿明亮，香气清高馥郁持久、带兰香，滋味醇厚鲜爽回甘，叶底嫩绿明亮。

**11. 汀溪兰香**　汀溪兰香产于安徽省宣城市泾县汀溪乡，创制于1989年。主要采摘当地特有的柳叶型茶树鲜叶为原料，采摘标准为一芽一叶初展，加工分杀青、做形和烘干等工序。汀溪兰香外形呈绣剪形、肥嫩挺直显毫，色泽翠绿匀润；内质汤色嫩绿清澈明亮，香似幽兰、清纯持久，滋味鲜醇甘爽，叶底嫩黄绿、匀整成朵。芽叶肥嫩整齐，泡在杯中枝枝如初放的兰花，竖立于茶杯之中，具有观赏趣味。

**12. 金水翠峰**　金水翠峰产于湖北省武昌市西北金水闸一带，于1979年创制。采摘一芽二叶初展鲜叶，经杀青、揉捻、初干、整形、烘干制成。金水翠峰外形条索圆直，锋毫显露，色泽翠绿油润；内质汤色嫩绿明亮，香气清鲜，滋味鲜醇，叶底嫩绿匀齐。

**13. 南糯白毫** 南糯白毫产于云南省西双版纳傣族自治州勐海县南糯山，由勐海茶厂 1981 年创制。于清明前采摘勐海大叶种茶树的一芽一叶初展鲜叶，经适度摊青、杀青、揉捻、解块理条、烘干等工序制成。南糯白毫外形条索紧结壮实，白毫显露；内质汤色清澈，香气浓郁持久，滋味鲜浓，叶底嫩匀明亮。

**14. 舒城小兰花** 舒城小兰花产于安徽省六安市舒城县，创制于明末清初，为历史名茶。于谷雨前后采摘一芽一叶初展至一芽三叶的芽梢，经杀青、揉捻和烘干等工序加工。舒城小兰花外形芽叶相连、自然舒展似兰草，毫锋显露，色泽翠绿匀润；内质汤色绿亮明净，有独特的兰花香，滋味浓醇回甘，叶底成朵、叶质厚实、呈嫩黄绿色。用杯冲泡后如兰花开放，枝枝直立杯中。

**15. 黄金（绿）茶** 黄金茶为湖南省新创名优茶，是用珍稀的地方茶树品种保靖黄金茶的幼嫩鲜叶加工而成。原产于湖南湘西土家族苗族自治州保靖县，现已推广至湘西土家族苗族自治州各产茶县（市）及周边地区。黄金茶品种具有高氨基酸、高茶多酚、高水浸出物、高叶绿素含量的特点。用黄金茶品种鲜叶加工而成的绿茶，其外形条索紧结弯曲、翠绿显毫；内质汤色嫩绿明亮，嫩栗香馥郁持久，滋味浓醇鲜爽回甘，叶底嫩绿鲜活，具有香、绿、鲜、浓的独特品质。

黄金
（绿）茶

**16. 雪水云绿** 雪水云绿产于浙江省杭州市桐庐县，始创于 1987 年。鲜叶采摘要求为单芽，芽匀齐肥壮。加工分摊青、杀青、初烘理条、整形、复烘、辉锅提香等工序。雪水云绿外形全芽匀整，形似莲心，紧直略扁，芽锋显露；内质汤色清澈明亮，清香高锐，滋味鲜醇，叶底嫩匀绿亮。

雪水云绿

## 三、烘炒结合型绿茶

烘炒结合型绿茶是指在初加工过程中，干燥工序有烘有炒，且烘和炒对茶叶品质形成的贡献率各占 50% 左右。此类茶的加工工序设计一般是杀青（或揉捻）后炒干做形，至含水量下降 15%～30% 时进行烘干。品质特征表现为外形比全烘干的茶叶紧结，比炒干的茶叶完整，香味有浓度也有鲜爽度，是名优绿茶加工中设计比较合理的加工模式，目前大多数新创制的名优绿茶多采用烘炒结合的干燥形式。

烘炒结合型绿茶由于不同的产品在加工工艺设计时所采用的烘与炒的时间及作用不同，产品的品质风格各异，有的偏向烘青茶风格，有的偏向炒青茶风格。

**1. 雁荡毛峰** 雁荡毛峰产于浙江省乐清市的雁荡山，为历史名茶，始创于明代，1979 年恢复生产。选用多茸毛的绿茶品种为原料，于清明、谷雨期间采摘，鲜叶标准为一芽一叶至一芽二叶初展，要求芽长于叶，芽肥叶厚。鲜叶经适度摊放后进行杀青、轻揉、炒二青（理条）、烘焙等工序。雁荡毛峰品质风格偏向烘青，外形条索稍弯曲，芽叶肥壮，满披银毫，色泽绿翠；内质汤色绿亮，香高持久带嫩香，滋味鲜醇爽口回甘，叶底肥嫩绿亮。

**2. 昭关翠须** 昭关翠须产于安徽省马鞍山市含山县，创制于 1987 年。昭关翠须以当地群体种茶树鲜叶为原料，在谷雨前采摘。极品茶要求采摘细嫩的单芽，一级茶采一芽一叶初展，二级茶采一芽一叶至一芽二叶初展。加工分杀青、理条（炒二青）、整形、烘干等工序。昭关翠须外形紧直挺秀、色泽翠绿油润、白毫显露；内质汤色清澈明亮，香气馥郁，滋味鲜醇回甘，叶底嫩绿匀整。

金奖惠明茶

**3. 惠明茶**　惠明茶产于浙江省丽水市景宁畲族自治县，为历史名茶，相传在唐代时景宁畲族自治县赤木山惠明寺就开始种茶。惠明茶于 1915 年获巴拿马万国博览会金质奖章，故也称为"金奖惠明茶"。失传多年后，1975 年当地茶叶工作者又试制出新的惠明茶。按加工工艺，现今惠明茶分为卷曲形和直条形。卷曲形惠明茶条索紧结卷曲显毫，色泽绿翠；内质汤色嫩绿，香气清高，滋味甘醇，叶底嫩匀。直条形惠明茶外形紧直挺秀，色泽嫩绿油润；内质汤色嫩绿清澈，清香高锐持久，滋味鲜爽醇厚，叶底嫩匀绿亮。

高桥银峰

**4. 高桥银峰**　高桥银峰产于湖南省长沙市东郊。由湖南省茶叶研究所于 1957 年创制。采摘一芽一叶初展的幼嫩芽叶，经薄摊、杀青、清风、初揉、初干、做条、提毫、摊凉、烘焙等工序加工。高桥银峰外形紧细卷曲，匀整洁净，满披白毫，色泽绿翠；内质汤色嫩绿清亮，嫩香持久，滋味鲜醇，叶底细嫩匀亮。形质俱佳，风格独特。

碣滩茶

**5. 碣滩茶**　碣滩茶产于湖南省怀化市沅陵县，为历史名茶，得名于唐，明清时期称为"辰州碣滩茶"，1980 年恢复生产。采摘一芽一叶初展至一芽二叶的原料，经摊放、杀青、清风、揉捻、初干整形、烘焙等工序加工。碣滩茶外形条索紧细略卷曲、锋毫显露，色泽绿润；内质汤色绿亮，嫩栗香高锐，滋味鲜爽醇厚回甘，叶底嫩匀绿亮。

石门银峰

**6. 石门银峰**　石门银峰产于湖南省常德市石门县，创制于 1989 年。鲜叶原料来源于石门县西北部溇水两岸武陵山脉东端海拔 500～1 000 m 的云雾山中。在清明前后采下幼嫩鲜叶，按特级、一级、二级分级采摘，再经摊青、杀青、清风、揉捻、初烘、理条、整形提毫、复烘提香等工序加工制成。石门银峰条索紧细挺直，银毫满披，色泽翠绿鲜润；内质汤色嫩绿明亮，嫩香高锐持久，滋味鲜爽醇厚、回味甘甜，叶底嫩绿鲜活匀整。具有头泡清香、二泡味浓、三泡四泡香犹存的独特品质。

**7. 婺源茗眉**　婺源茗眉产于江西省上饶市婺源县，创制于 1958 年。用优良品种上梅洲茶树的幼嫩芽叶制成，白毫特多。鲜叶采摘标准为一芽一叶初展，初制分杀青、揉捻、烘坯、锅炒、复烘等工序。婺源茗眉外形条索紧结，芽头肥壮，白毫显露，色泽绿润；内质汤色清澈明亮，香高持久、嫩香明显，滋味鲜爽醇厚回甘，叶底幼嫩、嫩绿明亮。

**8. 桂平西山茶**　桂平西山茶产于广西壮族自治区贵港市桂平市的西山，创制于明代。鲜叶多为一芽一叶至一芽二叶初展，做工精细，分摊青、杀青、揉捻、干燥等工序，干燥过程先炒后烘。桂平西山茶外形条索紧细弯曲有锋苗，色泽青翠；内质汤色清澈明亮，香气清鲜，滋味甘醇爽口，叶底柔嫩成朵、嫩绿明亮。

**9. 奉化曲毫**　奉化曲毫产于浙江省宁波市奉化区溪口一带。奉化产茶历史悠久，早在宋代，奉化溪口雪窦山一带已产茶。此后，曲毫茶失传多年。现代奉化曲毫于 1997 年创制，已实现全程机械化生产。多采用无性系多毫良种鲜叶，经摊青、杀青、揉捻、做形、干燥等工序加工制成。奉化曲毫外形肥壮卷曲显毫、色泽绿润；内质汤色绿亮，清香持久，滋味鲜爽回甘，叶底嫩绿明亮。

**10. 翠毫香茗** 翠毫香茗产于四川省成都市郫都区唐昌镇及重庆永川市，创制于 1990 年。鲜叶采摘标准为：高档茶原料为一芽一叶初展，中、低档茶原料为一芽一叶开展至一芽二叶初展。一般在 2 月中下旬开采，但以 3 月中下旬至谷雨前采摘的鲜叶加工出的高档名茶为最佳。其加工分为摊青、杀青、烘二青、做形、干燥整形等工序。翠毫香茗外形扁平匀直披毫，色泽翠绿；内质汤色嫩绿清亮，香气高鲜持久，滋味鲜爽回甘，叶底嫩绿匀亮。

**11. 大悟寿眉** 大悟寿眉产于湖北省孝感市大悟县黄站镇万寿寺茶场，是 20 世纪 90 年代创制的名优茶。一般于清明前 5 d 开采，以一芽一叶初展为主要原料，经摊青、杀青、摊凉、理条、整形、烘干等工序制作而成。大悟寿眉外形略扁直似人眉，白毫显露，色泽翠绿；内质汤色绿亮，清香持久，浓醇爽口，叶底嫩绿匀齐。品饮冲泡时，嫩芽缓缓舒展，如春季细雨催新绿，碧玉洗尘，饮后生津止渴，观赏与品饮俱佳。

**12. 峡州碧峰** 峡州碧峰产于湖北省宜昌市夷陵区的太平溪、乐天溪、邓村及三斗坪等地，创制于 1979 年。鲜叶原料要求以一芽一二叶为主，芽叶长 3 cm 左右。经过摊青、杀青、摊凉、初揉、初干、复揉、足干提毫、精制定级等工序制成。峡州碧峰外形紧秀显毫，色泽深绿油润；内质汤色清澈明亮，香气清高持久，滋味鲜爽醇厚，叶底嫩绿匀整。

峡州碧峰

**13. 洞庭春** 洞庭春产于湖南省岳阳市，1984 年创制。鲜叶采摘标准分上、中两档，上档原料要求一芽一叶初展，俗称"一把瓢"；中档原料为一芽一叶开展至一芽二叶初展。加工分摊青、杀青、清风（摊凉）、揉捻、做条、提毫、摊凉、烘焙等工序。洞庭春外形条索紧结微曲、肥硕匀齐，白毫满披；内质汤色清澈明净，香气鲜浓持久，滋味醇厚鲜爽，叶底嫩绿匀亮。

洞庭春

**14. 瀑布仙茗** 瀑布仙茗产于浙江省余姚市，为历史名茶，创制于晋代，于 1979 年开始恢复生产。适用品种以茸毛偏少的无性系良种为主，鲜叶标准自单芽至一芽三叶初展不等，分 3 个等级。经摊青、杀青、揉捻、初烘、理条、整形、足火等工艺加工而成。瀑布仙茗外形条索紧结，色泽绿翠光润；内质汤色嫩绿清澈明亮，香气高嫩持久、有栗香，滋味鲜醇爽口，叶底细嫩匀亮。

**15. 秦巴雾毫** 秦巴雾毫产于陕西省汉中市镇巴县，创制于 1981 年。采制技术十分精湛，鲜叶采摘于 4 月的清明前，标准为一芽一叶至一芽二叶初展。加工分摊青、杀青、初炒、初烘、整形等工序。秦巴雾毫外形条扁壮实，毫尚显，色泽油润；内质汤色清澈明亮，香气浓郁持久、有熟板栗香，滋味醇和回甘，叶底鲜嫩明亮成朵。

**16. 天台山云雾茶** 天台山云雾茶又名华顶云雾茶、华顶茶，主产区位于浙江省台州市天台县华顶山区，是历史名茶，始于唐代，1979 年恢复炒制。于 3 月下旬开采，鲜叶以一芽一叶至一芽二叶初展为标准。加工分摊青、杀青、揉捻、整形理条、提毫辉干等工序。天台山云雾茶外形细紧绿润披毫；内质汤色嫩绿明亮，香气浓郁持久，滋味浓厚鲜爽，叶底嫩匀绿明。唐宋以来，"佛天雨露，帝苑仙浆"即成为天台山云雾茶品质的千古赞语。

**17. 午子仙毫**　午子仙毫产于陕西省汉中市西乡县，创制于 1984 年。鲜叶以一芽二叶初展为标准，于清明前至谷雨后 10 d 采摘。加工分摊青、杀青、初干做形、烘焙、拣剔、复火焙香等工序。午子仙毫外形似兰花，白毫满披，色泽翠绿鲜润；内质汤色清澈明亮，栗香持久，滋味醇厚爽口回甘，叶底匀嫩成朵。以玻璃杯冲泡，下沉者如初春嫩芽，上浮者若初绽之兰花，十分美观。

**18. 英山云雾**　英山云雾产于湖北省黄冈市英山县，创制于 20 世纪 90 年代初期。按鲜叶采摘嫩度不同，分别制成 3 个品级，即春笋、春蕊、春茗。春笋属全芽茶，加工分杀青、摊放、炒二青、做形、提毫、烘干等工序。春蕊的原料为一芽一叶初展，春茗的原料为一芽一叶至一芽二叶初展。英山云雾条索紧秀自然，银毫满披，色泽翠绿鲜活、有如翡翠生辉；内质汤色嫩绿清澈明亮，清香高锐，滋味鲜醇爽口、回味甘甜，叶底细嫩鲜绿明亮。

**19. 紫阳毛尖**　紫阳毛尖产于陕西省安康市紫阳县汉江两岸的近山峡谷地区。始创于清代，为历史名茶。鲜叶采自紫阳种和紫阳大叶茶，茶芽肥壮，茸毛多，采摘标准为一芽一叶。加工分杀青、初揉、炒坯、复揉、初烘、理条、复烘、提毫、足干、焙香等工序。紫阳毛尖外形条索紧结圆直、肥壮匀整，白毫显露，色泽翠绿；内质汤色嫩绿清亮，香气嫩香持久，滋味鲜爽回甘，叶底肥嫩完整、嫩绿明亮。

**20. 羊岩勾青**　羊岩勾青产于浙江省台州市临海市海拔 700 多米的羊岩山，为 20 世纪 80 年代后期新创名优茶。鲜叶原料主要选用鸠坑群体种、迎霜、福鼎大白茶等品种，开采于 4 月初，鲜叶要求一芽一叶初展至一芽二三叶，芽叶完整、新鲜、匀净。加工工艺包括摊青、杀青、揉捻、初烘、造型、复烘、整理。羊岩勾青外形勾曲，色泽绿润；内质汤色明亮，香高持久，滋味醇厚甘爽，叶底嫩绿明亮。

# 四、晒青绿茶

晒青绿茶是指在初加工过程中，干燥以晒干为主（或全部晒干），形成香气较高、滋味浓厚、有日光气味的晒青绿茶风格，与烘青炒青绿茶品质有很大的差异。

晒青绿茶以云南大叶种的品质最好，称为滇青。其他如川青、黔青、桂青、鄂青等晒青绿茶的品质，因品种不同，与滇青风格有较大的区别。

晒青绿茶大部分以毛茶原料的形式就地销售，部分再加工成紧压茶后内销、边销或侨销。滇青是制作普洱熟茶和普洱生茶紧压茶的主要原料，老青茶主要用于压制青砖茶。

**1. 滇青毛茶**　云南省生产的晒青绿茶，主要以云南大叶种为原料加工而成。外形条索粗壮，有白毫，色泽深绿尚油润；内质汤色黄绿明亮，香气高带日晒气，滋味浓尚醇、收敛性强，叶底肥厚。

**2. 老青毛茶**　产于湖北省咸宁市，由生长成熟度较高的鲜叶嫩梢为原料加工而成。外形条索粗大，色泽乌绿。湿毛茶晒青属绿茶，堆积后变成黑茶。

# 五、蒸青绿茶

蒸汽杀青是我国古代杀青方法，唐代传至日本，沿用至今，而我国则自明代起改为锅炒杀青。蒸青是利用蒸汽破坏鲜叶中酶的活性，形成干茶色泽深绿、茶汤碧绿和叶底青绿的"三绿"品质特征，香气清高，滋味清爽。

## （一）日本蒸青绿茶

日本是蒸青绿茶主要生产国，日本蒸青绿茶因鲜叶和加工方法不同分为以下几种。

**1. 玉露茶**　玉露茶为日本名茶之一，采用覆盖茶园薮北种鲜叶加工而成。外形条索细直紧秀稍扁，呈松针状，色泽深绿油润；内质汤色碧绿明亮，具有一种特殊的海苔般的香气，日本称"蒙香"或"覆下香"，滋味鲜爽、甘醇调和，叶底青绿明亮。

**2. 碾茶**　碾茶采用覆盖茶园鲜叶经蒸汽杀青后，不经揉捻，直接烘干而成。叶态完整松展呈片状，有些似我国的六安瓜片，色泽绿翠；内质汤色浅绿清澈明亮，香气鲜爽，滋味鲜淡，叶底翠绿。碾茶为生产抹茶的原料，很少直接泡饮。

**3. 煎茶**　煎茶采用非覆盖茶园的鲜叶加工而成，是日本蒸青绿茶的大宗茶。高档煎茶外形紧细挺直略扁、匀称而有尖锋似松针，色泽深绿或青绿较润，形态与玉露茶基本相同，但嫩度稍低，条形稍大；内质汤色碧绿明亮，香气清鲜，滋味鲜醇回甘，叶底青绿色。中低档煎茶外形紧结挺直较长带扁，欠匀整，多嫩茎梗，色绿或青绿；内质汤色绿明，香气清纯，滋味略带青涩，叶底青绿。

**4. 玉绿茶**　玉绿茶采用非覆盖茶园的鲜叶加工而成，因杀青方法不同，又分蒸青玉绿茶和炒青玉绿茶。蒸青玉绿茶对"三绿"色泽均很讲究，其加工工艺与煎茶大同小异，但无精揉工序，外形风格也不同于松针形煎茶，而是呈紧卷的螺旋形，内质香味高爽。

**5. 深蒸煎茶**　深蒸煎茶采用的鲜叶成熟度较高，蒸青时间比一般煎茶长 2～3 倍，其他加工工序与煎茶相同，外形似煎茶，色泽呈黄绿色，内质香味高爽，但不及一般煎茶清鲜。

**6. 番茶**　选用大而成熟的叶子制作，有一种鲜明的绿色，香气带点青草的芳香。相对于更高级的煎茶，番茶是较为经济的选择，其特点是滋味浓厚、富有收敛性。

## （二）中国蒸青绿茶

我国绿茶中蒸青绿茶所占比例较小，恩施玉露是我国历史名茶中稀有的传统蒸青绿茶。鉴于对外贸易的需要，我国也生产少量煎茶。

恩施玉露

**1. 恩施玉露**　恩施玉露产于湖北省恩施市五峰山一带，创制于清初。恩施市宋代即有产茶记载，相传在清康熙年间，当时恩施芭蕉黄连溪一兰姓茶商创制了恩施玉露，其焙茶炉灶与当今玉露茶焙炉极为相似。

恩施玉露选用大小均匀、节短叶密、芽长叶狭小、色泽浓绿的一芽一叶至一芽二叶初展鲜叶为原料。加工工艺包括蒸青、扇凉、炒头毛火、揉捻、铲二毛火、整形上光（俗称搓条）、烘焙、拣选等工序。其中整形上光是形成恩施玉露茶绿翠光滑油润、挺直紧细外形特征的重要工序。整形上光全过程分为两个阶段，需联合运用悬手搓条和搂、搓、端、扎手法完成。

恩施玉露外形条索紧圆光滑，纤细挺直如针，色泽苍翠绿润，被称为"松针"；内质汤色嫩绿明亮，香气清鲜，滋味浓爽，叶底绿亮匀整。用玻璃杯经沸水冲泡后芽叶复展如生，初时婷婷悬浮杯中，继而沉降杯底，芽叶完整，碧绿清澈，如玉似露。

**2. 中国煎茶**　中国煎茶主产于浙江、福建和安徽三省，加工机械与设备与日本相似，加工工艺也是参照日本煎茶的加工技术，产品出口日本与欧洲。品质风格似日本煎茶。

# 第二节　黄茶品质特征

黄茶初制基本与绿茶相似，由于在干燥前后增加了一道闷黄工序，从而促使茶叶中的化学成分在水热作用下产生变化，如多酚类部分自动氧化、蛋白质降解。据测定，黄茶简单儿茶素的含量及其降低百分率与绿茶有很大差异。黄茶闷黄的过程，使酯型儿茶素大量减少、芳香成分发生变化，导致黄茶滋味变醇，香气不同于绿茶。黄茶按鲜叶嫩度的不同，可分为黄芽茶、黄小茶和黄大茶3种。

## 一、黄芽茶

黄芽茶可分为银针和黄芽两种，银针如君山银针，黄芽如蒙顶黄芽、莫干黄芽等。

君山银针

**1. 君山银针**　君山银针产于湖南省岳阳市洞庭湖君山茶场，为历史名茶。全由未展开的肥嫩芽头制成。制法特点是在初烘、复烘前后进行摊凉和初包、复包，形成黄变特征。君山银针外形芽头肥壮挺直，长短大小匀齐，满披茸毛，芽身金黄光亮，誉为"金镶玉"；内质汤色浅黄明净，香气清鲜，滋味甜爽，叶底嫩黄鲜亮。玻璃杯冲泡时芽尖冲向水面，悬空竖立，继而徐徐下沉杯底，状如群笋出土，又似金枪直立，芽影水光交相辉映，极为美观。

蒙顶黄芽

**2. 蒙顶黄芽**　蒙顶黄芽产于四川省雅安市名山区，为历史名茶。鲜叶采摘标准为单芽与一芽一叶半初展（俗称"鸦鹊嘴"）。初制分为杀青、初包、二炒、复包、三炒、摊放、整形提毫、烘焙等工序。蒙顶黄芽外形芽头整齐，扁直，肥嫩多毫，色泽金黄油润；内质汤色黄亮，香气清纯，滋味甘醇，叶底全芽黄亮。

**3. 莫干黄芽**　莫干黄芽产于浙江省湖州市德清县著名的避暑胜地莫干山，于1979年创制。鲜叶采摘标准为一芽一叶初展。初制分为摊放、杀青、轻揉、闷黄（70 ℃，1.0～1.5 h）、初烘、锅炒、复烘等工序。莫干黄芽外形紧细匀齐略勾曲，茸毛显露，色泽嫩黄油润；内质汤色浅黄明亮，香气嫩香持久，滋味醇爽可口，叶底黄亮幼嫩似莲心。

莫干黄芽

# 二、黄 小 茶

黄小茶的鲜叶采摘标准为一芽一二叶。有湖南的沩山毛尖和北港毛尖，湖北的远安鹿苑茶，浙江的平阳黄汤和莫干黄芽，安徽的霍山黄芽等。

**1. 沩山毛尖**　沩山毛尖产于湖南省长沙市宁乡县沩山，为历史名茶。传统产品外形叶缘微卷成条块状，现代产品条索紧细弯曲，锋毫显露，色泽嫩黄油润；内质汤色杏黄明亮，香气传统产品有松烟香，现代产品嫩栗香馥郁持久，滋味甘醇爽口，叶底芽叶嫩黄肥厚。形成沩山毛尖黄亮色泽的关键是在杀青出锅后趁热"闷黄"。传统产品的松烟香出自烘焙时的"熏烟"工序。

**2. 北港毛尖**　北港毛尖产于湖南省岳阳市北港，为历史名茶。初制分为杀青、锅揉、闷黄、复炒、烘干等工序。北港毛尖外形条索紧结重实卷曲，白毫显露，色泽金黄；内质香气清高，汤色杏黄明亮，滋味醇厚，叶底肥嫩黄亮。

**3. 远安鹿苑茶**　远安鹿苑茶产于湖北省宜昌市远安县鹿苑寺一带，为历史名茶。初制分为杀青、炒二青、闷黄和炒干等工序。"闷黄"工序是形成远安鹿苑茶干茶色泽金黄、汤色杏黄、叶底嫩黄"三黄"品质特征的关键。远安鹿苑茶外形条索紧结卷曲呈环状，略带鱼子泡，锋毫显露；内质香高持久、有熟栗子香，滋味鲜醇回甘，叶底肥嫩匀齐。

**4. 平阳黄汤**　平阳黄汤产于浙江省温州市平阳、泰顺、苍南等县，为历史名茶。初制经摊青、杀青、揉捻后，再行多次闷黄与烘干。平阳黄汤外形条索紧细匀整，锋毫显露，色泽金黄油润；内质汤色浅黄明亮，香气清嫩高长，滋味甘醇，叶底匀整黄亮。

**5. 霍山黄芽**　霍山黄芽产于安徽省六安市霍山县，为历史名茶。鲜叶采摘标准为一芽一叶至一芽二叶初展。传统制作工艺包括鲜叶摊放、杀青、做形、摊凉、初烘、闷黄、复烘、摊放、拣剔、复火等工序。霍山黄芽的干茶、汤色和叶底色泽微黄，外形条直微展，匀齐成朵，形似雀舌；内质香气清高，滋味醇厚回甘。

**6. 莫干黄芽**　采摘一芽一叶至一芽二叶初展的鲜叶为原料加工成的莫干黄芽为黄小茶。其外形条索紧细，色泽黄润；内质汤色黄亮，香气清高持久，滋味甘醇鲜爽，叶底芽叶成朵、嫩黄明亮。

# 三、黄 大 茶

黄大茶的鲜叶采摘标准为一芽三四叶或一芽四五叶，产量较高，主要有安徽霍山黄大茶和广东大叶青。

**1. 霍山黄大茶**　霍山黄大茶采摘鲜叶为一芽四五叶。初制包括杀青、揉捻、初烘、堆积、烘焙等工序。霍山黄大茶外形梗壮叶肥、梗叶相连，色泽金黄显褐；内质汤色深黄明亮，有高爽焦香、似锅巴香，滋味浓厚，叶底黄亮。堆积时间较长（5~7 d），烘焙火工较足，下烘后趁热踩篓包装，是形成霍山黄大茶品质特征的主要原因。

**2. 广东大叶青**　广东大叶青以大叶种茶树鲜叶为原料，采摘标准为一芽三四叶。初制时经过堆积，形成了黄茶品质特征。广东大叶青外形条索肥壮卷曲，身骨重实，老嫩均匀，显毫，色泽青润带黄或青褐色；内质汤色深黄明亮，香气纯正，滋味浓醇回甘，叶底黄亮、芽叶硕大完整。

# 第三节　黑茶品质特征

黑茶的鲜叶较为成熟硕大，在干燥前或干燥后进行渥堆，渥堆过程堆大、叶量多、温湿度高、时间长，在微生物、酶、湿热、氧化等作用下，促使多酚类及其他物质发生一系列复杂的转化，从而使黑茶滋味变醇，汤色变橙或红，干茶和叶底色泽变褐。

黑茶有毛茶与成品茶之分，黑毛茶精制后大部分再加工成紧压茶，如各类砖茶、饼茶、柱状茶、篓装茶等。黑毛茶根据产地分为湖南黑毛茶、湖北老青茶、广西六堡茶、云南普洱茶（熟茶）、四川边茶等。

# 一、湖南黑毛茶

湖南黑茶原产于益阳市安化县，最早产于资江边上的苞芷园，后转至资江沿岸的鸦雀坪、黄沙坪、西州等地，以江南镇为集中地，品质则以高家溪和马家溪为最著名。历史上湖南黑茶集中在安化生产，现在产区已扩大到桃江、沅江、汉寿、宁乡、益阳和临湘等地。

湖南黑毛茶一般以一芽二至五叶的鲜叶为原料，经杀青、初揉、渥堆、复揉、干燥等工序制成。外形依级别不同而异；内质汤色橙黄或橙红，香气纯正或带松烟香、高档茶有清香，滋味高档茶醇厚、低档茶平和，叶底黄褐肥厚。根据湖南省地方标准，特级茶的鲜叶为一芽二叶，毛茶条索紧结有锋毫，色泽黑褐油润；一级茶的鲜叶为一芽二三叶，毛茶条索紧结有锋苗，色泽黑褐油润；二级茶的鲜叶为一芽三叶，毛茶条索尚紧肥实，色泽黑褐尚润；三级茶的鲜叶为一芽三四叶，毛茶呈泥鳅条状，色泽黑褐尚润带竹青色；四级茶的鲜叶为一芽四五叶，毛茶有泥鳅条，色黑褐。

湖南黑毛茶用于湖南黑茶成品茶天尖、贡尖、生尖、黑砖、花砖、茯砖、青砖及花卷茶的压制生产。

## 二、湖北老青茶

老青茶主要产于湖北省咸宁市的赤壁、咸安、通山、崇阳、通城等县（市、区），所以称湖北老青茶。

湖北老青茶的生产原料较为成熟，为当年生新梢。茶农生产的产品为晒青毛茶，含水量较高。依鲜叶原料嫩度的不同，老青茶的加工分面茶和里茶两种，面茶加工较精细，里茶较粗放。产品分为洒面茶、二面茶、里茶3个等级。洒面茶为一级茶，鲜叶采割以当季一轮新生嫩叶青梗为主，基部稍带红梗，成茶条索较紧，色泽乌绿；二面茶为二级茶，鲜叶的茎梗以红梗为主，顶部稍带青梗，成茶叶子成条，色泽乌绿微黄；里茶为三级茶，为当年生红梗新梢，不带麻梗，成茶叶面卷皱，色泽乌绿带花杂。目前，已提高了加工老青茶鲜叶原料的嫩度，部分高档青砖茶在制作过程中不再区分"里茶"和"面茶"。

含水量较高的晒青毛茶被茶厂收购后进行渥堆，渥堆工序完成后，晒青毛茶就转变成黑毛茶，茶叶品质也发生了明显变化。干茶色泽由黄绿转变成黄褐，香气由粗青气转变成纯正的黑茶香气，滋味由粗变醇，汤色由黄绿转变成深黄，叶底黄褐。

## 三、广西六堡茶

六堡茶因原产于广西壮族自治区梧州市苍梧县的六堡乡而得名，已有200多年的生产历史。现除苍梧主产外，贺州、岭溪、横州、玉林、昭平、临桂、兴安等地也有一定数量生产。鲜叶采摘标准为一芽二至四叶，在黑茶中属原料嫩度较高的一种。毛茶加工包括杀青、初揉、堆闷、复揉、干燥等工序。根据广西壮族自治区地方标准，六堡茶毛茶分为特级、一至四级。六堡茶外形条索紧结，长整不碎，色泽黑褐润；内质香气纯正，汤色红黄，滋味浓带青涩，叶底红褐或黄褐。

## 四、普洱茶（熟茶）

普洱茶产于云南省澜沧江领域的西双版纳及普洱等地。因历史上多集中于滇南重镇普洱加工、销售，故以普洱茶命名。

根据国家标准《地理标志产品　普洱茶》（GB/T 22111—2008），普洱茶定义为：以地理标志保护范围内的云南大叶种晒青茶为原料，并在地理标志保护范围内采用特定的加工工艺制成，具有独特品质特征的茶叶。按其加工工艺及品质特征，普洱茶分为普洱茶（生茶）与普洱茶（熟茶）两种类型，按外观形态分普洱茶（熟茶）散茶、普洱茶（生茶、熟茶）紧压茶。普洱茶（熟茶）紧压茶包括以普洱茶（熟茶）散茶蒸压成型的，及以精制后的晒青茶为原料蒸压成型并干燥后再后发酵的。

普洱茶地理标志产品保护区域是：云南省昆明市、楚雄彝族自治州、玉溪市、红河哈尼族彝族自治州、文山壮族苗族自治州、普洱市、西双版纳傣族自治州、大理白族自治州、保山市、德宏傣族景颇族自治州、临沧市等 11 个州（市）所属的639 个乡、镇。

普洱茶（熟茶）散茶按品质特征分为特级、一级至十级共 11 个等级。其品质特征为外形条索紧结肥壮重实，显毫，色泽红褐似猪肝色；内质汤色红浓明亮，有独特浓郁的陈香，滋味醇厚回甘，叶底厚实呈红褐色。

## 五、四川边茶

四川边茶生产历史悠久。因产地、销路不同，分为南路边茶和西路边茶。

**1. 南路边茶** 南路边茶以雅安、乐山为制造中心，产地包括荥经、天全、名山、雨城、芦山、洪雅等县（区），而以雨城、荥经、天全、名山四县（区）为主产地，主要销往西藏、青海和四川的甘孜藏族自治州、阿坝藏族羌族自治州、凉山彝族自治州，以及甘肃南部地区。

南路边茶是压制康砖茶和金尖茶的原料，其中的"做庄茶"分为 4 级，其外形特征为条索尚紧卷粗壮，含有茶梗，色泽棕褐油润；内质汤色橙红尚亮，香气纯正、有老茶香，滋味醇和，叶底棕褐有茎梗。

**2. 西路边茶** 西路边茶以都江堰市为制造中心，产地包括邛崃、都江堰、平武、崇州、大邑、北川等地，销往四川的松潘、理县、茂县、汶川和甘肃的部分地区。西路边茶毛茶较南路边茶更为成熟粗大，多梗，色泽黄褐，是压制四川茯砖和方包茶的原料。

# 第四节 青茶品质特征

青茶，又名乌龙茶，其品质特征的形成与特定的茶树品种（如水仙、铁观音、肉桂、黄棪、梅占、乌龙等）及特殊的采摘标准和特殊的初制工艺有关。加工青茶的鲜叶采摘掌握茶树新梢生长至一芽四五叶且顶芽形成驻芽时，采其二三叶，俗称"开面采"。鲜叶经晒青、凉青、做青，叶子在水筛或摇青机内，通过手臂或机器的转动，促使叶缘组织摩擦而破坏叶细胞，有效控制多酚类发生一定程度的酶促氧化，生成茶黄素（橙黄色）和茶红素（棕红色）等物质，形成绿叶红边的特征，而且散发出特殊的芬芳香味，再经高温炒青，彻底破坏酶活性，之后经过揉捻，使之形成紧结粗壮的条索，最后烘焙，使茶香进一步发挥。

青茶主产于福建、广东和台湾三省。福建青茶分闽北和闽南两大产区，闽北主要是武夷山、建瓯、建阳等县（市、区），产品以武夷岩茶为极品；闽南主要是安溪、永春、南安、同安、和平等县（市、区），产品以安溪铁观音久负盛名。广东青茶主要产于潮州市的潮安区、饶平县及梅州市等地，产品以潮安凤凰单丛和饶平岭头单丛品质为佳。台湾青茶主要产于新竹、桃园、苗栗、台北、文山、南投等地，产品主要有乌龙和包种。

## 一、武夷岩茶

历史上的武夷岩茶产于武夷山，武夷山多岩石，茶树生长在岩缝中，岩岩有茶，故称"武夷岩茶"。根据国家标准《地理标志产品　武夷岩茶》（GB/T 18745—2006），武夷岩茶是产于武夷山市行政区域内，在独特的武夷山自然生态环境条件下选用适合的茶树品种进行无性繁殖与栽培，并用独特的传统加工工艺制作而成，具有岩韵（岩骨花香）品质特征的乌龙茶。

武夷岩茶总体品质特征为：外形条索紧结肥壮匀整，带扭曲条形，俗称"蜻蜓头"，叶背起蛙皮状砂粒，俗称"蛤蟆背"，色泽绿润带宝光，俗称"砂绿润"。内质香气馥郁隽永，具有特殊的"岩韵"，俗称"豆浆韵"，滋味醇厚回甘、润滑爽口，汤色橙黄、清澈艳丽，叶底柔软匀亮、边缘朱红或起红点，中央叶肉浅黄绿色、叶脉浅黄色，耐冲泡。

历史上的武夷岩茶根据产地分正岩茶、半岩茶和洲茶。正岩茶亦称大岩茶，是指武夷山中三条坑各大岩所产的茶叶。半岩茶亦称小岩茶，为武夷山岩区内正岩茶产区以外所产的茶叶。洲茶是溪沿洲地所产的茶。品质以正岩茶最高，半岩茶次之，洲茶更次。正岩茶香高持久，汤色深艳，味甘厚、岩韵显，叶质肥厚柔软、红边明显，可耐冲泡六七次。半岩茶的香不及正岩茶持久，稍欠韵味。洲茶色泽带枯暗，香味偏淡。岩茶多以茶树品种的名称命名。用水仙品种制成的称为"武夷水仙"，以菜茶或其他品种制成的称为"武夷奇种"，用肉桂品种制成的称为"武夷肉桂"。在正岩如天心、慧苑、竹窠、兰谷、水濂洞等岩中选择部分优良茶树单独采制成的岩茶称为"单丛"，品质在奇种之上。单丛加工品质特优的又称为"名丛"，如"大红袍""铁罗汉""白鸡冠""水金龟"等。

根据国家标准《地理标志产品　武夷岩茶》（GB/T 18745—2006），武夷岩茶产品的分类有大红袍、名丛、肉桂、水仙、奇种。

**1. 大红袍**　大红袍分特级、一级和二级。特级的品质特征为外形紧结壮实稍扭曲，色泽带宝色或油润；内质香气锐、浓长或幽、清远，滋味醇厚回味甘爽、岩韵明显，汤色深橙黄清澈明亮，叶底软亮匀齐、红边或带朱砂色。目前，市场上销售的商品大红袍是由武夷山多个茶树品种的鲜叶加工的茶拼配而成。

**2. 名丛**　名丛不分等级。品质特征为外形紧结壮实，色泽较带宝色或油润；内质香气较锐、浓长或幽、清远，滋味醇厚回甘快、岩韵明显，汤色深橙黄清澈明亮，叶底软亮匀齐、红边或带朱砂色。

**3. 肉桂**　由肉桂茶树品种鲜叶加工而成，分特级、一级和二级。特级肉桂外形条索紧结肥壮重实，色泽青褐油润、砂绿明；内质香气浓郁、似有乳香或蜜桃香

武夷
大红袍

武夷肉桂

或有类似桂皮香而著称，滋味醇厚鲜爽回甘、岩韵明显，汤色金黄清澈，叶底肥厚软亮匀齐、红边明显。

武夷水仙

**4. 水仙**　由水仙茶树品种鲜叶加工而成。因产地不同，同是水仙品种制成的青茶，如武夷水仙、闽北水仙和闽南水仙，品质差异甚大，以武夷水仙品质最佳。水仙产品分特级、一级到三级。特级水仙外形条索壮结，叶端折皱扭曲如蜻蜓头，色泽青褐油润有光、部分起蛙皮状小白点、具"三节色"特征。内质汤色金黄清澈，香气浓郁鲜锐清长，滋味浓醇爽口回甘、品种特征显露、岩韵明显，叶底肥嫩软亮、红边鲜艳、叶张主脉宽黄扁。

**5. 奇种**　奇种分特级、一级到三级。特级外形条索紧结重实，叶端折皱扭曲，色泽乌润砂绿，具"三节色"特征。内质香气清锐细长，汤色金黄清澈，滋味醇厚回味清甘、岩韵显，叶底软亮匀齐、红边鲜艳。

## 二、闽北青茶

闽北青茶产地包括崇安（现武夷山市人民政府驻地，辖 7 个社区、7 个村委会）、建瓯、建阳等地，以水仙和乌龙品质较好。

**1. 闽北水仙**　闽北水仙外形条索紧结重实，叶端扭曲，色泽油润、间带砂绿蜜黄（鳝皮色）。内质香气浓郁、具有兰花清香，汤色清澈显橙红色，滋味醇厚鲜爽回甘，叶底肥软黄亮、红边鲜艳。闽北水仙因产地不同，分为崇安水仙、建瓯水仙、水吉水仙（水吉属建阳区），品质也略有差异。

崇安水仙是指武夷山的外山茶，品质虽不及岩茶，但仍不失为闽北青茶中的佳品。干茶条索粗壮，色泽黄绿有光泽；内质香气芬芳，茶汤浓亮，滋味醇正鲜爽，叶底红边明显。

建瓯水仙条索壮结，色泽乌润间砂绿；内质汤色金黄色、浓艳，香如兰花，滋味醇厚清爽，叶底明亮、红边显现。

水吉水仙条索较紧结，色泽灰黑黄绿；内质茶汤浅淡清澈，香气稍低，滋味醇正，叶底细嫩黄绿明亮。

**2. 闽北乌龙**　闽北乌龙外形条索紧细重实，叶端扭曲，色泽乌润；内质香气清高细长，汤色清澈呈金黄色，滋味醇厚带鲜爽，叶底柔软、肥厚匀整、红边明显。

## 三、闽南青茶

闽南青茶一般品质特征：外形条索紧结卷曲沉重，呈青蒂绿腹蜻蜓头，色泽油润带砂绿，香气浓郁高长，汤色橙黄清亮，滋味醇厚回甘，叶底柔软红点显。

闽南青茶按茶树品种分为铁观音、黄棪、本山、乌龙、色种等。色种不是由单一的品种茶生产，而是由除铁观音和乌龙外的其他品种青茶拼配而成，近年黄棪品种也单列出来。

**1. 安溪铁观音** 铁观音既是茶名，又是茶树品种名，因身骨沉重如铁，形美似观音而得名，是闽南青茶中的极品。铁观音外形卷曲壮结，传统包揉的多呈螺旋形，现代机械包揉的呈颗粒形，身骨重实，色泽砂绿翠润、青蒂绿腹、俗称"香蕉色"。内质香气清高馥郁，具天然的兰花香，汤色金黄清澈，滋味醇厚甘鲜、"音韵"明显，叶底似绸缎面、肥厚软亮、青翠红边显。

安溪铁观音

根据国家标准《地理标志产品 安溪铁观音》（GB/T 19598—2006）规定，安溪铁观音成品茶分为清香型与浓香型。

（1）清香型安溪铁观音 采用的新工艺是轻摇青、长时间静置。成品茶色泽翠绿油润、砂绿明显；香气呈清香带花香型、有铁观音品种风格，汤色清澈、金黄带绿，滋味清醇甘爽、音韵明显，叶底软亮、红边不明显。产品分特级、一级到三级。

（2）浓香型安溪铁观音 采用传统工艺生产的铁观音，与历史上的产品风格接近。成品茶外形色泽乌润、砂绿明、带褐红点；香气花香馥郁、有铁观音品种风格，汤色清澈、呈金黄或深金黄色，滋味醇厚滑爽回甘、音韵明显，叶底软亮有红边。产品分特级、一级到四级。

**2. 本山** 由本山品种加工而成。本山作为色种的拼配茶之一，在色种中品质最好。产品外形条索壮实沉重，梗鲜亮、较细瘦，如"竹子节"，色泽鲜润呈香蕉皮色；汤色橙黄，香气类似铁观音而稍淡，滋味清纯尚浓厚，叶底黄绿、叶面有隆起、主脉明显。

在闽南青茶中，品质特征与铁观音最为相似的品种当推本山。若仔细辨别，两者还是有所区别，一是铁观音香味更浓郁，滋味更醇厚滑爽；二是叶底形状与厚软度不一，铁观音叶质更厚软，手触摸绸质感更明显。

**3. 毛蟹** 毛蟹品种特征明显，其叶形圆小，中部宽，叶尖突尖，叶片表面平展、无类似铁观音的表面隆起，叶质较硬，叶色为深绿色，边缘的锯齿深、密、锐利、呈鹰钩状，叶背多茸毛。成品茶外形紧结重实，头大尾尖，梗圆形，茸毛多，色泽褐黄绿油润；香气高爽或带茉莉花香，汤色青黄或金黄，滋味浓醇，叶底软亮匀整。毛蟹也是色种的拼配茶之一。

**4. 黄棪** 黄棪又名黄金桂、黄旦或黄金贵。鲜叶叶片软薄、梗细小、节间短，含水量低，因此，黄棪的初制工艺与铁观音相比，有晒青程度轻、做青历时短、摇青程度偏轻、烘焙温度稍低的特点。成品茶外形紧结（细）匀整，色泽金黄润泽；内质香气高锐鲜爽、具桂花香，被誉为"透天香""千里香"，滋味醇细甘鲜、品种特征明显，汤色金黄明亮，叶底柔软明亮、叶缘朱红、中央黄绿。黄棪是拼配提升香气的理想原料。

**5. 永春佛手** 永春佛手的叶形与芸香科香橼相似（香橼又名佛手），接近圆形，叶质薄。根据国家标准《地理标志产品 永春佛手茶》（GB/T 21824—2008），永春佛手产品分特级、一级到四级。特级茶外形卷结呈蚝干状、肥壮重实，色泽砂绿乌润；内质香气高锐、具独特的果香、品种香明显，滋味醇厚回甘、独具风味，汤色金黄或橙黄清澈，叶底软亮、红边鲜明。

**6. 安溪色种**　色种即各色品种之意。成品茶外形条索壮结，色泽翠绿油润；内质香气清高细锐，汤色金黄，滋味醇厚甘鲜，叶底软亮、红边显。拼配形成色种的品种除上述的毛蟹、本山、佛手外，还有以下几个主要优良品种。

（1）水仙　外形条索壮结卷曲、较闽北水仙略细小，色泽油润、间带砂绿；内质香气清高细长，汤色橙黄清澈明亮，滋味浓厚鲜爽，叶底厚软黄亮、红边显。

（2）奇兰　外形条索紧实匀称，色泽乌绿油润；香气清高、兰花香显著，滋味醇厚清爽，汤色橙黄清澈，叶底叶张圆、头尾尖、主脉明显。

（3）梅占　外形壮实、梗肥、节长，色泽褐绿稍带暗红、红点明，汤色深黄或橙黄，香高味浓厚，叶底叶张粗大，主脉显。

**7. 漳平水仙茶饼**　漳平水仙茶饼又名"纸包茶"，系青茶紧压茶，产于福建省龙岩市漳平市。水仙茶饼以福建水仙品种的鲜叶为原料，制作工艺有别于条形乌龙茶，流程为：晒青→晾青→做青→杀青→揉捻→造型→烘焙。成品茶外形似小方饼，边长约为 5 cm，厚约 1 cm，色泽砂绿间蜜黄或乌褐油润；内质香气品种特征明显、花香馥郁优雅，滋味浓醇甘爽、味中透香、韵味特征明显，汤色橙黄或金黄、清澈明亮，叶底肥厚黄亮、红边鲜明。

# 四、广东青茶

广东青茶主要分布在潮州市的潮安区、饶平县，揭阳市的普宁市、揭西县，梅州市的梅县区、大埔县、蕉岭县、丰顺县、兴宁市等地，还有粤北地区的英德市及粤西地区的罗定市和廉江市等地亦有生产。其中潮州市的潮安区和饶平县是广东青茶的主产区。潮安青茶因主要产区为凤凰镇，生产的产品以水仙品种结合地名而称为"凤凰水仙"。从凤凰水仙群体品种中选育出来的优异单株繁育加工的产品，有独特的品质风格，称为"凤凰单丛"。

广东青茶的花色品种主要有单丛（凤凰单丛和岭头单丛）、水仙、乌龙（主要有石古坪乌龙茶、大埔西岩乌龙茶）及色种茶（主要有大叶奇兰茶、水仙茶、梅占茶、金萱茶等），以凤凰单丛和岭头单丛最为著名。

凤凰单丛

**1. 凤凰单丛**　凤凰单丛产于潮州市潮安区的名茶之乡凤凰镇乌岽山茶区，凤凰单丛是从国家级良种凤凰水仙群体品种中选育出的优异单株，其成品茶品质优异，花香果味沁人心脾，具独特的山韵。凤凰单丛茶有几十个品系与类型。据《潮州凤凰茶树资源志》介绍，凤凰单丛品系（种）具有自然花香型的有 79 种、天然果味香型的 12 种、其他清香型的 16 种。用这些优异单株鲜叶制成的茶，如黄枝香、芝兰香、桂花香等乌龙茶，既是茶树品种名称，又是成品茶的茶名。

凤凰单丛外形条索紧结肥壮、挺直重实、匀整，色带黄褐似鳝皮色，油润有光泽；内质香气清高悠长、具天然优雅花香，汤色橙黄或金黄、清澈明亮，滋味浓爽甘醇、具特殊山韵蜜味，叶底边缘朱红、叶腹黄亮。耐冲泡，多次冲泡品饮茶韵犹存之特色闻名海内外，香港、澳门同胞及东南亚侨胞酷爱，被视为乌龙茶中珍品。

根据市场规模及香型的特色，凤凰单丛现分为十大香型：蜜兰香、黄枝香、芝兰香、桂花香、玉兰香、姜花香、夜来香、茉莉香、杏仁香、肉桂香。

蜜兰香型：成茶香气馥郁持久、显蜜兰花香，滋味具蜂蜜的甜醇、显"浓蜜幽兰"之韵，是种植面积最大的花香类型。

黄枝香型：成茶香气清高持久，黄枝花香明显，是种质资源最多，应用面积最大的花香类型之一。

芝兰香型：成茶香气清高细腻悠长，兰香幽雅，种质资源丰富，应用面积较大。

玉兰香型：成茶香气持久，玉兰花香清幽馥郁。

桂花香型：成茶香气清高爽适，桂香高雅。

杏仁香型：成茶香气浓郁持久，杏仁香味显露。

夜来香型：成茶香气浓郁悠长，有优雅舒适的夜来花香。

姜花香型：成茶香气清高持久，香味中带有轻微的姜辣味，是珍稀资源之一。

肉桂香型：成茶香气浓郁持久，有类似桂皮的香味。

茉莉香型：成茶香气清高持久，茉莉花香幽雅愉悦，是珍稀资源之一。

**2. 岭头单丛** 岭头单丛又称白叶单丛、白叶工夫。该茶树品种由饶平县坪溪镇岭头村茶农从凤凰水仙群体品种中选育而成。早芽种，叶长椭圆形，叶色黄绿，叶质柔软。成茶条索紧结，重实匀整，色泽黄褐光艳、似蟮皮色；内质香气芬芳四溢、花蜜香显，汤色蜜黄、清澈明亮，滋味浓醇回甘、风味独特、蜜韵深远，饮后有甘美怡神、清心爽口之感，叶底黄腹朱边柔亮。

各地引种岭头单丛茶树品种后，均冠以地方名称，如凤凰白叶单丛茶、兴宁白叶单丛茶等。因产地生态环境条件不同，各地采制技术有别，其成茶品质风格各具特色。如潮安区凤凰山茶区生产的凤凰白叶单丛茶，香气清高优雅、含自然甜花香，滋味甘醇顺喉、鲜爽生津。潮州市湘桥区铁铺镇产区研制的铁铺白叶单丛茶，香气清新持久、微带花蜜香，茶味醇厚甘永，舌留余香。兴宁市生产的白叶单丛茶，蜜香隽永，滋味浓醇、爽口宜人。

**3. 石古坪乌龙茶** 产于潮州市潮安区凤凰镇的石古坪畲族村及大质山脉一带。石古坪乌龙茶既是茶树品种名，也是商品茶名。小叶石古坪乌龙茶外形美观、细秀紧卷，色泽砂绿油润；内质香气清高持久、有天然花香，汤色浅黄绿、清澈明亮、俗称"绿豆水"，滋味鲜醇爽滑、有独特韵味，叶底嫩绿、主脉红、叶缘微红、俗称"一线红"。

**4. 西岩乌龙茶** 创制于 20 世纪 70 年代，产于梅州市大埔县西岩山一带，是国家地理标志保护产品。大埔县以种植白叶单丛为主。西岩乌龙茶外形紧结肥壮，色泽黄褐匀润；内质有浓郁持久的花蜜香和清香，滋味浓醇厚爽甘润，汤色橙黄或金黄明亮，叶底黄腹红镶边、柔亮。

**5. 广东色种茶** 广东色种茶主要有大叶奇兰茶、水仙茶、金萱茶、梅占茶等。

（1）大叶奇兰茶 以迟芽种奇兰茶树品种的一芽二三叶嫩梢为原料加工而成。外形紧结肥硕，色泽青褐光润；内质香气似兰似参、花香悦鼻，汤色橙黄明亮，滋味浓厚清爽回甘，叶底软亮、红边显。

（2）金萱乌龙茶　选用台湾省茶叶改良场选育的金萱（台茶 12 号）茶树鲜叶为原料制成。外形紧结圆浑，似"绿色珍珠"，完整匀净，色泽绿润；香气具清柔的花香、微带奶香，汤色清澈亮丽，滋味鲜醇甘美、幽香沁齿、清快爽适，叶底柔软、略显红边。

（3）龙星水仙香茶　产于广东省丰顺县谭山乡高海拔的鸡冠山区，选用谭山水仙茶树品种一芽二三叶嫩梢为原料加工而成。外形条索紧结重实，匀整，色泽青润；香气清高、花香细锐，汤色清澈明亮，滋味醇爽甘鲜，叶底柔软匀亮。

# 五、台湾青茶

台湾青茶产于台北、桃园、新竹、苗栗、宜兰等地，发酵程度差异较大，发酵重者汤色泛红、近似红茶汤色，发酵轻者近似绿茶、汤色绿黄。产品主要分为包种茶和乌龙茶两类，著名的产品有冻顶乌龙茶、文山包种茶、高山乌龙茶、白毫乌龙茶、台湾铁观音等。

## （一）包种茶

包种茶发酵程度较轻，香气清新幽雅具花香，汤色蜜绿鲜艳带金黄，滋味甘醇爽口。包种茶发源于福建安溪，1881 年福建茶商到台湾设茶庄生产包种茶，因早期安溪茶店将成茶用方纸包成长方形四方包销售而得名。包种茶根据发酵程度和品质特征有文山包种茶和冻顶乌龙茶等花色品种。

**1. 文山包种茶**　文山包种茶又名"清茶"，是台湾乌龙茶中发酵程度最轻的清香型乌龙茶。产于台北市和桃园市等地，以台北市文山区产制的品质最优，香气最佳，所以习惯上称之为文山包种茶。采用青心乌龙等品种鲜叶加工。外形呈条形，紧结卷皱，匀整，色泽墨绿带翠光润；内质香气清新持久、有自然兰花清香，滋味甘醇鲜爽、有花果味、回味强久，汤色蜜绿黄鲜亮，叶底鲜活完整、枝叶连理。

**2. 冻顶乌龙茶**　冻顶乌龙茶产于台湾省中部邻近溪头风景区海拔 500～800 m 的南投县、云林县、嘉义县等地。加工冻顶乌龙茶的品种以青心乌龙最优，台茶 12 号（金萱）、台茶 13 号（翠玉）等加工的品质亦佳。

冻顶乌龙茶的发酵程度高于文山包种茶。外形紧结卷曲成半球形，白毫显露，色泽墨绿油润，干茶具浓郁芳香；冲泡后清香明显、带自然花香或果香，汤色蜜黄或金黄、清澈而鲜亮，滋味醇厚甘润、富活性、回韵强，叶底嫩柔有芽。

**3. 高山乌龙茶**　高山乌龙茶主要产地在台湾中南部嘉义县、南投县内海拔 800 m 以上的高山茶区。加工高山乌龙茶的茶树品种以青心乌龙为主，其次为台茶 12 号和台茶 13 号。高山乌龙茶呈半球形，多数产品的发酵程度都较轻。因为高山地区气候冷凉，早晚云雾笼罩，平均日照短，以致茶树芽叶中儿茶素类等带苦涩的成分含量降低，而氨基酸等对甘鲜味有贡献的成分含量提高，且芽叶柔软，叶肉厚，果胶质含量高。因此高山乌龙茶具有色泽翠绿鲜活，滋味甘醇厚重滑柔，香气淡雅，汤色蜜绿及耐冲泡等特色。

台湾高山乌龙茶主要的花色有嘉义县的梅山乌龙茶、竹崎高山茶、阿里山乌龙茶，南投县的杉林溪高山茶、雾社高山茶、玉山乌龙茶，台中县的梨山高山茶、武陵高山茶等。

阿里山
乌龙茶

**4. 金萱茶** 金萱茶产地分布于台湾省各产茶地区，尤以南投县名间乡、竹山镇所产金萱乌龙茶及嘉义县阿里山、梅山所产高山金萱茶最负盛名。金萱茶是以金萱（台茶 12 号）品种名称命名的茶。外形紧结重实呈半球形，色泽翠绿，汤色金黄亮丽，滋味甘醇，香气浓郁具有独特的奶香。金萱茶由于品质优异，香味独特，深受消费者喜爱。

### （二）乌龙茶

乌龙茶发酵程度较重，香气浓郁带果香，滋味醇厚润滑。根据发酵程度和品质特征有台湾铁观音、白毫乌龙茶等花色品种。

**1. 台湾铁观音** 台湾铁观音发酵程度较重，产于台湾省台北市木栅区。采摘铁观音品种鲜叶加工。外形紧结卷曲呈球形，白毫显露，色泽绿中带褐油润；香气浓郁、带熟果香，汤色呈琥珀色、明亮艳丽，滋味浓厚甘滑、收敛性强，叶底嫩柔带淡褐色、芽叶成朵。

**2. 白毫乌龙茶** 白毫乌龙茶又名"香槟乌龙""东方美人""膨风乌龙"，为台湾乌龙茶中发酵程度最重的一种（发酵程度约 70％）。主要产于台湾省新竹县北埔、峨眉乡及苗栗县。白毫乌龙茶采摘经小绿叶蝉吸食的青心大冇等茶树品种的嫩芽、一芽一二叶鲜叶制作。加工工序为日光萎凋、室内静置及搅拌、炒青、覆湿布回润、揉捻、干燥等。此茶以芽尖带白毫多者为高级，所以称为白毫乌龙茶。外形不注重条索紧结，而以白毫显露，枝叶连理，白、绿、红、黄、褐多色相间，犹如花朵为特色。具有独特的蜂蜜香、熟果香，滋味圆柔甜醇、回甘深远，汤色呈琥珀般的橙红色，叶底淡褐有红边、芽叶连枝成朵。

白毫乌龙茶

现在福建省三明市大田县采用金萱、软枝乌龙、金牡丹、金观音、铁观音等品种鲜叶加工的大田美人茶，其品质特征类似台湾的白毫乌龙茶。

## 第五节 白茶品质特征

白茶要求鲜叶"三白"，即嫩芽及两片嫩叶密披白色茸毛。初制过程虽不揉不炒，但由于长时间的萎凋和阴干过程，儿茶素含量呈现一定程度的减少，游离氨基酸含量有所增加。白牡丹外形毫心肥壮，叶张肥嫩，叶态自然伸展，叶缘垂卷，芽叶连枝，毫心银白，叶色灰绿或铁青色；内质汤色黄亮明净，毫香显，滋味鲜醇，叶底灰绿、芽叶成朵、叶脉微红。

福建白茶按茶树品种分为大白、水仙白和小白 3 种。根据鲜叶原料及商品花色，又分为白毫银针、白牡丹、贡眉和寿眉。

# 一、不同品种白茶

**1. 大白**　用福鼎大白茶、福鼎大毫茶、政和大白茶、福安大白茶等品种的鲜叶制成。毫心肥壮、多茸毛、叶张软嫩、叶色灰绿，香味鲜醇、毫味重。

**2. 水仙白**　用水仙品种的鲜叶制成。毫心比大白的更长而肥壮、有茸毛、较粗稀，叶张肥大、色泽翠绿或带黄，香味清芬、甜醇，毫香高。

**3. 小白**　用菜茶品种的鲜叶制成。毫心比大白的小，叶张细嫩，色泽灰绿，香味醇爽、鲜纯。

# 二、不同产品花色白茶

国家标准《白茶》（GB/T 22291—2017）规定，根据茶树品种和原料要求的不同，白茶分为白毫银针、白牡丹、贡眉和寿眉 4 种。

白毫银针

**1. 白毫银针**　白毫银针用大白茶或水仙茶树品种的单芽为原料制成，产品分特级和一级。芽头肥壮、密披白毫，色白如银，形状如针，称为白毫银针。按产地不同分为北路银针和西路银针。

（1）北路银针　产于福建省福鼎市，主要采用福鼎大白茶、福鼎大毫茶的肥壮单芽为原料。外形芽头肥壮匀齐，挺直似针，茸毛厚密，色银白富光泽鲜润；香气清甜、毫香显露、汤色浅杏黄、清澈透亮，滋味甘甜清爽、具毫香蜜韵。

（2）西路银针　产于福建省政和县，主要采用政和大白茶、福安大白茶的肥壮单芽为原料。外形芽长肥壮，挺直似针，满披茸毛略薄，色泽银灰；香气清芬高爽、毫香明显，汤色杏黄明亮，滋味醇厚、毫味足。

白牡丹

**2. 白牡丹**　白牡丹用大白茶或水仙茶树品种的一芽一二叶鲜叶为原料制成，产品分特级、一级至三级。特级牡丹外形自然伸展，两叶抱一芽，毫心银白肥壮，叶面灰绿、叶背银白（绿面白底）；汤色橙黄清澈明亮，香气清鲜纯甜嫩爽、毫香显，滋味清甜醇爽、毫味足，叶底芽壮叶肥嫩、芽叶连理成朵，叶脉微红。

**3. 贡眉**　贡眉以群体种茶树品种（菜茶）的嫩梢为原料制成，产品分特级、一级至三级。品质次于白牡丹。特级贡眉外形芽叶连枝，叶态卷，叶张嫩，毫心细小，色泽灰绿或墨绿；香气鲜纯甜嫩、有毫香，汤色橙黄明亮，滋味清甜醇厚，叶底软亮有芽尖、叶脉带红。

**4. 寿眉**　寿眉用大白茶、水仙或群体种茶树品种的嫩梢或叶片为原料制成，产品分一级、二级。一级寿眉叶态尚紧卷，带细瘦毫尖，色泽灰绿稍深；香气纯正，汤色深橙黄，滋味醇厚尚爽、有甜感，叶底尚软亮、带芽尖。

随着白茶产业的发展及鲜叶选用茶树品种范围的扩大，白茶新产品不断推陈出新。如福建有融入轻揉捻工序的新工艺白茶，有采用福云 6 号、福云 10 号、福云 20 号等芽壮多毫品种的鲜叶加工制作的雪芽白茶。

此外，在其他一些省份也有白茶生产。如云南省普洱市思茅区采用景谷大白茶品种的鲜叶为原料，按白茶工艺加工制作的月光白。其叶面呈黑色，叶背呈白色，叶芽显毫银亮；汤色青黄明透，香气馥郁、带蜜香或花果香，滋味醇厚回甘、齿颊留香。

湖南省郴州市汝城县以珍稀茶树品种汝城白毛茶的单芽或一芽一二叶为原料，按白茶工艺加工制作的汝白银针和牡丹的品质特色突出。汝城白毛茶芽头肥硕，茸毛十分厚密，内含物质丰富。汝白银针外形芽头硕壮匀齐，色泽灰绿鲜润；内质汤色浅杏黄透亮，香气清甜、毫香花香馥郁，滋味鲜甜、醇厚爽适、毫韵足，叶底芽头肥壮鲜活。

汝白银针

其他还有江西省上饶县上泸乡洪水坑一带采用上饶大面白品种鲜叶加工的仙台白茶，广东省韶关市的乐昌县、仁化县等地采用乐昌白毛茶、仁化白毛茶加工的白茶，以及广西壮族自治区百色市凌云县采用凌云白毫茶的鲜叶为原料制成的白茶等。

# 第六节　红茶品质特征

红茶是我国重要的茶类，在初制时，鲜叶先经萎凋，减重30%～45%，以增强酶活性，然后再经揉捻或揉切、发酵和烘干，形成红茶红汤红叶、香味甜醇的品质特征。

红茶有红条茶、红碎茶之分。红条茶包括小种红茶和工夫红茶。红条茶滋味要求醇厚带甜，加工时细胞破碎率小、发酵时间长、氧化程度高。红碎茶滋味要求浓、强、鲜，加工时细胞破碎率大、发酵时间短、氧化程度低。

## 一、红条茶

红条茶按初制方法不同分小种红茶和工夫红茶。近年来国内出现了一批以单芽、一芽一叶或一芽二叶初展细嫩芽叶为原料，经过工艺与技术改进精心加工而成的在品质风格上有特色的名特红茶。

### （一）小种红茶

小种红茶是我国福建省特产，初制工艺包括萎凋、揉捻、发酵、过红锅（杀青）、复揉、熏焙等工序。由于采用松柴明火加温萎凋和干燥，干茶带有松烟香。小种红茶以武夷山市星村镇桐木村所产的品质最佳，称"正山小种"或"星村小种"。福安、政和等县仿制的称"人工小种"或"烟小种"。

**1. 正山小种**　正山小种外形条索紧实粗直，不带芽毫，色泽乌润有光；内质香高持久、具松烟香，汤色深红，滋味醇厚、有似桂圆汤味，叶底厚实光滑、呈古铜色。

正山小种

**2. 人工小种**　人工小种又称烟小种，条索近似正山小种，身骨稍轻；内质带松烟香，汤色稍浅，滋味醇和，叶底略带古铜色。

### （二）工夫红茶

工夫红茶是我国独特的传统产品，因初制揉捻工序特别注意条索的紧结完整，精制时颇费工夫而得名。外形条索细紧平伏匀称，色泽乌润；内质汤色、叶底红亮，香气鲜甜，滋味甜醇。因产地、茶树品种等不同，品质亦有差异。可分为祁红、滇红、川红、宜红、宁红、闽红、湖红等。

祁　红

**1. 祁红**　祁红产于安徽祁门及其毗邻各县，鲜叶原料采自祁门槠叶种，初、精制工艺精细。祁红外形条索细紧苗秀，锋苗好，平伏匀称，色泽乌润略带灰光；内质香气特征最为明显，有类似蜜糖的香气、持久不散，在国际市场誉为"祁门香"，汤色红艳明亮，滋味鲜醇甘润，叶底细匀红亮。

滇　红

**2. 滇红**　滇红产于云南凤庆、临沧、双江、勐海等地，用大叶种茶树鲜叶制成。品质特征明显，外形条索紧结肥壮重实，金毫特多，匀整，色泽乌润带红褐；内质香气高鲜、带花果香，汤色红艳带金圈，滋味浓厚、刺激性强，叶底肥厚、红艳明亮。

**3. 川红**　川红原产于四川省宜宾一带。外形条索紧结壮实有锋苗，多金毫，色泽乌润；内质香气鲜而带橘糖香，汤色红亮，滋味鲜醇爽口，叶底红明匀整。

**4. 宜红**　宜红原产于湖北省宜昌、恩施等地。外形条索紧细，显金毫，色泽乌润；内质香气甜纯似祁红，汤色红亮，滋味鲜醇，叶底红匀明亮。

**5. 宁红**　宁红原产于江西省修水县。外形条索紧细秀丽，金毫显露，锋苗挺拔，色泽乌润；内质香气鲜嫩甜爽，汤色红亮，滋味醇厚鲜甜，叶底红嫩多芽。

**6. 闽红**　闽红产于福建省。分白琳工夫、坦洋工夫和政和工夫3种。

（1）白琳工夫　外形条索细长弯曲，显金毫，色泽乌黑有光；内质香气鲜纯有毫香，汤色浅红亮，滋味清鲜甜和，叶底红中带黄。

（2）坦洋工夫　外形条索细长匀整，带毫，色泽乌润；内质香气稍低，茶汤呈深金黄色，滋味醇厚清甜，叶底红匀。

（3）政和工夫　按品种分大茶和小茶两种。

① 大茶：用大白茶品种制成。外形近似滇红，显毫，色泽乌润；内质香气高而鲜甜，汤色红浓，滋味浓厚，叶底肥壮尚红。

② 小茶：用小叶种制成。外形条索细紧，香似祁红、但欠持久，滋味醇和，汤色稍浅，叶底尚红。

**7. 湖红**　湖红原产于湖南省安化、新化等县。外形条索紧结重实，有毫，色泽乌润；内质甜香较高长，滋味醇厚，汤色、叶底红亮。

### （三）其他优质特色红条茶

随着时代的发展，人们生活水平的提高，消费者对产品多元化的需求日益强烈。近年来国内出现了以单芽、一芽一叶或一芽二叶初展细嫩芽叶为原料，经过工艺与技术改进、精心加工的一批有特色的红茶。

**1. 金骏眉**　金骏眉产自福建省武夷山市桐木关，是由福建正山堂茶业有限责任公司于 2005 年采用当地菜茶品种的单芽为原料，通过萎凋、揉捻、发酵、干燥（焙火）工序制成的高端红茶。金骏眉干茶外形条索紧细重实，锋苗挺秀，略显金毫，色泽金、黄、黑相间润泽；内质香气为复合型花果香（蜜香、玫瑰香、桂圆干香），汤色金黄透亮，滋味醇厚甘润、汤中蕴香，叶底细嫩匀齐、呈古铜色。

**2. 遵义红** 遵义红于 2008 年在贵州省遵义市湄潭研发成功。遵义湄潭生产红茶历史悠久，20 世纪 30 年代创制湄潭红茶，生产的"湄红"成为贵州茶出口创汇的重要产品。2008 年，在"湄红"（后称"黔红"）的加工技术基础上，利用湄潭当地的茶树品种，如 601、苔茶、419、福鼎等中小叶品种，采用单芽或一芽一叶初展的原料，创制出具有高原特色的细嫩红茶遵义红。遵义红外形条索紧细圆直，金毫显露，色泽乌润；内质汤色金红明亮，香气甜蜜花果香显、持久，滋味甘鲜醇厚，叶底嫩厚多芽。

**3. 信阳红** 信阳红产于河南信阳市，创制于 2010 年。当地茶叶工作者利用信阳当地的茶树资源，在传承传统工艺的基础上，融合祁红工夫与金骏眉的生产技术，开发出一套信阳红茶独特的加工工艺。信阳红外形条索紧细、匀整多毫，色泽乌黑油润；内质汤色红亮剔透，香气清甜持久，滋味醇厚甘爽，叶底嫩匀红亮。

**4. 九曲红梅** 九曲红梅产于浙江省杭州市西湖区双浦镇，始创于清咸丰年间。民国时期是九曲红梅的鼎盛时期，是南北茶号的标配红茶。九曲红梅以杭州西湖龙井茶产区的龙井群体种鲜叶为原料精细加工而成，为蕴含江南杭州特有韵味的红茶产品。成品茶外形细紧弯曲如鱼钩，色泽乌润；茶汤橙黄明亮，香气清鲜甜纯带花香，滋味鲜醇爽口、回味甘甜。

**5. 古丈红** 湖南省古丈县地处武陵山腹地，是生产优质茶叶的理想之地。古丈红茶以中小叶种茶树的单芽至一芽一二叶初展鲜叶为原料，形成了独特的"古丈红茶"品质特征。成品茶外形条索紧细显金毫，色泽乌润；内质汤色红（或金红）明亮，甜香高锐持久、有明显的花果香或蜜糖香，滋味鲜醇甘甜，叶底匀嫩多芽。

**6. 莓蓝芳** 莓蓝芳产于浙江省浦江县。产品定位高山生态细嫩茶，鲜叶采自浦江高山茶园与建德新安江畔群山中的群体品种与特色品种，4 月 10 日之前采摘，采摘标准为单芽或一芽一叶初展。莓蓝芳特色红茶外形条索紧细苗秀，匀整锋苗显，色泽乌黑润泽有金毫；内质汤色金黄透亮，香气馥郁具花果香，滋味鲜醇甘润、汤中蕴香，叶底细嫩多芽、匀齐红亮。

**7. 祁红香螺** 祁红香螺为安徽省农业科学院茶叶研究所于 1997 年创制。采用国家级茶树良种的一芽一叶至一芽二叶为原料，经过萎凋、揉捻、发酵、控温做形、干燥、整形等工序制成。成品茶外形卷曲如螺，金毫显露，色泽乌润；内质汤色红亮，甜香高长，滋味甜润，叶底红亮，芽叶盘花成朵，特色明显。

**8. 利川红** 湖北省利川市为传统宜红茶核心产区之一，产茶历史悠久。近年来，选用当地茶树品种的单芽、一芽一叶初展至一芽二三叶为原料，通过工艺技术创新，开发了利川红系列产品。其外形条索细紧，平伏匀称，色泽乌润；内质汤色红艳（或金黄）明亮，香气馥郁持久，滋味甜醇滑爽，叶底嫩匀显芽。待茶汤温度低于 10 ℃后有明显的"冷后浑"现象，形成了利川红独特的品质特征。

**9. 黄金红茶**　黄金红茶为湖南省新创红茶，是采用湘西土家族苗族自治州保靖县地方茶树品种保靖黄金茶的幼嫩鲜叶加工而成。以单芽、一芽一叶初展鲜叶为原料，加工工艺精细，历经萎凋、揉捻、解块、发酵、初干、摊凉、做形、提毫、摊凉、足干等多道工序。黄金红茶外形条索紧细弯曲，金毫显露，色泽乌润；内质汤色金红明亮，香气花蜜香高长，滋味甜醇鲜爽回甘，叶底红亮鲜活。

**10. 普安红**　普安红产自贵州省黔西南布依族苗族自治州普安县。成品茶外形条索紧细多锋苗，显金毫，色泽乌润；内质汤色红亮，香气嫩甜持久、有花果香，滋味醇厚回甘，叶底嫩匀红亮。

除上述优质特色红条茶外，各主要产茶省都在传承红茶传统加工技术的基础上，融入新技术和新工艺，采用茶树良种的细嫩鲜叶或高香型茶树品种的鲜叶为原料，加工制作成以花蜜香突显和滋味甘鲜甜醇为特征的红茶产品。

# 二、红 碎 茶

红碎茶

红碎茶在初制时，萎凋叶经过充分揉切，细胞破坏率高，有利于多酚类酶促氧化和冲泡，形成香气高锐持久、滋味浓强鲜爽、加牛奶白糖后仍有较强茶味的品质特征。因揉切方法不同，分为传统红碎茶、CTC红碎茶、转子机红碎茶、LTP红碎茶和不萎凋红碎茶5种。各种红碎茶又因叶型不同分为叶茶、碎茶、片茶和末茶4类，都有比较明显的品质特征，因产地、品种等不同，品质特征也有很大差异。

## （一）不同制法红碎茶品质特征

**1. 传统红碎茶**　传统揉捻加工过程形成的红碎茶，滋味浓强度较卷成条索的叶茶为好。为了增加红碎茶的产量，可将棱骨改成刀口，采取加压多次揉切的方法。这种盘式揉切法实际上对增加细胞破损率的效果并不大，相反，叶子长时间闷在揉桶中导致叶温升高，而使香味欠鲜强，汤色、叶底欠明亮。但干茶色泽较乌润，颗粒也较紧结重实。有的应用传统揉捻机"打条"，再用转子机切碎，本法所制成的成品有叶茶、碎茶、片茶、末茶4种花色。但该方法目前生产上已很少应用。

**2. 转子机红碎茶**　国外称洛托凡（Rotovane）红碎茶，萎凋叶在转筒中挤压推进的同时，达到轧碎叶子和破损细胞的目的。外形颗粒不及传统红碎茶或CTC红碎茶紧结重实，同时由于转子机中叶温过高，致使揉切叶内的多酚类酶促氧化过剧而使有效成分下降，在一定程度上降低了转子机红碎茶的鲜强度。

**3. CTC红碎茶**　CTC揉切机彻底改变了传统的揉切方法。萎凋叶通过两个不锈钢滚轴间隙的时间不到1 s就达到了充分破损细胞的目的，同时使叶子全部轧碎成颗粒状，发酵均匀而迅速，所以必须及时烘干，才能获得滋味浓强鲜的品质特征。但由于CTC揉切机的机械性能和精密度较高，对鲜叶嫩匀度的要求也较高，两个滚轴的间隙必须调节适当，以保证制茶品质。

产品全部为碎茶、片茶和末茶，无叶茶，颗粒大小依叶子厚薄及滚轴间隙决定，较其他碎茶稍大而重实匀整，色泽泛棕，为CTC红碎茶的特征。

**4. LTP 红碎茶** LTP（劳瑞锤击式粉碎机）用离心风扇输入和输出叶子，不需要预揉机，对叶细胞的破损程度比 CTC 更大，具有强烈、快速、低温揉切的特性。产品几乎全部为片茶和末茶，颗粒形碎茶极少，色泽红棕；滋味鲜强度较好、略带涩味，汤色红亮，叶底红匀。采用 LTP 与 CTC 机联装，可产生颗粒紧结的碎茶。

**5. 不萎凋红碎茶** 在雨天因设备不足，来不及进行加温萎凋时，鲜叶不经萎凋，直接用切烟机（legs - cut）切成细条后揉捻，再经发酵、烘干制成。外形扁片；内质汤色、叶底红亮，香味带青涩、刺激性强。

### （二）不同叶型红碎茶品质特征

**1. 叶茶** 传统红碎茶的一种花色。条索紧结挺直匀齐，色泽乌润；内质香气芬芳，汤色红亮，滋味醇厚，叶底红亮多嫩茎。

**2. 碎茶** 外形颗粒重实匀齐，色泽乌润或泛棕；内质香气馥郁，汤色红艳，滋味浓强鲜爽，叶底红匀。

**3. 片茶** 外形全部为木耳形屑片或皱折角片，色泽乌褐；内质香气尚纯，汤色尚红，滋味尚浓略涩，叶底红匀。

**4. 末茶** 外形全部为砂粒状末，色泽乌黑或灰褐；内质汤色深暗，香低味粗涩，叶底红暗。

### （三）不同产地、品种红碎茶的品质

因产地、品种不同，我国有四套红碎茶标准样，用大叶种制成的一、二套样红碎茶，品质高于用中小叶种制成的三、四套样红碎茶。

**1. 大叶种红碎茶** 大叶种红碎茶外形颗粒紧结重实，有金毫，色泽乌润或红棕；内质香气高锐，汤色红艳，滋味浓强鲜爽，叶底红匀。

**2. 中小叶种红碎茶** 中小叶种红碎茶外形颗粒紧卷，色泽乌润或棕褐；内质香气高鲜，汤色尚红亮，滋味欠浓强。

### （四）国外红碎茶品质特征

**1. 印度红碎茶** 印度红碎茶主要产区在印度东北部，以阿萨姆产量最多，其次为大吉岭和杜尔司等。

阿萨姆红碎茶用阿萨姆大叶种制成。品质特征为外形金黄色，毫尖特多，身骨重；内质茶汤色深味浓，有强烈的刺激性。

大吉岭红碎茶用中印杂交种制成。外形大小相差很大，具有高山茶的品质特征，有独特馥郁的芳香，类似核桃香。

杜尔司红碎茶用阿萨姆大叶种制成。因雨量多，萎凋困难，茶汤刺激性稍弱，汤色红浓欠亮。不萎凋红碎茶刺激性强，但带涩味，汤色、叶底红亮。

**2. 斯里兰卡红碎茶** 斯里兰卡红碎茶按产区海拔不同，分为高山茶、半山茶和平地茶 3 种。茶树大多是无性系大叶种。外形没有明显差异，芽尖多，做工好，

色泽乌黑匀润。内质高山茶最好，香气馥郁，滋味浓；半山茶香气高；平地茶滋味浓而香气低。

**3. 孟加拉国红碎茶** 孟加拉国红碎茶主要产区为雪尔赫脱和吉大港。雪尔赫脱红碎茶做工好，汤色深，香味醇和；吉大港红碎茶形状较小，色黑，茶汤色深而味较淡。

**4. 印度尼西亚红碎茶** 印度尼西亚红碎茶主要产区为爪哇和苏门答腊。爪哇红碎茶制工精细，外形美观，色泽乌黑，高山茶有斯里兰卡红碎茶的香味，平地茶香气低、茶汤浓厚而不涩。苏门答腊红碎茶品质稳定，外形整齐，滋味醇和。

**5. 格鲁吉亚红碎茶** 格鲁吉亚气候较冷，种植的主要是小叶种茶树。20世纪50年代初期曾从我国大量引进祁门槠叶种、淳安鸠坑种。采用传统制法，揉捻较好，外形匀称平伏；内质香气纯和，汤色明亮，滋味醇浓，叶底红匀尚明亮。

**6. 东非红碎茶** 东非红碎茶主要产区有肯尼亚、乌干达、坦桑德亚、马拉维等，其中肯尼亚红碎茶产量较大。肯尼亚地处高海拔地区，茶园主要位于1 500～2 700 m的高原坡地，独特的赤道高原地理位置，形成了肯尼亚红茶特殊的品质特征。肯尼亚生产的CTC红碎茶颗粒紧实、匀齐，色泽棕黑油润；香气高扬，汤色红艳明亮，滋味鲜爽浓强，叶底红匀亮。

# 第七节 再加工茶品质特征

再加工茶是指以绿茶、红茶、白茶、黄茶、青茶和黑茶的毛茶或精茶为原料进行再加工以后的产品。该类产品的外形或内质与原产品有较大的区别。根据再加工途径和方法不同，再加工茶可分为花茶、紧压茶、袋泡茶、速溶茶、含茶饮料、茶粉等。

## 一、花 茶

花茶又称熏制茶。主要产区有广西、福建、四川、江苏、湖南、云南、广东、重庆等省份。用于窨制花茶的茶坯主要是烘青绿茶，还有部分长炒青，少量珠茶、红茶、乌龙茶等。用于窨制花茶的鲜花有茉莉花、白兰花、珠兰花、玳玳花、柚子花、桂花、玫瑰花、栀子花、米兰花、树兰花等。花茶总的品质特征是芬芳的花香加上醇厚的茶味。

### （一）茉莉花茶

茉莉花茶是我国最主要的花茶产品，产于广西、福建、四川、重庆、云南、广东、台湾等地。其品质特点是香气清高芬芳、浓郁、鲜灵，香而不浮，鲜而不浊，滋味醇厚。品啜之后唇齿留香，余味悠长。茉莉花茶因窨制所采用茶坯原料的不同，有茉莉烘青、茉莉炒青（含半烘炒）、特种茉莉花茶等。

**1. 茉莉烘青** 茉莉烘青是茉莉花茶中的主要产品，根据国家标准《茉莉花茶》

（GB/T 22292—2017），烘青茉莉花茶分为特级、一级至五级。高档烘青茉莉花茶外形条索紧结有锋苗，匀整，色泽绿黄油润；内质香气浓郁芬芳、鲜灵持久，汤色绿黄明亮、滋味醇厚。

**2. 茉莉炒青（含半烘炒）**　根据国家标准《茉莉花茶》（GB/T 22292—2017），炒青茉莉花茶分特种、特级、一级至五级。高档炒青茉莉花茶外形条索紧结显锋苗，平伏匀整，色泽绿黄油润；内质香气鲜灵浓郁持久，汤色绿黄明亮，滋味浓醇。

**3. 特种茉莉花茶**　特种茉莉花茶指加工特别精细，采用的原料明显高于特级茶坯，经过五窨一提至七窨一提窨制而成的茉莉花茶。品种有福建的茉莉大白毫、茉莉龙团、牡丹绣球，江苏的茉莉苏萌毫，浙江的茉莉龙珠，湖南的茉莉毛尖等。

（1）茉莉银针　外形全芽肥壮披毫，匀整，色嫩黄润泽；内质香气鲜灵、浓郁、纯正、持久，汤色浅黄明亮，滋味醇爽口叶底全芽肥实、色嫩绿黄明亮。

（2）茉莉绣球　外形圆结呈颗粒形，显毫，匀整，色褐黄润泽；内质香气较浓郁、持久，汤色黄亮，滋味较醇爽，叶底芽叶成朵、嫩软、色绿黄明亮。

（3）茉莉虾针　外形似干虾状、肥壮，有毫，匀整，色褐黄润泽；内质香气浓郁持久，汤色浅黄明亮，滋味浓醇爽口，叶底全芽肥实、色嫩绿黄明亮。

（4）茉莉银芽　外形肥壮卷曲，披毫，匀整，色嫩黄润泽；内质香气鲜灵、浓郁、纯正、持久，汤色浅黄明亮，滋味甘醇爽口，叶底芽叶肥嫩成朵、色嫩绿黄明亮。

（5）茉莉毛尖　外形细紧弯曲，多毫，匀整，色嫩黄润泽；内质香气鲜灵、浓郁、纯正、持久，汤色浅黄明亮，滋味醇厚甘爽，叶底嫩厚成朵、色嫩绿黄明亮。

（6）茉莉玉环　外形呈环形、肥壮，披毫，匀整，色嫩黄润泽；内质香气浓郁、鲜爽、持久，汤色嫩黄明亮，滋味甘醇爽口，叶底全芽肥实、色嫩绿黄明亮。

（7）茉莉白雪针　外形全芽肥壮，满披白毫，匀整，色嫩黄润泽；内质香气浓郁、鲜爽、持久，汤色浅黄明亮，滋味甘和爽口，叶底全芽肥实、色嫩黄明亮。

## （二）白兰花茶

白兰花茶是除茉莉花茶外的又一大宗产品，主产于广州、福州、苏州、金华、成都等地。产品主要是烘青白兰花茶。品质特征为外形条索紧实，色泽黄绿尚润；香气鲜浓持久（要求白兰花香盖过茶香，不能闻出茶香），滋味浓厚尚醇，汤色黄绿明亮，叶底嫩尚匀、黄绿明亮。

## （三）珠兰花茶

珠兰花茶主产于安徽歙县、福建漳州、广东广州，浙江、江苏、四川也有少量生产。珠兰花茶香气清纯幽雅，滋味醇爽，回味甘永。根据所采用的原料分为珠兰烘青、珠兰黄山芽、珠兰大方等。

**1. 珠兰烘青**　珠兰烘青为珠兰花茶中的主要产品。品质特征为条索细紧匀整，色泽黄绿油润，花粒黄中透绿；香气清纯隽永，汤色浅黄透亮，滋味鲜醇回甘，叶底黄绿细嫩。

**2. 珠兰黄山芽**　珠兰黄山芽条索细紧、锋苗挺秀，白毫显露，色泽深绿油润，花干整枝成串；香气幽雅芬芳，滋味鲜爽、醇厚甘甜。

**3. 珠兰大方**　珠兰大方外形扁平匀齐，色绿微黄；香气清雅，汤色黄亮，滋味纯正。

## （四）桂花茶

桂花茶产于广西桂林、湖北咸宁、四川成都、浙江杭州、重庆等地。根据所采用茶坯不同，可分为桂花烘青、桂花乌龙、桂花龙井、桂花红碎茶等。桂花茶香气浓郁而高雅、持久。

## （五）玫瑰花茶

玫瑰花茶产于广东、福建、浙江等省。产品主要有玫瑰红茶，其外形条索较细紧、有锋苗，可见干玫瑰花瓣；内质汤色红明亮，有较明显的玫瑰花香、也能闻出红茶茶香、两者完美结合，滋味甘醇爽口，叶底嫩尚匀、色红明亮。

# 二、紧压茶

紧压茶又称压制茶，由毛茶加工后的精茶经外力压制而成。根据加工工艺分为篓装茶和压制茶两类。

## （一）篓装茶

精制整理后的茶叶经高压蒸汽蒸软，装入篓内紧压而成。产品分湘尖、广西六堡茶和四川方包茶等。

**1. 湘尖**　湘尖产于湖南省，由湖南黑毛茶经精制整理加工压制而成，产品分湘尖 1 号（天尖）、湘尖 2 号（贡尖）、湘尖 3 号（生尖），是湖南黑茶中的优质产品。外部为长方体竹篓包装，传统产品重量多为 50 kg、45 kg、40 kg。目前，市场上销售的 1 kg、2 kg 等规格的小篓湘尖也非常受欢迎。品质特征为条索紧结或尚紧，色泽黑褐；内质香气纯正或带松烟香，汤色橙黄，滋味醇厚，叶底黄褐尚嫩。

六堡茶

**2. 六堡茶**　六堡茶产于广西壮族自治区，由六堡茶原料加工压制而成。茶篓多呈圆柱形，直径 53 cm，高 57 cm，每篓重一级至五级分别为 55 kg、50 kg、45 kg、40 kg、37.5 kg。目前市售产品增加了多种规格的小篓六堡茶。六堡茶品质独特，耐贮藏。篓装六堡茶条索紧结成块状，色泽黑褐光润；内质汤色紫红，香味陈醇，有松烟香和槟榔味，滋味浓醇甘和，叶底暗褐色。在炎热湿闷的气候条件下，饮后舒适，有去热解闷的作用。

**3. 方包茶**　方包茶又称马茶，产于四川省，属西路边茶。将原料茶筑制在长方形篾包中，大小规格为 66 cm×50 cm×32 cm，重量 35 kg。其品质特点是梗多叶少，色泽黄褐；内质汤色深红略暗，香气纯正或带烟焦气，滋味和淡，叶底粗老黄褐。

### （二）压制茶

毛茶整理后经高压蒸汽蒸软，放在模盒内紧压成砖形或其他形状。压制成砖形的称砖茶。目前，压制茶所采用的原料已涉及黑茶、绿茶、白茶、红茶、乌龙茶和黄茶六大茶类。产品主要有湖南的黑砖茶、花砖茶、茯砖茶、花卷茶和青砖茶，四川的康砖茶、金尖茶、茯砖茶，湖北的青砖茶、米砖茶，云南的沱茶、饼茶、圆茶（七子饼茶）、紧茶和方茶，福建白茶圆饼茶等。

**1. 黑砖茶**　黑砖茶产于湖南省，由湖南黑毛茶经精制整理加工压制而成。传统黑砖茶呈方砖形，规格为 35 cm×18 cm×3.5 cm，净重 2 kg。目前，市场上的精品黑砖茶规格较小，从 100 g 至 1 kg 不等，产品压制厚度也越来越薄，更方便饮用。黑砖茶要求砖面平整、棱角分明、厚薄一致，花纹图案清晰，色泽黑褐；内质汤色橙黄或红黄，香气纯正，滋味浓厚或微带涩，叶底黑褐尚嫩匀或老嫩欠匀。

黑砖茶

**2. 茯砖茶**

（1）湖南茯砖茶　按压制工艺分为机压茯砖茶和手工筑制茯砖茶两种。机压普通茯砖茶为砖形，规格以 2 kg、1.5 kg、1.4 kg 不等。要求砖面平整，松紧适度，棱角分明，厚薄一致，色泽黄褐，砖内金花普遍茂盛；内质香气有菌花香，汤色橙黄明亮，滋味醇和，叶底黑褐色。手工筑制茯砖茶压制程度较机压茯砖茶松，重量以 3 kg、1 kg 规格为主，产品要求砖面平整，棱角分明，厚薄一致，色泽黑褐油润，砖内金花普遍茂盛；内质有菌花香，汤色红橙明亮，滋味醇厚，叶底青褐或黑褐色。

茯砖茶

（2）四川茯砖茶　砖形，传统产品规格为 35 cm×22 cm×5.5 cm，净重 3 kg。砖面平整，色泽黄褐，砖内有金黄色"金花"；香味纯正以不带青涩味为适度，叶底棕褐粗老。

（3）陕西茯砖茶　砖形，传统产品多为手工筑制茯砖茶，目前有机压和手工筑制茯砖茶两种，产品要求砖面平整，松紧适度，色泽黑褐或青褐，砖内金花普遍茂盛；有菌花香，汤色黄橙明亮，滋味醇厚，叶底青褐或黑褐。

**3. 花砖茶**　花砖茶产于湖南省，由湖南黑毛茶经精制整理加工压制而成。传统产品规格为 35 cm×18 cm×3.5 cm，净重 2 kg。正面边有花纹，图案清晰，砖面平整、棱角分明、厚薄一致，色泽黑润；内质香气纯正或带松木烟香，汤色红黄，滋味浓厚或带涩，叶底老嫩尚匀。

花砖茶

**4. 花卷茶**　花卷茶产于湖南省。外形呈柱状，要求踩制紧实，茶柱两端大小基本一致，中围周径（670±50）mm，柱长（1 500±50）mm，净重约 36.25 kg，相当于当时的 1 000 两，故称"千两茶"。外形干茶色泽黑褐，无黑霉、白霉、青霉等霉菌，或有"金花"（冠突散囊菌）；内质香气纯正或带松烟香，汤色橙黄或橙红，滋味醇和，叶底黑褐尚匀，陈化 10 年以上花卷具陈香味。1958 年改成花砖茶，1983 年恢复生产，产品按照重量分为千两茶、百两茶、十两茶等。

花卷茶

青砖茶

**5. 青砖茶**　青砖茶产于湖北省和湖南省，以老青茶为原料加工压制而成。砖形，传统产品规格为 34 cm×17 cm×4 cm，净重 2 kg。外形端正光滑，厚薄均匀，色泽青褐；内质汤色红黄明亮，滋味不青涩、具青砖茶特殊风味，叶底呈暗褐粗老。

康砖茶

**6. 康砖茶**　康砖茶产于四川省，属南路边茶。圆角长方体状，规格为 17 cm×9 cm×6 cm，净重 0.5 kg。色泽棕褐；内质香气纯正，汤色黄红，滋味纯尚浓，叶底较粗老，深褐稍花暗。

金尖茶

**7. 金尖茶**　产于四川省，属南路边茶。圆角长方体状，规格为 30 cm×18 cm×11 cm，净重 2.5 kg。色泽棕褐；内质香气平和带油香，汤色红褐，滋味纯正，叶底棕褐微黄。

紧　茶

**8. 紧茶**　产于云南省，以渥堆的普洱散茶为原料压制而成。外形分为有柄心脏形和小砖形两种。有柄心脏形紧茶的规格为直径 9 cm、高 9 cm，每个净重250 g。砖形紧茶的规格为长 15 cm、宽 10 cm、厚 2.2 cm，每块净重 250 g。外形端正，色泽黑褐；内质汤色黄红，香气纯正，滋味醇尚厚。

七子饼茶

**9. 圆茶**　圆饼形，因 7 饼为一筒，也称"七子饼茶"，产于云南省，有生饼与熟饼之分。生饼以晒青毛茶经精制整理后为原料压制而成，熟饼以渥堆的普洱散茶为原料压制而成。圆饼规格为：直径 20 cm，中心厚 2.5 cm，边缘厚 1.3 cm，净重357 g。品质特征为：外形圆整，洒面均匀有毫，色泽生饼青褐尚润、熟饼棕褐尚润；生饼内质香气纯正，汤色绿黄，滋味浓醇，叶底厚软尚嫩匀；熟饼内质香气具特殊陈香，汤色红浓，滋味醇厚，叶底红褐尚嫩匀。

饼　茶

**10. 饼茶**　产于云南省，以渥堆的普洱散茶为原料压制而成。圆饼形，其大小规格比圆茶小，直径 11.6 cm，中心厚 1.6 cm，边缘厚 1.3 cm，净重 125 g。外形圆整，洒面有毫，色泽棕褐；内质香气纯正、带陈香，汤色深红，滋味醇厚，叶底尚嫩。

云南沱茶

**11. 沱茶**　主产于云南省和重庆市。产于云南的沱茶有以经精制整理后的晒青毛茶为原料压制的生沱茶和经渥堆的普洱散茶为原料压制的熟沱茶之分。碗臼状，净重有 100 g 和 250 g 等规格。外形紧结端正，洒面显毫，色泽生沱茶暗绿、熟沱茶褐红；生沱茶内质香气清正，汤色绿黄明亮，滋味浓爽甘和，叶底较嫩；熟沱茶内质有特殊陈香，汤色红浓明亮，滋味醇厚回甘。

重庆沱茶为紧压绿茶，类似云南的生沱茶，重量分 50 g、100 g、250 g 等规格。

普洱方茶

**12. 普洱方茶**　产于云南省，以经精制整理后的晒青毛茶为原料压制而成。正方形，规格为 10 cm×10 cm×2.2 cm，净重 250 g。表面压有清晰的"普洱方茶"字样，外形端正，图案清晰美观，色泽褐绿、表面多毫；内质香气纯正，汤色黄明，滋味浓厚，叶底尚嫩。

米砖茶

**13. 米砖茶**　产于湖北省，由红茶片、末压制而成。砖形，规格为 24 cm×19 cm×2 cm，净重 1 125 g。外形紧实平整，棱角分明，厚薄一致，图案清晰，精致美观，色泽光润；内质香气纯正，滋味平和，汤色深红，叶底红暗。

**14. 白茶圆饼茶**　产于福建等地，以白茶为原料通过整理后压制而成。依原料不同，有紧压白毫银针、紧压白牡丹、紧压贡眉和紧压寿眉等，重量多为每饼

357 g。茶饼形态圆整，松紧适度，色泽灰褐；内质香气纯正或带陈香，滋味醇和，叶底尚匀整。

# 三、其他再加工茶

**1. 袋泡茶**　袋泡茶源于 20 世纪初，是由过滤材料包装而成。过滤包装材料有特种长纤维纸、特种尼龙。特种长纤维纸可分为热封型和冷封型两种。根据原料不同，袋泡茶可分为绿茶袋泡茶、红茶袋泡茶、乌龙茶袋泡茶、黄茶袋泡茶、白茶袋泡茶、黑茶袋泡茶和花茶袋泡茶等。根据包装不同，袋泡茶可分为四角包、吊线四角包、三角包、M 包、双囊包和单囊包等。其基本品质要求为：具有本品种茶叶固有的品质特征，品质正常，无异味、无霉变；不得含有非茶类夹杂物；不着色，无任何添加剂；颗粒大小均匀，100 目以下原料不超过 1%。

**2. 速溶茶及速溶果味茶**　速溶茶又称萃取茶、茶精。20 世纪 40 年代出现在英国，我国 70 年代开始生产。其主要加工工艺为提取、浓缩、干燥，产品外形呈颗粒状或粉末状，易吸潮，冲泡后无茶渣，滋味不及原叶冲泡茶浓醇。根据是否调香，速溶茶有纯茶味和添加果香味之分。纯茶味的有速溶红茶、速溶绿茶、速溶黑茶等；添加果香味的有速溶柠檬红茶、速溶红果茶、速溶茉莉花茶、速溶陈皮黑茶、速溶姜枣茶等。

**3. 速溶奶茶**　将粉茶（要求在 200 目以下）或速溶茶与奶粉及其他配料按一定的加工技术搭配在一起，形成有茶香、有奶味、有茶味的速溶产品。该类产品根据所配的粉茶或速溶茶的茶类，目前市场上主要有红茶奶茶、绿茶奶茶、黑茶奶茶等。

**4. 含茶饮料**　含茶饮料是指含有茶的成分在内的各种饮料。产品根据是否添加其他成分，分纯茶饮料和非纯茶饮料。纯茶饮料是指纯茶味的红茶饮料、绿茶饮料、乌龙茶饮料、黑茶饮料等；非纯茶饮料根据所添加的成分，又可分为高糖茶、低糖茶和柠檬茶、菊花茶、奶茶饮料等。

**5. 茶粉**　茶粉是通过瞬间粉碎法，将茶叶原料加工成粉末而成一种茶制品。根据粉末粒径大小分为普通茶粉和超微茶粉，400～600 目为普通茶粉，1 000～1 500 目为超微茶粉。茶粉最大限度地保持了茶叶原有的天然色素和营养成分，可直接冲调饮用，也可用作食品添加剂。

## 复习思考题

1. 概述名优绿茶的感官品质要求。
2. 试比较烘青绿茶、炒青绿茶、晒青绿茶和蒸青绿茶的品质差异。
3. 青茶的产区有哪些？请列举不同产区青茶有代表性的花色品种，并简述其品质特征。
4. 简述黄茶的基本品质特征。

5. 简述白茶的产品花色及品质特征。

6. 简述工夫红茶的基本品质特征。

7. 中小叶种红碎茶与大叶种红碎茶的感官品质差异有哪些?

8. 简述茯砖茶的感官品质特征。

9. 简述六堡茶的感官品质特征。

10. 简述速溶茶的品质要求。

# 第四章　茶叶标准

茶叶标准是各产茶国与消费国根据各自的生产水平和消费需要，对茶叶生产、加工与销售所规定的技术规范与规程、品质指标、检验项目及检验方法等。国际社会及茶叶产销国通过制定、发布及实施相关标准，对内作为组织茶叶生产的规范和准绳，对外作为国际贸易中评判茶叶品质的指标和执行品质检验的技术依据。这些标准的制定和实施促进了茶叶生产和贸易，维护了消费者的权益。

## 第一节　标准概述

### 一、标准与标准化基础知识

#### （一）标准与标准化的基本概念

**1. 标准的概念**　标准是衡量人或事物的依据或准则。在标准化领域，标准的概念也在不断地修订变化，但其基本的含义变化不大。1983 年我国颁布的国家标准《标准化基本术语　第 1 部分》（GB 3935.1—83）中对标准的定义是：标准是对重复性事物和概念所做的统一规定。它以科学、技术和实践经验的综合成果为基础，经有关方面协商一致，由主管机构批准，以特定形式发布，作为共同遵守的准则和依据。1983 年国际标准化组织（ISO）发布的 ISO 第 2 号指南（第 4 版）对标准的定义是：由有关各方根据科学技术成就与先进经验，共同合作起草，一致或基本上同意的技术规范或其他公开文件，其目的在于促进最佳的公众利益，并由标准化团体批准。

在 1996 年发布的《标准化和有关领域的通用术语　第 1 部分：基本术语》（GB/T 3935.1—1996）中将标准定义为：在一定的范围内获得最佳秩序，对活动或其结果规定共同的和重复使用的规则、导则或特性文件。该文件经协商一致制定并经一个公认的机构批准。标准应以科学、技术和经验的综合成果为基础，以促进最佳社会效益为目的。

2002 年发布的《标准化工作指南　第 1 部分：标准化和相关活动的通用词汇》（GB/T 20000.1—2002）代替 GB/T 3935.1—1996，将标准定义为：为了在一定的范围内获得最佳秩序，经协商一致制定并由公认机构批准，共同使用的和重复使用的一种规范性文件。GB/T 20000.1—2014 将标准定义为：通过标准化活动，按照规定的程序经协商一致制定，为各种活动或其结果提供规则、指南或特性，供共同使用的和重复使用的文件。

制定标准的目的在于获得最佳秩序和促进最佳社会效益。这里所说的最佳效益，就是要发挥出标准的最佳系统效应，产生理想的效果。所谓最佳秩序，则是指通过实施标准使标准化对象的有序化程度提高，发挥出最好的功能。

**2. 标准化的概念**　标准化是为了在既定范围内获得最佳的秩序，促进共同效益，对现实问题或潜在的问题确立共同使用和重复使用的条款以及编制、发布和应用文件的活动。标准化的主要作用在于为了产品、过程或服务的预期目的改进它们的适用性，促进贸易、交流以及技术合作。

在国民经济的各个领域中，凡具有多次重复使用和需要制定标准的具体产品，以及各种定额、规划、要求、方法、概念或活动等，都可以作为标准化对象。

标准化对象一般可以分为两类：一类是标准化的具体对象，即需要制定标准的具体事物；另一类是标准化总体对象，即各种具体对象的总和所构成的整体，通过它可以研究各种具体对象的共同属性、本质和普遍规律。

## （二）我国标准的分类

**1. 根据标准的制定主体和适用范围分类**　根据《中华人民共和国标准化法》，我国标准分为国家标准、行业标准、地方标准和团体标准、企业标准等。国家标准、行业标准和地方标准属于政府主导制定的标准。团体标准、企业标准属于市场主体自主制定的标准。国家标准由国务院标准化行政主管部门制定。行业标准由国务院有关行政主管部门制定。地方标准由省、自治区、直辖市以及设区的市人民政府标准化行政主管部门制定。团体标准由学会、协会、商会、联合会、产业技术联盟等社会团体制定。企业标准由企业或企业联合制定。这5类标准主要是制定主体和适用范围不同，而不是标准技术水平高低的分级。

（1）国家标准　由国务院标准化行政主管部门制定的需要全国范围内统一的技术要求，称为国家标准（含标准样品的制作）。

对保障人身健康和生命财产安全、国家安全、生态环境安全以及满足经济社会管理基本需要的技术要求，应当制定强制性国家标准。对满足基础通用、与强制性国家标准配套、对各有关行业起引领作用等需要的技术要求，可以制定推荐性国家标准。

国家标准由国务院标准化行政主管部门编制计划，组织草拟，统一审批、编号、发布。国家标准实施后，应当根据科学技术的发展和经济建设需要，由该标准的主管部门组织相关单位适时进行复审，复审周期一般不超过5年。因此，标准是一种动态信息。

（2）行业标准　行业标准是对没有推荐性国家标准而又需要在全国某个行业范围内统一的技术要求所制定的标准。行业标准由国务院有关行政主管部门制定，报国务院标准化行政主管部门备案。行业标准是由我国各主管部、委（局）批准发布，在该部门范围内统一使用的标准。例如商务、农业、商检、轻工、供销等都制定有茶叶相关行业标准。

行业标准由行业标准归口部门统一管理。行业标准的归口部门及其所管理的行业标准范围，由国务院有关行政主管部门提出申请报告，国务院标准化行政主管部门审查确定，并公布该行业的行业标准代号。行业标准不得与有关国家标准相抵触。有关行业标准之间应保持协调、统一，不得重复。行业标准在相应的国家标准实施后，即行废止。

（3）地方标准　为满足地方自然条件、风俗习惯等特殊技术要求，可以制定地方标准。地方标准由省、自治区、直辖市人民政府标准化行政主管部门制定；设区的市级人民政府标准化行政主管部门根据本行政区域的特殊需要，经所在地省、自治区、直辖市人民政府标准化行政主管部门批准，可以制定本行政区域的地方标准。地方标准由省、自治区、直辖市人民政府标准化行政主管部门报国务院标准化行政主管部门备案，由国务院标准化行政主管部门通报国务院有关行政主管部门。在相应的国家标准或者行业标准公布之后，该项地方标准即行废止。

（4）团体标准　团体标准是依法成立的社会团体为满足市场和创新需要，协调相关市场主体共同制定的标准。国家鼓励学会、协会、商会、联合会、产业技术联盟等社会团体协调相关市场主体共同制定满足市场和创新需要的团体标准，由本团体成员约定采用或者按照本团体的规定供社会自愿采用。

团体标准应符合相关法律法规的要求，不得与国家有关产业政策相抵触。团体标准的技术要求不得低于强制性国家标准的相关技术要求。国家鼓励社会团体制定高于推荐性标准相关技术要求的团体标准；鼓励制定具有国际领先水平的团体标准。

社会团体应当公开其团体标准的名称、编号等信息。团体标准涉及专利的，还应当公开标准涉及专利的信息。国家鼓励社会团体公开其团体标准的全文或主要技术内容，鼓励社会团体通过标准信息公共服务平台自我声明公开其团体标准信息，鼓励各部门、各地方在产业政策制定、行政管理、政府采购、社会管理、检验检测、认证认可、招投标等工作中应用团体标准。

（5）企业标准　企业标准是对企业范围内需要协调、统一的技术要求、管理要求和工作要求所制定的标准。企业标准是企业组织生产、经营活动的依据。企业标准的技术要求不得低于强制性国家标准的相关技术要求。

企业标准主要有以下几种：①企业生产的产品，没有国家标准、行业标准和地方标准的，制定企业产品标准；②为提高产品质量和促进技术进步，已有国家标准、行业标准或者地方标准的，国家鼓励企业制定严于国家标准、行业标准或者地方标准的企业标准，在企业内部适用；③对国家标准、行业标准的选择或补充的标准；④工艺、工装、半成品和方法标准；⑤生产、经营活动中的管理标准和工作标准。

国家实行企业标准自我声明公开和监督制度。企业应当公开其执行的强制性标准、推荐性标准、团体标准或者企业标准的编号和名称；企业执行自行制定的企业标准的，还应当公开产品、服务的功能指标和产品的性能指标。国家鼓励企业标准通过标准信息公共服务平台向社会公开。企业应当按照标准组织生产经营活动，其生产的产品、提供的服务应当符合企业公开标准的技术要求。

**2. 根据标准的法律约束性分**　我国标准按实施效力分为强制性标准和推荐性标准。这种分类只适用于政府制定的标准。

（1）强制性标准　强制性标准必须执行，不符合强制性标准的产品、服务，不得生产、销售、进口或者提供。违反强制性标准的，依法承担相应的法律责任。强制性标准仅有国家标准一级，《中华人民共和国标准化法》第十条另有规定的除外。为了加强强制性标准的统一管理，避免交叉重复、矛盾冲突，保证执法的统一性，除法律、行政法规和国务院决定对强制性标准的制定另有规定外，只设强制性国家标准一级，行业标准和地方标准均为推荐性标准。

对保障人身健康和生命财产安全、国家安全、生态环境安全以及满足经济社会管理基本需要的技术要求，应当制定强制性国家标准。强制性国家标准严格限定在保障人身健康和生命财产安全、国家安全、生态环境安全和满足社会经济管理基本需求的范围之内。例如，《食品安全国家标准　食品中污染物限量》（GB 2762—2017）、《食品安全国家标准　食品中农药最大残留限量》（GB 2763—2021）和《家用和类似用途电器的安全　第1部分：通用要求》（GB 4706.1—2005）等国家标准属于保障人身健康和生命财产安全的范畴；《计算机信息系统安全保护等级划分准则》（GB 17859—1999）属于保障国家安全的范畴；《环境空气质量标准》（GB 3095—2012）属于保障生态环境安全的范畴；《公民身份号码》（GB 11643—1999）和《法人和其他组织统一社会信用代码编码规则》（GB 32100—2015）属于满足社会经济管理基本需要的范畴。

国务院有关行政主管部门依据职责负责强制性国家标准的项目提出、组织起草、征求意见和技术审查。国务院标准化行政主管部门负责强制性国家标准的立项、编号和对外通报。国务院标准化行政主管部门应当对拟制定的强制性国家标准是否符合前款规定进行立项审查，对符合前款规定的予以立项。强制性国家标准由国务院批准发布或者授权批准发布。

2017年，在对《中华人民共和国标准化法》1988版的修订草案中规定，将强制性国家标准、行业标准和地方标准整合为强制性国家标准，建立统一的强制性标准体系，有效避免标准间的交叉、重复与矛盾，防止出现行业壁垒和地方保护，做到"一个市场、一条底线、一个标准"。长远看，我国的强制性标准应实行统一管理的模式，形成统一的市场技术规则体系。但是考虑到我国现有强制性标准数量多、涉及范围广、影响面大，以及标准化管理的历史沿革和特殊情况，过渡性地保留强制性标准例外管理。

目前部分法律、行政法规和国务院决定对强制性标准制定另有规定。如《中华人民共和国环境保护法》《中华人民共和国食品安全法》等法律，《农业转基因生物安全管理条例》等行政法规，这些法律法规涉及领域有环境保护、工程建设、食品安全、医药卫生等，这些领域的强制性国家标准或者强制性行业标准、强制性地方标准按现有模式管理。"国务院决定"是指《国务院关于印发深化标准化工作改革方案的通知》（国发〔2015〕13号）。

（2）推荐性标准　推荐性标准包括推荐性国家标准、行业标准和地方标准。国家鼓励采用即企业自愿采用推荐性标准。

在有些情况下，推荐性标准的效力会发生转化，必须执行：①推荐性标准被相关法律、法规、规章引用，则该推荐性标准具有相应的强制约束力，应当按法律、法规、规章的相关规定予以实施。②推荐性标准被企业在产品包装、说明书或者标准信息公共服务平台上进行了自我声明公开的，企业必须执行该推荐性标准。企业生产的产品与明示标准不一致的，依据《中华人民共和国产品质量法》承担相应的法律责任。③推荐性标准被合同双方作为产品或服务交付的质量依据的，该推荐性标准对合同双方具有约束力，双方必须执行该推荐性标准，并依据《中华人民共和国民法典》的规定承担法律责任。

**3. 根据标准的性质分**

（1）技术标准　技术标准是指对标准化领域中需要协调统一的技术事项所制定的标准。它是从事生产、建设及商品流通的一种共同遵守的技术依据。技术标准的分类方法很多，按其标准化对象的特征和作用，可分为基础标准、产品标准、试验标准、规程标准、规范标准、安全卫生与环境保护标准等。

（2）管理标准　管理标准是指对标准化领域中需要协调统一的管理事项所制定的标准。主要是规定人们在生产生活和社会生活中的组织结构、职责权限、过程方法、程序文件以及资源分配事宜，它是合理组织国民经济、正确处理各种生产关系、正确实现合理分配、提高生产效率和效益的依据。管理标准包括管理基础标准、技术管理标准、经济管理标准、行政管理标准、生产经济管理标准等。

（3）工作标准　工作标准是指对标准化领域中需要协调统一的工作事项所制定的标准，即对工作的责任、权利、范围、质量要求、程序、效果、检查方法、考核办法所制定的标准。工作标准是针对具体岗位规定人员和组织在生产经营管理活动中的职责、权限，对各种过程的定性要求以及活动程序和考核评价要求。工作标准一般包括部门工作标准和岗位（个人）工作标准。

**4. 根据标准化的对象和作用分**

（1）基础标准　基础标准是指具有广泛的适用范围或包含一个特定领域的通用条款的标准。基础标准按性质和作用的不同，一般分为以下几种：术语和符号标准，精度和互换性标准，实现系列化和保证配套关系的标准，结构要素标准，产品质量保证和环境条件标准，安全、卫生和环境保护标准，量和单位标准。例如，《茶叶感官审评术语》（GB/T 14487—2017）和《茶叶分类》（GB/T 30766—2014）等。

（2）产品标准　产品标准是指规定产品需要满足的要求以保证其适用性的标准，是产品生产、质量检验、选购验收、使用维护和洽谈贸易的技术依据。

产品标准的主要内容包括：①产品的适用范围；②产品的品种、规格和结构形式；③产品的主要性能；④产品的试验、检验方法和验收规则；⑤产品的包装、储存和运输等方面的要求。如《绿茶　第 1 部分：基本要求》（GB/T 14456.1—2017）、《地理标志产品　信阳毛尖茶》（GB/T 22737—2008）、《固态速溶茶　第 4 部分：规格》（GB/T 18798.4—2013）。

（3）试验方法标准　试验方法标准是指在适合指定目的的精密度范围内和给定

环境下，全面描述试验活动以及得出结论方式的标准。例如，《食品安全国家标准食品中水分的测定》（GB 5009.3—2016）、《食品安全国家标准　食品中灰分的测定》（GB 5009.4—2016）、《茶叶中茶多酚和儿茶素类含量的检测方法》（GB/T 8313—2018）、《固态速溶茶　第 5 部分：自由流动和紧密堆积密度测定》（GB/T 18798.5—2013）、《茶叶感官审评方法》（GB/T 23776—2018）等。

（4）术语标准　界定特定领域或学科使用的概念的指称及其定义的标准。如《茶叶感官审评术语》（GB/T 14487—2018）、《茶叶加工术语》（GH/T 1124—2016）等。

（5）规范标准　规定产品、过程或服务需要满足的要求以及用于判定其要求是否得到满足的实证方法的标准。如《食品安全国家标准　预包装食品标签通则》（GB 7718—2011）、《食品安全国家标准　食品生产通用卫生规范》（GB 14881—2013）、《良好农业规范　第 12 部分：茶叶控制点与符合性规范》（GB/T 20014.12—2013）、《茶叶加工良好规范》（GB/T 32744—2016）等。

（6）规程标准　为产品、过程或服务全周期的相关阶段推荐良好惯例或程序的标准。

（7）分类标准　基于诸如来源、构成、性能或用途等相似特性对产品、过程或服务进行有规律的排列或划分的标准。分类标准给出或含有分类原则。如《茶叶分类》（GB/T 30766—2014）。

（8）符号标准　界定特定领域或学科中使用的符号表现形式及其含义或名称的标准。

（9）服务标准　规定服务需满足的要求以保证其适应性的标准。如洗衣、饭店管理、运输、汽车维护、远程通信、保险、银行、贸易等领域的相关标准。茶艺馆、茶叶营销也可制定相关标准。

**5. 根据标准对象所属的行业分**　按标准所属的行业分类也是标准分类法中的一种。如《中国标准文献分类法》采用二级分类：一级以行业为主设置 24 大类，用 26 个拉丁字母表示。例如，综合为（A），农业、林业为（B），医药、卫生、劳动保护为（C）。二级采取非严格等级制的列类方法，由双数字组成。

**6. 根据标准的形式分类**　按标准的形式可分为标准文件和实物标准两类。

（1）标准文件　用文字表达的标准，就称为标准文件。

（2）实物标准　实物标准包括各类计量标准器具、标准物质、标准样品，如农产品、茶叶不同等级的实物标准等。标准样品是实物标准，是保证标准在不同时间和空间实施结果一致性的参照物，具有均匀性、稳定性、准确性和溯源性。标准样品是实施文字标准的重要技术基础，是标准化工作中不可或缺的组成部分。

国务院标准化行政主管部门统一管理我国的标准样品工作，制定标准样品相关政策、法规、规划和制度，组织开展标准样品的研制、复制工作，并对标准样品实施情况进行监督、跟踪、参与国际标准化组织标准样品委员会活动等。国家标准样品被广泛应用于分析仪器校准、分析方法验证和确认、分析数据比对、产品质量评价、检验人员技能水平评定等方面，对科学制定文字标准、贯彻实施文字标准、提高产品质量、开展贸易和质量仲裁、维护贸易公平、保护消费者权益起着重要作用。

如茶叶的茶汤滋味和香气是判定茶叶品质的重要因素之一。《地理标志产品信阳毛尖茶》（GB/T 22737—2008）、《茶叶感官评审方法》（GB/T 23776—2018）、《茶叶标准样品制备技术条件》（GB/T 18795—2012）等文字标准中规定了茶叶分级的技术要求。为配合上述标准的实施，利用高效液相色谱技术等，建立了茶汤汤色光谱指纹图谱与茶叶等级的相关性，并据此研制出《信阳毛尖茶指纹图谱分级标准样品》（GSB 16 - 3424—2017），作为信阳毛尖茶分等定级、质量判定的实物依据，通过未知等级信阳毛尖茶指纹图谱与已知图谱的对比，确定未知茶样的等级，对茶叶品质进行较客观的评价。

### （三）标准的代号和编号

**1. 标准的代号**　国家标准的代号由大写汉语拼音字母"GB"构成。强制性国家标准代号为"GB"，推荐性国家标准代号为"GB/T"。国家标准化指导性技术文件的代号为"GB/Z"，指导性技术文件仅供使用者参考。

行业标准代号由汉语拼音大写字母组成，加"/T"组成推荐性行业标准。行业标准代号由国务院各有关行政主管部门提出其所管理的行业标准范围的申请报告，国务院标准化行政主管部门审查确定并正式公布该行业标准代号。与茶叶相关的行业标准的代号见表 4 - 1。

地方标准由"地方标准"汉语大写拼音字母"DB"加上各省、自治区、直辖市行政区划代码（表 4 - 2）的前两位数字构成。加"/T"组成推荐性地方标准。例如，《地理标志产品　英德红茶》（DB 4418/T 0001—2018）。

企业标准的代号由汉字"企"大写拼音字母"Q"加斜线再加企业代号组成，企业代号可用大写拼音字母或阿拉伯数字或两者兼用所组成。企业代号按中央所属企业和地方企业分别由国务院有关行政主管部门或省、直辖市、自治区政府标准化行政主管部门会同同级有关行政主管部门加以规定。例如，《工夫红茶》（Q/ATZC 00025—2019）。

表 4 - 1　我国与茶叶相关的行业标准

| 序号 | 标准类别 | 标准代号 | 主管部门 |
| --- | --- | --- | --- |
| 1 | 林业 | LY | 国家林业局 |
| 2 | 商检 | SN | 国家质量监督检验检疫总局 |
| 3 | 商业 | SB | 商务部 |
| 4 | 卫生 | WS | 国家卫生健康委员会 |
| 5 | 包装 | BB | 工业和信息化部 |
| 6 | 供销 | GH | 中华全国供销合作总社 |
| 7 | 农业 | NY | 农业农村部 |
| 8 | 轻工 | QB | 工业和信息化部 |

注：随着国家机构改革，主管部门有所调整。

表 4 - 2　省、自治区、直辖市行政区划代码

| 省份 | 代码 | 省份 | 代码 | 省份 | 代码 |
|---|---|---|---|---|---|
| 北京市 | 110000 | 福建省 | 350000 | 云南省 | 530000 |
| 天津市 | 120000 | 江西省 | 360000 | 西藏 | 540000 |
| 河北省 | 130000 | 山东省 | 370000 | 陕西省 | 610000 |
| 山西省 | 140000 | 河南省 | 410000 | 甘肃省 | 620000 |
| 内蒙古 | 150000 | 湖北省 | 420000 | 青海省 | 630000 |
| 辽宁省 | 210000 | 湖南省 | 430000 | 宁夏 | 640000 |
| 吉林省 | 220000 | 广东省 | 440000 | 新疆 | 650000 |
| 黑龙江省 | 230000 | 广西 | 450000 | 台湾省 | 710000 |
| 上海市 | 310000 | 海南省 | 460000 | 香港 | 810000 |
| 江苏省 | 320000 | 重庆市 | 500000 | 澳门 | 820000 |
| 浙江省 | 330000 | 四川省 | 510000 | | |
| 安徽省 | 340000 | 贵州省 | 520000 | | |

**2. 标准的编号**　国家标准的编号由国家标准的代号、标准发布顺序号和标准发布年代号（四位数）组成。例如，《食品安全国家标准　食品中农药最大残留限量》（GB 2763—2021）、《食品安全国家标准　预包装食品标签通则》（GB 7718—2011）、《茶叶感官审评室基本条件》（GB/T 18797—2012）、《茉莉花茶》（GB/T 22292—2017）。

国家实物标准（样品）由国家标准化行政主管部门统一编号，编号方法为国家实物标准代号（汉语拼音大写字母"GSB"）加《标准文献分类法》的一级类目、二级类目的代号及二级类目范围内的顺序、四位数年代号相结合的办法。例如，《洞庭山碧螺春茶感官分级标准样品》（GSB 16 - 3749—2016）。

行业标准的编号由行业标准代号、标准发布顺序号及标准发布年代号（四位数）组成。例如，《进出口茶叶品质感官审评方法》（SN/T 0917—2010）。

对于一个标准的各个部分，其表示方法可采取在同一标准顺序号下分成若干个分号，每个独立部分的编号用阿拉伯数字表示，用圆点与标准顺序号分开。例如，《绿茶　第 1 部分：基本要求》（GB/T 14456.1—2017）、《绿茶　第 2 部分：大叶种绿茶》（GB/T 14456.2—2018）、《红茶　第 1 部分：红碎茶》（GB/T 13738.1—2017）、《红茶　第 2 部分：工夫红茶》（GB/T 13738.2—2017）。

地方标准的编号由地方标准代号、地方标准发布顺序号、标准发布年代号（四位数）组成，例如，福建省推荐性地方标准《茶叶体验店服务规范》（DB 35/T 2047—2021）。设区的市的地方标准代号由汉语拼音字母"DB"加上该市行政区划代码前四位数字组成，例如，深圳市推荐性地方标准《茶叶贮存运输技术规范》（DB 4403/T 88—2020）。

团体标准编号依次由团体标准代号、社会团体代号、团体标准顺序号和年代号

组成。例如，《地理标志保护产品 犍为茉莉花茶》（T/QWCX 001—2020）。社会团体代号由社会团体自主拟定，可使用大写拉丁字母或大写拉丁字母与阿拉伯数字的组合。社会团体代号应当合法，不得与现有标准代号重复。

企业标准的编号由企业标准代号、标准发布顺序号和标准发布年代号（四位数）组成。例如，《陈皮青砖茶》（Q/TFCY 00015—2021）。

## 二、我国茶叶标准的历史与现状

我国的茶叶标准化工作是从茶叶检验标准开始的，1950 年中央人民政府贸易部在全国第一次商品检验会议上制定了《全国统一输出茶叶检验暂行标准》，奠定了我国出口茶叶标准的基础，1955 年、1962 年和 1981 年先后做了 3 次修改，形成了《茶叶品质规格》[WMB 48（1）—81] 标准。我国标准化工作相对滞后，1988 年之前，我国没有制定过茶叶产品标准，而对全国茶叶品质的管制是执行茶叶标准样，在我国实行的茶叶标准样有毛茶标准样、精茶加工标准样、茶叶贸易标准样等。

毛茶标准样始于 1953 年，各类各级毛茶标准样的制定是在不同茶类自然形成的品质范围内，根据外形、内质品质的优次，本着有利于促进生产发展和品质提高的原则，参照历史上划分等级的情况和适应国内外市场销售需要而确定的。1979 年商业部对毛茶标准样进行了全面改革和修订，绿茶与红茶设六级十二等（晒青毛茶五级十等），逢双等设一个实物标准样，为各级最低界限。其中四级八等为中准样（晒青毛茶三级六等为中准样）。1983 年由当时的内销茶主管部门商业部茶叶畜产局制定了《屯婺遂舒杭温平七套初制炒青绿茶》（GH 016—84），以实物样为主要依据，对部管的屯炒青、婺炒青、遂炒青、舒炒青、杭炒青、温炒青、平炒青 7 套初制炒青绿毛茶标准，规定了品质规格及基本要求、感官特征、理化指标，1984 年 4 月发布实施。20 世纪 90 年代以前，产量较大、涉及面较广的主要茶类及品种均由商业部统一管理，称为部标准。其中由商业部管理的毛茶标准样包括红毛茶 9 套、绿毛茶 23 套、黑毛茶 5 套、乌龙茶 2 套、黄毛茶 1 套，共计 40 套。由各省管理的毛茶标准样有 112 套。

1984 年茶叶市场放开，由计划经济进入市场经济，茶叶标准样制度受到冲击，一些国营茶厂纷纷解体，原由国营加工厂收购毛茶，变成个体小厂经营，交易无需对样收购成交，又无国家标准可循，而出口茶执行的加工标准样及贸易标准样仍然执行，因此，我国茶叶标准的研究制定进展加速。1984 年商业部下达，由商业部杭州茶叶加工研究所承担，制定了国家标准《花茶级型坯》（GB/T 9172—88），由商业部 1988 年 4 月 30 日批准，于 1988 年 7 月 1 日实施，这是我国第一个茶叶产品国家标准（2004 年 10 月废止）。1988 年紧压茶国家标准《紧压茶 花砖茶》（GB/T 9833.1—88）、《紧压茶 黑砖茶》（GB/T 9833.2—88）、《紧压茶 茯砖茶》（GB/T 9833.3—88）由国家技术监督局批准，次年又有国家标准《紧压茶 康砖茶》（GB/T 9833.4—89）、《紧压茶 沱茶》（GB/T 9833.5—89）、《紧压茶紧茶》（GB/T 9833.6—89）、《紧压茶　金尖茶》（GB/T 9833.7—89）发布。近年来，我国茶叶科技工作者越来越多地参与国家标准的制定工作，通过严谨细致的研究，在确保标准适用性的基础上，保证了标准的先进性与科学性。

20世纪90年代，参照历年来红碎茶4套加工标准样设置的花色和产品质量水平，结合国际市场惯例，在非等效采用国际标准《红茶　定义及基本要求》（ISO 3720：1986）的基础上，制定了第一、第二、第四套红碎茶国家标准，于1992年发布实施了第二套、第四套红碎茶标准，1997年发布实施了第一套红碎茶标准。2008年该系列标准修订为《红茶　第1部分：红碎茶》（GB/T 13738.1—2008），将红碎茶产品统一调整为大叶种红碎茶和中小叶种红碎茶两种，合并缩减了产品的花色，2017年又对该标准进行了修订发布（GB/T 13738.1—2017）。我国绿茶根据加工工艺的不同，有炒青、烘青、晒青、蒸青之分，但是在国际上统称为绿茶。1993年9月7日国家技术监督局批准、1994年5月1日实施的国家标准《绿茶》（GB/T 14456—1993），主要对我国绿茶的感官品质特点和主要理化指标作了规定。随后对绿茶标准进行了修订与完善，如制定了《绿茶　第1部分：基本要求》（GB/T 14456.1—2017）、《绿茶　第2部分：大叶种绿茶》（GB/T 14456.2—2018）、《绿茶　第3部分：中小叶种绿茶》（GB/T 14456.3—2016）。

全国茶叶标准化技术委员会（National Technical Committee 339 on Tea of Standardization of Administration of China，SAC/TC339）于2008年3月22日正式成立，旨在进一步建立和完善茶叶标准体系，促进茶叶的生产、贸易、质量检验和技术进步，更好地推动和完善茶叶标准化工作。目前我国已初步建立了茶叶标准体系，截至2021年，共制定茶叶相关国家标准110多项，其中包括茶叶产品标准、卫生和标签标准、方法标准和基础标准等。此外，还有大量农业、供销、商检等行业标准、地方标准及团体标准作为补充。

# 第二节　茶叶标准

我国茶叶标准分为多个层次，包括国家标准、行业标准、地方标准和团体标准、企业标准。国家标准分为强制性标准和推荐性标准，行业标准、地方标准是推荐性标准。茶叶标准按茶叶生产过程或质量控制阶段可细分为以下8类：生产、加工和管理标准（包括茶树种子、苗木、生产加工标准），质量安全标准，产品标准，包装、标签和贮运标准，检测方法标准，机械标准，实物标准和其他相关标准。这8类标准涉及整个茶叶产业链，基本实现了全程标准化管理的目标。国外茶叶标准按照执行范围和对象可分为国际茶叶标准、出口国茶叶标准和进口国茶叶标准等。

## 一、茶叶国家标准

我国茶产品最多，茶叶标准也最多，据不完全统计，我国现行的茶叶标准有百余项，按标准内容可分为基础标准、产品标准、安全卫生和标签标准、方法标准4类。

## （一）基础标准

我国茶叶基础标准涵盖茶树种苗、茶叶加工、企业规范、茶叶审评、贮存等多个方面（表4-3）。

**表4-3 现行茶叶基础标准目录**

| 序　号 | 标准代号 | 标准名称 |
|---|---|---|
| 1 | GB 11767—2003 | 茶树种苗 |
| 2 | GB/T 14487—2017 | 茶叶感官审评术语 |
| 3 | GB/T 18795—2012 | 茶叶标准样品制备技术条件 |
| 4 | GB/T 18797—2012 | 茶叶感官审评室基本条件 |
| 5 | GB/T 20014.12—2013 | 良好农业规范 第12部分：茶叶控制点与符合性规范 |
| 6 | GB/T 24614—2009 | 紧压茶原料要求 |
| 7 | GB/T 24615—2009 | 紧压茶生产加工技术规范 |
| 8 | GB/Z 26576—2011 | 茶叶生产技术规范 |
| 9 | GB/T 30375—2013 | 茶叶贮存 |
| 10 | GB/T 30377—2013 | 紧压茶茶树种植良好规范 |
| 11 | GB/T 30378—2013 | 紧压茶企业良好规范 |
| 12 | GB/T 30766—2014 | 茶叶分类 |
| 13 | GB/T 31748—2015 | 茶鲜叶处理要求 |
| 14 | GB/T 32742—2016 | 眉茶生产加工技术规范 |
| 15 | GB/T 32743—2016 | 白茶加工技术规范 |
| 16 | GB/T 32744—2016 | 茶叶加工良好规范 |
| 17 | GB/T 33915—2017 | 农产品追溯要求　茶叶 |
| 18 | GB/T 34779—2017 | 茉莉花茶加工技术规范 |
| 19 | GB/Z 35045—2018 | 茶产业项目运营管理规范 |
| 20 | GB/T 35863—2018 | 乌龙茶加工技术规范 |
| 21 | GB/T 35810—2018 | 红茶加工技术规范 |
| 22 | GB/T 39562—2020 | 台式乌龙茶加工技术规范 |
| 23 | GB/T 39592—2020 | 黄茶加工技术规范 |
| 24 | GB/T 40633—2021 | 茶叶加工术语 |

## （二）产品标准

我国六大茶类都有各自的国家标准，茉莉花茶、紧压茶等再加工茶也制定了相关国家标准（表4-4）。

表 4-4　六大茶类及再加工茶产品现行标准目录

| 茶　类 | 标准代号 | 标准名称 |
|---|---|---|
| 红茶 | GB/T 13738.1—2017 | 红茶　第1部分：红碎茶 |
| | GB/T 13738.2—2017 | 红茶　第2部分：工夫红茶 |
| | GB/T 13738.3—2012 | 红茶　第3部分：小种红茶 |
| 绿茶 | GB/T 14456.1—2017 | 绿茶　第1部分：基本要求 |
| | GB/T 14456.2—2018 | 绿茶　第2部分：大叶种绿茶 |
| | GB/T 14456.3—2016 | 绿茶　第3部分：中小叶种绿茶 |
| | GB/T 14456.4—2016 | 绿茶　第4部分：珠茶 |
| | GB/T 14456.5—2016 | 绿茶　第5部分：眉茶 |
| | GB/T 14456.6—2016 | 绿茶　第6部分：蒸青茶 |
| 黑茶及其紧压茶 | GB/T 32719.1—2016 | 黑茶　第1部分：基本要求 |
| | GB/T 32719.2—2016 | 黑茶　第2部分：花卷茶 |
| | GB/T 32719.3—2016 | 黑茶　第3部分：湘尖茶 |
| | GB/T 32719.4—2016 | 黑茶　第4部分：六堡茶 |
| | GB/T 32719.5—2018 | 黑茶　第5部分：茯茶 |
| | GB/T 9833.1—2013 | 紧压茶　第1部分：花砖茶 |
| | GB/T 9833.2—2013 | 紧压茶　第2部分：黑砖茶 |
| | GB/T 9833.3—2013 | 紧压茶　第3部分：茯砖茶 |
| | GB/T 9833.4—2013 | 紧压茶　第4部分：康砖茶 |
| | GB/T 9833.5—2013 | 紧压茶　第5部分：沱茶 |
| | GB/T 9833.6—2013 | 紧压茶　第6部分：紧茶 |
| | GB/T 9833.7—2013 | 紧压茶　第7部分：金尖茶 |
| | GB/T 9833.8—2013 | 紧压茶　第8部分：米砖茶 |
| | GB/T 9833.9—2013 | 紧压茶　第9部分：青砖茶 |
| 乌龙茶 | GB/T 30357.1—2013 | 乌龙茶　第1部分：基本要求 |
| | GB/T 30357.2—2013 | 乌龙茶　第2部分：铁观音 |
| | GB/T 30357.3—2015 | 乌龙茶　第3部分：黄金桂 |
| | GB/T 30357.4—2015 | 乌龙茶　第4部分：水仙 |
| | GB/T 30357.5—2015 | 乌龙茶　第5部分：肉桂 |
| | GB/T 30357.6—2017 | 乌龙茶　第6部分：单丛 |
| | GB/T 30357.7—2017 | 乌龙茶　第7部分：佛手 |
| | GB/T 30357.9—2020 | 乌龙茶　第9部分：白芽奇兰 |
| | GB/T 39563—2020 | 台式乌龙茶 |
| 黄茶 | GB/T 21726—2018 | 黄茶 |

（续）

| 茶　类 | 标准代号 | 标准名称 |
|---|---|---|
| 白茶及其 | GB/T 22291—2017 | 白茶 |
| 紧压茶 | GB/T 31751—2015 | 紧压白茶 |
| 其他 再加工茶 | GB/T 22292—2017 | 茉莉花茶 |
| | GB/T 24690—2018 | 袋泡茶 |
| | GB/T 21733—2008 | 茶饮料 |
| | GB/T 31740.1—2015 | 茶制品　第1部分：固态速溶茶 |
| | GB/T 31740.2—2015 | 茶制品　第2部分：茶多酚 |
| | GB/T 31740.3—2015 | 茶制品　第3部分：茶黄素 |
| | GB/T 34778—2017 | 抹茶 |

　　我国茶产品尤其是名优茶大多具有区域属性特征，制定地理标志产品标准，可得到地理标志保护。目前我国已制定的地理标志茶叶产品标准如表4-5所示。

**表4-5　现行茶叶地理标志产品目录**

| 序　号 | 标准代号 | 标准名称 |
|---|---|---|
| 1 | GB/T 18650—2008 | 地理标志产品　龙井茶 |
| 2 | GB/T 18665—2008 | 地理标志产品　蒙山茶 |
| 3 | GB/T 18745—2006 | 地理标志产品　武夷岩茶 |
| 4 | GB/T 18957—2008 | 地理标志产品　洞庭（山）碧螺春茶 |
| 5 | GB/T 19460—2008 | 地理标志产品　黄山毛峰茶 |
| 6 | GB/T 19598—2006 | 地理标志产品　安溪铁观音 |
| 7 | GB/T 19691—2008 | 地理标志产品　狗牯脑茶 |
| 8 | GB/T 19698—2008 | 地理标志产品　太平猴魁茶 |
| 9 | GB/T 20354—2006 | 地理标志产品　安吉白茶 |
| 10 | GB/T 20360—2006 | 地理标志产品　乌牛早茶 |
| 11 | GB/T 20605—2006 | 地理标志产品　雨花茶 |
| 12 | GB/T 21003—2007 | 地理标志产品　庐山云雾茶 |
| 13 | GB/T 21824—2008 | 地理标志产品　永春佛手 |
| 14 | GB/T 22109—2008 | 地理标志产品　政和白茶 |
| 15 | GB/T 22111—2008 | 地理标志产品　普洱茶 |
| 16 | GB/T 22737—2008 | 地理标志产品　信阳毛尖茶 |
| 17 | GB/T 24710—2009 | 地理标志产品　坦洋工夫 |
| 18 | GB/T 26530—2011 | 地理标志产品　崂山绿茶 |

### （三）安全卫生和标签标准

进入 21 世纪以来，随着科学技术的进步和人们生活水平的提高，安全卫生质量开始得到高度重视。1988 年，我国发布了《茶叶卫生标准》（GB 9679—88），对铅、铜、六六六、滴滴涕进行了限量。2001 年，农业部发布了《无公害食品　茶叶》（NY 5017—2001），对 13 种农药和 2 种有毒有害元素作了限量要求。2003 年，农业部发布了《茶叶中铬、镉、汞、砷及氟化物限量》（NY 659—2003）、《茶叶中甲萘威、丁硫克百威、多菌灵、残杀威和抗蚜威的最大残留限量》（NY 660—2003）、《茶叶中氟氯氰菊酯和氟氰戊菊酯的最大残留限量》（NY 661—2003）。2005 年发布了《食品中污染物限量》（GB 2762—2005），对茶叶中的铅等污染物的限量指标进行了规定，现行版本为《食品安全国家标准　食品中污染物限量》（GB 2762—2017）。2005 年也发布了《食品中农药最大残留限量》（GB 2763—2005），当时规定了 9 种农药残留限量指标，随后从 2012 年起，每隔 2~3 年对 GB 2763 进行修订，GB 2763—2019 中的限量要求有 65 项。现行版本为《食品安全国家标准　食品中农药最大残留限量》（GB 2763—2021），限量要求项目达到了 106 项。目前我国发布实施的与茶叶安全卫生和标签相关的标准如表 4-6 所示。

**表 4-6　现行茶叶安全卫生和标签标准目录**

| 序　号 | 标准代号 | 标准名称 |
| --- | --- | --- |
| 1 | GB 2762—2017 | 食品安全国家标准　食品中污染物限量 |
| 2 | GB 2763—2021 | 食品安全国家标准　食品中农药最大残留限量 |
| 3 | GB 7718—2011 | 食品安全国家标准　预包装食品标签通则 |
| 4 | GB 19965—2005 | 砖茶含氟量 |
| 5 | GB/Z 21722—2008 | 出口茶叶质量安全控制规范 |
| 6 | GB 23350—2009 | 限制商品过度包装要求　食品和化妆品 |

### （四）方法标准

对茶叶样品进行感官审评与理化检验是评价茶叶品质及安全性的重要手段，从 1987 年起，我国就相继对茶叶部分理化检测项目发布了相关的检测标准。随着新的检测手段及仪器设备的不断进步，灵敏度高、重复性好、快速、简便的理化检测标准取代了旧的检测标准。在茶叶感官审评方面，1993 年发布了《茶叶感官审评方法》（SB/T 10157—1993），同年发布了《茶叶感官审评术语》（GB/T 14487—1993）（现行版本为 GB/T 14487—2017）。1997 年发布了《出口乌龙茶品质感官审评评分方法》（SN/T 0737—1997）。2000 年发布了《进出口茶叶品质感官审评方法》（SN/T 0917—2000）（现行版本为 SN/T 0917—2010）。2009 年发布了《茶叶感官评审方法》（GB/T 23776—2009），该标准对审评环境、设备、用水、审评人员基本要求、审评方法和结果评判做出了具体规定，是茶叶感官审评工作的纲领性文献，现行版本为 GB/T 23776—2018。表 4-7 为我国现行的茶叶理化检测与感官审评国家标准。

表 4-7 现行茶叶方法标准目录

| 序 号 | 标准代号 | 标准名称 |
|---|---|---|
| 1 | GB 5009.3—2016 | 食品安全国家标准 食品中水分的测定 |
| 2 | GB 5009.4—2016 | 食品安全国家标准 食品中灰分的测定 |
| 3 | GB/T 8302—2013 | 茶 取样 |
| 4 | GB/T 8303—2013 | 茶 磨碎试样制备及其干物质含量测定 |
| 5 | GB/T 8305—2013 | 茶 水浸出物测定 |
| 6 | GB/T 8309—2013 | 茶 水溶性灰分碱度测定 |
| 7 | GB/T 8310—2013 | 茶 粗纤维测定 |
| 8 | GB/T 8311—2013 | 茶 粉末和碎茶含量测定 |
| 9 | GB/T 8312—2013 | 茶 咖啡碱测定 |
| 10 | GB/T 8313—2018 | 茶叶中茶多酚和儿茶素类含量的检测方法 |
| 11 | GB/T 8314—2013 | 茶 游离氨基酸总量测定 |
| 12 | GB/T 18526.1—2001 | 速溶茶辐照杀菌工艺 |
| 13 | GB/T 18625—2002 | 茶中有机磷及氨基甲酸酯农药残留量的简易检验方法 酶抑制法 |
| 14 | GB/T 18798.1—2017 | 固态速溶茶 第 1 部分：取样 |
| 15 | GB/T 18798.2—2018 | 固态速溶茶 第 2 部分：总灰分测定 |
| 16 | GB/T 18798.4—2013 | 固态速溶茶 第 4 部分：规格 |
| 17 | GB/T 18798.5—2013 | 固态速溶茶 第 5 部分：自由流动和紧密堆积密度测定 |
| 18 | GB/T 21727—2008 | 固态速溶茶 儿茶素类含量的检测方法 |
| 19 | GB/T 21728—2008 | 砖茶含氟量的检测方法 |
| 20 | GB/T 23193—2017 | 茶叶中茶氨酸的测定 高效液相色谱法 |
| 21 | GB/T 30376—2013 | 茶叶中铁、锰、铜、锌、钙、镁、钾、钠、磷的测定 电感耦合等离子体原子发射光谱法 |
| 22 | GB/T 30483—2013 | 茶叶中茶黄素测定 高效液相色谱法 |
| 23 | GB/T 23776—2018 | 茶叶感官审评方法 |
| 24 | GB/T 35825—2018 | 茶叶化学分类方法 |

# 二、国外茶叶标准

国外茶叶标准分国际茶叶标准和各国茶叶标准两类，后者可再分为出口国茶叶标准和进口国茶叶标准。

## （一）国际茶叶标准

目前国际食品标准的制定分属两大系统，分别是隶属联合国粮食及农业组织（FAO）和世界卫生组织（WHO）的国际食品法典委员会（CAC）标准和国际标准化组织（ISO）系统的食品标准。

茶叶是一种食用农产品，CAC 在茶叶农药残留限量、食品污染物、添加剂评估和限量上，参照执行天然饮料的标准。CAC 标准中涉及茶叶的标准有 5 项，其中 4 项是方法标准，1 项是安全质量标准。截至目前，CAC 制定的农药残留限量标准中有关茶叶的农药有 31 种。CAC 成员国可以参照这些标准，有些成员国则直接采用 CAC 标准，如美国、日本等国。我国是 CAC 成员国之一，并将茶叶纳入食品，对食品中农药的最大残留限量参照 CAC 标准制定，其中我国与 CAC 对茶叶农药残留限量都有要求的有 15 种农药（表 4 - 8）。FAO 和 WHO 每年举行一次成员国会议，对不合理的标准进行修正，也可能增补或删除某些标准。

表 4 - 8　中国与 CAC 茶叶农残限量标准中相同农药种类的比较

| 序号 | 农药名称 | 农药类别 | 最大残留限量（mg/kg） | |
| --- | --- | --- | --- | --- |
| | | | 中国 | CAC |
| 1 | 硫丹 | 杀虫剂 | 10 | 10 |
| 2 | 噻虫嗪 | 杀虫剂 | 10 | 20 |
| 3 | 噻螨酮 | 杀螨剂 | 15 | 15 |
| 4 | 噻嗪酮 | 杀虫剂 | 10 | 30 |
| 5 | 杀螟丹 | 杀虫剂 | 20 | 20 |
| 6 | 杀螟硫磷 | 杀虫剂 | 0.5 | 0.5 |
| 7 | 溴氰菊酯 | 杀虫剂 | 10 | 5 |
| 8 | 茚虫威 | 杀虫剂 | 5 | 5 |
| 9 | 氯菊酯 | 杀虫剂 | 20 | 20 |
| 10 | 吡虫啉 | 杀虫剂 | 0.5 | 50 |
| 11 | 氟氰戊菊酯 | 杀虫剂 | 20 | 15 |
| 12 | 三氯杀螨醇 | 杀螨剂 | 0.2 | 40 |
| 13 | 甲基对硫磷 | 杀虫剂 | 0.02 | 0.2 |
| 14 | 甲氰菊酯 | 杀虫剂 | 5 | 3 |
| 15 | 联苯菊酯 | 杀虫/杀螨剂 | 5 | 30 |

资料来源：焦彦朝，李志，徐孟怀，等，2019。

截至目前，国际标准化组织（ISO）已制定了 20 多项与茶相关的国际标准，包括《红茶　定义和基本要求》（ISO 3720：2011）、《绿茶　定义和基本要求》（ISO 11287：2011）、《固态速溶茶　规范》（ISO 6079：1990）等多项国际茶叶产品标准，以及《茶　已知干物质含量的磨碎样制备》（ISO 1572：1980）、《绿茶和红茶中特征物质的测定　第 1 部分：福林酚（Folin - Ciocalteu）试剂比色法测定茶叶中茶多酚总量》（ISO 14502.1：2005）、《绿茶和红茶中特征物质的测定　第 2 部分：高效液相色谱法测定茶叶中儿茶素》（ISO 14502.2：2005）等多项与茶叶品质相关的检测方法标准均被许多国家采纳和参考（表 4 - 9）。

表 4 - 9 ISO 标准目录

| 序 号 | 标准代号 | 标准名称 |
|---|---|---|
| 1 | ISO 1572：1980 | 茶 已知干物质含量的磨碎样制备 |
| 2 | ISO 1573：1980 | 茶 103 ℃时质量损失测定 水分测定 |
| 3 | ISO 1575：1987 | 茶 总灰分测定 |
| 4 | ISO 1576：1988 | 茶 水溶性灰分和水不溶性灰分测定 |
| 5 | ISO 1577：1987 | 茶 酸不溶性灰分测定 |
| 6 | ISO 1578：1975 | 茶 水溶性灰分碱度测定 |
| 7 | ISO 1839：1980 | 茶 取样 |
| 8 | ISO 3103：1980 | 茶 感官审评茶汤制备 |
| 9 | ISO 3720：2011 | 红茶 定义和基本要求 |
| 10 | ISO 6078：1982 | 红茶 术语 |
| 11 | ISO 6079：1990 | 固态速溶茶 规范 |
| 12 | ISO 6770：1982 | 固态速溶茶 松散容重与压紧容重的测定 |
| 13 | ISO 7513：1990 | 固态速溶茶 水分测定 |
| 14 | ISO 7514：1990 | 固态速溶茶 总灰分测定 |
| 15 | ISO 7516：1984 | 固态速溶茶 取样 |
| 16 | ISO 9768：1998 | 茶 水浸出物的测定 |
| 17 | ISO 9884.1：1994 | 茶叶规范袋 第 1 部分：托盘和集装箱运输茶叶用的标准袋 |
| 18 | ISO 9884.2：1999 | 茶叶规范袋 第 2 部分：托盘和集装箱运输茶叶用袋的性能规范 |
| 19 | ISO 10727：2002 | 茶和固态速溶茶 咖啡碱测定 高效液相色谱法 |
| 20 | ISO 11286：2004 | 茶 按颗粒大小分级分等 |
| 21 | ISO 15598：1999 | 茶 粗纤维测定 |
| 22 | ISO 14502.1：2005 | 绿茶和红茶中特征物质的测定 第 1 部分：福林酚（Folin - Ci-ocalteu）试剂比色法测定茶叶中茶多酚总量 |
| 23 | ISO 14502.2：2005 | 绿茶和红茶中特征物质的测定 第 2 部分：高效液相色谱法测定茶叶中儿茶素 |
| 24 | ISO 11287：2011 | 绿茶 定义和基本要求 |
| 25 | ISO 19563：2017 | 采用高效液相色谱法测定茶叶和固体速溶茶中的茶氨酸 |

ISO 3720：2011 是国际上对红茶品质的最低要求，主要茶叶生产国和进口国对红茶品质的要求基本上参照 ISO 3720：2011，尤其是印度、斯里兰卡和肯尼亚等几个主要红茶生产国，以及一些茶叶进口国如英国等将该标准转化为该国的国家标准，我国红碎茶国家标准 GB/T 13738.1—2017 对理化指标的规定等效采用 ISO 3720：2011 标准中的 6 项，中国、印度红茶标准与 ISO 3720：2011 基本相当（表 4 - 10）。

表 4 - 10　ISO 3720：2011、印度和中国红茶标准中的理化指标

| 项　　目 | ISO 3720：2011 | 印度红茶标准 | 中国红碎茶标准 |
|---|---|---|---|
| 水浸出物（质量分数,%） | ≥32 | ≥32 | ≥32 |
| 总灰分（质量分数,%） | 4.0~8.0 | 4.0~8.0 | 4.0~8.0 |
| 酸不溶性灰分（质量分数,%） | ≤1.0 | ≤1.0 | ≤1.0 |
| 水溶性灰分碱度（以 KOH 计）（质量分数,%） | 1.0~3.0 | 1.0~1.2 | 1.0~3.0 |
| 水溶性灰分（质量分数,%） | ≥45 | ≥40 | ≥45 |
| 粗纤维（质量分数,%） | ≤16.6 | ≤17 | ≤16.5 |
| 茶多酚（质量分数,%） | ≥9 | — | ≥9 |

资料来源：鲁成银，刘栩，2003；《红茶　第 1 部分：红碎茶》（GB/T 13738.1—2017）；中华人民共和国商务部《出口茶叶技术指南》，2018。

## （二）各国茶叶标准

各国茶叶标准主要包括茶叶安全标准、茶叶产品标准和茶叶检测方法标准等 3 类。茶叶安全标准主要包括相关技术法规或指令，如日本的《食品卫生法》、欧盟的 2000/42/EC、2003/69/EC 指令等等。国际茶叶市场以红茶贸易为主，茶叶产品标准主要是红茶标准。各茶叶生产国以产品标准和出口检验标准为主，而进口国则以进口检验标准为主。

**1. 茶叶出口国标准**　除中国外，其他茶叶出口国家和地区制定茶叶标准的主要有印度、斯里兰卡、肯尼亚、日本等。

（1）印度　印度 95％以上是红茶，也是制定标准较早的国家，标准管理较为严格。早在 20 世纪 50 年代，印度根据国内生产现状，切合本国实践建立了 4 种标准，即《茶叶规格》（IS 3633—72）、《茶叶取样》（IS 3611—67）、《茶叶术语》（IS 4545—66）、《茶叶包装规格》（IS 10—76）。进入 20 世纪 80 年代后，印度对茶叶品质的监管参照执行 ISO 3720：1986。对重金属和农药残留限量也制定了相应的标准。2005 年发布的新法规中，化学物质检测项目由 3 种增加到了 5 种，还增加了微生物及 2 种重金属以及农药残留和除草剂等限量指标。

（2）斯里兰卡　斯里兰卡国内全面执行 ISO 3720 红茶标准。在管理上执行 ISO 9000 质量管理体系和 ISO 14000 环境管理体系认证，工厂导入 5S 管理方法，管理严格，以确保较高的茶叶质量水平。斯里兰卡制定了《红茶》（CS：135—1979）、《速溶茶》（CS：401—1976）标准和《禁止劣茶输出法》。规定所有茶叶在生产过程中或出口时，都受茶叶局监管，不符合法令的低劣茶叶不得出口。

（3）肯尼亚　肯尼亚茶叶质量受国家标准局监管，实行全程质量监控，并制定了红茶质量标准和一些农药残留的限量标准。其红茶质量标准与 ISO 3720 红茶标准相似。肯尼亚生态条件特殊，几乎不使用农药，产品的安全水平较高，茶叶品质亦处于较高水平。

（4）日本　日本制定有《茶叶质量》《取样方法》《检验方法》《包装条件》等

茶叶标准，并于 2006 年起正式施行《食品中残留农业化学品肯定列表制度》。《食品中残留农业化学品肯定列表制度》涵盖的农业化学品包括杀虫剂（农药）、兽药和饲料添加剂，其中涉及茶叶的农药残留限量达 283 项，对未规定残留限量的农药按照 0.01 mg/kg 的"一律标准"执行。其他安全卫生指标有：砷<2 mg/kg，重金属（以 Pb 计）<20 mg/kg，大肠杆菌为阴性。

**2. 茶叶进口国标准**　茶叶进口国制定茶叶标准的主要有美国、澳大利亚、英国、法国、德国、俄罗斯、韩国等。

（1）欧洲联盟国家　欧洲联盟国家中，法国和德国政府均采用 ISO 3720 标准，法国十分重视茶叶中代用品的鉴别，并制定了《茶叶规格》（NFVO 3-001—1972）、《茶叶取样》（NFVO 3-340—1972）等 10 项茶叶国家标准。德国政府制定有《茶叶和固体茶萃取物　咖啡碱含量测定　HPLC 法》（DIN 10801—1995）、《茶感官审评方法》（DIN 10809—1988）等 10 余项严格的检验方法标准。欧洲联盟对茶叶进口限制十分苛刻，特别是农药残留限量的控制采用"零风险"原则，自 2000 年以来已多次修改茶叶中的农药残留标准，使针对茶叶的残留限量要求陆续增至 400 多项。2014 年初欧盟委员会（EU）发布《食品和植物或动物源饲料中农药最大残留限量》，针对茶叶的农药残留限量指标共 453 项，未制定最大残留限量的农业化学品一律执行检出量不得超过 0.01 mg/kg 的标准。近年来，欧盟对茶叶中农药残留限量越来越严苛，每年都要多次更新修订农药残留限量标准，农药残留限量标准法规 EU 0001/2016 中涉及的茶叶农药残留限量指标已增至 493 项。

（2）美国　美国政府制定的《茶叶进口法案》规定，所有进入美国的茶叶，不得低于美国茶叶专家委员会制定的最低标准样茶。最低标准样茶，每年从贸易样中选订，共分为 7 种：①中国红茶（包括台湾省）；②红茶；③绿茶；④乌龙茶（包括台湾省）；⑤中国包种茶（包括台湾省）；⑥香料茶（spiced tea）；⑦加香茶（flavored tea）。美国《食品、药品和化妆品管理规定》明确，各类进口茶叶必须经美国卫生人类服务部、食品药物管理局（Food and Drug Administration，FDA）抽样检验，对品质低于法定标准的产品和污染、变质或纯度不符合消费要求的，茶叶检验官有权禁止进口，对茶叶的农药残留量除非经出口国环境保护部门认可，或按规定证明残留量在允许范围以内，否则属不合法产品。

（3）海湾合作委员会　由沙特阿拉伯、阿拉伯联合酋长国、科威特、阿曼、巴林、卡达尔 6 国联合组成的海湾合作委员会也发布了茶叶进口标准，该标准共有 12 项指标：水分≤8.5%，总灰分≤8%，可溶性灰分占总灰分≥45%，咖啡碱≤3.5%，粗纤维≤16.5%，砷≤0.5 mg/kg，汞≤1.0 mg/kg，铅≤5.0 mg/kg，铜≤50 mg/kg，锌≤50 mg/kg，锡≤250 mg/kg，铁≤300 mg/kg。

（4）埃及　进口茶叶必须符合《进口茶叶管理法》规定，发布的标准包括以下指标：水分≤8%，茶梗≤20%，灰分≤8%，水溶性灰分占总灰分≥50%，水不溶灰分≤1%，绿茶茶多酚≥12%，红茶茶多酚≥17%，水浸出物≥32%，咖啡碱≥2%，水溶性灰分碱度≥22 mg 当量/100 g，包装必须对茶叶无害而且适合茶叶储藏的容器。

(5) 英国　英国政府将 ISO 3720 红茶规格等效转换为英国的国家标准，并规定凡在伦敦拍卖市场出售的茶叶，必须符合这些标准，否则就不能出售。英国还将《茶叶取样方法》（ISO 1839：1980）转换为英国标准 BS 5987—1985。其他标准还有：《茶　供感官检验用茶汤的制备》（BS 6008—1985）、《茶　红茶技术条件》（BS 6048—1987）、《茶　已知干物质含量的磨碎试样的制备》（BS 6049/1—1985）、《茶　在 103 ℃失重的测定》（BS 6049/2—1985）、《茶　水浸出物的测定》（BS 6049/3—1985）、《茶叶总灰分的测定》（BS 6049/4—1988）、《茶叶水溶性灰分和水不溶性灰分的测定》（BS 6049/5—1981）、《茶叶酸不溶灰分的测定》（BS 6049/6—1988）、《茶叶水溶性灰分碱度的测定》（BS 6049/6—1971）、《茶　红茶有关术语词汇》（BS 6325—1982）、《速溶茶取样方法》（BS 6986/1—1988）、《速溶茶松散密度和压实密度的测定方法》（BS 6986/2—1988）等。

(6) 巴基斯坦　巴基斯坦国家标准有以下 3 种：《茶叶标准 A》（PS 493—1965）、《茶叶包装箱及制箱用胶合板》（PS 18—1958）、《茶叶标准 B》（PS 784—1970）。茶叶理化指标有：水浸出物≥33%，总灰分 3%～8%，水溶性灰分占总灰分≥45%，水溶性灰分碱度 1.5%～2%（以 $K_2O$ 计），酸不溶性灰分≤0.8%，粗纤维含量≤15%，咖啡碱含量≥2.5%，茶多酚含量≥10%，红茶水分含量不超过 10%。以上限量标准均有其自己的检验方法。

(7) 俄罗斯　俄罗斯制定了《茶叶理化标准》（TY 9191-001-39420178—97）和《卫生流行病学规定以及俄罗斯联邦标准》（SanPiN 2.3.2.1078-01）。规定货物到达目的地时的水分含量≤7%，水浸出物≥32%，总灰分≤8%，水溶性灰分占总灰分绿茶≥40%、红茶≥45%，粗纤维含量绿茶≤24%、红茶≤19%，咖啡碱含量绿茶≥2.6%、红茶≥2%，单宁酸含量绿茶≥13%、红茶≥8%，铅≤10 mg/kg，镉≤1 mg/kg，砷≤1 mg/kg，汞≤0.1 mg/kg。

(8) 摩洛哥　自 2017 年下半年开始，摩洛哥以国际食品法典委员会（CAC）标准为基础执行进口茶叶检测。2019 年 7 月 1 日，摩洛哥国家食品安全局（ONSSA）开始对中国进口的茶叶实施新的农药残留限量标准，涉及 47 种农药，基本参照 CAC 和欧洲联盟标准。此外，还规定我国未准许用于茶叶的农药一律按0.01 mg/kg 或定量检出限（LOQ）实行。我国和摩洛哥都有限量要求的农药有 47 种，其中摩洛哥有 27 项农药残留限量指标严于我国。

(9) 澳大利亚　澳大利亚政府制定的《进口管理法》规定，禁止进口泡过的茶叶、掺杂使假的茶叶、不适合人类饮用的茶叶、有损于健康和不合卫生的茶叶。对一般进口茶叶，必须符合下列标准：水浸出物≥30%，总灰分≤8%，水溶性灰分≥3%。澳大利亚茶叶农药最大残留限量（MRLs）标准有 16 项。

(10) 韩国　韩国对茶叶产品的检测项目达到 39 项，包括农残限量等卫生安全指标。2015 年初韩国通过了《农药残留肯定列表制度》提案，于 2019 年 1 月 1 日起适用于所有农产品。对未制定最大残留限量标准的农药，以"一律标准"0.01 mg/kg 进行严格管理，从源头上切断不安全且尚未登记的农药，防止滥用农药。

# 第三节　茶叶标准样

现代标准中，标准样品是实施文字标准的重要技术基础，是标准化工作中不可或缺的组成部分。2002年，我国制定发布了《茶叶产品标准样品制备技术条件》（GB/T 18795—2002），现行版本为 GB/T 18795—2012。截至2021年，我国发布的茶叶产品国家标准中，有部分产品标准没有规定设立实物标准样，而规定了设立实物标准样的产品标准，也还未真正设立茶叶标准样。目前仅有地理标志产品龙井茶、武夷岩茶、黄山毛峰、坦洋工夫等少数茶叶产品初步设立了实物标准样。

原有的茶叶标准样制度是在缺乏产品文字标准的情况下形成的，茶叶标准样分毛茶标准样、加工标准样和贸易标准样3种。在没有文字标准的情况下，实施实物标准样制度，管理茶叶市场的产品品质、收购与销售，也是行之有效的管理方式。在我国特定的情况下，实施该制度管理取得了很好的效果。虽然目前对这些标准样已基本上没有再制备，但积累了丰富的标准样制备经验，有些方面可作为今后茶叶标准化管理工作的重要参考。

## 一、毛茶标准样

毛茶标准样又称毛茶收购实物标准样，是收购毛茶的质量标准，是对样评茶，正确评定毛茶等级及价格的实物依据。我国统一建立毛茶收购标准样始于1953年，毛茶标准样的分级原则上以精制率为分界线，以1954年红茶标准样为例，分5级19等：一级精制率为85%，分6等（一至六等），标准样设置为三等；二级精制率为80%以上，分5等（七至十一等），标准样设置为九等；三级精制率为75%，分3等（十二至十四等），标准样设置为十三等；四级精制率为70%，分3等（十五至十七等），标准样设置为十六等；五级精制率为65%，分2等（十八、十九等），标准样设置为十九等，低于十九等为级外茶。除设实物标准样外，还有评茶术语和具体要求，作为评级时参考。

制样原料茶的选留是制定标准样的基础工作，选留点、数量都影响标准样配制工作的进程，如选留不当，则制样与换样的品质水平都难达到。一般由省茶叶主管部门下达通知，选留点应根据通知，按级（质）、按量及时将选留的原料茶运送到收样单位。收样单位在验收原料茶后，要及时复火并妥善保存，以供制样或换配之用。

毛茶实物标准样是贯彻对样评茶、按质论价的依据。茶叶具易吸潮、易陈化变质的特点，因此茶叶标准样应每年换配一次。制样工作应由制样组负责，包括原料茶排队检查、制小样和制大样3个过程。原料茶排除分两次进行，第一次由制样单位对各选留点送来的原料样在复火前进行品质检查，对不合格的予以剔除，不足的部分予以补充；第二次检查是在制小样时进行，从中挑选出适制各等级标准样的骨干样，然后进行小样制备。制小样是按照各地分级管理核定的茶叶收购标准样品质水平，由各制样单位会同有关地、市、县、厂、站的茶叶主评人员负责进行。将制备的小样，向任务下达部门或授权单位报批。审批同意后，再拼配大样。将配制的大样充分匀摊，再次取样进行品质评定。评定结果符合要求后，尽快分装、贴好标签和封签，分发至有关用样单位。

各类毛茶标准样经核定下达收购站后，用样单位必须正确使用和妥善保管，保证实物标准样的正确性和代表性。

## 二、加工标准样

加工标准样茶是毛茶对样加工成精茶，使各花色成品茶达到规格化、标准化的实物依据。加工标准样又称加工验收统一标准样。有的加工标准样与贸易标准样通用。制定加工标准样的目的是加强精制茶厂的经济技术管理，控制质量水平，保证出厂产品符合国家规定的标准和要求。

我国各类茶叶的加工标准样始于1953年，外销茶加工标准样由外贸主管部门审查核定；内销茶、边销茶加工标准由产方提出，经销方同意而制定，标准样使用一定时间后换配新样。标准样一经核定下达后，茶厂据其对样加工，对产品实行出厂负责制。受货单位对样验收产品，实行交换结算，如发生升降级或不合格情况，均按规定的标准样茶各项品质因子和理化指标进行评审处理。加工标准样有绿茶、花茶、压制茶、乌龙茶、工夫红茶、红碎茶等。

加工标准样的实施，对我国各类成品茶的品质管理起到了十分重要的作用。20世纪80年代，标准样体制被打破，而新的文字标准尚未建立，使品质管理处于无序状况。进入90年代后，新的文字标准逐步建立，在大部分文字标准中亦规定了设置实物标准样，但制定实物标准样的部门不太明确，导致大部分茶叶产品标准还未真正设立实物标准样。

## 三、贸易标准样

贸易标准样茶主要在茶叶对外贸易中作为成交计价和货物交换的实物依据。我国出口茶叶贸易标准样分红茶、绿茶、特种茶（包括花茶、乌龙茶、白茶、压制茶和各类小包装茶）。每一类茶按花色分为若干级，编制固定的号码为贸易标准样的茶号，也称"号码茶"。

贸易标准样是1954年建立的，它与加工标准样基本相适应，有利于产销结合和货源供应。最先制定的为珍眉、贡熙、珠茶、雨茶等外销绿茶的贸易标准样，继之是外销红茶及特种茶。出口贸易的合同签订或函电成交，一般均以贸易标准样的茶号进行贸易往来，对于简化手续和扩大国际贸易都起到了积极的作用。目前，茶叶对外贸易仍沿用贸易标准样和茶号。

红茶贸易标准样分工夫茶和红碎茶两类。工夫红茶又分地名工夫和中国工夫两种。地名工夫如云南工夫、祁门工夫、四川工夫、宜红工夫、湖红工夫、白琳工夫、坦洋工夫、政和工夫等，还有正山小种。政和工夫一至七级的茶号为8910、

8920、8930、8940、8950、8960、8970。正山小种一至四级的茶号为8310、8320、8330、8340。

中国工夫又称混合工夫，分华东、中南、西南3套标准样，每套分4级。华东地区茶号为1010、1011、1012、1013，中南地区茶号为2010、2011、2012、2013，西南地区茶号为3010、3011、3012、3013。

红碎茶分叶茶、碎茶、片茶、末茶4类。叶茶茶号有32731、59576、3100，碎茶茶号有6110、3300、7801、18641、4301、6399等，片茶茶号有96972、7337、3707、6642等，末茶茶号有97718、97751、9551等。

外销绿茶有珍眉、贡熙、珠茶、雨茶、龙井等。珍眉分特珍、珍眉2个花色。特珍特级、一级、二级的茶号为41022、9371、9370，珍眉一级至四级的茶号为9369、9368、9367、9366。珠茶特级、一级至五级的茶号为3505、9372、9373、9374、9375、9376。全世界任何从中国进口绿茶的国家与地区都知道9371代表特珍一级，可见中国茶号深入人心。

此外，特种茶贸易标准样，包括乌龙茶、白茶、花茶以及小包装贸易标准样都有各自的茶号。

国家标准《茶叶标准样制备技术条件》（GB/T 18795—2012）规定，标准实物样系指与茶叶产品标准相对应的实物样，为该茶叶产品的最低限。原料来源必须采制正常、其理化卫生指标符合标准要求，用于成品茶标准实物样制备的原料样必须是有区域代表性和品质代表性的若干个单样。其制备程序仍然是原料选取排队、小样试拼、小样排序、大样拼堆、大样评定、样品分装。标准样有效期为3年。

## 四、标准与标准样的转换

茶叶标准与实物标准样的转换与衔接是一项十分复杂的技术工作，反映了我国茶叶标准由实物标准样逐步向文字标准过渡的历史进程，反映茶叶生产发展和科学技术的进步。剖析这一进程对于帮助了解我国标准化工作的成就具有现实意义。本节以大叶种红碎茶为例，剖析茶叶标准样和茶叶标准的转换和衔接。

红碎茶以前称分级红茶，产品分叶茶、碎茶、片茶、末茶4个类型，国际上通用的各类型的花色名称如表4-11所示。

表4-11 红碎茶花色名称表

| 类 别 | 花色名称 | 英文名称 | 简 称 |
|---|---|---|---|
| 叶茶类 | 花橙黄白毫 | Flowery Orange Pekoe | FOP |
| | 橙黄白毫 | Orange Pekoe | OP |
| | 白毫 | Pekoe | P |
| 碎茶类 | 花碎橙黄白毫 | Flowery Broken Orange Pekoe | FBOP |
| | 碎橙黄白毫 | Broken Orange Pekoe | BOP |
| | 碎白毫 | Broken Pekoe | BP |

（续）

| 类　别 | 花色名称 | 英文名称 | 简　称 |
|---|---|---|---|
| 片茶类 | 花碎橙黄白毫屑片 | Flowery Broken Orange Pekoe Fanning | FBOPF |
| | 碎橙黄白毫屑片 | Broken Orange Pekoe Fanning | BOPF |
| | 白毫屑片 | Pekoe Fanning | PF |
| | 橙黄屑片 | Orange Fanning | OF |
| | 屑片 | Fanning | F |
| 末茶类 | 茶末 | Dust | D |

我国红碎茶的产品花色，根据国际市场对品质规格的要求，结合茶树品种和产品质量情况，于1967年制定了红碎茶加工、验收统一标准样共4套。其中大中叶种2套，称第一套和第二套样；中小叶种2套，称第三套和第四套样。第一套样只适用于云南省以云南大叶种制成的红碎茶，共有17个花色，设17个标准样（表4-12）。第二套样适用于广东、广西、四川等省份（除云南外）以大叶种制成的红碎茶，共有11个花色（表4-13），设11个标准样。第三套样适用于贵州、四川、湖北、湖南部分地区以中小叶种制成的红碎茶，共有19个花色，设19个标准样。第四套样适用于浙江、江苏、湖南等省以小叶种制成的红碎茶，分16个花色，设16个标准样。1980年中国土畜产进出口总公司根据出口需要和国内转子机、CTC制法的发展所引起的品质上的变化，在维持原有品质水平的基础上，对4套样进行了简化改革，第一套样由17个标准样改为8个标准样，第二套样由11个标准样改为7个标准样，第三套样由19个标准样改为7个标准样，第四套样由16个标准样改为6个标准样。现以大叶种红碎茶为例，对几次修订前后的实物标准样或国家标准中的感官品质规格进行对比说明。

**表4-12　红碎茶第一套样花色表**（1967）

| 类　型 | 花　色 |
|---|---|
| 叶茶类 | 叶茶1号（相当于花橙黄白毫，简称FOP）<br>叶茶2号（相当于橙黄白毫，简称OP） |
| 碎茶类 | 碎茶1号（相当于花碎橙黄白毫，简称FBOP）<br>碎茶2号（相当于碎橙黄白毫1号，简称$BOP_1$，分高、中、低3档）<br>碎茶3号（相当于碎橙黄白毫2号，简称$BOP_2$，分高、中、低3档）<br>碎茶4号（相当于碎橙黄白毫3号，简称$BOP_3$，分高、中、低3档）<br>碎茶5号（相当于碎橙黄白毫屑片，简称BOPF） |
| 片茶类 | 片茶1号（相当于屑片1号，简称$F_1$）<br>片茶3号（相当于白毫屑片，简称PF） |
| 末茶类 | 末茶1号（简称$D_1$）<br>末茶2号（简称$D_2$） |

表 4 - 13　红碎茶第二套样花色表（1967）

| 类　型 | 花　色 |
|---|---|
| 叶茶类 | 叶茶 1 号（相当于花橙黄白毫，简称 FOP）<br>叶茶 2 号（相当于橙黄白毫，简称 OP） |
| 碎茶类 | 碎茶 1 号（相当于花碎橙黄白毫，简称 FBOP）<br>碎茶 2 号（相当于碎橙黄白毫 1 号，简称 $BOP_1$）<br>碎茶 3 号（相当于碎橙黄白毫 2 号，简称 $BOP_2$）<br>碎茶 4 号（相当于碎橙黄白毫 3 号，简称 $BOP_3$）<br>碎茶 5 号（相当于碎橙黄白毫屑片，简称 BOPF）<br>碎茶 6 号（相当于碎白毫，简称 BP） |
| 片茶类 | 片茶 1 号（相当于屑片 1 号，简称 $F_1$）<br>片茶 2 号（相当于屑片 2 号，简称 $F_2$） |
| 末茶类 | 末茶 1 号（简称 $D_1$） |

对 1967 年制定的第一、第二套样红碎茶的品质规格（表 4 - 12、表 4 - 13）简要介绍如下。

**1. 叶茶类**　叶茶类主要按老嫩程度和色泽枯润来分，不含碎片、末茶，通过抖筛制取。

（1）叶茶 1 号　相当于花橙黄白毫（FOP），为叶茶中最优的花色，粗细通过紧门筛 9 孔，长短通过圆筛 5 孔，条索紧卷匀齐，多金黄色毫尖，色泽乌润，无梗杂，汤色红艳，香味鲜浓，刺激性强。

（2）叶茶 2 号　相当于橙黄白毫（OP），粗细通过紧门筛 8 孔，长短通过圆筛 4 孔，条索紧直颖长尚匀齐、多细嫩茎梗，长 1～1.5 cm，金毫不显或略显，色乌黑尚润。

**2. 碎茶类**　碎茶类主要按老嫩程度、颗粒大小、有毫无毫和外形色泽枯润分，不含片、末茶来分，通过平圆筛制取。

（1）碎茶 1 号　相当于花碎橙黄白毫（FBOP）。大小为平圆筛 7 孔底茶、14 孔面茶，金黄芽尖显露，含毫量为 20％～25％，汤色红艳，香鲜爽，味浓强，叶底嫩匀红亮，叶肉肥厚柔软。

（2）碎茶 2 号、碎茶 3 号、碎茶 4 号　相当于碎橙黄白毫 1～3 号（$BOP_1$、$BOP_2$、$BOP_3$）。体型大小分两号，8 孔底茶、12 孔面茶为大号（如碎茶 4 号 $BOP_3$），12 孔底茶、16 孔面茶为小号（如碎茶 2 号或碎茶 3 号）。外形颗粒紧结重实匀齐，碎茶 2 号（$BOP_1$）香味鲜爽浓强，汤色艳亮，叶底嫩匀红亮，略次于碎茶 1 号（FBOP）；碎茶 3 号（$BOP_2$）香味尚浓微粗，汤红明，叶底稍粗略花，带青张。

（3）碎茶 5 号　相当于碎橙黄白毫屑片（BOPF）。大小为平圆筛 14 或 16 孔底茶、24 孔面茶的细小碎粒茶，有细小毫尖，色乌润，净度好。尽管在红碎茶花色名称中称为碎橙黄白毫屑片，但生产上一般拼入碎茶内或作为碎茶 5 号。

（4）碎茶 6 号　相当于碎白毫（BP），大小为平圆筛 8 孔或 7 孔底茶和 12 孔面茶，颗粒粗大，显轻松，夹有短条嫩茎，色黑带灰，香味平正带粗，汤色尚明，叶底较粗薄欠红匀。

**3. 片茶类**　片茶类主要按片身老嫩、大小、轻重、色泽枯润及内质优次来分，不含粉末。

（1）片茶 1 号　相当于屑片 1 号（$F_1$）。大小为平圆筛 12 孔底茶和 24 孔面茶，片形匀齐，色黑褐，叶质尚嫩。

（2）片茶 2 号　相当于屑片 2 号（$F_2$）。大小为平圆筛 10 孔底茶和 20 孔面茶，一般经多次切碎，叶质较老，净度较差，色灰花。

（3）片茶 3 号　相当于白毫屑片（PF）。片状皱褶，身骨稍轻，色尚润。

**4. 末茶类**　末茶类主要按砂粒粗细、身骨轻重、色泽枯润来分，不含粉灰。

（1）末茶 1 号　简称 $D_1$，大小为平圆筛 24 孔底茶、32 孔面茶，形状似砂粒，色乌匀。

（2）末茶 2 号　简称 $D_2$，大小为平圆筛 24 孔底茶、60 孔面茶，主要是从头子茶切碎过程中产生的或是细小的碎片，色泽稍灰黄。

1980 年，简化后的第一套红碎茶实物标准样由原来的 17 个改为 8 个，对品质规格的要求大致如下：

叶茶 1 号、叶茶 2 号：均保持原标准样的品质规格。

碎茶 1 号：外形和内质保持原标准样水平。

碎茶 2 号：外形和内质规格均保持原碎茶 2 号高标准。

碎茶 3 号：外形和内质规格均保持原碎茶 3 号中标准。

碎茶 4 号：外形和内质规格均保持原碎茶 4 号低标准。

片茶：由原标准两个样改为一个样，外形和内质均按原标准片茶 3 号的品质水平制定。

末茶：保持原标准末茶 1 号的品质规格水平。

1992 年国家技术监督局发布《第二套红碎茶》（GB/T 13738.2—1992）、《第四套红碎茶》（GB/T 13738.4—1992）。1997 年，国家技术监督局发布《第一套红碎茶》（GB/T 13738.1—1997）（表 4 - 14）。

表 4 - 14　第一套红碎茶各花色感官品质特征（GB/T 13738.1—1997）

| 花色 | 外形 | 香气 | 滋味 | 汤色 | 叶底 |
|---|---|---|---|---|---|
| 碎茶 1 号 | 毫尖特显、重实、匀净、色润 | 嫩香鲜爽、强烈持久 | 浓强嫩爽 | 红艳明亮 | 柔嫩红艳 |
| 碎茶 2 号高档 | 颗粒紧结、重实、匀齐、色润 | 鲜爽、强烈持久 | 浓强鲜爽 | 红艳明亮 | 红嫩鲜亮 |
| 碎茶 2 号中档 | 颗粒尚紧卷、尚重实、匀齐、稍有嫩茎、色润 | 高鲜持久 | 浓强尚鲜 | 红亮 | 嫩匀红亮 |
| 碎茶 2 号低档 | 颗粒尚紧卷、尚匀齐、有嫩茎、色尚润 | 高鲜 | 浓、尚强 | 红亮 | 尚嫩红亮 |

（续）

| 花色 | 外形 | 香气 | 滋味 | 汤色 | 叶底 |
|---|---|---|---|---|---|
| 碎茶3号高档 | 颗粒紧结、尚重实、匀齐、色润 | 香高鲜爽 | 浓厚鲜醇 | 红亮 | 红匀明亮 |
| 碎茶3号中档 | 颗粒尚紧结、尚匀齐、稍有嫩茎、色尚润 | 高、尚鲜 | 浓厚 | 红亮 | 红亮 |
| 碎茶3号低档 | 颗粒尚紧结、尚匀齐、有嫩茎、色尚润 | 高 | 醇厚 | 红亮 | 红亮 |
| 碎茶4号高档 | 颗粒尚紧实、稍有嫩茎、匀齐、色尚润 | 高、尚鲜 | 浓醇 | 红亮 | 红亮 |
| 碎茶4号中档 | 颗粒尚紧实、尚匀齐、有嫩茎、色尚润 | 尚高 | 尚浓醇 | 红亮 | 红亮 |
| 碎茶4号低档 | 颗粒粗实、尚匀齐、有筋皮、色尚润 | 纯正 | 醇和 | 红明 | 红明 |
| 碎茶5号 | 颗粒细紧、重实、匀齐、色润 | 鲜爽、强烈持久 | 浓强鲜爽 | 红艳明亮 | 红匀鲜亮 |
| 片茶1号 | 片状皱褶、匀齐、尚重实、色润 | 尚高 | 浓醇 | 红亮 | 红亮 |
| 片茶3号 | 片状皱褶、身骨稍轻、色尚润 | 纯正 | 醇正 | 红明 | 红明 |
| 末茶1号 | 砂粒状、重实、匀净、色尚润 | 强烈 | 浓强 | 深红明亮 | 红明 |
| 末茶2号 | 细砂粒状、色尚润 | 纯正 | 尚浓 | 深红 | 红匀 |

2008 年，国家质量监督检验检疫总局、国家标准化管理委员会发布了《红茶 第 1 部分：红碎茶》（GB/T 13738.1—2008），取代了 GB/T 13738.1—1997、GB/ T 13738.2—1992 和 GB/T 13738.4—1992 几项国家标准。用大叶种、中小叶种红碎茶两个序列分别代替第一、第二、第三、第四套样（表 4 - 15）。

**表 4 - 15 大叶种红碎茶各花色感官品质要求**（GB/T 13738.1—2008）

| 花色 | 要求 | | | | |
|---|---|---|---|---|---|
| | 外形 | 内质 | | | |
| | | 香气 | 滋味 | 汤色 | 叶底 |
| 碎茶1号 | 颗粒紧实、金毫显露、匀净、色润 | 嫩香强烈持久 | 浓强鲜爽 | 红艳明亮 | 嫩匀红亮 |
| 碎茶2号 | 颗粒紧结、重实、匀净、色润 | 香高持久 | 浓强尚鲜爽 | 红艳明亮 | 红匀明亮 |
| 碎茶3号 | 颗粒紧结、尚重实、较匀净、色润 | 香高 | 鲜爽尚浓强 | 红亮 | 红匀明亮 |
| 碎茶4号 | 颗粒尚紧结、尚匀净、色尚润 | 香浓 | 浓尚鲜 | 红亮 | 红匀亮 |
| 碎茶5号 | 颗粒尚紧、尚匀净、色尚润 | 香浓 | 浓厚尚鲜 | 红亮 | 红匀亮 |
| 片茶1号 | 片状皱褶、尚匀净、色尚润 | 尚高 | 尚浓厚 | 红明 | 红匀尚明亮 |
| 片茶2号 | 片状皱褶、尚匀、色尚润 | 尚浓 | 尚浓 | 尚红明 | 红匀尚明 |
| 末茶 | 细砂粒状、较重实、较匀净、色尚润 | 纯正 | 浓强 | 深红尚明 | 红匀 |

2017 年修订发布的《红茶　第 1 部分：红碎茶》（GB/T 13738.1—2017），与 GB/T 13738.1—2008 相比，主要变化为将片茶和末茶均统一为 1 个规格（表 4 - 16）。从 1967 年制定大叶种红碎茶加工验收统一标准样到 2017 年发布大叶种红碎茶国家标准，经历了漫长的 50 年。纵观整个历程可以看出，在我国红碎茶的标准化过程中，品质规格与要求基本上没有改变，但花色种类趋向简单。

表 4 - 16　大叶种红碎茶各花色感官品质要求（GB/T 13738.1—2017）

| 花色 | 要求 | | | | |
|---|---|---|---|---|---|
| | 外形 | 内质 | | | |
| | | 香气 | 滋味 | 汤色 | 叶底 |
| 碎茶 1 号 | 颗粒紧实、金毫显露、匀净、色润 | 嫩香强烈持久 | 浓强鲜爽 | 红艳明亮 | 嫩匀红亮 |
| 碎茶 2 号 | 颗粒紧结、重实、匀净、色润 | 香高持久 | 浓强尚鲜爽 | 红艳明亮 | 红匀明亮 |
| 碎茶 3 号 | 颗粒紧结、尚重实、较匀净、色润 | 香高 | 鲜爽尚浓强 | 红亮 | 红匀明亮 |
| 碎茶 4 号 | 颗粒尚紧结、尚匀净、色尚润 | 香浓 | 浓尚鲜 | 红亮 | 红匀亮 |
| 碎茶 5 号 | 颗粒尚紧、尚匀净、色尚润 | 香浓 | 浓厚尚鲜 | 红亮 | 红匀亮 |
| 片茶 | 片状皱褶、尚匀净、色尚润 | 尚高 | 尚浓厚 | 红明 | 红匀尚明亮 |
| 末茶 | 细砂粒状、较重实、较匀净、色尚润 | 纯正 | 浓强 | 深红尚明 | 红匀 |

# 第四节　茶叶标准的制定

标准是对一定范围内的重复性事物和概念所作的统一规定，是科学、技术与实践经验的结晶。茶叶标准制定工作是一项科学、严谨而细致的工作，也是一项政策性、科学性、技术性和经济性很强的工作。茶叶标准制定应遵循技术进步原则、效益最佳原则、科学先进原则、因地制宜原则、利益兼顾原则、和谐一致原则。现以制定企业产品标准为例，简单介绍茶叶标准的制定和复审程序。

**1. 标准制定的依据**　对于确定要制定标准的茶叶产品，先了解该产品的国家标准、行业标准和地方标准的情况，没有上述 3 项标准的必须制定产品企业标准，已有上述 3 项标准的，一般可不再制定企业产品标准。如有特殊需要，可制定高于国家标准、行业标准和地方标准的产品企业标准。要全面衡量和正确评估本企业的生产技术和经营管理水平，依据本企业的外部条件和科学技术发展水平，论证制定该产品标准的现实可能性后确定标准的制定计划。以《标准化工作导则　第 1 部分：标准化文件的结构和起草规则》（GB/T 1.1—2020）和《标准编写规则　第 10 部分：产品标准》（GB/T 20001.10—2014）为主要依据。

**2. 计划立项**　企业在经充分准备、周密分析的基础上，作出制定某产品标准的决定，履行标准立项手续，并在一定形式下向企业内部公布产品标准制定计划，包括详述制定该标准的目的、依据、主要任务、时间安排和标准制定工作组的构成、经费预算及配套的保障措施等内容，并组织企业内部审查批准后再行公布，还需向制定标准的承办部门下达计划任务书。立项要切实做到三落实，即落实人员、落实任务、落实经费。

**3. 成立标准制定工作组、编制工作方案** 企业产品标准制定工作组，应有设计工艺、生产加工、质量管理、销售服务等部门参加，明确负责人，编制工作方案。其工作内容包括：标准名称，适应范围，任务要点、目的、依据、意义，国内外同类标准及技术成就的简要说明，工作步骤及计划进度安排，起草单位、协作单位和分工，标准实施后的经济效果预测，经费预算等。

**4. 调查研究、试验验证** 企业产品标准制定前的调查研究是制定标准的关键程序。调查研究的主要内容有：①消费者对产品品质的要求和建议；②同类产品的生产情况和技术水平；③收集有关试验检验数据和生产加工原始资料；④收集标准的情报资料；⑤收集科技成果资料；⑥收集相关法律文件；⑦收集销售情报和经济资料。

企业产品标准的试验验证是制定标准必不可少的项目。各项技术参数均要经过试验验证来确定。如我国茯砖茶标准的水浸出物含量、总灰分含量等理化指标，是经过每月定期测定 3 个大型茯砖茶加工厂所生产茯砖茶中这些理化成分的含量，以一年的数据为依据来确定的。

**5. 编写标准草案** 经过调查研究、试验验证、综合分析确定标准的技术内容和技术参数，参照 GB/T 1.1—2020、GB/T 20001.10—2014 要求，编写产品标准草案征求意见稿，并编写《标准编制说明》。

企业产品标准的编写，需要大量的数据为依据，最终以精简的条文和科学提炼的数据体现于标准中。要反映编写过程的真实、科学和复杂程度，则可通过《标准编制说明》予以阐述，并供审查标准之用。在标准贯彻实施中如发现问题，可参照《标准编制说明》加以解释或考虑更正修改。在修订标准时，《标准编制说明》也是重要的依据。

《标准编制说明》包括下列内容：①任务来源，编制原则，简要工作过程；②标准内容与依据，数据统计处理及相关理论；③国内外同类标准的比较分析，列出标准内容对照表；④贯彻法律、法规、强制性标准情况，与现行各类标准的协调情况；⑤主要试验验证情况及分析综述报告，技术经济论证的预期经济效果；⑥贯彻标准所要求的配套措施和建议（如组织措施、技术措施、人员培训等），废除企业某些现行标准的建议；⑦对标准设置的实物标准样制备的说明等内容。

**6. 征求意见** 标准制定要广泛征求各方面的意见，企业要将《标准草案征求意见稿》《标准编制说明》以及征求意见反馈表（表4-17）送标准使用单位、科研和检验单位以及本企业的工艺设计、生产加工、质量检验、销售等部门，以征求书面意见，或召开征求意见恳谈会听取意见，以便发现问题，予以更改修正。

**表4-17　×××标准征求意见反馈表**

| 标准名称 | |
|---|---|
| 反馈日期 | 请于　年　月　日前反馈 |
| 修改意见 | |
| 填表单位 | |
| 填表人 | |
| 填表日期 | |

征求意见除具广泛性外，还要具有代表性。标准起草人员要认真分析各种反馈意见，列出意见汇总处理表（表4-18），填写处理结果。处理结果包括采纳、不采纳和进一步验证，对需要进一步验证的条文要提出验证实施方案或建议等，对于意见较多又难于统一认识的，还要进行第二稿征求意见、第三稿征求意见，反复进行。

**表4-18　×××标准意见汇总处理表**

| 序号 | 章条编号 | 意见内容 | 处理结果 | 备注 |
|---|---|---|---|---|
| | | | | |

7. 编写标准草案送审稿，组织审查　企业产品标准一般由企业标准归口管理部门组织审查，也可委托有关标准化专业技术委员会帮助审查。送审材料包括标准草案、编制说明、试验验证报告、意见汇总处理表等文件。

标准审查方式有两种：一种是会议形式审查，由企业标准化工作人员和企业有关管理部门、设计部门、生产部门人员，必要时可邀请有关科研、教学、学术团体的专家、工程技术人员和销售、用户代表参加。另一种是函审，需向审查单位和审查人员发放标准函审意见反馈表（表4-19），并规定其反馈日期。

**表4-19　×××标准函审意见反馈表**

| 标准名称 | | | |
|---|---|---|---|
| 审查意见 | 同意 | | 审查人（签字） |
| | 修改后同意 | | 审查日期 |
| | 不同意 | | 审查单位（盖章） |
| 修改意见 | | | |

注：①"审查意见"栏用"√"表示意见；②于　年　月　日前不反馈意见，按同意处理。

审查内容包括：①该标准是否符合我国现行的法律规范、条例，是否违反国家标准、行业标准、地方标准中的强制性标准要求，是否与现行各类标准协调配套；②是否达到标准的目的和要求，技术内容是否符合科技发展方向，技术规定是否先进、安全、可靠、经济、合理，各项规定是否完整，是否符合消费者需求；③贯彻标准的要求、措施、建议和过渡办法等。

会议审查标准草案，要有会议记录和审查结论，审查结论应包括在会议纪要中，纪要内容包括：①审查会时间、地点、参加单位人员、主持单位；②审查结论的基本评价；③审查结论对重大问题的修改意见；④对标准制定工作的具体要求，如修改时间进度、方法等；⑤建议有关部门协调解决的问题等。

另附 3 个附件：①会议领导小组名单；②出席会议单位及代表名单（含专家组名单）；③审查意见汇总表。

**8. 报批、批准、发布** 审查通过后，根据意见修改补充，再向企业标准归口管理部门上报审批，报批文件应包括：①标准草案报批稿；②编制说明；③审查意见汇总表；④审查会议纪要或函审结论；⑤主要试验报告；⑥标准报批签署单；⑦等同或等效采用国家标准或国外先进标准的原文或译文。

归口管理部门对标准审查复核后由企业公布，从标准公布之日起 30 天内应在所属的行政主管部门和县（市）级以上的标准化行政主管部门备案。

**9. 复审阶段** 对实施周期达 5 年的标准进行复审，以确定是否继续有效，或对现行标准进行修改（通过技术勘误表或修改单）、修订（提交一个新的标准制定项目建议，列入工作计划）或废止。

## 复习思考题

1. 简述茶叶企业开展标准化工作的作用和意义。
2. 根据标准的制定主体不同，我国的标准体系分为哪几个层次？
3. 简述茶叶标准样制作的流程及方法。
4. 茶叶标准的制定一般包含哪些步骤？

# 第五章  茶叶感官审评

感官审评是借助人的视觉、嗅觉、味觉、触觉等对茶叶的形状、色泽、香气和滋味等感官特征进行鉴定的过程，是确定茶叶品质优次和级别高低的主要方法。感官评茶不仅能快速地鉴定茶叶的色、香、味、形等感官特征的优劣，敏捷地辨别茶叶品质的异常现象，而且能评出其他检测手段难以判明的某些特殊茶叶品质。正确的感官审评结果对指导茶叶生产、改进制茶技术、提高茶叶品质、合理定级给价、促进茶叶贸易均具有极其重要的作用。

## 第一节  感官审评的生理学基础

### 一、感觉概述

人类认识事物或人体自身的活动离不开感觉器官。一切感觉都必须经过能量或物质刺激，然后产生相应的生物物理或生物化学变化，再转化为神经所能接受和传递的信号，最后在大脑综合分析，产生感觉。感觉虽然是一种低级的反应，但它却是一切高级复杂心理的基础和前提。人的感觉器官也称感觉受体，按其所接受外界信息的刺激性质分类如下：①机械能受体，包括听觉、触觉、压觉和平衡感觉等；②辐射能受体，包括视觉、温度觉等；③化学能受体，包括嗅觉、味觉和一般化学感觉等。各种感觉器官接受不同性质的能量或物质刺激，就产生了相应的感觉。如食品入口前后对人的视觉、味觉、嗅觉和触觉等器官的刺激，引起人对它的综合印象，这种印象即构成了食品的风味。表5-1列出了食品风味的基础内容。

表5-1　食品的风味

| 感觉器官 | 刺激类型 | 感觉性质 | 评定品质 |
| --- | --- | --- | --- |
| 视觉 | 物理 | 表观属性 | 色泽、形态 |
| 嗅觉 | 化学 | 香气 | 香味 |
| 味觉 | 化学 | 味道 | 滋味 |
| 触觉 | 物理 | 口感、质地 | 滋味、外形、叶底 |
| 听觉 | 物理 | 质地 | 硬度、脆度 |

### （一）感受性

感受性是指人对刺激物的感觉能力。不同的人对刺激的感受性是不同的。人的某些感觉可以通过训练或强化获得特别的发展，即感受性增强；反之，若某些感觉器官发生障碍，或随着年龄老化，其感受性降低甚至消失。如评茶、评酒大师经过长期的系统训练，其嗅觉和味觉具有超出常人的敏感性。又如后天失明的残疾人，其视觉虽完全消失，但其听觉等其他感觉的感受性必然会加强。检验感受性大小的基本指标称感觉阈限。感觉阈限与感受性的大小成反比关系。

## （二）感觉阈

感觉阈是指能引起感觉的最低刺激量。应该明确的是，某种物质的阈值并不是一个常数，而是不断变化的，随受试者的心情、身体状况甚至是测试时间等而发生变化，往往通过很多次试验得出。感官的一个基本特征就是只有刺激量达到一定程度才能对感官产生作用，并且只有适当的刺激，才能引起感觉受体的有效反应。"适当"的含义是指刺激的强度和量都要适度，超过或不足都不能引起正常的、有效的感觉。例如，通常人听不到一根头发落地的声音，也觉察不到落到皮肤上的尘埃，因为它们的刺激量太低，不足以引起人的感觉。每种感觉的阈可分为刺激阈、识别阈、差别阈、极限阈。

引起感觉所需要的感官刺激的最小值称为刺激阈或觉察阈。例如，引起受试者反应的最弱的光、最轻柔的声音、最清淡的味道等。低于这一能量水平，刺激就不能产生相应的感觉，高于这一水平感觉就能传达到意识。识别阈是指刺激的最小物理强度，或是表现出刺激特有的味觉或嗅觉等所需要的最低水平，当每次提供该刺激时，受试者都可给出相同的描述词。例如，大量统计试验表明，当食盐水浓度为0.037％时，人们才能识别出它与纯水之间的区别；当食盐水浓度为0.1％时，人们才能感觉出有咸味。前者称为刺激阈，后者称为识别阈。感知到的刺激物理强度差别的最小值称为差别阈。差别阈不是一个恒定值，它会随一些因素而变化。极限阈是指一种强烈感官刺激的最大值，超过此值就不能感知刺激强度的差别，实际上该水平很少能达到，除了非常甜的糖果和非常辣的辣椒酱可能达到该水平，食品或其他产品的饱和水平一般都大大高于普通的感觉水平。

## （三）影响感觉的因素

人判断食品的感官属性具有不稳定的特点，非常容易受到心理、生理或环境因素的影响。不同的感觉之间有相互作用，有的产生相乘作用，有的发生相抵消的效果。同一类感觉、不同刺激对同一感觉受体的作用，又可能引起感觉适应、对比和掩蔽等现象。了解这些现象，不仅有理论意义，还有实用价值。在茶叶审评时，应通过选择合适的样品处理方法和试验设计避免或降低这样的误差，使评价结果更加客观有效。

**1. 生理因素**

（1）感官疲劳现象　当一种刺激物或能量持续或重复施加在一种感官上后，该感官就会产生疲劳现象，疲劳的结果是感官对刺激感受的灵敏度急剧下降。嗅觉器官若长时间嗅闻某种气体，就会使嗅感受体对这种气味产生疲劳，敏感性逐步下降，随着刺激时间的延长可能达到忽略这种气味存在的程度。"入芝兰之室，久而不闻其香"，就是一种嗅觉的适应现象。吃第二块糖感觉不如第一块糖甜，这是味觉的适应现象。除了痛觉外，几乎所有的感觉都有适应现象。值得注意的是，这种感觉适应现象是在不改变刺激强度的条件下，持续或重复刺激，使感觉器官的敏感性发生暂时的变化。在去除产生感觉疲劳的强烈刺激之后，感官的灵敏度会逐渐恢复。一般情况下，感觉疲劳产生越快，感官灵敏度恢复就越快。

茶叶审评过程中，为了降低感官疲劳现象，一次审评应限制茶样的数量。同时保证审评轮次及审评过程中有足够的时间间隔，以使感觉灵敏度得到恢复。

（2）对比现象　当两种刺激物同时或连续作用于同一感觉器官时，一种刺激物的存在，使另一种刺激物的刺激作用增强的现象称为对比增强现象。在感觉这两个刺激的过程中，两个刺激量都未发生变化，而感觉上的变化只能归于这两种刺激同时或先后存在时对人生理上产生的影响。例如，舌头的一边舔低浓度的食盐溶液，而另一边舔极淡的砂糖溶液，即使这种糖的甜味浓度在阈限之下，也会感觉到甜味。先后给出两种刺激物所产生的对比效应，称为先后对比现象，例如先吃糖再喝中药，会觉得中药比单独食用更苦。

与对比增强现象相反，若一种刺激的存在减弱了另一种刺激，称为对比减弱现象。各种感觉都存在对比现象。因此，在进行感官审评时应尽可能避免对比现象的发生。例如，在同时品评几种茶叶时，尤其是不同茶类，每品尝一种茶汤前最好用清水漱口，以避免对比现象的影响。

（3）变调现象　当两个刺激先后施加时，一个刺激造成另一个刺激的感觉发生本质变化的现象，称为变调现象。例如，尝过氯化钠和奎宁后，即使再饮用无味的清水也会感觉有甜味。对比现象和变调现象虽然都是前一种刺激对后一种刺激的影响，但后者影响的结果造成人生理上的感觉本质发生改变。

（4）相乘作用　当两种或两种以上的刺激同时施加时，感觉水平超出每种刺激单独作用效果叠加的现象称为相乘作用。例如，一定浓度的味精和核苷酸共存时，会使鲜味明显增强，增强的强度超过味精与核苷酸单独作用的鲜味的加和。相乘作用的效果广泛应用于复合调味料的调配中。

（5）阻碍作用　某种刺激的存在，导致另一种刺激的减弱或消失，称为阻碍作用或拮抗作用。产于西非的神秘果会阻碍味感受体对酸味的感觉，食用神秘果后，再食用带酸味的物质，会感觉不出酸味的存在。炒菜时加盐过多，放一点糖可使咸味减轻，这属于味觉的阻碍作用。

（6）身体状况　影响感觉的身体因素很多，例如年龄、性别、健康状态、吸烟、精神压力等。

随着人的年龄增长，各种感觉阈值都在升高，敏感程度下降，对食物的嗜好也有很大的变化。因此，遴选茶叶专业审评人员时，最好选择年龄20～50岁的人员。有人调查对甜味食品的满意程度，发现幼儿喜欢高甜味，初中生、高中生喜欢低甜味，以后随着年龄的增长，对甜味的喜爱度逐步下降。女性在甜味和咸味方面比男性更加敏感，而男性在酸味方面比女性较为敏感，在苦味方面基本上不存在性别的差异。

疾病常是影响正常感觉的一个重要因素。很多病人的味觉敏感度会发生明显变化、降低、失去甚至改变感觉。由于疾病所引起的变化有些是暂时性的，待恢复后可以使感觉恢复正常。人的生理周期对食物的嗜好也有很大的影响，平时觉得很好吃的食物，在特殊时期（如妇女的妊娠期）会有很大变化。因此，如果审评人员出现感冒或发热、有口腔疾病、情绪压抑或者工作压力太大等情况时，都不适合参加审评任务。

长期吸烟、喝酒或者长久依赖浓咖啡、浓茶，对某些感觉如对苦味的敏感度影响很大。在筛选茶叶审评人员时，应详细了解候选者的饮食习惯。

饮食时间的不同会对味觉阈值产生影响。饭后 1 h 所进行的品尝试验结果表明，试验人员对甜、酸、苦、咸的敏感度明显下降，其降低程度与膳食的热量摄入量有关，这是由于味觉细胞经过了紧张的工作后处于一种"休眠"状态，所以其敏感度下降。而饭前的品尝试验结果表明，试验人员对 4 种基本味觉的敏感度都会提高。为了使试验结果稳定可靠，一般审评试验安排在饭后 2～3 h 内进行。睡眠状态对咸味和甜味的感觉影响不大，但是睡眠不足会使酸味的味觉阈值明显提高。

**2. 心理因素**

（1）期望误差  所提供的样品信息可能会导致误差，审评员总是找寻他们所期望找到的。例如，审评员如果得知茶叶烘干过程中温度过高，将会刻意从茶叶样品中寻找高火味；啤酒审评员如果得知啤酒花的含量，将会对苦味的判断产生误差。期望误差会直接破坏测试的有效性，所以在测试前不能向审评员透露任何样品信息。茶叶样品应被编号，且呈送给审评员的次序也应该是随机的。

（2）讨论误差  审评过程中，审评员对样品的口头评价、发出的带有感情色彩的声音，如"哇!""噢!"甚至是脸上的表情都会对其他审评员造成影响。所以，审评员应该在独立的审评小间进行审评，同时要求他们在审评样品前后都不要进行讨论。

（3）分散误差  审评员很容易被环境中的声音，如讨论声音或手机铃声，或者个人急需要完成的工作等分散注意力。所以审评过程中应尽量创造一个安静和专业的环境，要求审评员关闭手机。

（4）刺激和逻辑误差  当审评员使用额外的信息判断样品时，容易产生刺激误差。当这种额外的刺激与样品某种属性具有逻辑相关性时，称为逻辑误差。容器的外形或颜色会影响审评员，如果条件参数上存在差异，即使完全一样的样品，审评员也会认为它们会有所不同。例如，装在透明玻璃杯、白色陶瓷杯及黑色陶瓷杯中的相同茶叶样品，审评员可能会给出不同的描述词或分数。

规避这种情况发生的措施是：避免留下相关的线索，审评小组的时间安排要有规律，但提供样品的顺序或方法要经常变化。除了要审评的样品属性外，其他条件如样品的量、温度、颜色、盛放容器等要完全一致。

（5）光圈效应  当需要审评样品的一种以上属性时，审评员对每种属性的评分会彼此影响，即光圈效应。对不同风味和总体可接受性同时评定时，所产生的结果与每一种属性分别评定时所产生的结果是不同的。例如，在对茶饮料的消费测试中，审评员不仅要按自己对茶汤的整体喜好程度来评分，还要对具体的属性进行评分。当一种产品受到欢迎时，其具体属性如甜度、茶味、颜色和口感等也被划分到较高的级别中，造成"一好百好"的结果，与实际情况产生偏差。当任何特定的变化对产品的评定结果都很重要时，避免光圈效应的措施是提供几组独立的样品对要求的属性进行单独审评。

（6）习惯误差  当审评员长期审评同一种食品，如企业的质量监控人员，习惯性评价过程容易产生习惯误差。这种误差产生的结果是，当提供的样品产生一系列微小的变化时，审评往往会忽视这种变化，甚至不能察觉偶然错误的样品，而给出习惯性的评价结果。习惯误差是常见的，必须通过改变样品的种类或者掺入特殊的样品来控制。

（7）呈送样品的顺序  感官评定过程中，呈送样品的顺序可能产生一定的误差。

对比效应：在审评劣质样品前，先呈送优质样品会导致劣质样品的等级降低（与单独评定相比）；相反，优质样品呈送在劣质样品之后，后者的等级划分将会偏高。

群体效应：一个好的样品在一组劣质产品中会降低等级，反之亦然。

集中趋势误差：一组样品中，位于中心附近的样品会比那些在末端的更受欢迎。因此，在三角实验中，位于中间的样品更容易被挑选出来。

时间误差/位置偏差：在感官评定过程中，审评员往往对第一个样品充满了期待，注意力比较集中，同时这时候感觉灵敏度最高，所以对第一个样品审评得格外仔细；反之，对最后一个样品往往会产生厌倦、漠然。一个短时间的测试会对第一个样品产生偏差，而长时间的测试则会对最后一个样品产生偏差。

如果采用随机、平均的样品呈送顺序，就会减小上述这些效应。"平均"意味着每一种可能的组合呈送的次数相同，即审评组内的每一个样品在每个位置应该出现相同的次数。如果需要呈送数量大的样品，应采用平均的不完全分组设计方案。"随机"意味着根据机会出现的规律来选择组合出现的次序。在实践时，随机数的获得是通过从袋子里随机取出样品卡，或者通过软件生成随机数来实现。

## 二、视　觉

视觉是人类重要的感觉之一，绝大部分外部信息要靠视觉来获取。视觉是人类认识周围环境，建立客观事物第一印象的最直接和最简捷的途径。在感官审评中，视觉检查占有重要位置，几乎所有产品的检查都离不开视觉检查。在市场上销售的产品能否受到消费者的欢迎，往往取决于"第一印象"，即视觉印象。当食品感官性状发生微观变化时，人们也能敏锐地察觉到。例如，食品中混有杂质、异物、发生霉变、沉淀等不良变化时，人们能够直观地鉴别出来并作出相应的决策和处理，而不需要再进行其他的检验分析。

## （一）视觉的形成

视觉的产生依赖于视觉的生理机制和视觉的适宜刺激。视觉的生理机制是光源光或反射光刺激于晶状体，光线经过晶状体的折射，在视网膜上形成物像。物像刺激视网膜上的感光细胞，使细胞产生的神经冲动沿视线传入大脑皮层的视觉中枢，最后产生视觉。

产生视觉的刺激物质是光波（电磁波），但不是所有的光波都能被人所感受，只有波长在 380～780 nm 范围内的光波才能被人眼接受，属可见光，它仅占全部电磁波的 1/70。可见光又分为两类：一类是由发光体直接发射出来，如太阳光、灯光等；另一类是光源照射到物体表面，由反光体把光反射出来，平常我们所见的光多数为反射光。在完全缺乏光源的环境中，就不会产生视觉。

## （二）视觉的敏感性

在不同的光照条件下，眼睛对被观察物的敏感性是不同的。在明亮光线的作用下，人眼可以看清物体的外形和细小的地方，并能分辨出不同的颜色。但在暗弱光线下，只能看到物体的外形，而且无彩色视觉，只有黑、白、灰视觉。所以，在感官审评中的视觉检查，应在相同的光照条件下进行，特别是同一批次的样品检查。

## （三）视觉的特征

**1. 色觉异常**　色觉是视觉功能的一个基本而重要的组成部分，人眼一般可分辨出包括紫、蓝、青、绿、黄、橙、红等 7 种主要颜色在内的 120～180 种不同的颜色。色觉异常包括色盲和色弱。色盲又分为全色盲与部分色盲。全色盲极少见，表现为只能分辨明暗，缺乏色觉；部分色盲多为红绿色盲或蓝色盲。色弱者 3 种视锥细胞并不缺乏，但对某种颜色的分辨力较弱。干茶以及茶汤的色泽与茶样的质量有着密切的关系，所以在筛选审评员时，应检查其色觉情况，色觉异常者不能参加茶叶审评工作。

**2. 闪烁效应**　当用一系列明暗交替的光线刺激眼球时，就会产生闪烁感觉，随着刺激频率的增加，到一定程度时，闪烁感觉消失，由连续的光感所代替，出现上述现象的频率称为极限融合频率。在茶叶审评时，应注意选择合适的桌布、托盘与工作服等，避免产生闪烁效应。

**3. 对比效应**　视觉对比是由光刺激在空间上的不同分布引起的视觉经验，可分成明暗对比与颜色对比两种。明暗对比是由光强在空间上的不同分布造成的。例如，在白背景上放一个黑色正方形，由于视野中不同区域的反射系数不同，因而形成黑白的对比。一个物体的颜色会受周围物体颜色的影响而发生色调的变化。例如，将一个灰色圆环放在红色背景上，圆环将呈现绿色；放在黄色背景上，圆环将呈现蓝色。总之，对比使物体的色调向着背景颜色的补色方向变化。在茶叶审评时，应注意选择合适的器皿。因为同样一种茶叶样品，放在透明玻璃杯、白色陶瓷杯或者黑色陶瓷杯中，茶汤的颜色会有很大的差异。

**4. 暗适应和亮适应**　当审评员从明亮处转向黑暗处时，会出现视觉短暂消失而后逐渐恢复的情形，这个过程称为暗适应。在暗适应过程中，由于光线强度骤变，瞳孔迅速扩大以适应这种变化，视网膜也逐步提高自身灵敏度使分辨能力增强。因此，视觉从一瞬间的最低程度渐渐恢复到该光线强度下正常的视觉。亮适应正好与此相反，是从暗处到亮处视觉逐步适应的过程。亮适应过程所经历的时间比暗适应短。这两种视觉效应与感官评定实验条件的选定和控制相关。当审评员从室外明亮的环境进入到相对较暗的实验室环境时，应让其经过短暂的调整和适应后，再进入审评状态。

# 三、嗅　觉

挥发性物质刺激鼻腔嗅觉神经，并在中枢神经引起的感觉就是嗅觉。嗅觉也是一种基本感觉，它比视觉原始，比味觉复杂。食品除含有各种基本味道外，还含有各种不同的气味。食品的味道和气味共同组成食品的风味特性，这影响人类对食品的接受性和喜好性，同时与食品的质量密切相关。因此，嗅觉与食品有密切的关系，是进行感官分析时所使用的重要感官之一。

## （一）嗅觉的形成

嗅觉是辨别各种气味的感觉。嗅觉的感受器是嗅细胞，存在于鼻腔上端的嗅黏膜（也称嗅上皮）中。正常呼吸时，气流携带挥发性物质分子，进入鼻腔，经过嗅上皮，穿越内鼻孔，进入肺部。在吸气过程中，嗅上皮与气流接触，嗅细胞接受外界物质刺激，便产生了嗅觉。嗅觉的适宜刺激物必须具有挥发性和可溶性的特点，否则不易刺激嗅上皮，无法引起嗅觉。

## （二）嗅觉理论和气味分类

根据当代信息论推算，有 13 种嗅觉受体便可以对万种气味作出是非判断；若有 20 种以上嗅觉受体，则可以对万种气味迅速无误作出响应。迄今已有 50 多种嗅觉理论，都是试图找出有限的基本气味，用于解释不同的气味品质。这里仅介绍几种值得注意的嗅觉理论。

**1. 立体化学理论**　立体化学理论是 Amoore 在 1964 年提出的，理论假设所有的气体分子都有不同的尺寸和形状，使其插入嗅觉受体的相应位置中，犹如钥匙与锁的位置关系。有 5 种受体位置接受不同尺寸和形状的气体分子，另外两种位置接受与气体分子电荷相关的刺激性气味和腐烂气味。他比较了各种气味特性，提出了 7 种基本气味，即樟脑味、麝香味、花香味、薄荷香味、乙醚味、刺激味和腐烂味。任何一种气味的产生，都是由 7 种基本气味中几种气味混合的结果。

**2. 膜刺激理论**　膜刺激理论是 Davies 于 1967 年提出的。这一理论认为气味分子被吸附在化学受体柱状神经薄膜的脂质膜界面上，在神经周围有水存在，吸附分子的亲水基朝向水，并推动水形成空穴。离子进入这个空穴，神经便产生响应。这一理论推导了气味分子功能团横切面概念与吸附自由能的热力学关系式，从而确定气体分子的尺寸、形状、功能团分布位置与吸附自由能之间的关系。

**3. 振动理论**  振动理论是 Wright 于 1957 年提出的。这一理论认为气味特性与气味分子振动特性相关。在体温条件下，气味分子的振动能量处在红外光谱或拉曼光谱区，特别是在 $100\sim700 \text{ cm}^{-1}$ 区，人的嗅觉受体能感受分子的振动能谱。这一理论能解释现有的气味物质的分子光谱数据与气味特性的相关性，还能预测一些化合物的气味感觉特性。2004 年，美国科学家 Richard Axel 和 Linda B. Buck 分别在气味受体（odorant receptor）和嗅觉系统（olfactory system）组织方式研究中作出了杰出贡献，被授予诺贝尔生理学或医学奖。

### （三）嗅觉的特征

**1. 嗅觉疲劳**  嗅细胞容易产生疲劳，而且当嗅球等中枢系统由于气味的刺激陷入负反馈状态时，感觉受到抑制，气味感消失，对气味产生适应性。另外，注意力的分散会使人感觉不到气味，时间长些便对该气味形成习惯。所以，对茶叶香气的审评，样品数量和检查时间都应尽量控制，同时创造条件提高审评员的注意力，以避免嗅觉产生疲劳。

**2. 嗅觉敏锐性**  人的嗅觉相当敏锐，可感觉到一些浓度很低的嗅感物质，可以检测十亿分之几水平范围内的风味物质，如含硫化合物乙硫醇，超过化学分析中仪器方法测量的灵敏度。

**3. 嗅觉辨别性**  人的嗅觉所能体验和了解的气味范围相当广泛。人所能辨识的比较熟悉的气味数量相当大，训练有素的专家能辨别 4 000 种以上不同的气味。但是嗅觉对强度水平的区分能力相当差，相对于其他感觉，测定的嗅觉阈值的差别也相当大。从复杂气味混合物中分析识别单体成分的能力也是有限的。人的嗅觉是将气味作为一个整体的形式而不是作为单个特性的堆积加以感受的。

**4. 嗅觉个体差异性**  不同的人嗅觉差别很大，有的人嗅觉敏锐，有的人嗅觉迟钝，即使嗅觉敏锐的人也并非对所有气味都敏锐。因此，在试验之前，应该对参试人员进行筛选，使用的样品应该是正式试验的产品。长期从事评茶工作的人，对茶香的变化非常敏感。人的身体状况对嗅觉器官的敏锐性有直接影响。如人在感冒时，嗅闻到的茶叶香气显然不如平常那样芳香，当身体疲倦或营养不良时，都会引起嗅觉功能的降低。

## 四、味　觉

味觉是人的基本感觉之一，对人类的进化和发展起着重要的作用。味觉一直是人类对食物进行辨别、挑选和决定是否接受的主要因素之一。同时，食品本身所具有的风味对相应味觉的刺激，使得人类在进食的时候产生相应的精神享受。味觉在食品感官鉴评上占据重要地位。

## （一）味觉的形成

味觉的感觉受体是味蕾，主要分布在舌头的上面，特别是舌尖和舌侧缘的乳头上。乳头有茸状、轮廓、叶状和丝状4种。除丝状乳头外，茸状乳头主要分布在舌尖和舌侧部位，轮廓乳头呈V形分布在舌根部位，叶状乳头主要位于靠近舌两侧后区。每个乳头的沟内有几千个味蕾。味蕾是由40～60个椭圆形味细胞和支持细胞组成，味觉细胞末端有纤毛，从味蕾的味孔伸出舌面。支配味蕾的神经末梢连接着味觉细胞。水溶性物质刺激味觉细胞，使其呈兴奋状态，由味觉神经立即传入神经中枢，进入大脑皮层，产生了味觉。

## （二）四种基本味觉

关于味的分类方法，各国有一些差异，我国是"酸、甜、苦、咸"，欧洲是"甜、酸、咸、苦、金属味、碱味"等。味觉生理分类认为，甜、酸、咸、苦是食物的4种基本味，其他味因为不是通过直接刺激味蕾细胞而产生，所以不属于基本味。辣味是呈味物质刺激口腔黏膜引起的一种痛觉，也伴有鼻腔黏膜以及皮肤的痛觉。涩味是物质使舌黏膜收敛引起的感觉。鲜味是由如谷氨酸钠、甘氨酸或者与其他呈味物质配合产生的感觉。因此，有人把鲜味剂当作风味强化剂或增效剂。4种基本味与鲜味的刺激阈见表5-2。

表5-2　4种基本味与鲜味的刺激阈

| 味 | 物　质 | 刺激阈（%） |
|---|---|---|
| 咸 | 食盐 | 0.1 |
| 甜 | 砂糖 | 0.6 |
| 酸 | 柠檬酸 | 0.03 |
| 苦 | 奎宁 | 0.001 |
| 鲜 | 味精 | 0.045 |

## （三）味觉的特征

**1. 味觉受体敏感区**　由于味蕾在舌头上的分布有别，舌的不同部位对相同味的敏感性有差异。一般来讲，人的舌尖对甜味最敏感，舌前部和边缘对咸味较为敏感，而靠腮两边对酸味敏感，舌根则对苦味最敏感。不同类型乳头的味蕾对不同味的敏感性不同。如茸状乳头对甜、咸味敏感，轮廓乳头对苦味最敏感，叶状乳头对酸味最敏感。2006年，德国科学家采用不同的溶液刺激小鼠舌头，通过检测小鼠舌面各位置的味觉受体细胞信号强弱，发现小鼠舌面各位置的味觉受体细胞都能对酸、甜、苦、咸、鲜这5种呈味物质的刺激产生信号响应值，表明舌头各个区域对味觉的敏感程度相差无几，从而提出不存在味觉敏感区的学说。

**2. 味觉反应**　从刺激味感受器到出现味觉，响应时间一般只需1.5～4.0 ms。

其中咸味的感觉最快，苦味的感觉最慢。所以，一般苦味总是在最后才有感觉。味觉的强度和出现味觉的时间与味刺激物（呈味物质）的水溶性有关。完全不溶于水的物质实际上是无味的。只有溶解在水、油或唾液中的物质才能刺激味觉神经产生味觉，味觉产生的时间和维持时间长短因呈味物质的溶解性不同而有差异。如水溶性好的物质味觉产生快、消失也快；水溶性较差的物质味觉产生较慢，但维持时间较长。

**3. 味觉的影响因素** 味觉与温度的关系很大。即使是相同浓度的同一呈味物质，也会因温度不同而产生不同的感觉。最能刺激味觉的温度为 $10\sim40\ ℃$，其中以 $30\ ℃$ 时味觉最为敏感。即接近舌温时对味的敏感性最大，低于或高于此温度，各种味觉都稍有减弱。如甜味在 $50\ ℃$ 以上时，感觉明显迟钝。

不同年龄的人对呈味物质的敏感性也不同，随着年龄的增长，味觉逐渐衰退。据研究报道，50 岁左右开始味觉敏感性明显衰退，甜味约减少 1/2，苦味约减少 1/3，咸味约减少 1/4，但酸味减少不明显。

另外，味觉还受人的身体状况、心理状态、实际经验等主观因素的影响。

# 五、触　觉

食品的触觉是牙齿、嘴唇、舌、手与食物接触时产生的感觉，通过对食品的形变所加力产生刺激的反应表现出来，表现为咬断、咀嚼、品味、吞咽的反应。

## （一）触觉的产生

皮肤是人体面积最大的结构物质，具有辨别物体的机械特性和温度的感觉。皮肤受到机械刺激尚未引起变形时的感觉为触觉。若刺激强度增加，使皮肤变形，此时的感觉为压觉。二者是相互联系的，故又称为触压觉。触摸觉是相对于触压觉而言的，即手部肌肉参与的主动触觉。

触觉的感觉器在有毛的皮肤中为毛发感受器，在无毛发的皮肤中主要是迈斯纳小体。压觉感受器是环层小体。这些感受器接受了机械刺激后，产生神经冲动，并由传入神经将信息传到大脑皮层中央返回，产生触压觉。皮肤分布着冷点与温点，若以冷或温的刺激作用于冷点或温点，便可产生温度觉。

## （二）触觉的敏感性

触压觉的感受器在皮肤内的分布不均匀，所以不同部位有不同的敏感性。四肢皮肤比躯干部敏感，手指尖的敏感性强。此外，不同皮肤区感受两点之间最小距离的能力也有所不同，舌尖具有最大敏感性，能分辨两个相隔 $1.1\ mm$ 的刺激。手指掌面能分辨 $2.2\ mm$。

皮肤分布着冷点与温点，且冷点多于温点，两者之比为 $4:1\sim10:1$。所以，皮肤对冷敏感，而对热相对不敏感。面部皮肤对热和冷有最大敏感性。一般躯干部皮肤对冷的敏感性比四肢皮肤高。

### （三）触觉的感官检查

触觉检查是用人的口部、手、皮肤表面接触物体时产生的感觉来分辨、判断产品质量特性的一种感官检查。触觉检查主要用于检查产品在口腔中的相变化、粗糙度、光滑度、软、硬、柔性、弹性、塑性、热、冷、潮湿等感觉。人体自身的皮肤（手指、手掌）是否光滑，对分辨物品表面的粗糙、光滑程度等也有影响。如果皮肤表面有伤口、炎症、裂痕时，触摸觉的误差会更大。

茶叶感官审评就是利用人的视觉、嗅觉、味觉和触觉的生理特性，对茶叶的外形形状、色泽以及内质的香气、汤色、滋味、叶底做出全面、客观、公正的评价，确定其品质优次，是有科学依据的。这种客观、公正评价的准确度，又是建立在评茶人员的业务素质上。评茶人员必须珍惜自己感官的灵敏度，经常注意积累各种茶或非茶的香味感受，有计划并长期地进行系统感官训练；尽可能不沾烟酒，少吃带刺激性的食物。一个对各类茶叶品质特征极其了解，而又能快捷、准确地评定其品质优次的评茶师，无疑是我国茶叶行业的宝贵人才。

# 第二节　审评项目与审评因子

茶叶审评项目指审评茶叶的主要内容或主要方面。茶叶审评因子指审评茶叶具体的某一特性特征。审评项目是审评因子的概括，审评因子是审评项目的细化、描述，既有共性，又相互补充。不同国家、不同茶类，茶叶审评项目和审评因子均存在一定的差异。

我国茶叶审评分外形审评和内质审评两大审评项目，也有的将内质审评细化，分外形审评、汤色审评、香气审评、滋味审评、叶底审评五大审评项目。我国六大茶类，无论初制毛茶或精制茶、还是特种茶，均可按照这些项目来进行评审。茶叶审评因子，因茶叶加工方式不同、审评侧重点不同、需要突出的品质特色不同，审评因子略有不同。如出口的眉茶、祁红等，分松紧、老嫩、整碎、净杂、汤色、香气、滋味、叶底八大审评因子；名优茶分形状、匀度、净度、色泽、香气、汤色、滋味、叶底八大审评因子；红毛茶外形审评分条索、嫩度、整碎、净度、色泽5个因子，结合嗅干茶香气、手测毛茶水分等。

其他国家生产的茶叶一般只有红茶、绿茶两类，其审评项目及因子也有所差异，如日本茶叶审评分外形、汤色、香气、滋味4个项目；印度分外形、茶汤、叶底3个项目，细分为形状、色泽、净度、身骨、茶汤（汤色、滋味）、叶底（香气、颜色）6个因子；英国和斯里兰卡等国家的红茶审评分外形、茶汤、叶底3个项目，外形又分色泽、匀度、紧结度及含毫量等审评因子，茶汤分特质、汤色、浓度、刺激性及香气等审评因子，叶底分嗅叶底香气和看叶底色泽2个因子。

在茶叶感官审评的过程中，只有熟悉了不同品类茶叶的审评项目及审评因子，才能进行细致的综合分析比较，更准确地判断茶叶品质的高低优次。

# 一、外形审评

外形是茶叶呈现出的第一特征，主要依靠人的视觉来评审。在茶叶的推广或消费中，其赏心悦目的程度往往决定了消费者甚至审评专家探索茶叶内质的兴趣，直接关系到茶叶的销售和认可度；并且茶叶外形特征往往暗示着诸多与茶叶内质相关的特性，如茶叶品种特征、茶园管理水平、茶叶加工方式、加工水平等，往往茶叶外形与内质的审评具有高度的一致性。因此，对茶叶的外形进行系统、科学的评判，对茶叶品质的鉴定具有至关重要的作用。

**1. 形状** 我国茶区广阔，茶树品种及采制技术各有不同，造成茶叶所呈现的形状类型多样，尤其是特种绿茶更是形状各异、多姿多彩，有芽形、针形、雀舌形、朵形、扁形、尖形、片形、卷曲形、圆形、条形、颗粒形等。茶叶形状本身没有高低优次之分，只要加工得当、符合该形状应具备的特色即可。

**2. 嫩度** 嫩度是决定茶叶品质的一个重要因素，是外形审评的一个重要因子。一般来说，嫩叶中可溶性物质含量高，饮用价值较高；嫩叶多呈现鲜爽甘甜的风味特征；嫩叶叶质柔软，可塑性强，有利于初制中成条和造型。因此，嫩度高的茶叶外形不是芽头苗壮、芽毫显露，就是紧秀纤细、身骨重实。当然，由于茶类不同，对嫩度的要求往往存在差异。例如，青茶和黑茶要求采摘具有一定成熟度的新梢；安徽的六安瓜片也是采摘成熟新梢，然后再经扳片，将嫩叶、老叶分开炒制。所以，审评茶叶嫩度时应因茶而异，在普遍性中注意特殊性，对该茶类各级标准样的嫩度要求进行详细分析，并探讨该因子审评的具体内容与方法。在茶叶外形审评时，一般是通过以下几点来判断其嫩度高低。

（1）芽毫所占的比例 对于芽形、针形、雀舌形、朵形等茶样嫩度的判断，常以茶样芽毫所占的比例来评比。芽毫所占整盘茶的比例越高，嫩度越高；对于芽毫比例相当的，以芽叶大小相近、芽头较壮、叶质均匀厚实的为嫩度高、品质好。另外，经不揉不炒方式制得的茶叶，如黄山毛峰，有无黄金片（包裹越冬芽的鱼叶）亦是判断茶叶嫩度高低的指标，含有尚未脱落的鱼叶的嫩度高。同样嫩度的茶叶，春茶芽头肥壮显毫，夏秋茶次之；高山茶芽头肥壮显毫，平地茶次之；人工揉捻显毫，机揉次之；烘青比炒青显毫；工夫红茶比炒青绿茶显毫。

（2）锋苗所占的比例 锋苗是芽叶细嫩，紧卷而有尖锋。对于卷曲形、条形等经揉捻工艺的茶样来说，原料越细嫩，可塑性越强，越易形成锋苗。对于这类茶叶，外形审评时常以锋苗所占的比例高低来判断茶叶的嫩度，比例越高，嫩度越好。

（3）光糙度 嫩叶细胞组织柔软且胶质含量高，加工揉捻后，表面光滑浑圆；老叶纤维素含量高，质地硬，从而造成茶条表面凸凹褶皱、粗糙，光滑度差。

**3. 条索** 茶叶叶片卷转成条称为条索。我国茶叶外形呈条索状的非常多，如炒青、烘青、工夫红茶等，条形茶以紧直有锋苗的为佳。评比条形茶时，一般从以下几个方面进行比较：

（1）松紧　条细，空隙度小，体积小，条紧为好；条粗，空隙度大，体积大，条松为差。

（2）弯直　条索圆浑、紧直的好，弯曲、钩曲为差。可将茶样盘筛转，看茶叶平伏程度，不翘的为直，反之则弯。

（3）壮瘦　芽叶肥壮、叶肉厚的鲜叶有效成分含量多，制成的茶叶条索紧结壮实、身骨重、品质好。反之，瘦薄为次。

（4）圆扁　长度比宽度大若干倍的条形茶，其横切面近圆形的称为"圆"，如炒青绿茶的条索要圆浑，圆而带扁的为次。

（5）轻重　指身骨轻重。嫩度好的茶，叶肉肥厚，茶条紧结而沉重；嫩度差的茶，叶张薄，茶条粗松而轻飘。

除条形茶外，扁形茶、圆形茶也是通过评比其轻重和外形的壮瘦、松紧等来比较品质的差异。扁形茶以芽壮、扁平挺直为好；圆形茶以颗粒圆紧、身骨重实的品质佳。相反，叶质粗老、粗糙，薄而轻飘或呈朴块状的品质差。

**4. 色泽**　干茶色泽主要看色度和光泽度两方面。色度指茶叶的颜色及颜色的深浅程度。干茶的色度看颜色的深浅、匀杂等；光泽度指茶叶接受外来光线后，一部分光线被吸收，一部分光线被反射出来，形成茶叶色面的亮暗程度。光泽度可从润枯、鲜暗等方面去评比。

（1）深浅　首先看色泽是否符合该茶类应有的要求。对正常的干茶而言，原料细嫩的高级茶颜色深，随着茶叶级别降低颜色渐浅。

（2）润枯　"润"表示茶叶表面油润光滑，反光强。一般可反映鲜叶嫩而新鲜，加工及时合理，是品质好的标志。"枯"是茶叶有色而无光泽或光泽度差，表示鲜叶老或加工不当，茶叶品质差。劣变茶或陈茶的色泽多为枯且暗。

（3）匀杂　"匀"表示色调和一致。色不一致，茶中多黄片、青条、筋梗、焦片末等谓之"杂"。

（4）鲜暗　"鲜"为色泽鲜艳、鲜活，给人以新鲜感，表示鲜叶新鲜，初制及时合理，为新茶所具有的色泽。"暗"表现为茶色深且无光泽，一般为鲜叶粗老，贮运不当，初制不当或茶叶陈化等所致。紫芽种鲜叶制成的绿茶，色泽带黑发暗。过度深绿的鲜叶制成的红茶，色泽常呈现青暗或乌暗。

各类茶叶均有其一定的色泽要求，如红茶以乌黑油润为好，黑褐、红褐次之，棕红更次；绿茶以翠绿、深绿光润的好，绿中带黄者次；青茶则以青褐光润的好，黄绿、枯暗者次；黑毛茶以油黑色为好，黄绿色或铁板色者差。

**5. 整碎**　整碎指茶叶外形的匀整程度。毛茶、特种茶基本上要求保持茶叶的自然形态，完整的为好，断碎的为差，常用匀齐、匀整、完整来描述。精茶的整碎主要评比各孔茶的拼配比例是否恰当，要求筛档匀称不脱档，面张茶平伏，下盘茶含量不超标，上、中、下三段茶互相衔接，常用匀整与否来描述。

**6. 净度**　净度指茶叶中含夹杂物的程度。不含夹杂物的为净度好，反之则净度差。茶叶夹杂物有茶类夹杂物和非茶类夹杂物之分。茶类夹杂物指茶梗、茶籽、茶朴、茶末、毛衣等，非茶类夹杂物指采制、贮运中混入的杂物，如竹屑、杂草、沙石、棕毛等。

茶叶是供人们饮用的食品，要求符合卫生规定，对非茶类夹杂物或严重影响品质的杂质，必须拣剔干净，禁止添加外源物于茶中。对于茶梗、茶籽、茶朴等，应根据含量多少来评定品质优劣。

## 二、内质审评

内质审评汤色、香气、滋味、叶底 4 个项目，将杯中茶叶冲泡出的茶汤倒入审评碗，茶汤处理好后，可按照看汤色、嗅香气、尝滋味、看叶底的顺序进行。

### （一）汤色

汤色是指茶叶冲泡后溶解在热水中的溶液所呈现的色泽。汤色审评要快，因为溶于热水中的多酚类等物质与空气接触后很易氧化变色，使绿茶汤色变黄变深，青茶汤色变红，红茶汤色变暗，尤以绿茶变化更快。并且在寒冷的冬季，茶汤温度下降迅速，物质溶解度也会显著下降，对茶汤的清亮度亦存在负面的影响。故审评时宜先看汤色，尤其是绿茶，在嗅香前先快看一遍汤色，做到心中有数。汤色审评主要从色度、亮度和清浊度 3 个方面评比。

**1. 色度**　色度是指茶叶可溶性物质溶解于水所呈现出的颜色。茶汤的颜色除了与茶树品种和鲜叶老嫩有关外，主要是因制法不同而使各类茶具有不同的汤色。评比时，主要从正常色、劣变色和陈变色 3 个方面去看。

（1）正常色　正常色是指一个地区的鲜叶在正常采制条件下制成的茶叶，经冲泡后所呈现的汤色。如绿茶绿汤、绿中呈黄，红茶红汤、红艳明亮，青茶橙黄明亮，白茶浅黄明净，黄茶黄汤，黑茶橙黄浅明等。正常的汤色，由于茶叶加工精细程度不同，尚有优次之分，故对于正常汤色应进一步区别其浓淡和深浅。通常汤色深而亮，表明汤浓，物质丰富；汤色浅而明，则表明汤淡，物质不丰富。至于汤色的深浅，只能是同一地区的同一类茶作比较。

（2）劣变色　由于鲜叶采运、摊放或初制不当等造成变质，汤色不正。如鲜叶处理不当，制成绿茶轻则汤黄，重则汤色变红；绿茶干燥时炒焦了，汤色变黄浊；红茶发酵过度，汤色变深暗等。

（3）陈变色　陈化是茶叶特性之一，在通常条件下贮存，随时间延长，陈化程度加深。如果绿茶初制时各工序间不能连续，或杀青后不能及时揉捻，或揉捻后不能及时干燥，则会使新茶制成陈茶色。绿茶的新茶汤色绿而鲜明，陈茶则灰黄或昏暗。

**2. 亮度**　亮度指茶汤的亮暗程度。亮表明射入茶汤中的光线被吸收的少，反射出来的多，暗则相反。凡茶汤亮度好的，品质亦好。茶汤能一眼见底的为明亮，如绿茶看碗底反光强就明亮，红茶还可看汤面沿碗边的金黄色圈（称金圈）的颜色和厚度，光圈的颜色正常，鲜明而厚的亮度好；光圈颜色不正常且暗而窄的，亮度差，品质亦差。

**3. 清浊度**　清浊度指茶汤的清澈或浑浊程度。清指汤色纯净透明，无混杂，清澈见底。浊与浑含义相同，指汤不清，视线不易透过汤层，汤中有沉淀物或细小悬浮物。发生酸、馊、霉、陈变等劣变的茶叶，其茶汤多是浑浊不清。杀青炒焦的叶片，干燥烘焦或炒焦的碎片，冲泡后进入茶汤中产生沉淀，都使茶汤浑而不清。但在浑汤中有两种情况要区别对待：一种现象是红茶汤的"冷后浑"或称乳凝现象，这是咖啡碱与多酚类物质的氧化产物茶黄素及茶红素间形成的络合物，它溶于热水，而不溶于冷水，茶汤冷却后，络合物即可析出而产生"冷后浑"，这是红茶品质好的表现。还有一种现象是诸如高级碧螺春、信阳毛尖等细嫩多毫的茶叶，一经冲泡，大量茸毛便悬浮于茶汤中，造成茶汤浑而不清，称为"毫浑"，这也是此类茶叶品质好的表现。

## （二）香气

香气是指茶叶冲泡后随水蒸气挥发出来的气味。茶叶的香气受茶树品种、产地、季节、采制方法等因素影响，使得各类茶具有独特的香气风格，如红茶的甜香、绿茶的清香、青茶的花果香等。即使是同一类茶，也会因产地不同而表现出地域性香气特点。审评茶叶香气时，除辨别香型外，主要比较香气的纯异、高低和长短。

**1. 纯异**　"纯"指具有某种茶应有的正常香气，"异"指茶香中夹杂有其他气味。香气纯要区别3种情况，即茶类香、地域香和附加香。茶类香指某茶类应有的香气，如绿茶要清香，黄大茶要有锅巴香，传统黑茶和小种红茶要有松烟香，青茶要带花香或果香，白茶要有毫香，红茶要有甜香等。在茶类香中又要注意区别产地香和季节香。产地香即高山、低山、洲地之区别，一般高山茶香气高于低山茶。季节香即不同季节香气之区别，我国红茶、绿茶一般是春茶香气高于夏秋茶，秋茶香气又比夏茶好；大叶种红茶香气则是夏秋茶比春茶好。地域香即地方特有香气，如同是炒青绿茶的嫩香、兰花香、熟板栗香等，同是红茶有蜜香、橘糖香、果香和玫瑰花香等地域性香气。附加香是指外源添加的香气，如以茶用茉莉花、珠兰花、白兰花、桂花等香花窨制的花茶，不仅具有茶叶香，还引入了花香。

异气指茶香不纯或沾染了外来气味，轻的尚能嗅到茶香，重的则以异气为主。香气不纯如烟焦、酸馊、陈霉、日晒、水闷、青草气、鱼腥气、木气、油气、药气等。传统黑茶及小种红茶均要求具有松烟香气，不属于异气。

**2. 高低**　香气高低可以从以下几方面来区别，即浓、鲜、清、纯、平、粗。所谓"浓"指香气高，充沛有活力，刺激性强。"鲜"指犹如呼吸新鲜空气，有醒神爽快感。"清"则指有清爽新鲜之感，其刺激性不强。"纯"指香气一般，无粗杂异味。"平"指香气平淡，但无异杂气味。"粗"则指有老叶粗辛气。

**3. 长短**　香气长短即香气的持久程度。从热嗅到冷嗅都能嗅到香气，表明香气长，反之则短。香气以高而长、鲜爽馥郁的好，高而短的次之，低而粗的为差。

## （三）滋味

滋味是评茶人的口感反应。茶叶是饮料，其饮用价值取决于滋味的好坏。审评滋味先要区别是否纯正，纯正的滋味可区别其浓淡、强弱、鲜、爽、醇、和等。不纯的可区别其苦、涩、粗、异。

**1. 纯正**　纯正指品质正常的茶应有的滋味。"浓"指浸出的内含物丰富，有厚的感觉；"淡"则相反，指内含物少，淡薄无味。"强"指茶汤吮入口中感到刺激性或收敛性强；"弱"则相反，入口刺激性弱，吐出茶汤后口中平淡无味。"鲜"似食新鲜水果的感觉。"爽"指爽口。"醇"表示茶味尚浓，但刺激性欠强。"和"表示茶味平淡正常。

**2. 不纯正**　不纯正指滋味不正或变质。常表现为苦、涩、青、粗、酸、馊、霉、焦、烟等。其中，苦味是茶汤滋味的特点，对苦味不能一概而论，应加以区别：如茶汤入口先微苦后回甘，这是好茶；先微苦后不苦也不甜者次之；先微苦后也苦又次之；先苦后更苦者差。后两种味觉反应属苦味。"涩"似食生柿，有麻嘴、厚唇、紧舌之感。涩味轻重可从刺激的部位来区别，涩味轻的在舌面两侧有感觉，重一点的整个舌面有麻木感。一般茶汤的涩味，最重的也只在口腔和舌面有反应，先有涩感后不涩的属于正常茶汤味感特点，不属于涩味，吐出茶汤仍有涩味才属涩味。涩味一方面说明加工不当（青涩）、原料粗老（粗涩），另一方面是夏秋季节茶的标志。

茶汤滋味与香气关系相当密切，评茶时嗅到的各种香气，如花香、熟板栗香、青气、烟焦气味等，往往在品尝滋味时也能感受到，即"味中有香"。这是由于茶叶香气物质除了通过嗅觉神经感知外，还可以通过位于口腔两侧的三叉神经感知。因此，鉴别香气、滋味时可以互相辅证，一般来说香气好，滋味也是好的。

## （四）叶底

叶底即冲泡后剩下的茶渣。干茶冲泡时吸水膨胀，芽叶摊展，叶质老嫩、色泽、匀度及鲜叶加工合理与否，均可在叶底中暴露。看叶底主要依靠视觉和触觉来评定叶底的嫩度、色泽和匀度。

**1. 嫩度**　判断叶底嫩度的方法如下：

① 以芽头及嫩叶含量比例来衡量。芽以含量多、肥而长的好，细而短的差。但应视品种和茶类要求不同而有所区别，如碧螺春细嫩多芽，其芽细而短、茸毛多。

② 从叶质的软硬度和有无弹性来区别。手指揿压叶底柔软，放手后不松起的嫩；质硬有弹性，放手即松起的粗老。

③ 从叶脉隆起平滑、触手不触手来看，叶脉越突出隆起的，原料越老。

④ 条形茶可从叶张的卷摊来看，卷的嫩，摊的老（要注意叶底不正常的卷缩，如老火、焦茶、陈茶的叶底卷而硬）。

⑤ 相同茶树品种还可从叶张大小、叶缘锯齿深浅来区别，叶片越大、锯齿越

深，原料越老。

**2. 色泽**　色泽主要看色度和亮度，其含义与干茶色泽相同。审评时掌握本茶类应有的色泽和当年新茶的正常色泽。如绿茶叶底以嫩绿、翠绿、黄绿明亮者为优；暗绿带青张或红梗红叶者次；青蓝叶底为紫色芽叶制成，在绿茶中被认为品质差。红茶叶底以红艳、红亮为优；红暗、乌暗花杂者差。

**3. 匀度**　匀度主要从老嫩、大小、厚薄、色泽和整碎去看。上述因子都比较接近，一致匀称的为匀度好，反之则差。匀度与采制技术有关。匀度是评定叶底品质的辅助因子，匀度好不等于嫩度好，不匀也不等于鲜叶老。匀与不匀主要看芽叶组成和鲜叶加工合理与否。

审评叶底时还应注意看叶张舒展情况，是否掺杂等。因为干燥温度过高会使叶底缩紧，故泡不开、不散条的为差；叶底完全摊开的也不好。好的叶底应具备亮、嫩、厚、软、稍卷等几个或全部因子。次的为暗、老、薄、摊等几个或全部因子，有焦片、焦叶的更次，变质叶、烂叶为劣变茶。

# 第三节　毛茶审评

毛茶是指从茶树上采摘下来的新梢芽叶，经不同制法制成的初制茶。我国茶叶花色品种多，各类茶品质独特，即使是同类茶的各个花色都有不同的品质特征。毛茶品质的高低优劣，可从外形内质的特征表现出来。毛茶审评是依据国家规定的标准和方法，评定毛茶品质的优劣，确定毛茶的等级和精制加工的方法。审评时首先应熟悉各类毛茶的品质特征及等级规格要求，对照国家制定的毛茶标准样，进行对比评定。

## 一、绿毛茶审评

我国绿茶品名较多，因制法不同有炒青、烘青、蒸青、晒青之分。依其形状不同，炒青又分长炒青、圆炒青、扁炒青和特种炒青，烘青又分普通烘青和特种烘青。我国生产的绿茶以炒青和烘青为主。长炒青毛茶一般作为出口珍眉绿茶的原料，烘青毛茶主要供作窨制花茶的茶坯。晒青一般是作为压制普洱茶、沱茶及紧茶、饼茶的原料。

绿毛茶审评分干评外形和湿评内质。评外形先扦取代表性毛茶约 250 g，放在茶样盘或评茶簸箕中，经筛转后收拢，使样茶分出上、中、下三段，对照标准样评定优次和等级。评内质时称取样茶 5 g，倒入容量为 250 mL 的审茶杯中，沸水冲泡 4 min，将茶汤倒入审茶碗中，按看汤色、嗅香气、尝滋味、评叶底的顺序评定内质优次，最后综合外形和内质审评结果确定等级。

外形评松紧、老嫩、整碎、净杂和色泽，以老嫩和松紧为主。审评时先看面张条索的松紧度、匀度、净度和色泽，然后拨开面张茶，看中段的嫩度、条索，再将中段茶拨开，看下段茶的断碎程度和碎、片、末的含量以及夹杂物等。一般上段茶轻、粗、松、杂，中段茶较紧细重实，下段茶体小断碎。上、中、下三段茶比例适当为正常，如面张和下段茶多而中段茶少则为"脱档"。

绿毛茶嫩度和条索的一般特点是：优质茶细嫩多毫，紧结重实，芽叶肥壮完整；低次茶粗松、轻飘、弯曲、扁平。绿毛茶的色泽特点是：原料嫩、做工好的，色泽调和一致，光泽明亮，油润鲜活；原料粗老或老嫩不匀、做工差的，色泽驳杂，枯暗欠润。劣变茶色泽更差。陈茶无论老或嫩，一般都枯暗。

评内质时主要评比叶底的嫩度与色泽，对汤色、香气、滋味则要求正常。低级毛茶一般以干评为主，辅以干嗅香气是否正常。优质毛茶汤色清澈明亮，低级毛茶汤色较淡欠明亮，酸馊劣变茶的汤色浑浊不清，陈茶暗黑，杂质多的毛茶杯底有沉淀。毛茶香气以有花香、嫩香为高，清香、熟板栗香为优，低沉、粗老为差。如有烟焦、霉气等为次品或劣变茶。滋味以浓、醇、鲜、甜为好，淡、苦、粗、涩为差，忌异味。凡中级以上茶滋味感受越快，收敛性越强，品质好。中级以下茶，滋味越粗涩，感受越快者品质次，感受慢的品质尚好。叶底以嫩而芽多、厚而柔软、匀整的为好；叶质粗老、硬薄、花杂为差。原料老嫩不一，则叶底大小不匀，色泽也不调和。忌红梗红叶、叶张破碎、焦斑、黑条、生青和闷黄叶。叶底色泽有浅绿黄色、黄绿色、深绿色等。一般以浅绿微黄，鲜明一致，叶背有白色茸毛为好，其次为黄绿色，深绿、暗绿都差。

## 二、红毛茶审评

红毛茶主要指条形茶，审评方法和审评因子与绿毛茶相同。外形以嫩度和条索为主，内质以叶底的嫩度和色泽为主，香气、滋味只要求正常。

低等级红毛茶以干评外形和干嗅香气为主。外形的嫩度是重要因子，嫩叶质地柔软易成条，芽毫显露有锋苗，随着嫩度下降，芽毫少而短秃。审评嫩度时要区分正常芽和休止芽，还要区别毛茶出售前为求得外形平伏而自行过筛加工（又称毛茶精做）的断碎茶。红毛茶的色泽因老嫩和制工不同，有乌润、乌黑、黑褐、红褐、褐红、棕红、暗褐、枯褐、枯红、花杂等区别。乌、黑、润为上，枯、暗、花为下。

高级红毛茶香气常带有甜香、果香或花香；低级红毛茶香低带粗老气；并要辨别有无劣变、异气等。一般香好味也佳，香差味亦次。汤色要求红艳明亮，浅黄、红暗为差。但红茶茶汤的冷后浑现象比较明显，冲泡后汤色开始是红艳明亮，茶汤冷后则呈现一种乳状，若再提高汤温便又恢复清亮，这是乳降现象，其产生快慢和程度与红茶质量有很大关系。叶底的评比与绿毛茶基本相同，红茶叶底色泽以红艳、红亮为好，红暗、红褐、乌暗、花杂的差。

红毛茶的次品及劣变茶，干看外形亦可发现，但有些情况是不易识别的，尚需干湿兼看。如焦茶是在过高温度下干燥时炭化造成的，若让其回潮后再干燥，干嗅就不易发现焦味，而开汤后香气焦烟者其叶底可看出焦条。又如在夏秋季节，将揉捻后的粗老茶压紧后盖上布，放在日光下曝晒较长时间后再行干燥，可明显改善其外形色泽，但叶底呈黑色，对品质不利。

干燥对形成红茶品质具有十分重要的作用，在初制正常情况下，还需正确识别各种干燥方法的毛茶，以便给以合理的价格。如炭火烘干的，其外形条索紧结，色泽乌黑油润，汤色红艳，香气浓；烘干机烘干的，外形条索紧，色泽乌黑，汤色红亮，香气一般；日光晒干的，条松泡，色红褐，干度不足易回潮，汤色暗并存有日腥气，对日晒茶应视程度不同定为次品茶或劣变茶。

# 三、青毛茶审评

青茶（乌龙茶）审评以内质香气和滋味为主，其次才是外形和叶底，汤色仅作参考。

青毛茶外形审评对照标准样评比条索、色泽、整碎、身骨轻重和净度等因子。由于青茶着重品种，在审评外形因子时必须同时判断属哪一个品种。青茶初制分包揉和不包揉两种，外形条索分成拳曲形和直条形。铁观音、色种、佛手等经过包揉，外形拳曲紧结；岩水仙、岩奇种没有包揉，呈壮结直条形。同属拳曲形，铁观音重实，佛手壮实圆结，色种是由毛蟹、黄棪、本山等品种拼合的茶叶，外形紧结。同是直条形，水仙比奇种壮大，岩水仙壮大、弯曲、主脉宽大扁平，具蜻蜓头三节色。岩奇种条形中等。闽北乌龙茶较为瘦小挺直，无蜻蜓头特征。根据不同品种要求进行评定，但均以紧结重实的好，粗松轻飘的差。

青毛茶外形重视整碎度，忌断碎，因断碎会失去品种特征。毛茶火候足，水分低，条形粗大，装箱时易造成茶条断碎。青毛茶色泽比颜色、枯润、鲜暗。多以鲜活油润为好，死红枯暗为差。依品种不同有砂绿润、乌油润、青绿、乌褐、绿中带金黄等色泽。看净度视茶梗、茶朴、老叶等夹杂物含量多少而定。青茶的粗细老嫩，应根据各品种要求，不是越嫩越好，过嫩滋味苦涩，过粗老则香低味淡。

青毛茶内质审评以香、味为主，兼评汤色、叶底。开汤审评时，用一种特制的有盖倒钟形杯（称茶瓯），容量为 110 mL，冲泡前用沸水将杯碗冲洗烫热，如果一次审评的杯数多，各杯烫热温度要基本保持一致，不然会影响审评准确性。然后称取混匀茶样 5 g 倒入茶瓯中，用沸水冲泡至满瓯，用瓯盖刮去水面漂浮的泡沫，并用沸水冲去杯盖上的泡沫。加盖泡 1 min 后，揭瓯盖嗅香。嗅香方法是将瓯盖竖起，靠近鼻端，深吸几次以辨别香气品质。至 2 min 时将瓯中茶汤倒入评茶碗中，评其汤色和滋味，并闻嗅叶底香气。接着再冲泡第二次，2 min 后按上法揭瓯盖嗅香，评茶叶香气，至 3 min 时将瓯中茶汤倒入评茶碗中，评其汤色和滋味，并闻嗅叶底香气。接着再冲泡第三次，3 min 后揭瓯盖嗅香，评茶叶香气，至 5 min 时将瓯中茶汤倒入评茶碗中，评其汤色和滋味，比较茶叶的耐泡度，然后审评叶底香气。最后将瓯中叶底倒入叶底盘，审评叶底。

香气是青茶的重要审评因子。一般干嗅和湿嗅结合审评，干嗅对判断火候有重要参考作用。火候足，香气清新；火候不足，香中带青气。湿嗅主要从香型、细粗、锐钝、高低、长短等方面来进行判别，以花香或果香细锐、高长的为优，粗钝、低短的为次。同时，还要仔细区分不同品种茶的独特香气，如铁观音的兰花香、观音韵，黄金桂（黄棪）的蜜桃香或桂花香，肉桂的桂皮香，武夷岩茶的花香岩韵，凤凰单丛的黄枝花香等。滋味有浓淡、厚薄、爽涩及回味长短之分，以浓厚、浓醇、鲜爽回甘者为优，粗淡、粗涩者为次。

叶底比厚薄、软硬、匀整、色泽、做青程度等，以叶张完整、柔软、厚实、色泽青绿稍带黄、红点明亮的为好，叶底单薄、粗硬、色暗绿、红点暗红的为差。做青适当，红色部分鲜艳称朱砂红，青的部分明亮；做青不当，色泽死红或色杂，红色部分发暗，青色部分深或暗，少见红点的叶底称"饱青"，最不好的是"积水""死青"的暗绿色和死红张。现在市场上亦有再辅以"打边"工艺的，叶底的红边很难见到。此外，根据青毛茶叶底叶态特征可以进一步鉴定其原料的品种，如水仙品种叶张大，主脉基部宽扁；铁观音叶张肥厚，呈椭圆形；佛手叶张大，近圆形；毛蟹叶张锯齿密，茸毛多；黄棪叶张较薄，叶色绿黄。

青毛茶汤色受火候、做青程度以及品种的影响，呈现的色泽差异比较大。一般来说，火候轻、做青轻的汤色浅（绿），火候足、做青重的汤色深（红）；不同品种之间的汤色深浅更是不可相比的，因此青毛茶审评时，汤色只作参考因子，对色度无明确的要求，清澈明亮即可。

## 四、老青茶审评

老青茶主要作为压制茶原料。机制老青茶经两炒、两揉、两晒，制成晒青绿毛茶，再经蒸制、渥堆、成型的压制茶属黑茶类。对鲜叶采摘要求是当年成熟、叶张全部开展的新梢，梗子要青红各半，不采麻梗、灰白梗、病虫叶和隔年生老叶。老青茶审评重外形，评比条索、色泽、净度。内质要求正常。习惯上根据芽叶与茎部不同生长阶段表皮韧皮部纤维素木质化程度的不同，将鲜叶的割采分3个级别标准。由于采摘嫩度不同，各级茶评比内容如下：

**1. 一级（洒面茶原料）** 嫩度以青梗新梢为主、枝梢底端稍带红色，素有"乌尖青梗红脚"之说，说明割采的是幼嫩茎叶。毛茶条索紧卷圆直，成泥鳅条，无鸭脚板，色泽乌绿，净度要求无麻梗、鸡脚爪、粗老死梗和隔年生老叶，无泥沙、草屑等杂质。

**2. 二级（二面茶原料）** 嫩度以红梗新梢为主，枝梢顶端为青色，底端为红色。毛茶外形成条，无敞叶，色泽乌绿带黄，净度要求无鸡脚爪、粗老死梗，无泥沙、草屑等杂质。

**3. 三级（里茶原料）** 嫩度为当年生红梗新梢（枝）叶，条索卷折、起皱纹，色泽乌绿带花，净度要求无粗老死梗，可略带麻梗老叶，无泥沙、草屑等杂质。

## 五、黑毛茶审评

黑毛茶鲜叶成熟度较高，可有一定老化梗叶。不同等级的黑毛茶，老梗含量是不同的，应按品质规格要求，对照标准样审评定级。

黑毛茶外形审评方法与绿毛茶相同。以嫩度和条索为主，兼评净度、色泽和干香。嫩度主要看叶质老嫩，叶尖多少。条索主要看松紧、弯直、圆扁、皱平、下段茶比例及茶叶身骨轻重。以条索紧卷、圆直为上，松扁、皱折、轻飘为下。净度看枯润、纯杂，以油黑为上，花黄绿色或铁板色为差。嗅干香以区别纯正、高低、有无火候香和悦鼻的松烟香味，传统黑毛茶以有火候香（或带松烟香）为好；火候不足或烟气太重较次；粗老气，香低微或有日晒气为差；有烂、馊、酸、霉、焦和其他异气为劣。

开汤审评时称取代表性样茶 5 g，置于 250 mL 毛茶审评杯中，加盖冲泡 5 min，倒出茶汤于评茶碗中，分别审评汤色、香气、滋味和叶底。评定汤色以橙黄明亮为好，清淡浑浊者差。香气以纯正（或松烟香浓郁）为佳，检查有无日晒、酸、馊、霉、焦等气味及其程度。滋味以紧口（微涩）后甜为好，粗淡苦涩为差。叶底主要看嫩度和色泽，以黄褐带青色，叶底均匀一致，叶张开展，无乌暗条为好，红绿色和红叶花边为差。不同制法黑毛茶的识别：

（1）全晒茶　全用太阳晒干，表现为叶不平整，向上翘；条松泡、弯曲；叶麻梗弯，叶燥骨（梗）软；细嫩者色泽青灰，粗老者色泽灰绿，不出油色；梗脉现白色；梗不干，折不断；有日晒气；水清味淡。

（2）半晒茶　半晒半炕，晒至三四成干，摊凉，渥 30 min 再揉一下，解块后用火炕。这种茶条尚紧，色黑不润。

（3）火炕茶　条较重实，叶滑溜，色油润，有松烟气味。

（4）陈茶　色枯，梗子断口中心卷缩，3 年后就空心，香低汤深，叶底暗。

（5）烧焙茶　外形枯黑，有枯焦气味，易捏成粉末，对光透视呈暗红色，冲泡后茶条不散。

（6）水潦叶　水潦杀青，叶平扁带硬，色灰白或灰绿，叶轻飘，汤淡香低。

（7）蒸青叶　黄梗多，色油黑泛黄，茎脉碧绿，汤色黄，味淡有水闷气。

# 六、白毛茶审评

白毛茶审评方法及用具同绿茶。白茶审评重外形，评外形以嫩度、色泽为主，结合形态和净度。评嫩度比毫心多少、壮瘦及叶张的厚薄。以毫心肥壮、叶张肥嫩为佳；毫芽瘦小稀少，叶张单薄的次之；叶张老嫩不匀、薄硬或夹有老叶、蜡叶为差。评色泽比毫心和叶片的颜色和光泽，以毫心、叶背银白显露，叶面灰绿，即所谓银芽绿叶、绿面白底为佳；铁板色次之；草绿黄、黑、红色、暗褐色及有蜡质光泽为差。评形态比芽叶连枝，叶缘垂卷，破张多少和匀整度。以芽叶连枝，稍微并拢，平伏舒展，叶缘向叶背垂卷，叶面有隆起波纹，叶尖上翘不断碎，匀整的好；叶片摊开，折皱、折贴、卷缩、断碎的差。评净度要求不得含有茶籽、老梗、老叶及蜡叶。

评内质以叶底嫩度和色泽为主，兼评汤色、香气、滋味。评叶底嫩度比老嫩、叶质软硬和匀整度，色泽比颜色和鲜亮度，以芽叶连枝成朵，毫芽壮多，叶质肥软，叶色鲜亮，匀整的好；叶质粗老、硬挺、破碎、暗杂、花红、黄张、焦叶红边的为差。评汤色比颜色和清澈度，以杏黄、杏绿、浅黄，清澈明亮的佳；深黄或橙黄次之；泛红、红暗的差。香气则以毫香浓显，清鲜纯正的好；淡薄、青臭、风霉、失鲜、发酵、粗老的差。滋味以醇厚、鲜爽、清甜的好；粗涩、淡薄的差。

白茶因采摘时间、地区和茶树品种不同，品质各异。由于采摘时间不同，各季茶品质相差较明显，春茶产量高、品质佳；夏茶品质最差；秋茶产量低，品质介于春、夏茶之间。审评时必须掌握其品质特征加以辨别，一般春茶叶张形态垂卷，叶质柔软，芽叶连枝，大小比较整齐，毫心肥壮，身骨沉重，色泽灰绿，茸毛洁白，净度好，汤味浓厚爽口。夏茶毫心瘦小，叶质带硬，枝梗较细，叶张大小不一，身骨轻飘，色枯燥带花杂，汤味淡薄或稍带青涩。

## 七、级外毛茶审评

不合级内茶规格的茶叶，统称为级外茶，包括茶朴、片末、茶梗以及修剪茶等。

**1. 茶朴**　茶朴有的是在初制过程中从级内茶中拣剔出来的，有的是单独采制的粗老叶，形状呈粗条状或折叠状，身骨轻飘。绿茶朴以黄绿色为好，枯黄色为差。红茶朴以黑褐色为好，红褐色次之，枯红色最差。

**2. 片末**　一般指从毛茶中筛下的细片末。红片末色泽乌润、黑褐、褐红，绿片末多为灰绿或乌绿，并夹有芽芯，干嗅无焦气者为好；片粗大，身骨轻飘，色泽枯黄暗或干嗅有焦气者品质较差。

**3. 茶梗**　一般指从毛茶中拣剔出来的细梗，细嫩的梗大多是一芽二三叶新梢叶子脱落后的梗子，其形状凹扁略弯，梗端连接少量茶叶。细嫩绿茶梗色青绿有光泽，细嫩红茶梗以乌褐为好。若是扁圆的梗，其成熟度较高，这种绿茶梗呈青绿色或绿中泛红，红茶梗则为淡红色。再次为红皮细梗，为已木质化的老梗，无饮用价值。

**4. 修剪茶**　由茶树轻修剪的叶子加工而成，其叶质粗老，而且夹有较多鸡爪枝或老梗，无多大的饮用价值，但部分叶片可作深加工原料。一般水浸出物低的品种，不必收集加工，可作肥料以改善茶园土壤结构。

## 八、毛茶干度感官测定

毛茶含水量与茶叶品质和收购定价有密切关系。各类毛茶的含水量为 6%~7%，品质较稳定，含水量超过 8% 的茶叶易陈化，超过 12% 易霉变。手测水分要在实践中不断积累经验，逐步提高测定的准确性。对于缺乏经验的人，可选择几种干燥程度不同的毛茶，在感官测定水分后，再与烘箱法的测定结果相比较，以校验感官测定的正确程度。

含水量不同，毛茶的硬软、韧脆程度以及手捏茶叶时感觉的强弱，茶叶受力后发出的声音都各不相同。手测水分时，力的作用可概括为六个字，即抓、握、压、捏、捻、折，并与看、听、嗅相结合，因为不同含水量的茶叶，其外观表现和感觉反应是不同的。以条形茶举例如下：

含水量 5% 左右：抓茶一把，用力紧握很刺手，发出"沙沙"响声，条脆，手捻即成粉，嫩梗轻折即断。干香高。

含水量 7% 左右：抓茶一把，用力紧握，感觉刺手，有"沙沙"声，条能压碎尚脆，手捻成粉末，嫩梗轻折即断。香气充足。

含水量 10% 左右：抓茶一把，用力紧握，有些刺手，条能折断，手捻有片末，嫩梗稍用力可折断。香气正常。

含水量 13% 左右：抓茶一把，用力紧握微感刺手，条无显著折断，手捻略有细片，间有碎茶，嫩梗用力可折断，但梗皮不脱离。

含水量 16% 左右：抓茶一把，用力紧握，茶条弯曲，张手时逐渐伸展，手捻略有碎片，嫩梗用力折不断。有潮气，新茶出现陈气。

# 九、假茶的鉴别

假茶，是指用形似茶树芽叶的其他植物的嫩叶，如柳树叶、冬青叶、大叶榉叶、山楂叶等做成类似茶叶的样子，冒充真茶出售。真茶与假茶，对有一定实践经验的人来说，只要多加注意是不难识别的，但如果把假茶原料和茶鲜叶一起拌和加工，就增加了识别的难度。真假茶可根据茶叶的植物学特性和茶叶应具有的色、香、味以及若干表明茶叶特征的化学成分的数量和比例来判别。鉴定方法可分为茶叶组织形态鉴别法和化学分析法两种。

## （一）茶叶组织形态鉴别法

一种较为简便的方法是将可疑茶叶按茶叶开汤审评方法冲泡两次，每次 10 min，使叶片全部展开后，放入漂盘内仔细观察有无茶叶的植物学特征。茶叶除近柄处平滑外，大部分边缘有锯齿，锯齿呈钩状，锯齿上有许多腺毛。叶背有明显的叶脉，主脉向两侧分生 7～10 对侧脉。侧脉延伸至离叶缘 1/3 处向上弯曲呈弧形，与上方侧脉相连，构成封闭的网脉系统，这是茶树叶片的重要特征之一。芽及嫩叶背面有显著的银白色茸毛。

## （二）茶叶化学分析法

如果说感官审评有凭经验之嫌，那么还可以用一般的化学方法从茶叶生化成分上加以鉴别。茶叶都含有 2%～5% 的咖啡碱和 10%～20% 的茶多酚。迄今为止，在植物叶片中同时含有这两种成分，并达到如此高的含量，非茶叶莫属。另外，茶氨酸含量占茶叶氨基酸总量的 50% 以上，其他植物中尚未发现有茶氨酸的大量存在。测定茶氨酸含量，不仅可辨别茶叶真伪，而且可判断掺杂程度。

**1. 咖啡碱的测定**

（1）常规测定 具体方法参见《茶 咖啡碱测定》（GB/T 8312—2013）。除标明脱（或低）咖啡碱茶外，一般茶叶如果测得值低于 2％或检测不出，则可判为部分掺假或假茶。

（2）简易测定 取可疑叶片 10 片左右（如系碎茶取 0.5 g 左右），捏碎放入试管内，慢慢滴加 10％氢氧化钠至茶叶润湿。然后加入约 2 mL 氯仿，在酒精灯上加热，冷却后加入少量活性炭，搅拌后过滤。取少量氯仿提取液，滴在载玻片上，任其自然挥发，干后在显微镜下观察有无针状结晶存在。若能见到明显的针状结晶，说明是真茶，反之则为假茶。

**2. 茶多酚的测定**

（1）常规方法 具体方法参见《茶叶中茶多酚和儿茶素类含量的检测方法》（GB/T 8313—2018）。如果测定值低于 10％（此时要参考咖啡碱的测定值），可判为假茶或掺假茶。

（2）简易测定 取可疑茶约 1.0 g，放入三角烧瓶内，加 80％酒精 20 mL，加热煮沸 5 min。冷却后过滤，滤液加上述酒精定容至 25 mL，摇匀。吸 0.1 mL 提取液，加入装有 1.0 mL 95％酒精的试管中摇匀，再加入 1.0％香荚兰素盐酸溶液 5 mL，加塞后摇匀。如溶液立即呈鲜艳的红色，说明有较多的茶多酚存在，是真茶；若红色很浅或不显红色，说明只有微量或没有茶多酚存在，是假茶或掺假茶。

**3. 茶氨酸的测定**

（1）常规方法 具体方法参见《茶叶中茶氨酸的测定 高效液相色谱法》（GB/T 23193—2017）。

（2）简易测定 将测定茶多酚的 80％酒精提取液倒入 70 mL 蒸发皿或 100 mL 烧杯中，在沸水浴上蒸干。冷却后加 2 mL 蒸馏水，放入冰箱过夜。吸取上清液 20 μL，点在 20～25 cm 长的层析滤纸上，点成 2 cm 长的横条状，在同一滤纸上同时点上真茶叶的提取液作对照。点样完毕，将点样部分在浓氨水上熏 5 min，然后放入层析缸中，进行垂直上升层析，展层液为正丁醇、冰醋酸、水 4∶1∶1。层析完毕取出滤纸晾干，喷 0.5％茚三酮的丙酮溶液，然后在 80 ℃烘箱中烘干，显出紫色斑点。真茶中斑点最大、颜色最深的是茶氨酸，如果被鉴定样中也有同样斑点存在，说明是茶叶。

# 第四节 精茶审评

毛茶经过精制加工后的成品茶称为精茶。各类精茶审评方法和要求不同。

## 一、绿茶审评

我国的精制绿茶以外销的眉茶为大宗，产品有珍眉、贡熙、雨茶、秀眉、绿片等；其次是珠茶，其产品包括珠茶、雨茶、秀眉等；还有少量蒸青绿茶。眉茶和珠茶除部分以地名茶原箱出口外，主要是根据各地眉茶品质特点，实行定量定质拼配成号码茶（表5-3），对国外销售。

**表5-3　眉茶的贸易代号及部分品质要求**

（参照 GB/T 14456.5—2016）

| 茶　别 | | 商品茶代号 | 外形特征 |
|---|---|---|---|
| 特珍 | 特级 | 41022 | 细紧，显锋苗，色绿润起霜 |
| | 一级 | 9371 | 细紧，有锋苗，色绿润起霜 |
| | 二级 | 9370 | 紧结，色绿润 |
| 珍眉 | 一级 | 9369 | 紧实，色绿尚润 |
| | 二级 | 9368 | 尚紧实，色黄绿尚润 |
| | 三级 | 9367 | 粗实，色绿黄 |
| | 四级 | 9366 | 稍粗松，色黄 |
| 雨茶 | 一级 | 8147 | 细短紧结，带蝌蚪形，色绿润 |
| | 二级 | 8167 | 短钝稍松，色绿黄 |
| 秀眉 | 特级 | 8117 | 嫩茎细条，色黄绿 |
| | 一级 | 9400 | 筋条带片，色绿黄 |
| | 二级 | 9376 | 细片状，带筋条，色黄 |
| | 三级 | 9380 | 细片质较轻，色黄稍枯 |
| 贡熙 | 特贡一级 | 9277 | 圆结重实，色绿润 |
| | 特贡二级 | 9377 | 圆结较重实，色绿尚润 |
| | 一级 | 9389 | 圆实，色黄绿 |
| | 二级 | 9417 | 尚圆实，色绿黄 |
| | 三级 | 9500 | 尚圆略扁，色黄稍枯 |

## （一）眉茶审评

眉茶品质要求外形、内质并重。外形比条索、整碎、净度、色泽，内质比香气、汤色、滋味和叶底。

眉茶形状顾名思义，条索应似眉毛的形状，这是决定其外形规格的主要因子。外形条索比松紧、粗细、长短、轻重、空实、有无锋苗。以紧结圆直、完整重实、有锋苗的好，条索不圆浑、紧中带扁、短秃的次之，条索松扁、弯曲、轻飘的为差。整碎比面张、中段、下段茶的拼配比例，比例适当的为匀正或匀齐，忌下段茶过多。净度看梗、筋、片、朴的含量，净度对外形条索、色泽及内质的叶底嫩匀度、香气、滋味等有不同程度的影响，净度差的条松色黄、叶底花杂、老嫩不匀，香味欠纯。外形色泽比颜色、枯润、匀杂，以绿润起霜为好，色黄枯暗的差。内质汤色比亮暗、清浊，以黄绿清澈明亮为好，深黄次之，橙红暗浊为差。香气比纯度、高低、长短，以香纯透清香或熟板栗香且高长的为好，有烟焦及其他异味的为差。滋味比浓淡、醇苦、爽涩，以浓醇鲜爽、回味带甜的为上品，浓而不爽的为中品，淡薄、粗涩的为下品，其他异杂味为劣品。叶底比嫩度和色泽，嫩度比芽头多少，叶张厚薄、软硬，以芽多叶柔软、厚实、嫩匀的为好，反之则差。色泽比亮暗、匀杂，以嫩绿匀亮的好，色暗花杂的差。

## （二）珠茶审评

珠茶外形看颗粒、匀整、净度和色泽。颗粒比圆紧度、轻重、空实。要求颗粒紧结，滚圆如珠，匀正重实；颗粒粗大或呈朴块状、空松的差。匀整指各段茶拼配匀称。色泽比润枯、匀杂，以墨绿光润者好，乌暗者差。内质比汤色、香气、滋味和叶底。汤色比颜色、深浅、亮暗，以黄绿明亮为好，深黄发暗者差。香味比纯度、浓度，以香高味醇和的为好，香低味淡为次，香味欠纯带烟气、闷气、熟味者为差。叶底评比嫩度、叶张匀整和色泽。嫩度比芽头与嫩张多少，以有盘花芽叶或芽头、嫩张比例大的好，大叶、老叶张、摊张比例大的差。叶底色泽评比与眉茶基本相同，但比眉茶色稍黄属正常。珠茶的贸易代号及部分品质要求如表5-4所示。

**表5-4 珠茶的贸易代号及部分品质要求**

（参照 GB/T 14456.4—2016）

| 等级 | | 特级 | 一级 | 二级 | 三级 | 四级 |
|---|---|---|---|---|---|---|
| 贸易号 | | 3505 | 9372 | 9373 | 9374 | 9375 |
| 外形 | 颗粒 | 圆结重实 | 尚圆结尚实 | 圆整 | 尚圆整 | 粗圆 |
| | 整碎 | 匀整 | 尚匀整 | 匀称 | 尚匀称 | 欠匀 |
| | 色泽 | 乌绿润起霜 | 乌绿尚润 | 尚乌绿润 | 乌绿带黄 | 黄乌尚匀 |
| | 净度 | 洁净 | 尚洁净 | 稍有黄头 | 露黄头，有嫩茎 | 稍有黄扁块，有茎梗 |
| 内质 | 汤色 | 黄绿明亮 | 黄绿尚明亮 | 黄绿尚明 | 黄绿 | 黄尚明 |
| | 香气 | 浓纯 | 浓纯 | 纯正 | 尚纯正 | 平正 |
| | 滋味 | 浓厚 | 醇厚 | 醇和 | 尚醇和 | 稍带粗味 |
| | 叶底 | 嫩匀，嫩绿明亮 | 嫩尚匀，黄绿明 | 尚嫩匀，黄绿明 | 绿黄尚匀 | 黄尚匀 |

## （三）蒸青绿茶

目前我国蒸青绿茶有恩施玉露和普通蒸青两种。恩施玉露保留了我国传统蒸青绿茶制法，外形如松针，紧细、挺直、匀整，色泽绿润；内质清香持久，味醇爽口，属名茶规格。普通蒸青色泽品质要具备"三绿"，即干茶深绿、汤色浅绿、叶底青绿。高档茶条索紧结、颖长挺直呈针状，匀称有锋苗，一般茶条索紧结挺直带扁状，色泽鲜绿或墨绿有光泽。日本蒸青绿茶有玉露、煎茶和碾茶等。

蒸青绿茶外形评比形状和色泽。形状比条形（索）的松紧、匀整、轻重，芽尖的多少。条形要细长圆浑，紧结重实、挺直、匀整，芽尖显露完整的好；条形皱折、弯曲、松扁的次之；外形断碎，下段茶多的差。色泽比颜色、鲜暗、匀杂，以绿翠调匀者好，黄暗、花杂者差。内质比汤色、香气、滋味和叶底。汤色比颜色、亮暗、清浊，高级茶汤色浅绿、清澈明亮，中级茶浅黄绿色；汤色深黄、暗浊、泛红的品质不好。香气鲜嫩又带有花香、果香的为上品；有青草气、烟焦气的为差。滋味比浓淡、甘涩。浓厚、新鲜、甘涩调和，口中有清鲜、清凉的余味为好；涩、粗、熟闷味为差。叶底青绿色，忌黄褐及红梗红叶。

日本大宗蒸青绿茶多呈挺直棍棒形，其内质开汤审评多采用白瓷碗，每批茶样称两份，分别放入两个茶碗，加沸水冲泡 2～3 min 后将一只碗中的茶叶捞起嗅香气；另一只碗将茶叶捞出后，先看汤色，再尝滋味，并看叶底。高级茶汤色浅绿明亮，中级茶为浅黄绿色。香气评比芳香、蒙香及爽快、强弱、调和。芳香有花香、果香、药香和焦香，如中级茶有水果香和树脂香，高级茶有类似海苔的芳香。采摘经帆布覆盖的茶树鲜叶制成的茶具有似海苔的独特芳香，这种香在日本称"蒙香"。爽快的香气可引起清凉感。强弱的评价较为复杂，不一定强烈就好，但一般而言，只要是芳香，以香气强者为佳。香气调和指高级和中级茶本质上的香气和新芽特有的香气，调和者为佳。滋味辨别美味、爽快、浓度和调和度。美味和香气一样，依品种和质量不同，各有不同味道。爽快以舌头有无甜凉感觉来判断，与香气有联系。浓度即味道浓厚，但要温雅，不得有刺激性。调和即涩味与甜味协调，口中感到有清凉余味者为佳。

# 二、工夫红茶审评

工夫红茶为我国传统出口商品。在外贸畅销时期工夫红茶大部分采取拼配的号码茶供应出口，称"中国红茶"。少部分工夫红茶以原箱出口，称地名工夫红茶，如祁门工夫红茶。

工夫红茶审评也分外形、香气、汤色、滋味、叶底 5 项。外形条索比松紧、轻重、圆扁、弯曲、长秀、短钝。嫩度比粗细、含毫量和锋苗，兼看色泽润枯、匀杂。条索要紧结圆直，身骨重实，锋苗及金毫显露，色泽乌润调匀。整碎度比匀齐、平伏和下段茶含量，要求上、中、下三段茶拼配比例恰当，不脱档，平伏匀称。净度比梗、筋、片、朴、末及非茶类夹杂物含量。高档茶净度要好，中档以下根据等级差别，对筋、梗、片等有不同的限量，但不能含有任何非茶类杂物。香气以开汤审评为准，区别香气类型、鲜钝、粗老、高低和持久性。一般高级茶香高而长，冷后仍能嗅到余香；中级茶香气高而稍短，持久性较差；低级茶香低而短，或带粗老气。香气以高锐有花香或果香，新鲜而持久的好；香低带粗老气的差。汤色比深浅、明暗、清浊，要求汤色红艳，碗沿有明亮金圈，有"冷后浑"的品质好，红亮或红明者次之，浅暗或深暗浑浊者最差。叶底比嫩度和色泽，嫩度比叶质软硬、厚薄、芽尖多少，叶片卷摊，色泽比红艳、亮暗、匀杂及发酵程度。要求芽叶整齐匀净，柔软厚实，色泽红亮鲜活，忌花青、乌条。

## 三、红碎茶审评

世界上各产茶国所产的红茶大多是红碎茶。红碎茶是我国外销红茶的大宗产品，亦是国际市场的主销品种。因产地、品种、栽培条件及加工工艺不同，红碎茶分叶、碎、片、末4种规格。叶茶条索紧结挺直，碎茶呈颗粒状、紧结重实，片茶卷皱，末茶为砂粒状。

红碎茶审评以内质的滋味、香气为主，外形为辅。开汤审评取茶样 3 g，加 150 mL 沸水冲泡 5 min。英国则采用 140 mL 或 1/4 品脱（即 142 mL）的标准容量杯子，每杯茶样重量为 2.8 g 或 2.85 g，冲泡时间 6 min，到时将茶汤倒入瓷碗中，叶底由杯中翻倒在杯盖上。审评时一般不加牛奶，拼配商在审评时加牛奶，并用较大茶壶，调制茶汤时间要长于 6 min。

国际市场对红碎茶品质要求：外形要匀齐、重实、规格分明，洁净，色泽乌黑或带褐红色而油润。内质要鲜、强、浓，忌陈、钝、淡，要有中和性，汤色要红艳明亮，叶底红匀鲜明。

外形主要比匀齐度、色泽、净度。匀齐度比颗粒大小、匀称、碎片末茶规格是否分明。评比重实程度以 10 g 茶的容量不超过 30～32 mL 为好，否则为轻飘的低次茶。叶茶和碎茶加评含毫量。色泽比乌褐、枯灰、鲜活、匀杂。一般早期茶色乌，后期茶色红褐或棕红、棕褐，好茶色泽润活，次茶灰枯。净度比筋皮、毛衣、茶灰和杂质含量。红碎茶对茎梗含量一般要求不严，特别是季节性好茶，虽含有嫩茎梗，但并不影响质量。

内质主要评比滋味的浓、强、鲜和香气以及叶底的嫩度、匀亮度。红碎茶香味要求鲜爽、强烈、浓厚（简称鲜、强、浓）的独特风格，三者既有区别又要相互协调。浓度比茶汤浓厚程度，入口即感浓稠者品质好，淡薄为差。强度是红碎茶的品质风格，比刺激性强弱，以刺激感强烈有时微带涩、无苦味为好茶，醇和为次。鲜度比鲜爽程度，以清新、鲜爽为好，迟钝、陈气为次。通常红碎茶以浓度为主，以鲜、强、浓三者及其协调程度决定品质高低。汤色以红艳明亮为好，灰浅暗浊为差。茶汤的乳降现象是汤质优良的表现。采用加奶审评时，每杯茶中加入茶汤1/10体积的鲜牛奶，加量过多不利于识别汤味。加乳后的汤色以粉红明亮或棕红明亮为好，淡黄微红或淡红较好，暗褐、淡灰、灰白者差。加乳后的汤味，要求仍能尝出明显的茶味，这是茶汤浓的反映。茶汤入口，两腮立即有明显的刺激感，是茶汤强烈的反映，如果是奶味明显，茶味淡薄，汤质就差。我国云南大叶种（群体种）红碎茶乳色姜黄，具独特浓厚的茶味。叶底比嫩度、匀度和亮度，嫩度以柔软、肥厚为好，粗硬、瘦薄为差，匀度比老嫩均匀和发酵均匀程度，色以红艳均匀为好，驳杂发暗的差。亮度反映鲜叶嫩度和加工技术水平，红碎茶叶底着重红亮度，而嫩度相当即可。

## 四、青茶审评

青茶在市场上习称乌龙茶。按产地分为福建青茶、广东青茶和台湾青茶。由于产地、品种和制法不同，各地青茶品质又各有特点。

青茶成品茶审评方法和要求与青毛茶基本相同，成品茶重视品种特点的鉴别。青茶经一段时间贮存后，香气比刚生产出来的新茶好。由于青茶经长时间文火慢烘，水分含量低，因此香气也比较低。但经过适当贮存后，由于趁热装箱有热处理作用，此时香气较好。开汤审评的头泡，常感到火候饱满，二三泡才开始透香，这也是青茶要泡多遍的原因。所以嗅香时第一泡嗅香气高低，有无异气；第二泡评香气类型，有无花香、音韵、岩韵、鲜爽程度和粗细；第三泡嗅其持久程度。

青茶的不同品种、不同等级，火候掌握也不相同。高级茶火候轻，低级茶火工足，汤色也随之由浅入深。品种之间的火候、汤色是不能相比的。如岩茶火候较足的汤色较深，所以汤色深的品质未必就差。又如散装的与小包装的特级铁观音，同是特级，由于两者火候掌握轻重不一，汤色就深浅各异。因此汤色只作青茶审评的参考。

闽南青茶有春、夏（暑）、秋之分。一般夏（暑）茶条索较硬挺、略比春茶细瘦，老嫩欠匀，有片朴，色泽暗绿或褐红；内质香气清淡带有夏（暑）茶气，汤色深黄色或橙黄色，滋味略淡、带粗涩味、无鲜甘感，叶底稍暗红欠柔软。秋茶条索尚紧结带片朴，一般条索较细、梗短小，色泽翠绿、鲜润有光，梗青绿色，红点鲜明带砂绿；内质香气高长鲜锐，称为"秋香"，滋味清雅爽口，汤色清黄或微黄绿色，俗称"绿豆水"，叶底绿亮，红点鲜艳。

## 五、白茶审评

白茶花色有白毫银针、白牡丹、贡眉（出口名称为中国白茶）和寿眉。除少量白毫银针外，大部分产品为白牡丹和贡眉。

白茶审评方法和用具同绿茶。白茶外形主要鉴别嫩度、净度和色泽。银针白毫要求毫心肥壮，具银白光泽；白牡丹要毫心与嫩叶相连不断碎，色泽灰绿透银白；高级贡眉要微显毫心。就内质而言，银针白毫要求香气新鲜、毫香浓显，白牡丹、贡眉要求鲜纯，有毫香为佳，带有青气者为次。汤色要求银针白毫明亮呈浅杏黄色，白牡丹、贡眉要橙黄清澈，深黄色者次，红色为劣。滋味则银针白毫要清甜毫味浓，白牡丹、贡眉要鲜爽有毫味，凡粗涩、淡薄者为低次。叶底以细嫩、柔软、匀整、鲜亮者为佳，暗杂或带红张者为低次。

# 第五节　再加工茶审评

毛茶经精制后再进行加工的成品茶称为再加工茶，如花茶、压制茶、速溶茶、袋泡茶等。再加工茶均有其独特的工艺要求，因此审评的方法也有所不同。

## 一、花茶审评

花茶又叫熏花茶，或称香片。窨制花茶的常用香花有茉莉、白兰、珠兰、玳玳，其次是柚子、栀子、桂花、玫瑰等。不同香花窨制的花茶，品质各具特色，一般茉莉花茶芬芳隽永，白兰花茶浓烈，珠兰花茶清幽，柚子花茶爽纯，玳玳花茶浓郁，玫瑰花茶甘甜。不同茶类各有其适窨的香花，如绿茶宜窨茉莉、珠兰、白兰、玳玳，红茶宜窨玫瑰，青茶宜窨桂花、树兰花等。

花茶外形审评评比条索、嫩度、整碎和净度，窨花后的条索比素坯略松，色稍带黄属正常。汤色一般比素坯加深，但滋味较醇。叶底着重评嫩度和匀度。花茶品质以香味为主，通常从鲜、浓、纯 3 个方面来评定。优质花茶应同时具有鲜、浓、纯的香味，三者既有区别又有相关性。花茶内质审评目前采用两种方法。

**1. 单杯一次冲泡法** 称取茶样 3 g，用 150 mL 精制茶评茶杯冲泡。冲泡前拣净花渣，因为花渣中含有较多花青素，使茶汤略带苦涩，影响审评结果。冲泡 5 min，开汤后先看汤色是否正常，如汤色过分黄暗，说明窨制有问题，汤色要快速看。接着趁热嗅香，审评鲜灵度，温嗅浓度和纯度并结合滋味审评。上口时评滋味鲜灵度，要花香味上口快且爽口，在舌尖打滚时评浓醇。最后冷嗅香气，评香气持久性。单杯审评一次冲泡法，对审评技术比较熟练的评茶人员比较适用。

**2. 单杯两次冲泡法** 一杯样茶冲泡 2 次。拣除茶样中的花渣，称取有代表性茶样 3.0 g，置于 150 mL 精制茶评茶杯中，注满沸水，加盖浸泡 3 min，沥出茶汤，审评汤色、花香的鲜灵度和纯度、滋味；第二次冲泡 5 min，沥出茶汤，审评汤色、花香的浓度和持久性、滋味、叶底。结合两次冲泡审评结果综合评判品质情况。

## 二、压制茶审评

压制茶品类多，品质各异，以黑茶、红茶、绿茶、白茶等为原料，主要特点是毛茶都要经过汽蒸，然后压制成各种不同的形状。砖形的有黑砖、青砖、茯砖、花砖、米砖、紧茶等，方形的有方茶，圆饼形的有圆茶、饼茶，碗形的有沱茶，枕形的有康砖、金尖，篓装的有六堡茶、湘尖茶等。压制茶因压制与篓装等不同，审评方法和要求也不同，一般分干评外形和湿评内质，同时还要检评单位重量（出厂标准正差 1.0%、负差 0.5%）、含梗量和含杂量。

**1. 外形审评** 外形审评应对照实物标准样进行评比，压制茶不分里面茶和分里面茶的审评方法和要求都不同。

（1）不分里面茶 筑制成篓装的产品有湘尖、六堡茶、方包茶，压制成砖形的产品有黑砖、茯砖、花砖、金尖等，其外形评匀整度、松紧度、嫩度、色泽、净度等。匀整度看形态是否端正，棱角是否整齐，压模纹理是否清晰，有无起层脱面。松紧度看厚薄、大小是否一致，紧厚是否适度。嫩度看梗叶老嫩，湘尖、六堡茶看是否成条。色泽看油黑程度。净度看筋梗、片、末、朴、籽的含量以及其他夹杂物。最后要将个体分开，检茶砖内有无腐烂、霉变等情况，茯砖茶还要加评"发花"状况，以金花普遍茂盛、颗粒大、颜色鲜亮的为好。

（2）分里面茶　如青砖、米砖、康砖、紧茶、圆茶、饼茶、沱茶等，外形审评方法与不分里面茶的基本相同，但要加评洒面的情况。洒面看是否包心外露、起层脱面，洒面茶应分布均匀。最后要将个体分开，分别检视里、外茶的梗叶嫩度，有无腐烂、霉变及夹杂物等情况。

审评外形的松紧度时，茯砖、饼茶、沱茶都不宜压制过紧，松紧要适度，而黑砖、青砖、米砖、花砖等产品要求紧实。审评色泽，金尖要猪肝色，紧茶要乌黑油润，饼茶要黑褐色油润，茯砖要黄褐或黑褐色，康砖要棕褐色。

**2. 内质审评**　压制茶审评内质时，依据产品形态、原料嫩度及压制松紧度的不同，采用不同的冲泡时间进行开汤，对于湖南、四川、湖北、陕西等地生产的黑茶散茶、篓装黑茶及其他轻压成型且原料嫩度较高的黑茶可以采用1∶50茶水比，冲泡5 min，进行开汤审评；这些地区生产的紧压型黑茶及原料较粗老的压制黑茶可延长冲泡时间至8 min。云南普洱茶和广西六堡茶，可参照国家标准《茶叶感官审评方法》（GB/T 23776—2018）中关于黑茶散茶及紧压茶的冲泡方法进行开汤。压制茶开汤审评前，需将砖饼等充分解散混匀，以便称取有代表性的茶样进行冲泡。

汤色比明亮度，并应符合产品应有的颜色特征。如花砖、紧茶呈橘黄色，沱茶为橙黄色，方包茶为深红色，康砖、茯砖以橙黄或橙红为正常，金尖以红带褐为正常。香味比纯异及是否具备该产品的风味特征，如米砖、青砖有烟味是缺点，但方包茶有焦烟气味却属正常，茯砖茶要有浓郁菌花香。滋味还要重点审评是否有青、涩、馊、霉等异味。叶底评色泽和含梗情况，产品不同叶底色泽各异，如康砖以深褐色为正常，紧茶、饼茶以嫩黄色为佳。含梗量的要求因茶而异，如米砖不含梗子，但青砖、茯砖、黑砖、花砖、紧茶、康砖、饼茶等，按品质标准允许含有一定比例的当年生嫩梗，但不得含有隔年老梗。

# 三、速溶茶审评

速溶茶是一类速溶于水，水溶后无茶渣的茶叶饮料，可分为纯茶速溶茶和调味速溶茶两种。调味速溶茶是在速溶茶基础上，辅以糖、香料、果汁等配制成的一类混合茶，其典型成分有速溶茶、糖、柠檬酸、维生素C、食用色素、天然柠檬油、磷酸三钙，并以BHT（丁基羟基茴香醚）作防腐剂。发展中的冰茶有水果味的饮料茶，是由柠檬、橙、杏、柑橘、柚子等芳香油同速溶茶拼合在一起，也有添加豆蔻、玉桂、橘子、黑醋栗、香荚兰果浸提物的。速溶茶原料来源广泛，既可用鲜叶直接加工，也可用成品茶或茶叶副产品再加工而成。速溶茶具有快捷、方便、卫生、可热饮或冷饮的特点。速溶茶品质重视香味、冷溶性、造型和色泽。速溶茶审评方法目前以感官审评为主。

**1. 外形审评**　速溶茶外形评比形状和色泽。形状有颗粒状（包括珍珠形和不定形颗粒）、碎片状和粉末状。不论哪种形状的速溶茶，其外形颗粒大小、匀齐度和疏松度（以容重表示）是鉴定速溶性的主要物理指标，最佳的颗粒直径为 200～500 $\mu m$，其中 200 $\mu m$ 以上的需达 80%，150 $\mu m$ 以下的不能超过 10%。一般容重为 0.06～0.17 g/mL，以 0.13 g/mL 最佳。这样的造型，外形美观，速溶性好。体型过小溶解度差，过大松泡易碎。颗粒状要求大小均匀，呈空心状态，互不粘结，装入容器内具有流动性，无裂崩现象。碎片状要求片薄而卷曲，不重叠。速溶茶最佳含水量为 2%～3%，存放处相对湿度最好在 60% 以下，否则容易吸潮结块，影响速溶性。色泽要求速溶红茶为红黄、红棕或红褐色，速溶绿茶呈黄绿色或绿黄色，都要求鲜活有光泽。

**2. 内质审评**　迅速称取 0.75 g 速溶茶两份（按制率 25% 计算，相当于 3.0 g 干茶），置于干燥、无色透明的玻璃杯中，分别用 150 mL 冷开水（15 ℃ 左右）和沸水冲泡，审评速溶性、汤色和香味。

速溶性一般是指在 15～20 ℃ 条件下速溶茶的溶解特性。溶于 10 ℃ 以下者称为冷溶速溶茶；溶于 40～60 ℃ 者称为热溶速溶茶。凡溶解后无浮面、沉淀现象者为速溶性好，可作冷饮用；凡颗粒悬浮或呈块状沉结于杯底者为冷溶度差，只能作热饮用。冷泡要求汤色清澈，速溶红茶红亮或深红明亮，速溶绿茶要求黄绿明亮；热泡要求清澈透亮，速溶红茶红艳，速溶绿茶黄绿或绿黄而鲜艳，凡汤色深暗、浅亮或浑浊的都不符合要求。香味要求具有原茶风格，有鲜爽感，香味正常而无酸馊气、熟汤味及其他异味。调味速溶茶按所使用的添加剂不同而异，如柠檬速溶茶除具有天然柠檬香味外，还应有茶味，甜酸适合，无柠檬的涩味。无论何种速溶茶，均不能有其他化学合成的香精气味。

# 四、袋泡茶审评

袋泡茶是在原有茶类基础上，经过拼配、粉碎，用滤纸包装而成。目前已面市的袋泡茶种类较多，有红茶、绿茶、青茶、花茶及各种拼配的保健茶、药茶等，大致可分为普通型、名茶型、营养保健型三大类。这些产品中，绝大部分采用袋泡茶包装机自动包装，少数用机械结合手工包制。

**1. 外形审评**　袋泡茶外形评包装。袋泡茶的冲饮方法是带内袋冲泡，审评时不必开包破袋倒出茶叶看外形，而要检评包装材料、包装方法、图案设计，包装防潮性能及所使用的文字说明是否符合食品通用标准。因此，将袋泡茶的外形审评项目定为评包装，既能直观地辨别产品的良莠，又能客观地判断袋泡茶的商品外观特性。袋泡茶好的包装为内外袋包装齐全，有滤纸袋、提线、品牌标签及外袋。外袋包装纸质量上乘，防潮性能好。内袋长纤维特种滤纸网眼分布均匀、大小一致。滤纸袋封口完整，用纯棉本白线作提线，线端有品牌标签，提线两端定位牢固，提线时不脱线。包装上的图案文字清晰。包装用材有缺项、外袋纸质较轻、封边不牢固的为次。包装用材缺项严重或使用含荧光剂的漂白线或化纤线，包装纸质很轻，封边破裂则差。

**2. 内质审评**　袋泡茶内质审评主要评汤色、香气、滋味和冲泡后的内袋。取一有代表性的茶袋置于 150 mL 审评杯中，注满沸水并加盖，冲泡 3 min 后揭盖上下提动茶袋两次（每分钟一次），提动后随即盖上杯盖，至 5 min 时将茶汤沥入茶碗中，依次审评汤色、香气、滋味和叶底。叶底审评茶袋冲泡后的完整性，必要时可检视茶渣的色泽、嫩度与均匀度。首先评比茶汤汤色的类型（或色度）和明浊度。同一类茶叶，茶汤的色度与品质有较强的相关性，失风受潮、陈化变质的茶叶在茶汤的色泽上反映也较为明显。汤色明浊度要求以明亮鲜活的为好，陈暗不亮的为次，混浊不清的为差。香气主要看纯异、类型、高低与持久性。袋泡茶因多层包装，受包装纸污染的机会较大。因此，审评时应注意有无异气。如是香型袋泡茶，应评其香型、香气高低、协调性与持久性。滋味则主要从浓淡、爽涩等方面评判，根据口感的好坏判断质量的高低。冲泡后的内袋主要检查滤纸袋是否完整不裂，茶渣能否被封包于袋内而不溢出。如有提线，检查提线是否脱离包袋。

**3. 产品分级**　根据质量评定结果，可把普通袋泡茶划分为优质产品、中档产品、低档产品和不合格产品。

优质产品：包装上的图案、文字清晰。内外袋包装齐全，外袋包装纸质量上乘，防潮性能好。内袋长纤维特种滤纸网眼分布均匀，大小一致。滤纸袋封口完整，用纯棉本白线作提线，线端有品牌标签，提线两端定位牢固，提袋时不脱线。袋内的茶叶颗粒大小适中，无茶末附着在滤纸袋表面。未添加非茶成分的袋泡茶，应有原茶的良好香味，无杂异气味，汤色明亮无沉淀，冲泡后滤纸袋涨而不破裂。

中档产品：可不带外袋或无提线上的品牌标签，外袋纸质较轻，封边不很牢固，有脱线现象。香味虽纯正，但少新鲜口感，汤色亮但不够鲜活。冲泡后滤纸袋无裂痕。

低档产品：包装用材中缺项明显，外袋纸质轻，印刷质量差。香味平和，汤色深暗，冲泡后有时会有少量茶渣漏出。

不合格产品：包装不合格，汤色混浊，香味不正常，有异气味，冲泡后散袋。

# 五、粉茶审评

粉茶，亦称超微茶粉，是用茶树鲜叶经高温蒸汽杀青及特殊工艺处理后，瞬间粉碎成 300 目以上的纯天然茶叶蒸青超微粉末。通常看到的抹茶其实也是超微茶粉，只不过其对原料和加工技术要求更高，可以看作是一种高档的超微绿茶粉。粉茶最大限度地保持茶叶原有的色泽以及营养活性成分，不含任何化学添加剂，除供直接饮用外，可广泛添加于各类面制品（蛋糕、面包、挂面、饼干、豆腐）、冷冻品（奶冻、冰淇淋、速冻汤圆、雪糕、酸奶），也可调配于糖果巧克力、瓜子、月饼等的专用馅料、医药保健品、日用化工品等之中，以强化其营养保健功效。不同的茶类可以做成不同的茶粉，同一茶类的不同花色产品，由于加工工序的不同，也会有很大的区别。

粉茶的感官审评较为简单。扦取 0.4 g 茶粉，置于 200 mL 的审评碗中，冲入 150 mL 沸水，依次审评其汤色与香味。

# 第六节  评茶术语

评茶术语是表述茶叶品质特征、记录感官评定结果的专业用语，简称评语。评语分特征评语、等级评语和对样评语。特征评语是对茶叶品质特征的描写，用于不同茶类不同工艺生产的产品特点的描述，如玫瑰香、兰香、蜜香、浓烈、浓醇等。等级评语反映同一茶产品各等级茶的品质要求和等级特征，具有级差的特性，即上一级茶的评语一定高于下一级茶。以绿茶珍眉的外形条索为例，特级茶用"细秀多毫"，一级茶用"紧细匀整"，二级茶则用"紧结较匀整"等。对样评语是指对照某评比样（包括标准样）的品质进行的差距表述，指出哪些因子高于或低于评比样，如与评比样相符的用"相符"或作"√"的记号。因此同一评语会出现于不同等级之间，如用"紧实"这一评语则表明被评茶叶的条索紧实度高于评比样，反之若被评茶叶的条索比评比样粗松，亦可评以"粗松"，这并非指被评茶属粗松的低级茶，这就是两种评语的区分。

评语所用词汇的含义，除相符者外，可分为两类：一类是表示产品品质优点的褒义词，如"细嫩""红艳""醇厚"等；另一类是指出品质缺点的贬义词，例如"粗老""低闷""淡薄"等。评茶术语有的只能专用于一种茶类，有的则可通用于几种茶类，例如香气"鲜灵"只宜用于茉莉花茶，"清香"适用于绿茶而不宜用于红茶，"菌花香"限用于茯砖茶，滋味"浓烈"宜用于炒青一级，而"鲜浓"则可用于多种茶类等。

评茶术语有的只能用于一项品质因子，有的则可相互通用。例如，"醇厚""醇和"只适用于滋味，而"纯正""纯和"既可用于滋味，也可用于香气，"柔嫩"只能用于叶底而不能用于外形，而"细嫩"则可通用。有的术语有习惯性用法，如"刺激性"习惯用于描述红茶滋味，而"收敛性"则宜用于描述绿茶滋味。

评茶术语有的对某种茶类属褒义词，而对另一种茶类则属贬义词。例如，条索"卷曲"对碧螺春和都匀毛尖等茶是应有的品质特征，但对银针、眉茶等则属缺点。又如，"扁直"对龙井、大方茶是应有的品质特征，但对其他红、绿茶则属缺点；"焦香""陈味""松烟香"等对一般茶类均属缺点，甚至属于劣变性质，但古劳茶必须具有焦香，普洱茶和六堡茶必须具有陈香味，小种红茶和传统黑毛茶以具有松烟香味为特点。因此，在使用评语时既要对照实物标准正确评比，又要根据各茶类的品质特点结合长期评茶工作中形成的经验标准作出正确的结论。

我国茶类多，花色品种丰富，各类茶的品质受诸多因素的影响，品类、等级、品质状况错综复杂，尽管我国 1993 年发布了《茶叶感官审评术语标准》（GB/T 14487—1993），并于 2008 年作了修订（GB/T 14487—2008）、2017 年做了较大幅度的补充修订（GB/T 14487—2017），但想要以完全统一的评语表述是较为困难的。本节将一些常用评语列后，供参考选用。

# 一、评语及其说明

## （一）各类茶叶通用评语

### 1. 干茶外形评语

茸毫密布：芽叶茸毛密集覆盖着茶条。茸毫披覆与此同义。

披毫：茶条布满茸毛，程度低于茸毫密布。

显毫：有茸毛的茶条比例高。

多毫：有茸毛的茶条比例较高，程度低于显毫。

锋苗：细嫩有芽，紧卷有尖锋。

重实：条索或颗粒紧结；茶在手中有沉重感，容重大，一般是叶厚质嫩的茶叶。

身骨：茶条轻重，单位体积的重量。

匀整：指上、中、下三段茶的大小、粗细、长短较一致，完整。

匀称：指上、中、下三段茶的比例适当，无脱档现象。

匀净：匀齐而无梗朴及其他夹杂物。

挺直：条索平整而挺呈直线状，不弯不曲。平直与此同义。

平伏：茶叶在把盘后，上、中、下三段茶在茶盘中相互紧贴，无翘起架空或脱档现象。

细紧：条索细长紧卷而完整，有锋苗。

细嫩：细紧完整，显毫。

紧秀：细紧秀长，锋苗显。

细秀：细嫩秀丽，锋苗显。

紧结：条索卷紧而重实；紧压茶指密度高。

紧直：条索卷紧、完整而挺直。

紧实：茶条卷紧，身骨重实，嫩度稍差，少锋苗，制工好。

肥壮：芽肥、叶肉厚实，柔软卷紧，形态丰满。雄壮与此同义。

壮实：芽壮、茎粗，条索肥壮而重实。

粗壮：条索粗而壮实，嫩度稍低。粗实接近此义，嫩度更低。

粗松：嫩度差，形状粗大而松散。空松接近此义，更为松散。

松条：条索卷紧度差。

扁瘪：叶质瘦薄无肉，扁而干瘪。瘦瘪与此同义。

扁块：结成扁圆形的茶块。

圆浑：条索圆而紧结，不扁不曲。

圆直：条索圆浑而挺直。

扁条：条形扁，欠圆浑，制工差。

短钝：条索短而无锋苗。短秃与此同义。

短碎：面张条短，下盘茶多，欠匀整，制工差。

松碎：条松而短碎。

下脚重：下段茶中最小的筛号茶过多。

脱档：上、下段茶多，中段茶少；或中段茶多，上、下段茶少。三段茶比例不当。

破口：茶条两端的断口显露且不光滑。

爆点：干茶上的烫斑。

轻飘：手感很轻，容重小。

露梗：茶梗比例高。

露筋：丝筋比例高。

**2. 干茶色泽评语**

油润：色泽鲜活，光滑润泽。光润与此同义。

枯暗：色泽枯燥且暗无光泽。

调匀：叶色均匀一致。

花杂：干茶叶色不一致，杂乱，净度低。

**3. 汤色评语**

清澈：清净、透明、光亮、无沉淀。

鲜艳：汤色鲜明艳丽而有活力。

鲜明：新鲜明亮略有光泽。

深亮：汤色深而透明。

明亮：茶汤透明。明净与此同义。

浅薄：茶汤中物质欠丰富，汤色清淡。

沉淀物多：茶汤中沉于碗底的渣末多。

混浊：茶汤中有大量悬浮物，透明度差。

暗：汤色不明亮。

**4. 香气评语**

高香：香气优而强烈持久。

浓郁：香气优而强烈丰富，持久。

馥郁：香气幽雅丰富，芳香持久。

鲜爽：香气新鲜、活泼，嗅后爽快。

纯正：香气纯净、不高不低，无异杂气。

平正：香气较低，但无杂气。

钝浊：香气有一定浓度，但滞钝不爽。

闷气：不愉快的熟闷气，沉闷不爽。

粗气：香气低，有老茶的粗糙气。

青气：带有鲜叶的青草气。

地域香：特殊区域、土壤、小气候中栽培的茶树，其鲜叶加工后产生的独特稳定的香气。

足火：茶叶干燥过程中，用足温度与时间，干度十足所产生的饱满香气。

高火：似锅巴香。茶叶干燥过程中，温度高且时间长而产生，稍高于正常火工。

老火：干燥温度过高、时间过长而产生，稍带轻微的焦气。

焦气：干燥温度明显过高、时间明显太长，茶叶轻度炭化产生。

陈气：茶叶贮藏过久，陈变产生的不愉快气味。

陈香：在特定的贮藏条件下且达到一定的存储时间，茶叶中所产生的愉悦的特殊香气，无杂、霉气。

异气：烟、焦、酸、馊、霉等及受外来物质污染所产生的异杂气。

欠纯：夹有非茶叶所产生的异杂气。

失风：没有了茶叶正常的香气特征，但程度低于陈气。

**5. 滋味评语**

浓：内含物丰富，刺激性与收敛性强。

醇：浓淡适中，收敛性适中、柔滑。

厚：内含物丰富，有稠感。

回甘：茶汤入口吞咽片刻后，舌根和喉部有甜感，并有滋润的感觉。

浓厚：味浓，收敛性或刺激性强而不涩，内含物丰富。

浓醇：味浓，刺激性强而不涩，收敛感适中，回味爽适。

醇厚：内含物丰富，刺激性适中、柔顺。

醇和：汤味偏淡，柔和。

纯正：滋味正常，无异味，但偏淡。纯和与此同义。

平正：滋味正常，无异味，但味感浓度低于纯正。平和与此同义。

淡薄：味清淡，内含物低。平淡、软弱、清淡与此同义。

粗淡：味粗而淡薄，为低级茶的滋味。

苦涩：味虽浓但不鲜不醇；茶汤入口舌头紧缩有苦味，味觉麻木。

熟味：茶汤入口不爽，有煮熟柔软不愉快的滋味。

水味：茶汤入口有明显的白开水的味道，缺乏刺激性，软弱无力。干茶受潮或干度不足带有"水味"。

高火味：高火气的茶叶，尝味时也有火气味。

老火味：轻微带焦的味感。

焦味：烧焦的茶叶带有的焦苦味。

异味：烟、焦、酸、馊、霉等及茶叶受外来物质污染所产生的味感。

**6. 叶底评语**

细嫩：芽头多，叶子细小嫩软。

鲜嫩：叶质细嫩，叶色鲜艳明亮。

嫩匀：芽叶匀齐一致，嫩度好。

柔嫩：嫩而柔软。

柔软：嫩度稍差，质地柔软，手按如绵，按后伏贴盘底、无弹性。

匀齐：老嫩、大小、色泽等均匀一致。

肥厚：芽叶肥壮，叶肉厚实、质软。

嫩厚：芽叶细嫩，叶肉厚实、质软。

芽叶成朵：芽、茎、叶连接完整，成花朵状。

瘦薄：芽小叶薄，瘦薄无肉，叶脉显现。

粗老：叶质粗硬，叶脉显露，手按之粗糙，有弹性。

开展：叶张展开，叶质柔软。

摊张：叶质较老摊开。

单张：脱茎的单叶。

破碎：叶底断碎、破碎叶片多。

卷缩：冲泡后叶底不开展。

鲜亮：色泽鲜艳明亮，嫩度好。

明亮：鲜艳程度次于鲜亮，嫩度稍差。

暗：叶色暗沉不明亮。

暗杂：叶子老嫩不一；叶色枯而花杂。

花杂：叶底色泽不一致。

焦斑：叶张边缘、叶面有局部黑色或黄色烧焦的斑痕。

焦条：烧焦发黑的叶片。

## （二）绿茶及绿茶坯花茶评语

**1. 干茶外形评语**

卷曲如螺：呈螺旋状或环状卷曲的茶条。

弯曲：条索不直，呈钩状或弓状。

雀舌：细嫩芽头略扁，形似小鸟舌头。

兰花形：一芽一叶或一芽二叶，芽叶自然舒展，形似兰花。

凤形、凤羽形、燕尾形、剪刀形：一芽一叶，芽叶分开、挺直有角度。

月牙形：单芽呈自然弯曲，也称弯月形。

针形：单芽挺直。

松针形、细直、细圆紧直：单芽、一芽一叶或一芽二叶，理直搓成的细直条形。

尖削：芽扁尖如剑锋。

扁削：扁平茶边缘如刀削过一样齐整、尖锋显露。

黄头：叶质较老，颗粒粗松，色泽黄。

圆头：加工条形茶时结成圆块的茶。

紧条：扁形茶长宽比不当，宽度明显小于正常值。

宽条：扁形茶长宽比不当，宽度明显大于正常值。

扁条：圆条形茶中出的扁平形茶，为缺陷形状。

**2. 干茶色泽评语**

绿润：色绿，富有光泽。

嫩绿：浅绿带嫩黄，富有光泽。类似新春新生长的嫩芽色泽。

深绿：绿色较深。

墨绿：绿色中带乌，比深绿更深。

翠绿：绿色中带翠玉色，鲜活光润。

银绿：白色茸毛覆盖下的茶条，银色中透出嫩绿的色泽。

黄绿：绿中有黄。

灰黄：色黄带灰。

枯黄：色黄而枯燥。

灰暗：色深暗带死灰色。

糙米色：色泽嫩绿微黄，光泽度好，为高档狮峰龙井茶的特征色泽。

起霜：茶条表面有灰白色。

**3. 汤色评语**

绿艳：似翠绿而微黄，鲜艳透明。

碧绿：绿中带翠，清澈鲜艳。

浅绿：绿色较淡，清澈明亮。

嫩绿：绿中带嫩黄。

杏绿：浅绿微黄，清澈明亮。

黄绿：绿中带黄，绿多黄少。

绿黄：绿中多黄。

浅黄：色黄而浅，亦称淡黄色。

深黄：汤色黄而深，无光泽。

红汤：汤色发红，失去绿茶应有的汤色。

黄暗：汤色黄显暗。

青暗：汤色泛青，无光泽。

**4. 香气评语**

（1）一般绿茶香气评语

高爽持久：茶香充沛持久，浓而高爽。

鲜嫩：具有新鲜悦鼻的嫩茶香气。

鲜爽：具有新鲜爽快的香气。

清高：清香高爽而持久。

清香：香气清纯爽快，香虽不高，但很幽雅。

花香：香气鲜锐，似鲜花香气。

栗香：似熟栗子香，强烈持久。

（2）花茶香气评语

鲜灵：花香鲜显而高锐，一嗅即感。

浓：花香饱满，亦指花茶的耐泡性。

纯：花香、茶香比例调匀，无其他异杂气味。

幽香：花香幽雅文静，缓慢而持久。

香浮：花香浮于表面，一嗅即逝。

透兰：茉莉花茶中透露玉兰花香。

透素：花香薄弱，茶香突出。

**5. 滋味评语**

浓烈：味浓不苦，收敛性强，回味甘爽。

鲜浓：口味浓厚而鲜爽，含香有活力。

鲜爽：鲜洁爽口，有活力。

熟闷味：滋味熟软，沉闷不快。

**6. 叶底评语**

翠绿：色如青梅，鲜亮悦目。

嫩绿：叶质细嫩，色泽浅绿微黄，明亮度好。

嫩黄：色浅绿透黄，亮度好。

黄绿：绿中带黄，亮度尚好。

青绿：色绿似冬青叶，欠明亮。

暗绿：绿色暗沉无光。

青张：叶底夹杂生青叶片。

黄暗：叶色黄而深暗。

靛青：叶底蓝绿，多为紫芽叶制成。

青暗：叶色深青而暗。

红筋、红梗、红叶：绿茶叶底的筋、梗、叶片红变。

## （三）红茶评语

**1. 干茶外形评语**

毫尖：金黄色茸毫的嫩芽。

金毫：金黄色茸毫。

紧卷：颗粒卷得紧。

皱缩：颗粒虽卷得不紧，但边缘折皱，是片型茶的较好形状。

毛衣：细筋毛，红碎茶中含量较多。

筋皮：嫩茎和茶梗揉破碎的皮。

**2. 干茶色泽评语**

乌润：色乌而有光泽，有活力。

乌黑：乌黑色，比乌更黑。

黑褐：色黑而褐，有光泽。乌褐与此同义。

栗褐：褐中带红棕色。

栗红：红中带深棕色，似嫩栗壳色。

枯红：色红而枯燥。

灰枯：色灰红而无光泽。

**3. 汤色评语**

红艳：汤色红而鲜艳，金圈厚，似琥珀色。

红亮、红明：汤色不甚浓，红而透明有光彩的称为红亮。透明而略少光彩的称为红明。

金红：橙色中带有红色，艳丽透亮。

橙红：红色中带有黄色，类似橙皮色。

深红：汤色红而深，无光泽。

浅红：汤色红而浅。

红暗：汤色深红而显暗。

冷后浑：红茶汤冷却后出现浅褐色或橙色乳状的浑汤现象，为优质红茶的表现。

姜黄：红碎茶茶汤加牛奶后呈姜黄色。

棕红、粉红：红碎茶茶汤加牛奶后，汤色呈棕红明亮类似咖啡色的称为棕红，粉红明亮似玫瑰色的称为粉红。

灰白：红碎茶茶汤加牛奶后，呈灰暗混浊的乳白色，是汤质淡薄的标志。

**4. 香气评语**

鲜甜：鲜爽带甜香。

高甜：香高、持久有活力，带甜香，多用于高档工夫红茶。

甜纯：香气纯爽，虽不高但有甜感。

强烈：刺激强烈，浓郁持久，具有充沛的活力。

鲜浓：香气高而鲜爽。

花果香：香气鲜锐，类似某种花果的香气，如玫瑰香、兰花香、苹果香、麦芽香等。

祁门香：鲜嫩香甜，似蜜糖香，为祁门红茶的特征香气。

桂圆干香：似干桂圆的香，甜香浓郁。

松烟香：带有浓烈的松木烟香，为小种红茶的香气特征。

**5. 滋味评语**

鲜甜：鲜而带甜。

浓强：茶味浓厚，刺激性强。

鲜浓：鲜爽，浓厚而富有刺激性。

甜浓：味浓而甜厚。

**6. 叶底评语**

红艳：芽叶细嫩，红亮鲜艳悦目。

红亮：红亮而乏艳丽之感。

紫铜色：品质良好的红碎茶的叶底色泽。

红暗：红显暗，无光泽。

乌暗：叶片如猪肝色，为发酵不良的红茶。

乌条：叶色乌暗而不开展。

花青：带有青色或青色斑块，红里夹青。

## （四）青茶评语

**1. 干茶外形评语**

蜻蜓头：茶条肥壮，叶尖端卷曲成颗粒，叶柄端成条，似蜻蜓头。

螺钉形：茶条拳曲如螺钉状，紧结、重实。

扭曲：叶端折皱重叠的茶条。

浓眉形：茶条肥壮、略曲，似浓眉。

**2. 干茶色泽评语**

砂绿：色似蛙皮绿，即绿中带砂粒点，为优质乌龙茶的色泽。

青褐：色泽绿中带褐色。

青绿：绿中带青，多为雨水青或做青工艺走水不匀引起的"滞青"状态。

乌褐：色褐而泛乌。

鳝皮色：砂绿蜜黄，似鳝皮色。

蛤蟆背色：叶背起蛙皮状砂粒白点。

乌润：色乌而有光泽。

三节色：茶条尾部呈砂绿色，中部呈乌色，头部淡红色，故称三节色。

香蕉色：翠黄绿色，似刚成熟香蕉皮颜色。

**3. 汤色评语**

蜜绿：浅绿略带黄，近似蜂蜜的颜色。

蜜黄：浅黄似蜂蜜的颜色。

金黄：茶汤清澈，以黄为主，带有橙色。

橙黄：黄中微带红，似橙色或橘黄色。

橙红：红中稍带橙，似橘红色，清澈明亮。

清黄：茶汤黄而清澈。

红汤：浅红色或暗红色，常见于陈茶或烘焙过头的茶。

**4. 香气评语**

岩韵：武夷岩茶特有的地域风味，表现在香气与滋味中。

音韵：铁观音品质所特有的香气与滋味的综合表现，有较明显的兰花香。

浓郁、馥郁：带有浓郁持久的特殊花果香，称为浓郁；比浓郁香气更雅的，称为馥郁。

浓烈：香气虽高长，但不及"馥郁"或"浓郁"。强烈与此同义。

清高：香气清长，但不浓郁。

清香：清纯柔和，香气欠高但很幽雅。

酵香：发酵产生的香气，多由做青过度引起。

闷火、郁火：青茶烘焙后，未适当摊凉而形成的一种令人不快的火工气味。

猛火、急火：烘焙温度过高或过猛的火候所产生的不良火气，也称硬火、热火。

**5. 滋味评语**

细滑：入口有清鲜醇厚感，过喉柔顺甘爽。

粗浓：味粗而浓，入口有粗糙辣舌之感。

青涩：涩味且带有生青味。

酵味：做青过度而产生的类似劣质红茶的不良气味。

**6. 叶底评语**

柔软、软亮：叶质柔软称为"柔软"，叶色发亮有光泽称为"软亮"。

绿叶红镶边：做青适度，叶缘朱红明亮，中央浅黄绿色或青色透明。

绸缎面：叶肥厚、柔滑，有韧性。

青张：无红边的青色叶片。

暗张、死张：叶张发红，夹杂暗红叶片的为"暗张"，夹杂死红叶片的为"死张"。

## （五）黄茶评语

**1. 干茶外形评语**

肥直：芽头肥壮挺直，形状如针。

梗叶连枝：叶大梗长而相连，为霍山黄大茶外形特征。

鱼子泡：干茶有如鱼子大的烫斑。

**2. 干茶色泽评语**

金镶玉：芽头呈金黄的底色，玉是指满披白色银毫，为特级君山银针的特征。

金黄光亮：芽头肥壮，芽色金黄，油润光亮。

嫩黄：叶质柔嫩，色浅黄，光泽好。

褐黄：黄中带褐，光泽稍差。

黄褐：褐中带黄。

黄青：青中带黄。

**3. 汤色评语**

杏黄：黄稍带浅绿，清澈明净。

黄亮：黄而明亮。

浅黄：汤色黄，较浅、明亮。

深黄：色黄较深，但不暗。

橙黄：黄中微泛红，似橘黄色。

**4. 香气评语**

嫩玉米香：清爽细腻，带甜香，似煮熟的嫩玉米香。

高爽焦香、锅巴香：似高火炒香，强烈持久。

松烟香：带有松木烟香。

**5. 滋味评语**

甜爽：爽口而有甜感。

醇爽：醇而可口，回味略甜。

鲜醇：鲜洁爽口，甜醇。

**6. 叶底评语**

肥嫩：芽头肥壮，叶质厚实。

嫩黄：黄里泛白，叶质柔嫩，明亮度好。

黄亮：叶色黄而明亮，按叶色深浅程度不同有浅黄色和深黄色之分。

绿黄：黄中泛绿。

## （六）黑茶、压制茶评语

**1. 干茶外形评语**

泥鳅条：茶条皱卷扁直，壮如晒干的泥鳅。

折叠叶：呈折叠状，不成条。

红梗：木质化的红皮梗子，不及花白梗粗老。

花白梗：梗子半白半红，不及全白梗粗老。

全白梗：已木质化的白皮老梗。

丝瓜瓢：渥堆过度，复揉中叶脉和叶肉分离。

红叶：叶色暗红无光。

铁板色：色乌暗，呆滞不活。

端正、周正：砖身形态完整，砖面平整，棱角分明。

纹理清晰：砖面花纹、商标、文字等标记清晰。

紧度适合：压制松紧适度。

起层落面：紧压茶表面翘起并脱落。

包心外露：里茶露于砖茶表面。

金花茂盛：茯砖特有的金黄色子囊孢子俗称"金花"，发花茂盛的品质为佳。

缺口：砖面、饼面及边缘有残缺现象。

龟裂：砖面有裂缝。

烧心：压制茶中心部分发黑或发红。

脱面：饼茶盖面脱落。

断甑：金尖中间断开，不成整块。

斧头形：砖身一端厚、一端薄，形似斧头。

**2. 干茶色泽评语**

乌黑：乌黑而油润，为米砖的色泽。

猪肝色：红而带暗似猪肝色，为金尖的色泽。

黑褐：褐中泛黑，为黑砖的色泽。

青褐：褐中带青，为青砖的色泽。

棕褐：棕黄带褐，是康砖的色泽。

黄褐：褐中显黄，是茯砖的色泽。

褐黑：黑中泛褐，是特制茯砖的色泽。

青黄：黄中带青，新茯砖多为此色。

铁黑：色黑似铁，为湘尖的正常色泽。

青黑润色：黑中隐青而油润，为沱茶的色泽。

半筒黄：色泽花杂，叶尖黑色，柄端黄黑色。

**3. 汤色评语**

橙黄：黄中略泛红。

橙红：红中泛橙色。

栗色：红中带深棕色，似成熟的栗壳色。

深红：红较深，无光亮。

暗红：红而深暗。

棕红：红中泛棕，似咖啡色。

棕黄：黄中带棕。

黄明：黄而明亮。

黑褐：褐中带黑。

棕褐：褐中泛棕。

红褐：褐中泛红。

**4. 香气评语**

陈香：香气纯陈，无霉气。

松烟香：松柴熏焙带有松烟香，为湖南黑毛茶和六堡毛茶等传统香气特征。

粗青气：粗老青叶的气息，为粗老晒青毛茶杀青不足所致。

酸馊气：渥堆过度发出的酸馊气。

堆味：渥堆后工序处理不当，产品留有渥堆发酵时产生的气味。

霉气：霉变的气味。

烟焦气：茶叶焦灼生烟产生的烟焦气。

菌花香：茯砖茶发花正常所发出的特殊香气。

**5. 滋味评语**

陈韵：优质陈年黑茶特有的醇厚甘和带陈香的综合体现。

仓味：黑茶后熟陈化工序没有结束或存储不当而产生的霉杂味。

醇浓：醇中感浓。

**6. 叶底评语**

硬杂：叶质粗老、坚硬、多梗，色泽驳杂。

薄硬：叶质老，瘦薄较硬。

青褐：褐中泛青。

黄褐：褐中带黄。

黄黑：黑中泛黄。

红褐：褐中泛红。

## （七）白茶评语

**1. 干茶外形评语**

毫心肥壮：芽肥嫩壮大，茸毛多。

茸毛洁白：茸毛多，洁白而富有光泽。

芽叶连枝：芽叶相连成朵。

叶缘垂卷：叶面隆起，叶缘向叶背卷起。

舒展、平展：芽叶柔嫩，叶态平伏伸展。

皱折：叶张不平展，有皱折痕。

弯曲：叶张不平展，弯曲。

破张：叶张破碎。

蜡片：表面形成蜡质的老片。

**2. 干茶色泽评语**

毫尖银白：芽尖茸毛银白，有光泽。

银芽绿叶、白底绿面：毫心和叶背银白茸毛显露，叶面为灰绿色。

墨绿：深绿泛乌，少光泽。

灰绿：绿中带灰，属白茶正常色泽。

暗绿：叶色深绿，暗无光泽。

铁板色：深红而暗，似铁锈色，无光泽。

铁青：似铁色，带青绿。

青枯：叶色青绿，无光泽。

绿叶红筋：叶面绿色，叶脉呈红黄色。

**3. 汤色评语**

浅杏黄：浅黄带浅绿色。

橙黄：黄中微泛红。

浅橙黄：橙色稍浅。

深黄：黄色较深。

浅黄：黄色较浅。

黄亮：黄而清澈明亮。

暗黄：黄较深暗。

微红：色泛红。

**4. 香气评语**

毫香：白毫显露的嫩芽所具有的香气。

酵气：白茶萎凋过度，带发酵气味。

青臭气：白茶萎凋不足或火工不够，有青草气。

**5. 滋味评语**

清甜：入口感觉清鲜爽快，有甜味。

毫味：茸毛含量高的芽叶加工成白茶后特有的滋味。

青味：茶味淡而青草味重。

**6. 叶底评语**

红张：萎凋过度，叶张红变。

暗张：色暗黑，多为雨天制茶，形成死青。

暗杂：叶色暗而花杂。

# 二、评语中常用名词与辅助词

## （一）常用名词

芽头：未发育成茎叶的嫩尖，质地柔嫩。

茎：尚未木质化的嫩梗。

梗：着生芽叶的已显木质化的茎，一般指当年的青梗。

筋：脱去叶肉的叶柄、叶脉部分。

碎：呈颗粒状，细而短的断碎芽叶。

单张片：单片叶子，有老嫩之分。

片：破碎的细小轻薄片。

末：细小呈粉末状。

朴：呈折叠状的扁片块。

红梗：梗子呈红色。

红筋：红变的叶脉。

红叶：红变的叶片。

渥红：鲜叶杀青前轻度发酵，导致叶片泛红。

麻梗：隔年老梗、粗老梗，呈麻白色。

剥皮梗：在加工过程中脱了皮的梗。

中和性：香味不突出的茶叶，适于拼配。

上段：摇样盘后，浮在表面较轻、松、长、大的茶叶。面张、面装与此同义。

中段：摇样盘后，集中在中层较紧细、重实的茶叶。腰档与此同义。

下段：摇样盘后，沉积于底层细小的碎茶、片末。下身、下脚、下盘与此同义。

## （二）常用辅助词

茶叶的品质情况很复杂，当产品样对照某标准样进行评比时，某些品质因子往往有程度上的差异。此时除使用上述评语作为主体词外，可在主体词前加用"较""稍""尚""欠"等比较性辅助词以表达质量差异程度。这类词用来比较样茶与标准样茶间的质差程度。

较：用于两茶相比时，表示品质高于标准或低于标准。如较浓、较高、较低、较暗等。

稍、略：用于某种形态不正、稍有偏差及物质含量不多、程度不深时。如略扁、略烟、稍暗、略有花香、稍淡等。

欠：在规格要求上或某种程度上还不符合要求，且程度上较严重，品质明显低于标准。如欠亮、欠浓、欠匀等。

尚：用于品质略低于或接近于标准样时。如红尚艳、尚浓等。

带：某种程度上轻微时用，有时可与其他辅助词连用。如带有花香、略带烟气等。

有：形容某些方面存在，如有茎梗等。

显：形容某方面比较突出，如白毫显露、显锋苗等。

微：在差异程度上很轻微时用，如微烟、微苦涩等。

# 第七节　评茶计分

我国茶类品种众多，各种茶品质不同，因此在各类评比、企业收购、出口的评茶计分方法上也各不相同。

## 一、对样评茶

对样评茶就是对照某一特定的标准样来评定茶叶的品质。标准样是衡量产品质量的标尺。标准样原分毛茶标准样、加工标准样和贸易标准样。现泛指茶叶产品标准中设立的实物标准样。

### （一）对样评茶的应用范围

**1. 用于产、供、销（或购销）的交接验收，其评定结果作为产品交换时定级计价的依据**　这种对样评茶是以毛茶收购标准样及一部分加工验收标准样为尺度，根据产品质量高低评出相应的级价。与标准样符合的，评以标准级，给以标准价；高于或低于标准样的，按其质量差异幅度大小，评出相应的级价或档次，级价及档次对样按品质高低上下浮动。

**2. 用于质量控制和质量监管的，其评定结果作为货与样是否相符的依据**　这种对样评茶是以标准样或成交样为对照样，交货品质必须与对照样相符，高于或低于对照样的都属不符。符合对照样的评为"合格"，不符合的评为"不合格"。交货品质不允许上下浮动；对外贸易标准样、成交样就属这一类。在现行国内交易与国际贸易中，货、样是否相符，是衡量商品信誉的重要标志，是保证商品质量、维护商品信誉所采取的一项重要措施。

购销交接对样评茶与市场抽检、出口（厂）茶的对样评茶，虽然两者审评项目相同，但侧重点有所不同，前者在于评定茶叶品质的高低优次和相应级价，而后者在于评定货样是否相符，如成交时样品是碎茶，交货时有条茶，由于外形规格不符，都应评为不合格。在评定内质时，不仅应对照标准样茶，同时应对照同期、同茶号的交货品质水平，然后确定内质是否相符合。

### （二）对样评茶的方法

正确地对样评茶，除按一般方法进行审评外，还应采取如下措施。

**1. 三样评茶**　"三样"即贸易标准样、交货样和参考样。标准样和成交样是评定交货样质量的依据，同时应把上一年或者上一批次同茶号的交货留样作为参考样对比审评，这对保持前后期的交货品质均衡正确把控货样相符是行之有效的。

**2. 双杯评茶**　为使审评结果更加正确，评茶时可采取双杯制，如发现两杯之间有差异时，一般应泡第三杯或第四杯，直至双杯结果基本一致。

**3. 密码评茶**　为防止评茶人员的主观片面性，使审评结果更为客观可靠，可采用密码审评，有时可把交货样当作标准样，把标准样当作交货样，互相对比，衡量交货水平。

### （三）对样审评的因子

定级计价的对样审评按照"五因子"即外形、汤色、香气、滋味与叶底进行；判断是否相符的对样审评按照"八因子"即外形的"形状、色泽、整碎、净度"和内质的"汤色、香气、滋味、叶底"进行。

## 二、对样评分

评茶计分（简称评分法）是用分数来记录茶叶品质优次的方法。评分应以对照样或标准样为依据，对照样或标准样是衡量品质高低的准绳。

评分和评语虽然都是表达茶叶品质优次的方法，但作用不同。评分是以数值直观地表示茶叶品质的优劣，从分数上可以看出被评茶叶质差或级差的大小，但不能看出质差的原因，仍需以评语作补充；评语是对被评茶叶品质因素的说明，指出高于或低于对照样或标准样的实况，但不能看出品质差距的程度，需靠分数来表达。

### （一）评茶计分的方法

评茶计分的方法各国有所不同，有百分制、十分制和五分制。分数只是一种表达品质高低的方式，只要统一标准，掌握方法，结果正确，可以任意选用一种计分方法，但一般应按照该地区惯用的方法来评分，否则会失去实用价值。

**1. 我国现行评茶计分方法**　我国评茶计分方法有百分制和权分法两种。

（1）百分制　百分制的用法有3种。

① 将标准样茶的各项品质因子都定为100分，其综合平均数100分为标准分，并与国家核定的标准价格相结合而成为品质系数。评茶时依商品茶比标准样茶品质的高低而增减分数，再依评分高低给予相应价格。

② 以等级实物标准样为依据，100分为最高分，对各级标准样茶规定一个分数范围，级与级间的分距相等，例如一级茶为91~100分，二级茶为81~90分，按此往下减，每个级距差10分，如果每个级再分上、下两个等，则96~100分是一级一等，91~95分是一级二等。这种评分法以综合得分的多少确定等级，计算价格，所以又称等级评分法。

③ 以标准样茶为100分，评分只采用加分或减分，表示与标准样茶的差距大小，不能区分等级。因此，各级茶的评分可以相同。以百分法为例：符合标准的评

分100分，"稍高"于标准的可加1分，"较高"者加2分，"高"者加3分或3分以上；反之，"稍低"者减1分，"较低"者减2分，"低"者减3分或3分以上。若品质相当于标准给"0"分，分成七档，称"七档制评分法"（表5-5）。评分时对加分或减分的多少，应根据质量差异大小给予相应的分差。如一项减3分者或几项合计减3分者，即评为明显低于标准样；加3分者则评为明显高于标准样。加分或减分不能作算术平均，所以又称对样评分法。

表5-5　七档制评分法

| 档　次 | 评　分 | 说　　明 |
|---|---|---|
| 高 | +3 | 差异大，大于或等于1个等，明显好于标准 |
| 较高 | +2 | 差异较大，大于或等于1/2个等，好于标准 |
| 稍高 | +1 | 有差异，稍好于标准 |
| 相当 | 0 | 品质相当 |
| 稍低 | -1 | 有差异，稍低于标准 |
| 较低 | -2 | 差异较大，大于或等于1/2个等，低于标准 |
| 低 | -3 | 差异大，大于或等于1个等，明显低于标准 |

审评结果按下式计算：

$$Y = A + B + \cdots + H$$

式中，$Y$为茶样审评总得分；$A$、$B\cdots H$表示各审评因子的得分。

结果判定：

任何单一审评因子有得-3分者，判为不合格；总得分$\leqslant -3$分者，判为不合格。

如某茶对样七档评分如下：外形-1，汤色相当0，香气-1，滋味+1，叶底-1，总得分-2，为98分；若外形-2，其他同上，则总得分-3，为不合格。如一款茶，外形-3，仅此一项即可判其不合格。

（2）权分法　即加权评分法，权分是衡量某项目在整个品质中所居主次地位而确定的分数，这个分数即为权数（评分系数）。由于各类茶的品质特征不同，各因子对品质的贡献度不同，因此，不同茶类各因子所确定的权数也不同。表5-6是根据GB/T 23776—2018列出的评分系数。评分时，评茶员对每个因子按照百分制打分，计算得分结果是按照每个因子所得分数乘以其系数后相加的总和。

表5-6　各类茶品质因子评分系数表（%）

| 茶类 | 外形（$a$） | 汤色（$b$） | 香气（$c$） | 滋味（$d$） | 叶底（$e$） |
|---|---|---|---|---|---|
| 绿茶 | 25 | 10 | 25 | 30 | 10 |
| 工夫红茶（小种红茶） | 25 | 10 | 25 | 30 | 10 |
| 红碎茶 | 20 | 10 | 30 | 30 | 10 |
| 乌龙茶 | 20 | 5 | 30 | 35 | 10 |

（续）

| 茶类 | 外形（$a$） | 汤色（$b$） | 香气（$c$） | 滋味（$d$） | 叶底（$e$） |
|---|---|---|---|---|---|
| 黑茶（散茶） | 20 | 15 | 25 | 30 | 10 |
| 压制茶 | 20 | 10 | 30 | 35 | 5 |
| 白茶 | 25 | 10 | 25 | 30 | 10 |
| 黄茶 | 25 | 10 | 25 | 30 | 10 |
| 花茶 | 20 | 5 | 35 | 30 | 10 |
| 袋泡茶 | 10 | 20 | 30 | 30 | 10 |
| 粉茶 | 10 | 20 | 35 | 35 | 0 |

根据审评人员的各项因子的评分，乘以该因子的评分系数，最后将各乘积值相加，即为该茶总得分。计算公式如下：

$$Y = A \times a + B \times b + \cdots + E \times e$$

式中，$Y$ 为总得分；$A$、$B \cdots E$ 为各项品质因子评分；$a$、$b \cdots e$ 为各项品质因子的评分系数。

如评乌龙茶，外形得 90 分，汤色得 80 分，香气得 85 分，滋味得 90 分，叶底得 90 分。代入上公式，计算如下：

$$Y = 90 \times 20\% + 80 \times 5\% + 85 \times 30\% + 90 \times 35\% + 90 \times 10\%$$
$$= 88.0（分）$$

**2. 评分形式**

（1）独立评分　独立评分是每位评茶员各自计分，如有 5 位以上评茶员，评分结果可去掉一个最高分和一个最低分，对其余评分取平均值，依分数排优次或决定升降等级。

（2）集体评分　如限于设备或其他原因，可集体评分。推选评茶员中最具经验人员为主评，在审评过程中按外形、汤色、香气、滋味、叶底等因子评出分数，其他评茶人员在其基础上加分或减分，最后达到统一并由主评写出评语。

结果评定：根据分数的高低，排列审评样品质量的优次或决定其等级。如遇分数相同者，可将茶样重新冲泡再审评判别，或按滋味→外形→香气→汤色→叶底次序，比较单一分数的高低协商解决。

## （二）精茶（出厂）验收审评

**1. 产品出厂或验收审评检验的内容**　一般有品质审评、水分、灰分、粉末、碎茶及包装情况等项目的检验。例如，珠茶原箱出口的成品检验，其品质审评按加工验收统一标准样，外形对照标准样评比颗粒、整碎、色泽、净度，内质评比香味、汤色、叶底嫩度和色泽。评定结果用稍高、相当、稍低来表示。品质与标准样某项因子相符的，就在该项因子的栏内打"√"即可（表 5-7）。

表 5-7 珠茶原箱出口成品出厂检验表

| 项 目 | | 外 形 | | | | 内 质 | | | |
|---|---|---|---|---|---|---|---|---|---|
| | | 颗粒 | 整碎 | 色泽 | 净度 | 香味 | 汤色 | 叶底嫩度 | 叶底色泽 |
| 比标准样 | 稍高<br>相当<br>稍低 | | | | | | | | |

**2. 口岸公司对成品验收审评** 一般采用五级标准制，评定品质等级，品质对照加工验收统一标准样进行评定。外形评比条索或颗粒、整碎、色泽、净度，内质评比叶底嫩度、色泽、香气、滋味。验收结果以高、稍高、符合、稍低、低 5 级来划分，其符号高"△"表示品质超过对照标准样半级以上；稍高"⊥"表示高于对照标准样但不到半个级；符合"√"表示与对照标准样品质大体一致；稍低"⊤"表示低于对照标准样半个级以内；低"×"表示低于对照标准样半个级以上。被验收的茶叶各项品质属于 5 级标准制的哪一级，就在项目下面打上相应级的标准符号，验收人员综合各项因子，根据品质的总水平提出验收等级。

## 复习思考题

1. 什么是茶叶感官审评?

2. 简述茶叶感官审评的因子及要点。

3. 假茶的鉴别方法有哪些?

4. 简述感官审评细嫩炒青绿茶的技术要领。

5. 绿茶常见的品质弊病有哪些?

6. 简述工夫红茶的审评技术要领及常见品质弊病。

7. 简述武夷岩茶的审评技术要领及常见品质弊病。

8. 简述花茶的审评方法及技术要领。

9. 试述紧压黑茶的审评方法及技术要领。

10. 简述速溶茶的审评方法及要领。

11. 简述袋泡茶的审评方法及要领。

# 第六章 茶叶物理检验

茶叶物理检验是采用物理方法检测茶叶品质和维护茶叶质量的一种技术手段。根据目前我国茶叶生产流通活动中对茶叶物理检验项目的要求和茶叶标准引用情况，茶叶物理检验分特定物理检验和一般物理检验。特定物理检验包括粉末和碎茶含量检验、茶叶包装检验、茶叶夹杂物含量检验和茶叶衡量检验等。其他能反映茶叶品质的物理检测项目，如干茶比重、比容检验，茶汤比色等属一般物理检验。

## 第一节 特定物理检验

为保证茶叶物理检验结果的准确性和重现性，国家标准对部分检验项目规定了统一检验方法，它既要从我国茶叶生产和国内外贸易的实际情况出发，起到促进生产和控制品质的作用；又要考虑到国际茶叶检验标准和方法的水平，以利于茶叶出口贸易正常进行。本节主要介绍国内外现行的较常使用的特定物理检验方法。

### 一、粉末、碎茶检验

茶叶在初精制过程中，尤其是精制的筛切过程中，不可避免地产生一些粉末和碎片茶。这些片末茶的存在，直接影响了茶叶外形的匀整美观，冲泡后使汤色发暗、滋味苦涩。粗老原料更易产生片末茶，这些片末茶往往使汤味浅淡，不受消费者欢迎。因此，粉末及下段茶的多寡，作为品质优次的一个物理指标，在检验标准中，做出一定的限制，是很有必要的。

**1. 所需仪器和用具**

(1) 分样器和分样板或分样盘　盘两对角开有缺口。

(2) 电动筛分机　转速 200 r/min，回旋幅度 60 mm。

(3) 检验筛　铜丝编制的方孔标准筛，筛子直径 200 mm，具筛底和筛盖。适用于不同形态茶的粉末或碎茶含量测定的检验筛规格如表 6-1 所示。

**2. 碎茶、粉末茶含量测定**

(1) 条、圆形茶和粗形茶

① 粉末茶：将试样充分拌匀并缩分后，称取 100 g（精确至 0.1 g），倒入规定的碎茶筛和粉末筛的检验套筛内，盖上筛盖，按下启动按钮，筛动 100 转。称量粉末筛的筛下物（精确至 0.1 g）。

表 6-1 各类茶粉末碎茶检验筛规格

| 茶叶类型 | 粉末筛 | 碎茶筛 |
| --- | --- | --- |
| 条、圆形茶 | 0.63 mm | 1.25 mm |
| 碎形茶、粗形茶 | 0.45 mm | 1.60 mm |
| 片形茶 | 0.23 mm | — |
| 末形茶 | 0.18 mm | — |

注：条、圆形茶指工夫红茶、小种红茶、红碎茶中的叶茶、炒青、烘青、珠茶等紧结条形或圆形茶；粗形茶指铁观音、色种、乌龙、水仙、奇种、白牡丹、贡眉、晒青茶、普洱散茶等粗大、松散形茶。

② 碎茶：对于粗形茶，称量粉末筛筛面上的碎茶（精确至 0.1 g）。对于条、圆形茶，移去碎茶筛的筛上物，再将粉末筛筛面上的碎茶重新倒入下接筛底的碎茶筛内，盖上筛盖，放在电动筛分机上，筛动 50 转，称量筛下物（精确至 0.1 g）。

（2）碎、片、末形茶　称取充分混匀的试样 100 g（精确至 0.1 g），倒入规定的粉末筛内，筛动 100 转。称量筛下物（精确至 0.1 g）。

**3. 结果计算**

茶叶粉末含量以质量分数表示，按下式计算：

$$粉末含量 = \frac{m_1}{m} \times 100\%$$

茶叶碎茶含量以质量分数表示，按下式计算：

$$碎茶含量 = \frac{m_2}{m} \times 100\%$$

式中，$m_1$——筛下粉末质量（g）；

$m_2$——筛下碎茶质量（g）；

$m$——试样质量（g）。

**4. 重复性**　碎茶及粉末测定应作重复试验。当测定值（$x$）为 $x \leqslant 3\%$、$3\% < x \leqslant 5\%$、$x > 5\%$ 时，同一样品的两次测定值之差，分别不得超过 0.2%、0.3%、0.5%，否则，需重新分样检测。

平均值计算：将未超过误差范围的两次测定值平均后，再按数值修约规则修约至小数点后 1 位数，即为该试样的实际碎茶、粉末含量。

# 二、含梗量检验

茶梗是茶叶加工后残存于成品茶中的茎、梗部分物体，主要是采摘粗放或精制过程中拣剔不净所致。茶梗在各类茶中都存在，其大小、长短、色泽各异，影响茶叶的外形和内质。一般红茶、绿茶对照贸易标准样茶或成交样茶检验其含梗量，黑茶在品质评判过程中也会规定其含梗量。

**1. 散茶含梗量的测定方法**　称取试样 100 g（精确至 0.1 g），用镊子拣出茶梗，称重（精确至 0.1 g），并按下式算出其茶梗含量：

$$茶梗含量 = \frac{m_1}{m} \times 100\%$$

式中，$m_1$——拣出茶梗质量（g）；

　　　　$m$——试样质量（g）。

**2. 压制茶含梗量的测定方法**　先将压制茶分成 4 等份，取其中对角 2 份为试样。试样用蒸汽蒸散，将茶梗从试样中分拣出来，分别将茶梗和除去茶梗后的试样置于 $100 \sim 105\ ℃$ 的烘箱内烘干，称取烘干后的质量。按下式计算茶梗含量：

$$茶梗含量 = \frac{m_1}{m} \times 100\%$$

式中，$m_1$——烘干后茶梗质量（g）；

　　　　$m$——茶梗与除去茶梗后的试样烘干后的质量之和。

## 三、非茶类夹杂物检验

在茶叶的采制过程中，如果不重视安全卫生条件，容易导致产品中夹带一些有碍卫生的非茶类夹杂物，有的还是恶性夹杂物，如虫尸、铁屑、泥沙、碎玻璃片等。这些非茶类的夹杂物，直接危害消费者的身体健康，应予以严格检验，杜绝有夹杂物的茶叶销售。

以砖茶为例，介绍非茶类夹杂物检验的方法：将砖茶锯成 4 等份，取对角 2 份为试样，用木槌将砖茶敲碎，再用四角分样法或分样器将样品分成 2 等份，取其中一份为试样，称重为 $m_0$。用手拣出非茶类夹杂物，再将试样平铺在玻璃板上，用能吸 $12 \sim 13\ kg$ 物质的磁铁在茶层内纵横交叉滑动数次，取出磁性杂质，把每次吸取的磁性杂质收集在同一张清洁的白色硬纸上，直到磁性杂质全部吸出，合并非茶类夹杂物称其质量为 $m_1$，按下式计算非茶类夹杂物含量：

$$非茶类夹杂物含量 = \frac{m_1}{m_0} \times 100\%$$

式中，$m_1$——拣出夹杂物质量（g）；

　　　　$m_0$——试样质量（g）。

## 四、成品茶包装检验

茶叶产品的包装，直接关系到产品价值、产品品质和声誉，也反映了我国茶叶包装生产的技术水平和包装设计的艺术水平。因此，包装检验是茶叶检验的一个重要部分。茶叶是一种组织结构疏松多孔的物质，可以借助从表面到内部的许多毛细管，吸附空气中的水汽或异气。茶叶中的某些化学成分如胶体物质可结合水分子形成水合物；晶体物质发生潮解，起着吸附水汽、异气的作用。茶叶受潮后，内部多酚类等物质的氧化加速，茶叶陈化加快，使香气低，汤色暗浊。一般高档茶的包装严密性以及防潮、防异性高于低档茶。

茶叶包装除保护茶叶品质外，还有便于运输仓储、装卸、计量及美化商品等作用。因而，茶叶包装要求科学、经济、牢固、美观。

## （一）包装检验的内容

包装检验内容包括包装标识、标签及包装的质量。运输包装上应该有规范、清楚的标识。销售包装标签中应有食品名称、配料清单、净含量、制造者、经销者的名称和地址、生产日期（或包装日期）和保质期、贮藏说明、产品标准号、质量（品质）等级等内容，并且规范、清楚。

包装质量应按国家标准、行业标准和合同合约的规定进行检验，出口茶叶包装质量检验以检验包装制成品为主，结合出口茶取样同时进行。对于装箱前取样以及分批分次出口的装箱茶，需于装箱茶发运前补验外包装的质量和标签。包装质量可着重检验下列各项：

**1. 运输包装（大包装箱）**

（1）箱种　按原木箱、胶合板箱（铅丝钉箱、包角铁皮箱、搭攀箱）和纸箱（瓦楞纸箱、牛皮卡纸箱）的结构、质量进行检查。

（2）规格　各箱种尺寸大小（长、宽、高）及箱板厚度的允许误差均应按合同规定或包装标准规定检查。

（3）钉制质量　检查口、角档衔接，钉、攀用量，包角铁皮宽度，防潮材料及钉制质量是否符合规定。原木箱还应检查拼板块数和板缝等。

（4）外包装和捆扎　检查是否牢固、紧密。

**2. 销售包装（小包装）**　小包装着重检查各种材质的听、盒、袋是否清洁，有无异味，特别要注意与茶叶接触的包装材料的洁净和卫生，并检查容器图案、标记色泽是否符合规定，图案套色是否准确及色差的程度，以及外包玻璃纸是否做到挺、紧、牢，轧封口是否平伏牢固。

各类茶叶的包装质量，必须符合牢固、清洁、干燥、无明显异气味和适于长途运输的要求，其标识必须整齐、清晰，符合标准和合同合约的要求。国内销售的茶叶包装标签应符合《食品安全国家标准　预包装食品标签通则》（GB 7718—2011）的规定。经商检部门检验合格的出口茶，必要时可实行检验合格标记制度，以表明检验的严肃性和树立商检在国际贸易上的权威性。为了系统地考察茶叶包装的质量，每年应对各厂茶叶包装进行一次物理机械性能的抽样检验，实行茶箱的跌落和防潮性能实验，以便了解和改进包装。

## （二）包装检验的用具与方法

茶叶包装检验，一般采用观察与实测的方法。进行实测时，使用如下工具：测微器、钢卷尺、恒温烘箱、天平、压力试验机、戳穿试验机、跌落试验机、恒温恒湿实验室、台秤、厚度计等。

**1. 茶箱牢固程度检验**　茶箱的牢固程度，体现在能否经受储运中各种重压、碰撞和跌落，除决定于板材规格是否符合标准外，也取决于制箱技术是否过硬。如果制箱技术不过关，飘钉、空钉过多，即使材料规格符合标准，茶箱也难达到牢固要求。

（1）抗压强度检验　将随机选取的待测茶箱预先处理，使其含水量保持在一定的范围内，按顶、底和侧面分别编号，置于压力机平板的正中，驱动上压板夹紧茶箱，然后以每分钟 13 mm±2.5 mm 的均匀速度加压至变形或破坏为止。记录临界负荷力与最大负荷力，以帕（Pa）表示，对茶箱分别检验顶压和侧压（侧面加压）。每次测试同等茶箱 3 只，以检验空箱为主，也可同时检验已盛装茶叶的实箱。

（2）抗摔强度检验　随机选取已装茶叶的同等茶箱 3 个，先标记箱号、箱棱和箱角的方位，置在跌落机架上，从预定的高度（一般 1.3 m）自由跌落在坚硬、平实的地面上，每跌落一次，即进行一次检查，检查茶箱各部分是否破裂、松散、移动等情况，分别做好记录。检验部位分对面、对棱和对角跌落 3 种，顺序、连续跌落至破坏为止。

（3）戳穿强度检验　随机选取茶箱，切取 175 mm×175 mm 板块 5～10 块，逐块放置在戳穿机的上、下两块压板之间，然后调节两块压板，夹紧待测试板进行检验，以一定形状的角锥冲戳板块的正面，戳穿强度以帕表示。

**2. 茶箱抗潮性能检验**　随机选取同等规格试验茶箱 3 个，编号，并分别测定毛重和茶叶含水量，调节恒温恒湿实验室湿度到饱和状态、温度到 40 ℃，将茶箱按次序放置在恒温恒湿实验室架子上，各箱间距 30 cm，密封放置 7～10 d，然后，再测定茶箱毛重，并开箱扦取茶叶平均样品，测定含水量，计算检验后的茶箱毛重和茶叶水分增长率。

**3. 包装材料含水量检验**

（1）木板（包括原木板和胶合板）　从整批产品中随机拣取 5～10 块木板或胶合板，截锯成 10 cm×10 cm 的试样，逐一编号，称重（精确至 0.01 g），然后置于 100～105 ℃烘箱中烘 4 h，取出，在干燥器内冷却、称量，再以原温度烘 1 h，冷却、称重，反复操作，直至恒重。

（2）纸板（包括纸张）　称取小块试样 5 g（精确至 0.01 g），置于已知质量的称量皿中，在 100～105 ℃烘箱中烘干至恒重。

（3）结果计算　包装材料的含水量按下式计算：

$$包装材料含水量 = \frac{m - m_1}{m} \times 100\%$$

式中，$m$——试样烘前质量（g）；

$m_1$——试样烘后质量（g）。

**4. 包装材料厚度检验**

（1）箱板厚度检验　原木板用钢卷尺测量四边断面的厚度，取其均值，以毫米表示，计算至小数点后一位。胶合板以 10 块板平叠用钢卷尺测量，再计算平均单板的厚度，以毫米表示，计算至小数点后一位，或用测微器直接测量单板的厚度。瓦楞纸板厚度用厚度计检测。

（2）铝箔厚度检验　扦取具有代表性的试样，保持箔面平整，无皱折和机械损伤，随机选择不同部位，用测微器检测铝箔的厚度，以毫米表示，保留到小数点后 3 位。

**5. 荧光物质检验** 于暗室中在 $350\sim370\,\mu m$ 的紫外灯下照射试样（衬纸），检查其有无荧光显现。

# 五、对茶叶过度包装的限制

茶叶是人们生活中礼尚往来的重要馈赠佳品。为了提升茶叶产品的价值，部分生产厂商会给茶叶产品制作奢华、复杂的外包装。过度包装既造成不必要的资源浪费，也增加了消费者的购买成本，还会产生过多的包装垃圾，对环境也产生污染。根据国家标准《限制商品过度包装要求　食品和化妆品》（GB 23350—2021）相关要求，茶叶产品在包装设计和使用过程中应避免过度包装。

茶叶包装应根据茶叶特征和品质，选择适宜的包装材料。设计应科学、合理，减少包装材料的用量。尽量使用可循环再生、回收利用的包装材料，应充分考虑其经济性与实用性，避免为了追求其他功能而增加包装成本。

**1. 相关术语**

（1）过度包装　包装空隙率、包装层数、包装成本超过要求的包装。指食品和化妆品的销售包装的包装空隙率、包装层数、包装成本这三个指标中任何一个指标超过 GB 23350—2021 规定要求。

（2）初始包装　直接与产品接触的包装。

（3）包装层数　完全包裹产品的包装的层数。完全包裹是指使商品不致散出的包装方式。

（4）包装空隙率　包装内去除内装物占有的必要空间容积与包装总容积的比率。

（5）商品必要空间系数　用于保护食品或化妆品所需空间量度的校正因子（根据不同商品特性和其他包装的安全性、保护性、便利性等功能设置），茶叶必要空间系数为 13。

**2. 限量要求**

（1）对包装层数的要求　在 GB 23350—2021 中，茶叶归属于其他类食品，包装层数以直接接触内包装物的包装为第一层，依次类推。最外层包装为第 $n$ 层，$n$ 即为包装的层数。茶叶包装层数不得超过 4 层。

（2）对包装成本的要求　除第一层包装之外的所有包装成本不超过产品销售价格的 20%。

（3）包装空隙率的要求（表 6-2）　GB 23350—2021 规定，包装空隙率以商品标准的质量或者体积直接进行换算，具体按下式计算：

$$X = \frac{V_n - \sum(k \times V_0)}{V_n}$$

式中，$X$——包装空隙率，其限量要求见表 6-2；

$\qquad V_n$——商品销售包装体积（$mm^3$）；

$\qquad V_0$——内装物体积（$mm^3$），以商品标准的净含量进行换算，1 g 内装物换算为 1 000 $mm^3$；

$k$——商品必要空间系数。GB 23350—2021 规定，茶叶及相关制品的
商品必要空间系数为 13。

表 6-2  包装空隙率限量要求

| 单件净含量（$Q$）（mL 或 g） | 空隙率（%） |
|---|---|
| ≤1 | ≤85 |
| 1<$Q$≤5 | ≤70 |
| 5<$Q$≤15 | ≤60 |
| 15<$Q$≤30 | ≤50 |
| 30<$Q$≤50 | ≤40 |
| >50 | ≤30 |

注：本表不适用于销售包装层数仅为一层的商品。综合商品的包装空隙率应以单件净含量最大的产品所对应的空隙率为准。

# 六、茶叶衡量检验

衡量检验包括对商品的重量、数量检验和体积丈量检验。商品的数量、重量和体积，是贸易双方交易的重要条件，必须认真检验，而计量检验工作，又依赖衡器的准确性、示值的恒定性和感量的灵敏性。必须满足这些基本要求，才能保证计量检验的准确性。

## （一）质量检验

用于检验的设备如秤或者天平等需经检定合格，其准确度等级和检定分度值应符合要求。

**1. 净含量的计量要求**

（1）单件商品净含量的计量要求  单件定量包装商品的实际含量应当准确反映其标准净含量。标注净含量（$Q_n$）与实际含量之差不得大于表 6-3 规定的允许短缺量。

表 6-3  允许短缺量

| 质量或体积定量包装商品的标注净含量（$Q_n$）[g（或 mL）] | 允许短缺量（$T$） | |
|---|---|---|
| | $Q_n$ 的百分比 | g（或 mL） |
| 0～50 | 9 | — |
| 50～100 | — | 4.5 |
| 100～200 | 4.5 | — |
| 200～300 | — | 9 |
| 300～500 | 3 | — |
| 500～1 000 | — | 15 |
| 1 000～10 000 | 1.5 | — |
| 10 000～15 000 | — | 150 |
| 15 000～50 000 | 1 | — |

对于允许短缺量（$T$），当 $Q_n \leqslant 1$ kg（或 L）时，$T$ 值的 0.01 g（或 mL）修约至 0.1 g（或 mL）；当 $Q_n > 1$ kg（或 L）时，$T$ 值的 0.1 g（或 mL）修约至 1 g（或 mL）。

（2）批量商品净含量的计量要求　批量定量包装商品的平均实际含量应当大于或等于其标注净含量。

用抽样的方法评定一个检验批的定量包装商品，需按照表 6-4 的规定进行抽样检验和计算。样本中单件定量包装商品的标注净含量与其实际含量之差大于允许短缺量的件数以及样本的平均实际含量应当符合表 6-4 的规定。当一个检验批的批量 $\leqslant 10$ 件时，只对每个单件定量包装商品的实际含量进行检验和评定，不作平均实际含量的计算。

**表 6-4　计量检验抽样方案及允许短缺量件数**

| 检验批量（$N$） | 抽取样本量（$n$） | 样本平均实际含量修正值（$\lambda s$） | | 允许 > 1 倍或 $\leqslant 2$ 倍允许短缺（$T_1$ 类短缺）的件数 | 允许 > 2 倍允许短缺（$T_2$ 类短缺）的件数 |
|---|---|---|---|---|---|
| | | 修正因子 $\lambda = t_{0.995} \times \dfrac{1}{\sqrt{n}}$ | 样本实际含量标准偏差（$s$） | | |
| 1~10 | $N$ | — | — | 0 | 0 |
| 11~50 | 10 | 1.028 | $s$ | 0 | 0 |
| 51~99 | 13 | 0.848 | $s$ | 1 | 0 |
| 100~500 | 50 | 0.379 | $s$ | 3 | 0 |
| 501~3 200 | 80 | 0.295 | $s$ | 5 | 0 |
| > 3 200 | 125 | 0.234 | $s$ | 7 | 0 |

包装现场抽样一般采用等距抽样，仓库抽样一般采用分层抽样，零售现场的抽样一般采用简单随机抽样方法。

样本平均实际含量应大于或等于标注净含量减去样本平均实际含量修正值 $\lambda s$。

$$\overline{x} \geqslant (Q_n - \lambda s)$$

式中，$\overline{x}$——样本平均实际含量，$\overline{x} = \dfrac{1}{n}\sum\limits_{i=1}^{n} x_i$；

$\qquad Q_n$——标注净含量；

$\qquad \lambda$——修正因子；

$\qquad x_i$——单件商品的实际含量；

$\qquad s$——样本实际含量标准偏差，$s = \sqrt{\dfrac{1}{n-1}\sum\limits_{i=1}^{n}(x_i - \overline{x})^2}$。

**2. 毛重鉴定**

（1）标明重量包装的毛重鉴定

① 按 10% 的比例鉴定毛重，抽查件数不少于 20 件，批量不足 20 件的应全部衡重。

② 各件差重超过规定幅度时，应按规定增加鉴定比例直至全部衡重。

③ 由实衡部分推算的毛重总量与按标明毛重计算的总重量之间的溢缺，不超

过规定允差范围时，即认为与标明毛重相符；超过时，以实衡部分的平均毛重推算或计算全部毛重。

（2）固定重量包装的毛重鉴定

① 按 3% 比例鉴定毛重，抽查件数不少于 10 件，批量不足 10 件的应全部衡重。

② 其他同（1）中②、③。

## （二）体积丈量检验

在计量工作中，有的采用尺码吨计量办法。

① 量尺工具可采用卡尺等度量设备，量尺用前需检查刻度准确性，符合要求才能使用。

② 每批抽箱（$x$）丈量的箱数规定如下：$x \leqslant 100$ 箱抽量 4 箱，$100$ 箱 $< x \leqslant 200$ 箱抽量 6 箱，$200$ 箱 $< x \leqslant 500$ 箱抽量 8 箱，$500$ 箱 $< x \leqslant 1\,000$ 箱抽量 10 箱，$1\,000$ 箱 $< x \leqslant 1\,500$ 箱抽量 15 箱，$x > 1\,500$ 箱抽量 20 箱。

③ 每箱一律按外围丈量，打捆的茶箱在打捆后丈量，箱外钉有木档或其他护箱物的茶箱，按最大面积丈量。

④ 每件量取长、宽、高三面，然后按尾数舍入法计算。

⑤ 尾数（$x$）舍入办法：$x \leqslant 0.64$ cm 者，一律不予计算；$0.64 < x \leqslant 1.27$ cm 者，按 1.27 cm 计算；$1.27 < x \leqslant 1.90$ cm 者，按 1.90 cm 计算；$x > 1.90$ cm 者，按 2.54 cm 计算。

⑥ 计算每件平均尺码时，计算到小数点后第三位，第四位四舍五入。每批以总立方米为单位。

⑦ 尺码吨按货物体积计算，以每立方米为 1 尺码吨。

# 第二节　一般物理检验

在国内外试验研究中，还常采用物理手段检验茶叶的容重与比容，以辅助鉴定茶叶品质。

## 一、茶叶容重检验

单位容积的质量称为容重。干茶的容重与茶叶品质关系密切。一般而论，高档茶容重大，表示原料较细嫩，做工良好，条索（或颗粒）紧结重实，大小长短匀整，测定的容重数值较大。低档茶原料较粗老，条索（或颗粒）松泡、身骨轻，测定的容重数值较小。容重的测定能在一定程度上反映出茶叶的品质水平。

测定方法是将茶样往复均匀地倒入分样器中，然后将两个接茶槽中的茶叶分别倒入两个 500 mL 量筒中，茶叶倒入数量略超过 500 mL 刻度，将量筒牢固地安置在振荡器上往复振荡 5 min，取下量筒，加少量茶叶铺平到 500 mL 刻度，倒出茶叶，分别用感量 0.001 g 的天平称重，称得的质量分别为 $m_1$ 和 $m_2$，按下式计算茶叶的容重：

$$容重 = \frac{m}{V}$$

式中，$m$——茶样质量，为 $m_1$ 与 $m_2$ 的均值（g）；

$V$——茶样体积（mL）。

## 二、茶叶比容检验

单位质量物体所占有的容积称为比容，等于容重的倒数。同一花色品种而不同级别的茶叶，当质量相同时，其容积是不同的，一般都是随着级别的下降而呈现有规律的增加。

测定方法：用分样器（或四分法等）在感量 0.001 g 的天平上称取茶样 100 g，倒入 500 mL 量筒内，将量筒牢固地安置在振荡器上往复振荡 5 min，取下量筒，读出量筒刻度数，也即容积的毫升数（$V$）。按下式计算茶叶的比容：

$$比容 = \frac{V}{m}$$

式中，$V$——茶样体积（mL）；

$m$——茶样质量（g）。

## 复习思考题

1. 茶叶物理检验包含哪些项目？这些项目对茶叶品质有何影响？

2. 根据《限制商品过度包装要求　食品和化妆品》（GB 23350—2021）中相关规定，简述茶叶包装孔隙率控制的基本要求。

3. 什么是容重？简述容重测定对茶叶品质评价的意义。

# 第七章  茶叶化学检验

茶叶化学检验是采用化学方法检测茶叶内含成分，以确定其产品是否符合质量要求和饮用需求的一种技术手段。茶叶化学检验分特定化学检验和一般化学检验，本章主要介绍茶叶化学检验的国际标准法、国家标准法及在国内外茶叶科学研究中具有代表性和广泛采用的检测方法。

## 第一节  特定化学检验

特定化学检验是指国家标准规定的或根据贸易合同规定的化学检验项目，主要包括水分、灰分、水浸出物、粗纤维、多酚类、农药残留和重金属等检验项目。

### 一、茶叶水分检验

现行国家标准及国际标准化组织（ISO）都规定茶叶中含水量的测定采用103 ℃恒重法，在生产、贸易部门，为了快速测定茶叶中含水量，也有的采用120 ℃ 1 h或130 ℃ 27 min烘箱快速法。

**1. 测定原理**　利用茶叶中水分的物理性质，在101.3 kPa及一定温度下采用挥发方法测定样品中干燥减失的质量，包括吸湿水、部分结晶水和该条件下能挥发的物质，再通过干燥前后的称量数值计算出水分含量。

**2. 主要仪器与用具**　主要仪器与用具包括：①烘皿，铝质或玻璃质，具盖，内径75～80 mm；②鼓风式恒温电热干燥箱；③分析天平，感量0.000 1 g；④干燥器，内盛有效干燥剂。

**3. 测定方法**

（1）烘皿的准备　将洁净的烘皿（皿盖斜置于皿边）置预先加热至103 ℃±2 ℃或120 ℃或130 ℃（与具体测定方法一致）的烘箱中，加热1 h，加盖取出，于干燥器内冷却至室温，称量。并重复干燥至前后两次质量差不超过2 mg，即为恒重。

（2）测定

① 国际标准法（ISO 1573：1980）：称取磨碎试样5 g（精确至0.001 g）于已知质量的烘皿中，置预先加热至103 ℃±2 ℃的烘箱中，加热6 h，加盖取出，于干燥器内冷却，称量。再加热1 h，冷却，称量。如此反复操作，直至2次连续称量之差不超过0.005 g，即为恒重。以最小称量为准（为了避免上述反复操作的麻烦，通常采用于103 ℃±2 ℃烘箱中一次加热16 h的方法测定）。

② 国家标准法（GB 5009.3—2016）：将混合均匀的试样迅速磨细至颗粒小于 2 mm，称取 2～10 g 试样（精确至 0.000 1 g），放入烘皿中，试样厚度不超过 5 mm，加盖，精确称量后，置于 101～105 ℃干燥箱中，皿盖斜置于皿边，干燥 2～4 h 后，盖好取出，放入干燥器内冷却 0.5 h 后称量。然后再放入 101～105 ℃干燥箱中干燥 1 h 左右，取出，放入干燥器内冷却 0.5 h 后再称量。重复以上操作至前后两次称量差不超过 2 mg，即为恒重。在最后计算中，取质量较小的一次称量值。

③ 其他方法

120 ℃ 1 h 烘箱快速法：称取约 5 g（精确至 0.001 g）试样于已知质量的烘皿中，置预先加热至 120 ℃的烘箱内加热 1 h，加盖取出，于干燥器内冷却至室温，称量（精确至 0.001 g）。

130 ℃ 27 min 烘箱快速法：称取约 10 g（精确至 0.001 g）试样于已知质量的烘皿中，置预先加热至稍高于 130 ℃的烘箱内，在 2 min 内调整温度至 130 ℃时起，保持 130 ℃±2 ℃加热 27 min，加盖取出，于干燥器内冷却至室温，称量（精确至 0.001 g）。

**4. 结果计算** 茶叶水分以质量分数表示。

$$水分含量 = \frac{m_1 - m_2}{m_0} \times 100\%$$

式中，$m_1$——试样和烘皿烘前的质量（g）；

$m_2$——试样和烘皿烘后的质量（g）；

$m_0$——试样质量（g）。

重复性：国际标准法要求在重复性条件下对同一试样的两次测定值之差，每 100 g 试样不得超过 0.3 g。国家标准法要求对同一样品的两次独立测定结果的绝对差值不得超过算术平均值的 10%。

快速法与恒重法相比，快速法以高温、短时为特点，其操作的关键在于严格控制温度和时间，否则将造成其测定结果明显偏离恒重法测定的结果。操作熟练的实验员，采用提高 10 ℃预热烘箱的方法，在放好烘皿后能很快达到恒温，其结果也就更接近恒重法的。

# 二、茶叶灰分检验

茶叶经高温灼烧后所残留的无机物质称为总灰分。根据茶叶灰分在水中及 10%盐酸中的溶解性的不同，又分为水溶性灰分、水不溶性灰分、酸溶性灰分、酸不溶性灰分和水溶性灰分碱度测定。灰分是出口茶叶法定检验项目，既是茶叶的品质指标，又是茶叶的卫生指标。

## （一）总灰分测定

**1. 测定原理** 试样在规定的温度下灼烧灰化，将有机物分解除去后所得到的残留物，经称量测得总灰分。国际标准及原国家标准都采用 525 ℃±25 ℃恒重法，现行国家标准规定为 550 ℃±25 ℃ 恒重法。在生产上，有的也采用 700 ℃±25 ℃ 20 min 快速法。

**2. 主要仪器与用具** 主要仪器与用具包括：①坩埚，石英坩埚或瓷坩埚，容量 30 mL 或 50~100 mL；②电热板；③水浴锅，控温精度±2 ℃；④高温炉，附温度控制器，最高使用温度≥950 ℃；⑤干燥器，内盛有效干燥剂；⑥分析天平，感量 0.000 1 g。

**3. 测定方法**

（1）坩埚的准备 取大小适宜的石英坩埚或瓷坩埚置高温炉中，在测定所用温度下灼烧 1 h（ISO 1575：1987）或 30 min（GB 5009.4—2016），冷却至 200 ℃ 左右，取出，放入干燥器中冷却 30 min，准确称量。重复灼烧至前后两次称量相差不超过 0.001 g（ISO 1575：1987）或 0.5 mg（GB 5009.4—2016）为恒重。

（2）测定方法

① 国际标准法（ISO 1575：1987）：称取约 5 g（精确至 0.001 g）磨碎试样于已知质量的坩埚（50~100 mL）中，放在电热板上，在接近 100 ℃ 条件下，加热试样以除去水分，冷却并加入几滴植物油，然后在电热板上徐徐加热直至膨胀停止为止。将坩埚移入高温炉中，于 525 ℃±25 ℃ 灼烧直至灰分中明显无炭粒为止（通常至少需要 2 h）。使其冷却后，用蒸馏水湿润灰分，先于沸水浴后于电热板上干燥之。再将坩埚移入高温炉中，灼烧 1 h，取出坩埚于干燥器中冷却并称量。再次于高温炉中灼烧 30 min，冷却并称量。重复此操作过程，直至连续两次称量之差不超过 0.001 g 为止。以最小称量值为准。

② 国家标准法（GB 5009.4—2016）：称取 3~10 g（精确至 0.000 1 g）磨碎试样，先在电热板上以小火加热使试样充分炭化至无烟，然后置高温炉中，于 550 ℃±25 ℃ 灼烧 4 h。冷却至 200 ℃ 左右，取出，放入干燥器中冷却 30 min，称量前如发现灼烧残渣有炭粒时，应向试样中滴入少许水湿润，使结块松散，蒸干水分再次灼烧至无炭粒即表示灰化完全，方可称量。重复灼烧至前后两次称量相差不超过 0.5 mg 为恒重。

③ 其他法（700 ℃ 20 min 快速法）：称取磨碎试样 2 g（精确至 0.001 g）于已知质量的坩埚（30 mL）中，将坩埚移入高温炉内，自炉温升至 700 ℃ 时起，保持 700 ℃±25 ℃ 灼烧 20 min，待炉温降至 200 ℃ 时取出坩埚，置于干燥器内冷却，称量（精确至 0.001 g）。

**4. 结果计算** 茶叶总灰分以干态质量分数表示，按下式计算：

$$总灰分含量 = \frac{m_1 - m_2}{m_0 \times \omega} \times 100\%$$

式中，$m_1$——试样和坩埚灼烧后的质量（g）；

$m_2$——坩埚的质量（g）；

$m_0$——试样质量（g）；

$\omega$——试样干物质含量（质量分数，%）。

重复性：国际标准法要求在重复条件下对同一试样的两次测定值之差，每 100 g 试样不得超过 0.2 g。国家标准法要求对同一样品的两次独立测定结果的绝对差值不得超过算术平均值的 5%。

## （二）水溶性灰分和水不溶性灰分测定

**1. 测定原理** 用热水提取总灰分，经无灰滤纸过滤，灼烧，称量残留物，测得水不溶性灰分；由总灰分和水不溶性灰分的质量之差计算水溶性灰分。

**2. 主要仪器与用具** 同总灰分测定。

**3. 测定方法**

（1）总灰分的制备 分别按相应的国际标准法、国家标准法等先制备总灰分。

（2）测定方法

① 国际标准法（ISO 1576：1988）：将 20 mL 蒸馏水加入盛有总灰分的坩埚中，加热至接近沸腾，然后通过无灰滤纸过滤，用蒸馏水冲洗坩埚和滤纸，直至滤液和洗涤液的总体积约 60 mL 为止。将滤纸和残留物放回坩埚中，在沸水浴上小心蒸去水分，再移入高温炉内，于 525 ℃±25 ℃灼烧，直至灰分中没有明显的炭粒为止，取出坩埚于干燥器中冷却并称重。再置于高温炉内以上述温度灼烧 30 min。冷却并称重，重复此操作过程，直至两次连续称量之差不超过 0.001 g 为止，以最小称量值为准。

② 国家标准法（GB 5009.4—2016）：用约 25 mL 热蒸馏水分次将总灰分从坩埚中洗入 100 mL 烧杯中，盖上表面皿，用小火加热至微沸，防止溶液溅出。趁热用无灰滤纸过滤，并用热蒸馏水分次洗涤杯中残渣，直至滤液和洗涤液总体积约达 150 mL 为止，将滤纸连同残渣移入原坩埚内，放在沸水浴上小心地蒸去水分，然后将坩埚烘干并移入高温炉内，以 550 ℃±25 ℃灼烧至无炭粒（一般需 1 h）。待炉温降至 200 ℃时，放入干燥器内，冷却至室温，称重（精确至 0.000 1 g）。再放入高温炉内，以 550 ℃±25 ℃灼烧 30 min，如前冷却并称重。如此重复操作，直至连续两次称量值之差不超过 0.5 mg 为止，记下最低质量。

**4. 结果计算**

（1）水不溶性灰分 试样中的水不溶性灰分，以干态质量分数表示，按下式计算：

$$水不溶性灰分含量 = \frac{m_1 - m_2}{m_0 \times \omega} \times 100\%$$

式中，$m_1$——坩埚和水不溶性灰分的质量（g）；

$m_2$——坩埚的质量（g）；

$m_0$——试样质量（g）；

$\omega$——试样干物质含量（质量分数，%）。

（2）水溶性灰分 试样中的水溶性灰分，以干态质量分数表示，按下式计算：

$$水溶性灰分含量 = \frac{m - m_1}{m_0 \times \omega} \times 100\%$$

式中，$m$——总灰分的质量（g）；

　　$m_1$——水不溶性灰分的质量（g）；

　　$m_0$——试样质量（g）；

　　$\omega$——试样干物质含量（质量分数，%）。

重复性：国际标准法要求在重复性条件下对同一试样的两次测定值之差，每 100 g 试样不得超过 0.2 g。国家标准法要求对同一样品的两次独立测定结果的绝对差值不得超过算术平均值的 5%。

## （三）酸不溶性灰分测定

**1. 测定原理**　用一定浓度的盐酸溶液处理总灰分，过滤，灼烧，称量残留物。

**2. 主要仪器与用具**　同总灰分测定。

**3. 试剂与溶液**

① 10%盐酸溶液（用于国家标准法）：取 24 mL 分析纯浓盐酸，用蒸馏水稀释至 100 mL。

② 盐酸溶液（用于国际标准法）：用浓盐酸 2.5 倍体积的水稀释浓盐酸。

③ 硝酸银（用于国际标准法）：称约 17 g 硝酸银，溶于 1 L 蒸馏水中。

**4. 测定方法**

（1）总灰分的制备　分别按相应的国际标准法、国家标准法先制备总灰分。

（2）测定

① 国际标准法（ISO 1577：1987）：加 25 mL 盐酸溶液于盛有总灰分的坩埚中，用表面皿盖好以防止溅出，小心煮沸 10 min，冷却后用无灰滤纸过滤，用热水冲洗坩埚和滤纸，直至用硝酸银溶液证实洗液中不含酸为止，将滤纸和残留物放回坩埚中，小心在沸水浴上蒸发水分，然后在 525 ℃±25 ℃的高温电炉内灼烧至残渣中没有可见的炭粒为止，取出坩埚于干燥器内冷却称量。再次在高温电炉内于上述温度灼烧 30 min，冷却称量。重复此操作，直至连续两次称量值之差不超过 0.001 g 为止。以最小称量值为准。

② 国家标准法（GB 5009.4—2016）：用 25 mL 10%盐酸溶液将总灰分分次洗入 100 mL 烧杯中，盖上表面皿，在沸水浴上小心加热，至溶液由浑浊变为透明时，继续加热 5 min，趁热用无灰滤纸过滤，用沸蒸馏水少量反复洗涤烧杯和滤纸上的残留物，直至中性（约 150 mL）。将滤纸连同残渣移入原坩埚内，在沸水浴上小心蒸去水分，移入高温炉内，以 550 ℃±25 ℃灼烧至无炭粒（一般需 1 h）。待炉温降至 200 ℃时，取出坩埚，放入干燥器内，冷却至室温，称重（精确至 0.000 1 g）。再放入高温炉内，以 550 ℃±25 ℃灼烧 30 min，如前冷却并称重。如此重复操作，直至连续两次称量值之差不超过 0.5 mg 为止，记下最低质量。

**5. 结果计算**　茶叶中酸不溶性灰分，以干态质量分数表示，按下式计算：

$$酸不溶性灰分含量 = \frac{m_1 - m_2}{m_0 \times \omega} \times 100\%$$

式中，$m_1$——坩埚和酸不溶性灰分的质量（g）；

$m_2$——坩埚的质量（g）；

$m_0$——试样质量（g）；

$\omega$——试样干物质含量（质量分数，%）。

重复性：国际标准法要求在重复性条件下对同一试样的两次测定值之差，每100 g试样不得超过0.02 g。国家标准法要求对同一样品的两次独立测定结果的绝对差值不得超过算术平均值的5%。

### （四）水溶性灰分碱度测定

茶叶水溶性灰分碱度一般要控制在1%～3%的范围内，检测目的是防止茶叶掺假。ISO标准《茶 水溶性灰分碱度的测定》（ISO 1578：1987）采用滴定分析法测定茶叶水溶性灰分碱度，我国国家标准（GB/T 8309—2013）等效采用国际标准法。

**1. 测定原理** 用甲基橙作指示剂，用0.1 mol/L盐酸标准溶液滴定来自水溶性灰分的溶液，以所需要盐酸的量或相当于该酸量的碱度来表示。

**2. 主要仪器与用具** 50 mL容量瓶、250 mL三角烧瓶。

**3. 试剂与溶液** 试剂与溶液包括：①0.1 mol/L标准盐酸溶液；②甲基橙指示剂：甲基橙0.5 g，用热蒸馏水溶解后稀释至1 L。

**4. 测定步骤**

（1）水溶性灰分溶液制备 按GB 5009.4—2016规定的方法制备。

（2）测定 将水溶性灰分溶液冷却后，加甲基橙指示剂2滴，用0.1 mol/L盐酸溶液滴定。使用两次测定水溶性灰分和水不溶性灰分的滤液，平行测定两次。

**5. 结果计算** 以中和100 g干态磨碎样品所需的一定浓度盐酸的量，或换算为相当于干态磨碎样品中所含氢氧化钾的质量分数来表示水溶性灰分碱度。

（1）碱度用100 g干态磨碎样品所需盐酸的量（mol/100 g）表示 按下式计算：

$$水溶性灰分碱度 = \frac{V}{10 \times m \times \omega} \times 100\%$$

式中，$V$——滴定时消耗0.1 mol/L盐酸标准溶液的体积（mL）；

$m$——试样质量（g）；

$\omega$——试样干物质含量（质量分数，%）。

（2）碱度用氢氧化钾的质量分数表示 按下式计算：

$$水溶性灰分碱度 = \frac{56 \times V}{10 \times 1\,000 \times m \times \omega} \times 100\%$$

式中，56——氢氧化钾的摩尔质量（g/mol）；

$V$——滴定时消耗0.1 mol/L盐酸标准溶液的体积（mL）；

$m$——试样质量（g）；

$\omega$——试样干物质含量（质量分数，%）。

重复性：在重复条件下同一样品的两次独立测定结果的绝对差值不得超过算术平均值的 10%。

# 三、茶叶水浸出物检验

茶叶中能溶于热水的可溶性物质，统称为茶叶水浸出物。水浸出物的多少与茶叶品质成正相关。它与鲜叶的老嫩、茶树品种、栽培条件、制茶技术以及冲泡温度、水量、时间等均有密切关系。茶叶在出口时，其水浸出物含量一般在贸易合同中作出规定。

水浸出物的检验主要有全量法和差数法，它们又分别叫作直接测定法和间接测定法。原国际标准、国家标准及出口商检标准都采用全量法，现行的国际标准及国家标准已修改为差数法，较全量法重现性更好。

**1. 测定原理**　用沸水回流提取茶叶中的可溶性物质，再经过滤并冲洗残留物，干燥后称量其残留物，用差数法计算水浸出物的含量。

**2. 主要仪器与用具**　主要仪器与用具包括：①铝盒；②玻璃烧结坩埚，多孔型、直径 40 mm、容量 70 mL；③15 cm 定性快速滤纸；④鼓风式电热恒温干燥箱，温控 120 ℃±2 ℃；⑤电热恒温水浴锅；⑥干燥器，内盛有效干燥剂；⑦分析天平，感量 0.001 g；⑧铝质或玻质烘皿，具盖，容量 50 mL 或 80 mL；⑨容量瓶、锥形瓶，容量 500 mL；⑩凯氏瓶，容量 500 mL，装有回流冷凝管；⑪50 mL 移液管；⑫减压抽滤装置。

**3. 测定方法**

(1) 国际标准法（ISO 9768：1994）

① 坩埚的准备：将洁净的坩埚置于 103 ℃±2 ℃的干燥箱内加热 1 h，移入干燥器内冷却，称量（精确至 0.001 g），备用。

② 测定步骤：称取试样 2 g（精确至 0.001 g），置于凯式瓶中，加入热蒸馏水 200 mL，在电炉上用小火加热回流 1 h，并不时旋转烧瓶，趁热用已知质量的玻璃烧结坩埚抽滤，用少量热水反复洗涤烧瓶，将不溶的残留物全部移入坩埚。最后用 200 mL 热水洗涤残留物，并抽干。将坩埚连同残留物置于 103 ℃±2 ℃的干燥箱内，加热 16 h。取出于干燥器内冷却，称量（精确至 0.001 g）。

(2) 国家标准法（GB/T 8305—2013）

① 烘皿准备：将铝质或玻璃烘皿连同 15 cm 定性快速滤纸置于 120 ℃±2 ℃的恒温干燥箱内，皿盖打开斜置皿边，烘干 1 h，加盖取出，在干燥器内冷却至室温，称量（精确至 0.001 g）。

② 测定步骤：称取 2 g（精确至 0.001 g）磨碎试样于 500 mL 锥形瓶中，加沸蒸馏水 300 mL，立即移入沸水浴中，浸提 45 min（每隔 10 min 摇动一次）。浸提完毕立即趁热减压过滤，用约 150 mL 沸蒸馏水洗涤滤渣数次。再将茶渣连同已知质量的滤纸移入烘皿内，然后移入 120 ℃±2 ℃的恒温干燥箱内，皿盖打开斜置皿边，烘干 1 h，加盖取出，冷却 1 h 后再烘 1 h，立即移入干燥器内冷却至室温，称量

（精确至 0.001 g）。

**4. 结果计算** 茶叶中水浸出物含量以干态质量分数（％）表示，按下式计算：

$$水浸出物含量=\left(1-\frac{m_1}{m_0\times\omega}\right)\times100\%$$

式中，$m_0$——试样质量（g）；

      $m_1$——干燥后的茶渣质量（g）；

      $\omega$——试样干物质含量（质量分数，％）。

重复性：国际标准法要求在重复条件下对同一试样的两次测定值之差不得超过 1.0％（$m/m$）。国家标准法要求对同一样品的两次独立测定结果的绝对差值不得超过算术平均值的 2％。

# 四、茶叶粗纤维检验

茶叶粗纤维通常是以纤维素为主，还包括少量的半纤维素和木质素。茶叶中粗纤维含量随叶子老嫩而变化，茶叶愈嫩，粗纤维含量愈低，一般含量为 7％～12％。目前，国内外茶叶粗纤维含量检验都采用质量法。我国检验茶叶粗纤维含量采用 GB 8310—2013 的方法。

**1. 测定原理** 用一定浓度的酸、碱消化处理试样，残留物再经灰化、称量。由灰化时的质量损失计算粗纤维含量。

**2. 主要仪器与用具** 主要仪器与用具包括：①玻璃质砂芯坩埚：微孔直径 80～160 $\mu m$，体积 30 mL；②高温炉；③电热鼓风恒温干燥箱；④分析天平，感量 0.001 g。

**3. 试剂与溶液** 试剂与溶液包括：①1.25％硫酸（AR）溶液；②1.25％氢氧化钠（AR）溶液；③1％盐酸（AR）溶液（体积分数）；④95％乙醇（AR）溶液；⑤丙酮（AR）。

**4. 测定步骤**

（1）酸消化 称取磨碎样 2.5 g（精确至 0.001 g）于 400 mL 烧杯中，加入约 100 ℃的 1.25％硫酸溶液 200 mL，放在电炉上加热（在 1 min 内煮沸），准确微沸 30 min，并随时补加热蒸馏水，以保持原溶液体积。移去热源，将酸消化液倒入内垫 50 $\mu m$ 尼龙布的布氏漏斗中，减压抽滤至干，每次用水 50 mL 反复洗涤烧杯中的残留物，直至中性，10 min 之内完成。

（2）碱消化 用约 100 ℃的 1.25％氢氧化钠溶液 200 mL，将尼龙布上的残留物全部冲洗至原烧杯中，放在电炉上加热（在 1 min 内煮沸），准确微沸 30 min，并随时补加热蒸馏水，以保持原溶液体积。将碱消化液连同残渣立即倒入玻璃质砂芯坩埚中，减压抽滤，用 50 mL 沸蒸馏水洗涤残渣，接着用 1％盐酸溶液洗 1 次，用沸蒸馏水洗涤数次至中性，最后依次用 95％乙醇洗涤 2 次、丙酮洗涤 3 次，并抽滤至干，除去溶剂。

（3）干燥 将上述坩埚及残留物移入干燥箱中，打开坩埚盖，在 120 ℃烘 4 h

后，放入干燥器中冷却，称量（精确至 0.001 g）。

（4）**灰化** 将已称量的坩埚置入高温电炉中，525 ℃±25 ℃灰化 2 h，待炉温降至 300 ℃左右，取出坩埚放入干燥器中冷却至室温，称量（精确至 0.001 g）。

**5. 结果计算** 茶叶中粗纤维含量以干态质量分数（％）表示，按下式计算：

$$粗纤维含量=\frac{m_1-m_2}{m_0\times\omega}\times100\%$$

式中，$m_0$——试样质量（g）；

$\quad\quad\quad m_1$——灰化前坩埚及残留物质量（g）；

$\quad\quad\quad m_2$——灰化后坩埚及灰分质量（g）；

$\quad\quad\quad \omega$——试样干物质含量（质量分数，％）。

重复性：在相同条件下，对同一样品的两次测定结果的绝对差值不得超过算术平均值的 5％。

## 五、茶多酚与儿茶素类检验

茶叶中的多酚类化合物简称为茶多酚，是一类存在于茶叶中的多羟基酚性化合物的混合物，主要包括儿茶素（黄烷醇类）、黄酮及黄酮苷类、花青素类、花白素类、酚酸及缩酚酸类。检验茶叶中多酚类总量的方法颇多，如高锰酸钾滴定法、硫酸铈滴定法、酒石酸亚铁比色法、佛林顿尼斯法、流动注射分析法等。我国和国际上现行采用的都是福林酚（Folin - Ciocalteu）法。儿茶素是茶多酚的主要组分，包括酯型儿茶素和简单儿茶素。儿茶素含量检测，国际上和我国国家标准都采用高效液相色谱法。

### （一）福林酚（Folin - Ciocalteu）法测定茶叶中多酚含量（GB/T 8313—2018）

**1. 测定原理** 茶叶样品中的茶多酚用 70％的甲醇在 70 ℃水浴上提取，福林酚（Folin - Ciocalteu）试剂氧化茶多酚中—OH 基团并显蓝色，最大吸收波长为 765 nm，用没食子酸作校正标准物定量茶多酚含量。该方法也适用于茶制品（如速溶茶）中茶多酚含量的测定。

**2. 主要仪器与用具** 主要仪器与用具包括：①分析天平，感量 0.001 g；②分光光度计；③水浴锅，70 ℃±1 ℃；④离心机，转速 3 500 r/min；⑤各种规格的移液管、容量瓶。

**3. 试剂与溶液**

① 70％甲醇水溶液：甲醇、纯水以 7：3（V/V）混合。

② 10％福林酚（Folin - Ciocalteu）试剂：取 20 mL 福林酚试剂（1 mol/L）于 200 mL 容量瓶中，用纯水定容并摇匀，现配现用。

③ 7.5％碳酸钠（Na$_2$CO$_3$）溶液：称取 37.50 g±0.01 g Na$_2$CO$_3$，加适量去离子水溶解，转移至 500 mL 容量瓶中，定容至刻度，摇匀（室温下可保存 1 个月）。

④ 没食子酸标准储备溶液（1 000 μg/mL）：称取 0.110 g±0.001 g 没食子酸（GA，分子量 188.14），于 100 mL 容量瓶中用去离子水溶解并定容至刻度，摇匀，现配现用。

**4. 供试液制备**

（1）母液制备　称取 0.2 g（精确至 0.001 g）磨碎试样于 10 mL 离心管中，加入在 70 ℃ 中预热过的 70％甲醇水溶液 5 mL，用玻璃棒充分搅拌均匀湿润，立即移入 70 ℃ 水浴中，浸提 10 min，每 5 min 搅拌一次，浸提后冷却至室温，于 3 500 r/min 离心 10 min，将上清液转移至 10 mL 容量瓶，残渣再用 5 mL 70％甲醇水溶液浸提 1 次，重复上述操作，合并提取液并定容至 10 mL，摇匀，用 0.45 μm 滤膜过滤后作为母液待用（该提取液在 4 ℃ 下可至多保存 24 h）。

（2）试样液制备　移取母液 1 mL 于 100 mL 容量瓶中，用去离子水定容至刻度，摇匀，待测。如果是测定速溶茶，则称取适量的速溶茶，直接用去离子水溶解。

**5. 测定**

（1）标准曲线绘制　准确吸取没食子酸标准储备溶液 1 mL、2 mL、3 mL、4 mL、5 mL，注入一组 100 mL 容量瓶中，分别用水定容至刻度并混匀，相当于 10 μg/mL、20 μg/mL、30 μg/mL、40 μg/mL、50 μg/mL 没食子酸。取不同浓度的没食子酸工作液各 1 mL 于不同试管中，于空白对照管中加纯水 1 mL，分别加入 5.0 mL 10％福林酚试剂，摇匀，反应 3～8 min 内，加入 4.0 mL 7.5％ $Na_2CO_3$ 溶液，摇匀，室温下放置 60 min。用 10 mm 比色杯，于波长 765 nm 处测定吸光度，绘制成标准曲线。

（2）试样测定　准确吸取试样液 1 mL，注入试管内，其余步骤与标准曲线绘制相同。并根据比色值，从标准曲线查得每毫升没食子酸微克数（μg/mL）。用 1 mL 纯水代替试样液作试剂空白。

**6. 结果计算**

$$茶多酚含量 = \frac{A \times V \times d}{10^6 \times m_0 \times \omega} \times 100\%$$

式中，$A$——根据比色值从标准曲线中查得的没食子酸的浓度（μg/mL）；

$\quad\quad V$——试样提取液体积（mL）；

$\quad\quad m_0$——试样质量（g）；

$\quad\quad \omega$——试样干物质含量（质量分数，％）；

$\quad\quad d$——试样液稀释倍数。

## （二）高效液相色谱法测定茶叶中儿茶素类含量（GB/T 8313—2018）

**1. 测定原理**　茶叶磨碎试样中的儿茶素类物质用 70％甲醇水溶液在 70 ℃ 水浴上提取，HPLC 分析。儿茶素类物质的测定用 $C_{18}$ 柱，检测波长为 278 nm，采用梯度洗脱，用儿茶素类标准物质外标法直接定量。

**2. 主要仪器与用具**　主要仪器与用具包括：①分析天平，感量 0.000 1 g；②水浴锅，70 ℃ ±1 ℃；③离心机，转速 3 500 r/min；④高效液相色谱仪

（HPLC），包含梯度洗脱、紫外检测器及色谱工作站（检测波长 278 nm）。

**3. 试剂与溶液**　除特殊规定外，所用水为纯净水，所用试剂均为分析纯。

① 乙腈：色谱纯。

② 乙酸：色谱纯。

③ 70％甲醇水溶液（V/V）。

④ 乙二胺四乙酸二钠（EDTA - 2 Na）溶液：10 mg/mL（现配）。

⑤ 抗坏血酸溶液：10 mg/mL（现配）。

⑥ 稳定溶液配制：分别将 25 mL EDTA - 2 Na 溶液、25 mL 抗坏血酸溶液、50 mL 乙腈加入 500 mL 容量瓶中，用水定容至刻度，摇匀。

⑦ 标准储备溶液

儿茶素类储备溶液：儿茶素（＋C）1.00 mg/mL，表儿茶素（EC）1.00 mg/mL，表没食子儿茶素（EGC）2.00 mg/mL，表没食子儿茶素没食子酸酯（EGCG）2.00 mg/mL，表儿茶素没食子酸酯（ECG）2.00 mg/mL。

咖啡碱储备溶液：2.00 mg/mL。

没食子酸（GA）储备溶液：0.100 mg/mL。

⑧ 标准工作溶液配制：用稳定溶液配制。标准工作溶液浓度：＋C 50～150 μg/mL、EC 50～150 μg/mL、EGC 100～300 μg/mL、EGCG 100～400 μg/mL、ECG 50～200 μg/mL、没食子酸 5～25 μg/mL、咖啡碱 50～150 μg/mL。

⑨ 液相色谱流动相

流动相 A：分别将 90 mL 乙腈、20 mL 乙酸、2 mL EDTA - 2 Na 溶液加入 1 000 mL 容量瓶中，用水定容至刻度，摇匀，用 0.45 μm 滤膜过滤。

流动相 B：分别将 800 mL 乙腈、20 mL 乙酸、2 mL EDTA - 2 Na 溶液加入 1 000 mL 容量瓶中，用水定容至刻度，摇匀，用 0.45 μm 滤膜过滤。

**4. 测定方法**

（1）供试母液制备　同茶多酚。

（2）试样液制备　用移液管移取母液 2 mL 至 10 mL 容量瓶中，用稳定溶液定容至刻度，摇匀，用 0.45 μm 滤膜过滤，待测。

（3）HPLC 色谱条件　流动相流速 1 mL/min；柱温 35 ℃；紫外检测器波长 λ 为 278 nm；色谱柱为 $C_{18}$（粒径 5 μm，250 mm×4.6 mm）。梯度洗脱条件为：①100％ A 相保持 10 min；②15 min 内由 100％ A 相→68％ A 相、32％ B 相；③68％ A 相、32％ B 相保持 10 min；④100％ A 相。

（4）测定　待流速和柱温稳定后，先进行空白运行。准确吸取 10 μL 混合标准工作液注射入 HPLC。在相同的色谱条件下注射 10 μL 试样液。试样液以峰面积定量。

**5. 结果计算**

（1）以儿茶素类标准物质定量　按以下公式计算各儿茶素的含量：

$$儿茶素含量 = \frac{A \times f \times V \times d}{m \times \omega \times 10^6} \times 100\%$$

式中，$A$——所测样品中被测成分的峰面积；

$f$——所测成分的校正因子（浓度/峰面积，浓度单位为 $\mu g/mL$）；

$V$——试样提取液的体积（mL）；

$d$——稀释因子（通常为 2 mL 稀释成 10 mL，则其稀释因子为 5）；

$m$——试样质量（g）；

$\omega$——试样干物质含量（质量分数，%）。

（2）以咖啡碱标准物质定量 按以下公式计算各儿茶素的含量：

$$儿茶素含量=\frac{A\times f\times V\times d}{S\times m\times \omega\times 10^{6}}\times 100\%$$

式中，$A$——所测样品中被测成分的峰面积；

$f$——所测成分相对于咖啡碱的校正因子（浓度/峰面积，浓度单位为 $\mu g/mL$）；

$V$——样品提取液的体积（mL）；

$d$——稀释因子（通常为 2 mL 稀释成 10 mL，则其稀释因子为 5）；

$S$——咖啡碱标准曲线的斜率（峰面积/浓度，浓度单位为 $\mu g/mL$）；

$m$——试样质量（g）；

$\omega$——试样干物质含量（质量分数，%）。

儿茶素类相对于咖啡碱的校正因子如表 7-1 所示。

**表 7-1 儿茶素类相对于咖啡碱的校正因子**

| 名称 | EGC | +C | EC | EGCG | ECG |
|------|------|------|------|------|------|
| $f$ | 11.24 | 3.58 | 3.67 | 1.72 | 1.42 |

儿茶素类总量（%）＝EGC（%）＋（＋C）（%）＋EC（%）＋EGCG（%）＋ECG（%）

重复性：对同一样品儿茶素类总量的两次测定值的相对误差应≤10%，若测定值相对误差在此范围，则取两次测得值的算术平均值为结果。

采用 HPLC 方法还可以同时检测出茶叶中的咖啡碱和没食子酸的含量。

速溶茶中儿茶素类物质含量的检测，除试样液的制备有所差异外，其他步骤与茶叶中儿茶素类物质的检测相同。速溶茶试样液制备（GB/T 21727—2008）：称取 0.5 g（精确至 0.0001 g）均匀的速溶茶于 50 mL 容量瓶，加入≤60 ℃水溶解，加 5 mL 乙腈并用水定容至刻度，摇匀。用移液管移取上述溶液 2 mL 至 10 mL 容量瓶中，用稳定溶液定容至刻度，摇匀，用 0.45 $\mu m$ 滤膜过滤，待用。

# 六、茶叶农药残留检验

## （一）茶叶农药残留最大限量要求

随着人们对食品安全重视程度的逐渐提高，茶叶质量安全与卫生问题也越来越受到国内外消费者的关注，尤其是中国加入 WTO 以来，茶叶中农药残留问题已经成为国际贸易中的主要技术壁垒。2006 年 11 月，《中华人民共和国农产品质量安全法》实施，将既是种植业产品又是初级加工农产品的茶叶纳入该法管理。2015年 10 月《中华人民共和国食品安全法》实施，茶叶归属于食品中的饮料类产品，纳入食品安全法管理。因此，茶叶全产业链由两部法律同时监管。

为保障农产品质量安全，茶叶对高毒高残留农药实施严格管理。早在 1972 年，茶园禁止使用六六六和滴滴涕，1984 年我国宣布在全国范围内停止生产、销售和使用六六六和滴滴涕。20 世纪 90 年代，茶叶出口和质量安全的要求进一步提升，在茶叶上禁止使用的农药多达 20 种。2021 年国家明令，至 2023 年 1 月我国将禁止62 种（类）农药和化学品在茶叶中使用。

茶叶作为饮料，须遵从食品安全标准，包括《食品安全国家标准　食品中真菌毒素限量》（GB 2761—2017）、《食品安全国家标准　食品中污染物限量》（GB 2762—2017）和《食品安全国家标准　食品中农药残留最大限量》（GB 2763—2021）。目前尚未对茶叶产品提出真菌毒素限量要求。2005 年首次发布的 GB 2763—2005 中，涉及茶叶的农药残留限量有 9 项，后经多次修订，茶叶中的农药残留限量项目不断增加。表 7 - 2 列出了 GB 2763—2021 对茶叶有限量要求的 106 种农药及其限量标准。

**表 7 - 2　茶叶农药残留最大限量要求**

| 序号 | 农药名称 | MRL (mg/kg) | 序号 | 农药名称 | MRL (mg/kg) |
|---|---|---|---|---|---|
| 饮料类　茶叶：本级分类的农药残留限量（70 项） | | | | | |
| 1 | 百草枯 | 0.2 | 18 | 多菌灵 | 5 |
| 2 | 百菌清 | 10 | 19 | 呋虫胺 | 20 |
| 3 | 苯醚甲环唑 | 10 | 20 | 氟虫脲 | 20 |
| 4 | 吡虫啉 | 0.5 | 21 | 氟氯氰菊酯和高效氟氯氰菊酯 | 1 |
| 5 | 吡蚜酮 | 2 | 22 | 氟氰戊菊酯 | 20 |
| 6 | 吡唑醚菌酯 | 10 | 23 | 甲氨基阿维菌素苯甲酸盐 | 0.5 |
| 7 | 丙溴磷 | 0.5 | 24 | 甲胺磷 | 0.05 |
| 8 | 草铵膦 | 0.5* | 25 | 甲拌磷 | 0.01 |
| 9 | 草甘膦 | 1 | 26 | 甲基对硫磷 | 0.02 |
| 10 | 虫螨腈 | 20 | 27 | 甲基硫环磷 | 0.03* |
| 11 | 除虫脲 | 20 | 28 | 甲萘威 | 5 |
| 12 | 敌百虫 | 2 | 29 | 甲氰菊酯 | 5 |
| 13 | 滴滴涕 | 0.2 | 30 | 克百威 | 0.05 |
| 14 | 哒螨灵 | 5 | 31 | 喹螨醚 | 15 |
| 15 | 丁醚脲 | 5* | 32 | 联苯菊酯 | 5 |
| 16 | 啶虫脒 | 10 | 33 | 硫丹 | 10 |
| 17 | 毒死蜱 | 2 | 34 | 硫环磷 | 0.03 |

（续）

| 序号 | 农药名称 | MRL (mg/kg) | 序号 | 农药名称 | MRL (mg/kg) |
|---|---|---|---|---|---|
| 35 | 氯氟氰菊酯和高效氯氟氰菊酯 | 15 | 53 | 水胺硫磷 | 0.05 |
| 36 | 氯菊酯 | 20 | 54 | 特丁硫磷 | 0.01* |
| 37 | 氯氰菊酯和高效氯氰菊酯 | 20 | 55 | 西玛津 | 0.05 |
| 38 | 六六六 | 0.2 | 56 | 辛硫磷 | 0.2 |
| 39 | 氯噻啉 | 3* | 57 | 溴氰菊酯 | 10 |
| 40 | 氯唑磷 | 0.01 | 58 | 氧乐果 | 0.05 |
| 41 | 醚菊酯 | 50 | 59 | 乙螨唑 | 15 |
| 42 | 灭多威 | 0.2 | 60 | 乙酰甲胺磷 | 0.1 |
| 43 | 灭线磷 | 0.05 | 61 | 印楝素 | 1 |
| 44 | 内吸磷 | 0.05 | 62 | 茚虫威 | 5 |
| 45 | 氰戊菊酯和S-氰戊菊酯 | 0.1 | 63 | 莠去津 | 0.1 |
| 46 | 噻虫胺 | 10 | 64 | 唑虫酰胺 | 50 |
| 47 | 噻虫啉 | 10 | 65 | 丁硫克百威 | 0.01 |
| 48 | 噻虫嗪 | 10 | 66 | 啶氧菌酯 | 20 |
| 49 | 噻螨酮 | 15 | 67 | 甲基异柳磷 | 0.01* |
| 50 | 噻嗪酮 | 10 | 68 | 乐果 | 0.05 |
| 51 | 杀螟丹 | 20 | 69 | 烯啶虫胺 | 1 |
| 52 | 杀螟硫磷 | 0.5* | 70 | 依维菌素 | 0.2 |

饮料类 继承上级分类的农药残留限量（36项）

| 序号 | 农药名称 | MRL (mg/kg) | 序号 | 农药名称 | MRL (mg/kg) |
|---|---|---|---|---|---|
| 1 | 胺苯磺隆 | 0.02 | 14 | 甲氧滴滴涕 | 0.01 |
| 2 | 巴毒磷 | 0.05* | 15 | 乐杀螨 | 0.05* |
| 3 | 丙酯杀螨醇 | 0.02* | 16 | 氯苯甲醚 | 0.05 |
| 4 | 草枯醚 | 0.01* | 17 | 氯磺隆 | 0.02 |
| 5 | 草芽畏 | 0.01* | 18 | 氯酞酸 | 0.01* |
| 6 | 毒虫畏 | 0.01 | 19 | 氯酞酸甲酯 | 0.01 |
| 7 | 毒菌酚 | 0.01* | 20 | 茅草枯 | 0.01* |
| 8 | 二溴磷 | 0.01* | 21 | 灭草环 | 0.05 |
| 9 | 氟除草醚 | 0.01* | 22 | 灭螨醌 | 0.01 |
| 10 | 格螨酯 | 0.01* | 23 | 三氟硝草醚 | 0.05* |
| 11 | 庚烯磷 | 0.01* | 24 | 三氯杀螨醇 | 0.01 |
| 12 | 环螨酯 | 0.01* | 25 | 杀虫畏 | 0.01 |
| 13 | 甲磺隆 | 0.02 | 26 | 杀扑磷 | 0.05 |

（续）

| 序号 | 农药名称 | MRL (mg/kg) | 序号 | 农药名称 | MRL (mg/kg) |
|------|----------|-------------|------|----------|-------------|
| 27 | 速灭磷 | 0.05 | 32 | 消螨酚 | 0.01* |
| 28 | 特乐酚 | 0.01* | 33 | 溴甲烷 | 0.02* |
| 29 | 戊硝酚 | 0.01* | 34 | 乙酯杀螨醇 | 0.05 |
| 30 | 烯虫炔酯 | 0.01* | 35 | 抑草蓬 | 0.05* |
| 31 | 烯虫乙酯 | 0.01* | 36 | 茚草酮 | 0.01* |

资料来源：GB 2763—2021。

注：* 表示该限量为临时限量。

在国际茶叶市场上，一切以关税壁垒（绿色技术壁垒）为主要手段的贸易面临严峻挑战，提高茶叶农药残留限量标准是其中的重要内容。欧洲联盟、日本以及其他茶叶产销国陆续制定了众多的茶叶农药残留限量标准，其种类还在不断增多、农药残留限量 MRL 还在不断修订中，给我国茶叶的出口带来了严峻的考验。目前，欧洲联盟、日本、韩国、印度、美国和 CAC 分别制定了茶叶中农药残留限量 493 项、283 项、68 项、35 项、35 项和 31 项。欧洲联盟、日本、韩国等还对未设定限量标准的农药执行"一律标准"，即含量不得超过 0.01 mg/kg。

随着人们对食品质量安全要求的进一步提升，今后 GB 2763 农药限量目录还会不断扩充，其中对茶叶农药残留限量的要求也会进一步提高，并逐步实施"进口限量标准"和"一律限量标准"。茶企、茶商在未来的生产经营过程中，应该密切关注我国茶叶农药残留相关标准的发展动态，严格按照标准执行，做好原料及成品的质量安全控制，避免对企业甚至整个茶叶行业造成不利影响。

## （二）茶叶农药残留检测方法标准

茶叶农药残留检测研究始于 20 世纪 70 年代初期，薄层层析法是茶叶农药残留检测发展的起点技术，用于分析亚胺硫磷、乐果等有机磷农药。20 世纪 80 年代，气相色谱法是农药残留分析的主流技术，主要用于检测茶园中广泛使用的有机氯农药和拟除虫菊酯农药。21 世纪以来，色谱-质谱串联技术在茶叶农药残留检测中得到飞速发展，成为茶叶农药残留检测的主要手段，使得茶叶农药残留检测迈向多农残、高精准的发展阶段。尤其是四级杆串联质谱（MS/MS）和高分辨质谱（HR）在灵敏度和选择性上取得了新突破，并满足了一针进样可同时检测多种农药残留的要求。《食品安全国家标准 茶叶中 448 种农药及相关化学品残留量的测定 液相色谱-质谱法》（GB 23200.13—2016）和《食品安全国家标准 植物源性食品中 208 种农药及其代谢物残留量的测定 气相色谱-质谱联用法》（GB 23200.113—2016）提供了茶叶中 656 种农药残留检测方法，基本满足茶叶农药残留检测要求。目前，我国正在重点开发现场快速检测技术检测茶叶中的农药残留，主要包括酶联免疫法、基于量子点横向流动免疫分析法、离子迁移谱法、表面增强拉曼光谱法等。由于国内外茶叶农药残留快速检测技术研究起步较晚，准确度、精密度和灵敏度等关键指标还有待提高，尚难以满足茶叶农药残留监测与控制要求。

在《食品安全国家标准　食品中农药最大残留限量》（GB 2763—2021）中，除对茶叶 106 种农药残留的最大限量进行规定外，还规定或推荐了各种农药残留的检测方法（表 7-3，表 7-4），包括《食品安全国家标准　茶叶中 448 种农药及相关化学品残留量的测定　液相色谱-质谱法》（GB 23200.13—2016）、《茶叶、水果、食用植物油中三氯杀螨醇残留量的测定》（GB/T 5009.176—2003）、《食品安全国家标准　植物源性食品中 208 种农药及其代谢物残留量的测定　气相色谱-质谱联用法》（GB 23200.113—2018）、《茶叶中 519 种农药及相关化学品残留量的测定　气相色谱-质谱法》（GB/T 23204—2008）、《茶叶中农药多残留测定　气相色谱-质谱法》（GB/T 23376—2009）、《水果、蔬菜及茶叶中吡虫啉残留的测定　高效液相色谱法》（GB/T 23379—2009）及其他可参考的用于植物源食品、蔬菜、水果、饮料中农药残留检测的方法。

**表 7-3　茶叶农药残留推荐检测方法标准代码**

| 饮料类　茶叶：本级分类的农药残留检测方法标准代码（70 项） | | | | | |
|---|---|---|---|---|---|
| 序号 | 农药名称 | 检测方法标准代码 | 序号 | 农药名称 | 检测方法标准代码 |
| 1 | 百草枯 | SN/T 0293 | 16 | 啶虫脒 | GB/T 20769 |
| 2 | 百菌清 | NY/T 761 | 17 | 毒死蜱 | GB 23200.113 |
| 3 | 苯醚甲环唑 | GB 23200.8、GB 23200.49、GB 23200.113、GB/T 5009.218 | 18 | 多菌灵 | GB/T 20769、NY/T 1453 |
| | | | 19 | 呋虫胺 | GB/T 20770 |
| | | | 20 | 氟虫脲 | GB/T 23204 |
| 4 | 吡虫啉 | GB/T 20769、GB/T 23379、NY/T 1379 | 21 | 氟氯氰菊酯和高效氟氯氰菊酯 | GB/T 23200.113、GB/T 23204 |
| 5 | 吡蚜酮 | GB 23200.13 | 22 | 氟氰戊菊酯 | GB/T 23200.113、GB/T 23204 |
| 6 | 吡唑醚菌酯 | GB/T 20770 | | | |
| 7 | 丙溴磷 | GB 23200.13、GB 23200.113 | 23 | 甲氨基阿维菌素苯甲酸盐 | GB/T 20769 |
| 8 | 草铵膦 | — | | | |
| 9 | 草甘膦 | SN/T 1923 | 24 | 甲胺磷 | GB 23200.113 |
| 10 | 虫螨腈 | GB/T 23204 | 25 | 甲拌磷 | GB 23200.113、GB/T 23204 |
| 11 | 除虫脲 | GB/T 5009.147、NY/T 1720 | 26 | 甲基对硫磷 | GB 23200.113、GB/T 23204 |
| 12 | 敌百虫 | NY/T 761 | 27 | 甲基硫环磷 | NY/T 761 |
| 13 | 滴滴涕 | GB 23200.113、GB/T 5009.19 | 28 | 甲萘威 | GB 23200.13、GB 23200.112 |
| | | | 29 | 甲氰菊酯 | GB 23200.113、GB/T 23376 |
| 14 | 哒螨灵 | GB 23200.113、GB/T 23204、SN/T 2432 | 30 | 克百威 | GB 23200.112 |
| | | | 31 | 喹螨醚 | GB 23200.13、GB/T 23204 |
| 15 | 丁醚脲 | GB 23200.13 | 32 | 联苯菊酯 | GB 23200.113、SN/T 1969 |

（续）

| 序号 | 农药名称 | 检测方法标准代码 | 序号 | 农药名称 | 检测方法标准代码 |
|---|---|---|---|---|---|
| 33 | 硫丹 | GB/T 5009.19 | 51 | 杀螟丹 | GB/T 20769 |
| 34 | 硫环磷 | GB 23200.13、GB 23200.113 | 52 | 杀螟硫磷 | GB 23200.113 |
| | | | 53 | 水胺硫磷 | GB 23200.113、GB/T 23204 |
| 35 | 氯氟氰菊酯和高效氯氟氰菊酯 | GB 23200.113 | 54 | 特丁硫磷 | — |
| | | | 55 | 西玛津 | GB 23200.113 |
| 36 | 氯菊酯 | GB 23200.113、GB/T 23204 | 56 | 辛硫磷 | GB/T 20769 |
| 37 | 氯氰菊酯和高效氯氰菊酯 | GB 23200.113、GB/T 23204 | 57 | 溴氰菊酯 | GB 23200.113、GB/T 5009.110 |
| 38 | 六六六 | GB 23200.113、GB/T 5009.19 | 58 | 氧乐果 | GB 23200.13、GB 23200.113 |
| 39 | 氯噻啉 | — | 59 | 乙螨唑 | GB 23200.113 |
| 40 | 氯唑磷 | GB 23200.113、GB/T 23204 | 60 | 乙酰甲胺磷 | GB 23200.113 |
| 41 | 醚菊酯 | GB 23200.113 | 61 | 印楝素 | GB 23200.73 |
| 42 | 灭多威 | GB 23200.112 | 62 | 茚虫威 | GB 23200.13 |
| 43 | 灭线磷 | GB 23200.13、GB/T 23204 | 63 | 莠去津 | GB 23200.113 |
| 44 | 内吸磷 | GB 23200.13、GB/T 23204 | 64 | 唑虫酰胺 | GB/T 20769 |
| 45 | 氰戊菊酯和S-氰戊菊酯 | GB 23200.113、GB/T 23204 | 65 | 丁硫克百威 | GB 23200.13 |
| | | | 66 | 啶氧菌酯 | GB/T 23204 |
| 46 | 噻虫胺 | GB 23200.39 | 67 | 甲基异柳磷 | GB 23200.113、GB 23200.116 |
| 47 | 噻虫啉 | GB 23200.13 | 68 | 乐果 | GB 23200.113、GB 23200.116 |
| 48 | 噻虫嗪 | GB 23200.11、GB/T 20770 | 69 | 烯啶虫胺 | GB 23200.13 |
| 49 | 噻螨酮 | GB 23200.8、GB/T 20769 | 70 | 依维菌素 | GB/T 22968 |
| 50 | 噻嗪酮 | GB/T 23376 | | | |

饮料类　继承上级分类的农药残留检测方法标准代码（36 项）

| 序号 | 农药名称 | 检测方法标准代码 | 序号 | 农药名称 | 检测方法标准代码 |
|---|---|---|---|---|---|
| 1 | 胺苯磺隆 | SN/T 2325 | 11 | 庚烯磷 | GB/T 20769 |
| 2 | 巴毒磷 | GB 23200.116 | 12 | 环螨酯 | |
| 3 | 丙酯杀螨醇 | GB 23200.8 | 13 | 甲磺隆 | SN/T 2325 |
| 4 | 草枯醚 | — | 14 | 甲氧滴滴涕 | GB 23200.113 |
| 5 | 草芽畏 | | 15 | 乐杀螨 | SN 0523 |
| 6 | 毒虫畏 | SN/T 2324 | 16 | 氯苯甲醚 | GB 23200.113 |
| 7 | 毒菌酚 | | 17 | 氯磺隆 | GB/T 20769 |
| 8 | 二溴磷 | | 18 | 氯酞酸 | — |
| 9 | 氟除草醚 | | 19 | 氯酞酸甲酯 | SN/T 4138 |
| 10 | 格螨酯 | — | 20 | 茅草枯 | — |

（续）

| 序号 | 农药名称 | 检测方法标准代码 | 序号 | 农药名称 | 检测方法标准代码 |
|---|---|---|---|---|---|
| 21 | 灭草环 | GB 23200.8 | 28 | 特乐酚 | SN/T 4591 |
| 22 | 灭螨醌 | SN/T 4066 | 29 | 戊硝酚 | — |
| 23 | 三氟硝草醚 | GB 23200.113 | 30 | 烯虫炔酯 | — |
| 24 | 三氯杀螨醇 | GB 23200.113、GB/T 5009.176 | 31 | 烯虫乙酯 | — |
| | | | 32 | 消螨酚 | — |
| 25 | 杀虫畏 | GB 23200.113 | 33 | 溴甲烷 | — |
| 26 | 杀扑磷 | GB 23200.113、GB 23200.116 | 34 | 乙酯杀螨醇 | GB 23200.113 |
| | | | 35 | 抑草蓬 | GB 23200.8 |
| 27 | 速灭磷 | GB 23200.113、GB 23200.116 | 36 | 茚草酮 | SN/T 2915 |

资料来源：GB 2763—2021。

**表 7-4　茶叶农药残留推荐检测方法**

| 编号 | 标准代码 | 标准名称 |
|---|---|---|
| 1 | SN/T 0293—2014 | 出口植物源性食品中百草枯和敌草快残留量的测定　液相色谱-质谱/质谱法 |
| 2 | NY/T 761—2008 | 蔬菜和水果中有机磷、有机氯、拟除虫菊酯和氨基甲酸酯类农药多残留的测定 |
| 3 | GB 23200.8—2016 | 食品安全国家标准　水果和蔬菜中 500 种农药及相关化学品残留量的测定　气相色谱-质谱法 |
| 4 | GB 23200.49—2016 | 食品安全国家标准　食品中苯醚甲环唑残留量的测定　气相色谱-质谱法 |
| 5 | GB 23200.113—2018 | 食品安全国家标准　植物源性食品中 208 种农药及其代谢物残留量的测定　气相色谱-质谱联用法 |
| 6 | GB/T 5009.218—2008 | 水果和蔬菜中多种农药残留量的测定 |
| 7 | GB/T 20769—2008 | 水果和蔬菜中 450 种农药及相关化学品残留量的测定　液相色谱-串联质谱法 |
| 8 | GB/T 23379—2009 | 水果、蔬菜及茶叶中吡虫啉残留的测定　高效液相色谱法 |
| 9 | NY/T 1379—2007 | 蔬菜中 334 种农药多残留的测定　气相色谱质谱法和液相色谱质谱法 |
| 10 | GB 23200.13—2016 | 食品安全国家标准　茶叶中 448 种农药及相关化学品残留量的测定　液相色谱-质谱法 |
| 11 | SN/T 1923—2007 | 进出口食品中草甘膦残留量的检测方法　液相色谱-质谱/质谱法 |
| 12 | GB/T 23204—2008 | 茶叶中 519 种农药及相关化学品残留量的测定　气相色谱-质谱法 |
| 13 | GB/T 5009.147—2003 | 植物性食品中除虫脲残留量的测定 |

（续）

| 编号 | 标准代码 | 标准名称 |
|---|---|---|
| 14 | NY/T 1720—2009 | 水果、蔬菜中杀铃脲等 7 种苯甲酰脲类农药残留量的测定　高效液相色谱法 |
| 15 | GB/T 5009.19—2008 | 食品中有机氯农药多组分残留量的测定 |
| 16 | SN/T 2432—2010 | 进出口食品中哒螨灵残留量的检测方法 |
| 17 | NY/T 1453—2007 | 蔬菜及水果中多菌灵等 16 种农药残留测定　液相色谱-质谱-质谱联用法 |
| 18 | GB/T 20770—2008 | 粮谷中 486 种农药及相关化学品残留量的测定　液相色谱-串联质谱法 |
| 19 | GB 23200.112—2018 | 食品安全国家标准　植物源性食品中 9 种氨基甲酸酯类农药及其代谢物残留量的测定　液相色谱-柱后衍生法 |
| 20 | GB/T 23376—2009 | 茶叶中农药多残留测定　气相色谱/质谱法 |
| 21 | SN/T 1969—2007 | 进出口食品中联苯菊酯残留量的检测方法　气相色谱-质谱法 |
| 22 | GB 23200.39—2016 | 食品安全国家标准　食品中噻虫嗪及其代谢物噻虫胺残留量的测定　液相色谱-质谱/质谱法 |
| 23 | GB 23200.11—2016 | 食品安全国家标准　桑枝、金银花、枸杞子和荷叶中 413 种农药及相关化学品残留量的测定　液相色谱-质谱法 |
| 24 | GB/T 5009.176—2003 | 茶叶、水果、食用植物油中三氯杀螨醇残留量的测定 |
| 25 | GB 23200.73—2016 | 食品安全国家标准　食品中鱼藤酮和印楝素残留量的测定　液相色谱-质谱/质谱法 |
| 26 | GB 23200.116—2019 | 食品安全国家标准　植物源性食品中 90 种有机磷类农药及其代谢物残留量的测定　气相色谱法 |
| 27 | GB 23200.117—2019 | 食品安全国家标准　植物源性食品中喹啉铜残留量的测定　高效液相色谱法 |
| 28 | NY/T 1721—2009 | 茶叶中炔螨特残留量的测定　气相色谱法 |
| 29 | SN/T 1971—2007 | 进出口食品中茚虫威残留量的检测方法　气相色谱法和液相色谱-质谱/质谱法 |
| 30 | SN/T 4066—2014 | 出口食品中灭螨醌和羟基灭螨醌残留量的测定　液相色谱-质谱/质谱法 |
| 31 | SN/T 4591—2016 | 出口水果蔬菜中脱落酸等 60 种农药残留量的测定　液相色谱-质谱/质谱法 |
| 32 | SN/T 4655—2016 | 出口食品中草甘膦及其代谢物残留量的测定方法　液相色谱-质谱/质谱法 |

资料来源：GB 2763—2021。

　　鉴于对茶叶中农药残留的要求越来越严苛，无论是对农药监管的数量还是最大限量都在不断更新，所以各茶叶企业要实时关注最新的相关信息。由于检测技术和仪器设备条件的不断发展，可做农残检测的机构也要实时关注各种农药的最新检测方法。限于篇幅，以下只对囊括茶叶中 656 种农药残留检测的 2 个食品安全国家标准 GB 23200.13—2016、GB 23200.113—2018 中规定的方法进行介绍。

### （三）液相色谱-质谱法测定茶叶中 448 种农药及相关化学品残留量（GB 23200.13—2016）

**1. 测定原理** 试样用乙腈匀浆提取，经固相萃取柱净化，用乙腈-甲苯溶液（3+1）洗脱农药及相关化学品，用液相色谱-串联质谱仪检测，外标法定量。

**2. 试剂与溶液配制** 乙腈、丙酮、异辛烷、甲醇为色谱纯；甲苯、乙酸为优级纯；氯化钠、无水硫酸钠为分析纯，无水硫酸钠需在使用前于 650 ℃灼烧 4 h，贮于干燥器中，冷却后备用。各种溶液配制方法如下：

① 0.1%甲酸溶液：取 1 000 mL 水，加入 1 mL 甲酸，摇匀备用。

② 5 mmol/L 乙酸铵溶液：称取 0.385 g 乙酸铵，加水稀释至 1 000 mL。

③ 乙腈-甲苯溶液（3+1）：取 300 mL 乙腈，加入 100 mL 甲苯，摇匀备用。

④ 乙腈＋水溶液（3+2）：取 300 mL 乙腈，加入 200 mL 水，摇匀备用。

**3. 标准品及标准溶液配制** 448 种农药及相关化学品标准物质：纯度≥95%（参见 GB 23200.13—2016 的附录 A）。

（1）标准储备溶液 分别称取 5～10 mg（精确至 0.1 mg）各农药及相关化学品标准物分别于 10 mL 容量瓶中，根据标准物的溶解度选甲醇、甲苯、丙酮、乙腈或异辛烷溶解并定容至刻度（溶剂选择参见 GB 23200.13—2016 的附录 A），标准溶液避光 4 ℃保存，保存期为一年。

（2）混合标准溶液（混合标准溶液 A、B、C、D、E、F、G） 按照农药及相关化学品的保留时间，将 448 种农药及相关化学品分成 A、B、C、D、E、F、G 7 个组，并根据每种农药及相关化学品在仪器上的响应灵敏度，确定其在混合标准溶液中的浓度（具体分组及其混合标准溶液浓度参见 GB 23200.13—2016 的附录 A）。

依据每种农药及相关化学品的分组、混合标准溶液浓度及其标准储备液的浓度，移取一定量的单个农药及相关化学品标准储备溶液于 100 mL 容量瓶中，用甲醇定容至刻度。混合标准溶液避光 4 ℃保存，保存期为 1 个月。

（3）基质混合标准工作溶液 用样品空白溶液配成不同浓度的基质混合标准工作溶液 A、B、C、D、E、F、G，用于作标准工作曲线。基质混合标准工作溶液应现用现配。

**4. 仪器设备与材料** 液相色谱-串联质谱仪，配有电喷雾离子源；分析天平，感量 0.1 mg 和 0.01 g；鸡心瓶 200 mL；移液器 1 mL；样品瓶 2 mL，带聚四氟乙烯旋盖；具塞离心管 50 mL；氮气吹干仪；低速离心机，4 200 r/min；旋转蒸发仪；高速组织捣碎机；微孔过滤膜（尼龙）：13 mm×0.2 μm；Cleanert - TPT 固相萃取柱或其他等效产品，10 mL，2.0 g。

**5. 试样制备** 将茶叶样品粉碎，全部过 425 μm 的标准网筛。混匀，制备好的试样均分成两份，装入洁净的盛样容器内，密封并标明标记。将试样于−18 ℃冷冻保存。

### 6. 分析步骤

（1）提取　称取 10 g 试样（精确至 0.01 g）于 50 mL 具塞离心管中，加入 30 mL 乙腈溶液，在高速组织捣碎机上以 15 000 r/min 匀浆提取 1 min，4 200 r/min 离心 5 min，上清液移入鸡心瓶中。残渣加 30 mL 乙腈，匀浆 1 min，4 200 r/min 离心 5 min，上清液并入鸡心瓶中，残渣再加 20 mL 乙腈，重复提取一次，上清液并入鸡心瓶中，于 45 ℃水浴旋转浓缩至近干，氮吹至干，加入 5 mL 乙腈溶解残余物，取其中 1 mL 待净化。

（2）净化　在 Cleanet - TPT 柱中加入约 2 cm 高无水硫酸钠，并将柱子放入下接鸡心瓶的固定架上。加样前先用 5 mL 乙腈-甲苯溶液预洗柱，当液面到达硫酸钠的顶部时，迅速将样品提取液转移至净化柱上，并更换新鸡心瓶接收。在 Cleanert - TPT 柱上加上 50 mL 贮液器，用 25 mL 乙腈-甲苯溶液洗脱农药及相关化学品，合并于鸡心瓶中，并在 45 ℃水浴中旋转浓缩至约 0.5 mL，于 35 ℃下用氮气吹干，1 mL 乙腈-水溶液溶解残渣，经 0.2 $\mu$m 微孔滤膜过滤后，供液相色谱-串联质谱测定。

（3）测定

① A、B、C、D、E、F 组农药及相关化学品液相色谱-串联质谱检测参考条件：色谱柱 ZORBAX SB - C$_{18}$，3.5 $\mu$m，100 mm×2.1 mm（内径）或相当者；柱温 40 ℃；进样量 10 $\mu$L；电离源模式为电喷雾离子化；电离源极性为正模式；雾化气为氮气；雾化气压力 0.28 MPa；离子喷雾电压 4 000 V；干燥气温度 350 ℃；干燥气流速 10 L/min；监测离子对、碰撞气能量和源内碎裂电压参见 GB 23200.13—2016 的附录 B。

流动相及梯度洗脱条件见表 7 - 5。

**表 7 - 5　流动相及梯度洗脱条件**

| 步骤 | 总时间 (min) | 流速 ($\mu$L/min) | 流动相 A（0.1% 甲酸水）（%） | 流动相 B（乙腈）（%） |
|---|---|---|---|---|
| 0 | 0.00 | 400 | 99.0 | 1.0 |
| 1 | 3.00 | 400 | 70.0 | 30.0 |
| 2 | 6.00 | 400 | 60.0 | 40.0 |
| 3 | 9.00 | 400 | 60.0 | 40.0 |
| 4 | 15.00 | 400 | 40.0 | 60.0 |
| 5 | 19.00 | 400 | 1.0 | 99.0 |
| 6 | 23.00 | 400 | 1.0 | 99.0 |
| 7 | 23.01 | 400 | 99.0 | 1.0 |

② G 组农药及相关化学品液相色谱-串联质谱检测参考条件：色谱柱 ZORBAX SB - C$_{18}$，3.5 $\mu$m，100 mm×2.1 mm（内径）或相当者；柱温 40 ℃；进样量 10 $\mu$L；电离源模式为电喷雾离子化；电离源极性为负模式；雾化气为氮气；雾化气压力 0.28 MPa；离子喷雾电压 4 000 V；干燥气温度 350 ℃；干燥气流速 10 L/min；

监测离子对、碰撞气能量和源内碎裂电压参见 GB 23200.13—2016 的附录 B。

流动相及梯度洗脱条件见表 7-6。

**表 7-6 流动相及梯度洗脱条件**

| 步骤 | 总时间（min） | 流速（μL/min） | 流动相 A（5 mmol/L 乙酸铵水）（%） | 流动相 B（乙腈）（%） |
|---|---|---|---|---|
| 0 | 0.00 | 400 | 99.0 | 1.0 |
| 1 | 3.00 | 400 | 70.0 | 30.0 |
| 2 | 6.00 | 400 | 60.0 | 40.0 |
| 3 | 9.00 | 400 | 60.0 | 40.0 |
| 4 | 15.00 | 400 | 40.0 | 60.0 |
| 5 | 19.00 | 400 | 1.0 | 99.0 |
| 6 | 23.00 | 400 | 1.0 | 99.0 |
| 7 | 23.01 | 400 | 99.0 | 1.0 |

③ 定性测定：在相同实验条件下进行样品测定时，如果检出的色谱峰的保留时间与标准样品相一致，并且在扣除背景后的样品质谱图中，所选择的离子均出现，而且所选择的离子丰度比与标准样品的离子丰度比相一致（相对丰度＞50%，允许±20%偏差；相对丰度 20%～50%，允许±25%偏差；相对丰度 10%～20%，允许±30%偏差；相对丰度≤10%，允许±50%偏差），则可判断样品中存在这种农药或相关化学品。

④ 定量测定：本标准中液相色谱-串联质谱采用外标-校准曲线法定量测定。为减少基质对定量测定的影响，定量用标准溶液应采用基质混合标准工作溶液绘制标准曲线。并且保证所测样品中农药及相关化学品的响应值均在仪器的线性范围内。448 种农药及相关化学品多反应监测（MRM）色谱图参见 GB 23200.13—2016 的附录 C。

⑤ 平行试验：按以上步骤对同一试样进行平行试验。

⑥ 空白试验：除不称取试样外，均按上述步骤进行。

**7. 结果计算** 液相色谱-串联质谱测定采用标准曲线法定量，按下式计算：

$$X = c \times \frac{V}{m} \times \frac{1\,000}{1\,000}$$

式中，$X$——试样中被测组分残留量（mg/kg）；

$c$——从标准曲线上得到的被测组分溶液浓度（μg/mL）；

$V$——样品溶液定容体积（mL）；

$m$——样品溶液所代表试样的质量（g）。

重复性：在重复条件下获得的两次独立测定结果的绝对差值与其算术平均值的比值（百分率），应符合表 7-7 的要求。

表 7 - 7　实验室内重复性要求

| 被测组分含量（$x$，mg/kg） | 精密度（%） |
| --- | --- |
| $x \leqslant 0.001$ | 36 |
| $0.001 < x \leqslant 0.01$ | 32 |
| $0.01 < x \leqslant 0.1$ | 22 |
| $0.1 < x \leqslant 1$ | 18 |
| $> 1$ | 14 |

（四）气相色谱-质谱联用法测定植物源性食品中 208 种农药及其代谢物残留量（GB 23200.113—2018）

**1. 测定原理**　试样用乙腈提取，提取液经固相萃取净化，气相色谱-质谱联用仪检测，内标法或外标法定量。

**2. 试剂与材料**　乙腈、乙酸乙酯、甲苯、环己烷为色谱纯；氯化钠、醋酸钠、醋酸、硫酸镁、柠檬酸钠、柠檬酸氢二钠为分析纯。

**3. 溶液配制**

① 乙腈-醋酸溶液（99＋1）：取 10 mL 醋酸，加入 990 mL 乙腈中，摇匀。

② 乙腈-甲苯溶液（3＋1）：取 100 mL 甲苯，加入 300 mL 乙腈中，摇匀。

**4. 标准品**　环氧七氯 B 内标和 208 种农药及其代谢物标准品：参见 GB 23200.113—2018 的附录 A，纯度≥95％。

**5. 标准溶液配制**

（1）标准储备溶液（1 000 mg/L）　分别称取 10 mg（精确至 0.1 mg）各农药标准品于 10 mL 容量瓶中，根据标准品的溶解度选丙酮或正己烷溶解并定容至刻度。避光－18 ℃保存，有效期 1 年。

（2）混合标准溶液（混合标准溶液 A 和 B）　按照农药的性质和保留时间，将 208 种农药及其代谢物分成 A、B 两个组。移取一定量的农药标准储备溶液于 250 mL 容量瓶中，用乙酸乙酯定容至刻度。混合标准溶液避光于 0～4 ℃保存，有效期为 1 个月。

（3）内标溶液　称取 10 mg（精确至 0.1 mg）环氧七氯 B，用乙酸乙酯溶解后转移至 10 mL 容量瓶中并定容至刻度，为内标储备液。内标储备液用乙酸乙酯稀释至 5 mg/L 的内标溶液。

（4）基质混合标准工作溶液　空白基质溶液氮气吹干，加入 20 μL 内标溶液，加入 1 mL 相应质量浓度的混合标准溶液复溶，用 0.22 μm 有机相微孔滤膜过滤。基质混合标准工作溶液应现用现配。

**6. 仪器设备与材料**　气相色谱-三重四极杆质谱联用仪，配有电子轰击源（EI）；分析天平，感量 0.1 mg 和 0.01 g；高速匀浆机，转速不低于 15 000 r/min；离心机，转速不低于 4 200 r/min；氮气吹干仪，可控温；旋转蒸发仪；组织捣碎机；涡旋振荡器；固相萃取柱：石墨化炭黑-氨基复合柱，500 mg/500 mg，容积

6 mL；乙二胺- N -丙基硅烷化硅胶（PSA）40～60 $\mu$m；十八烷基硅烷键合硅胶（$C_{18}$）40～60 $\mu$m；石墨化炭黑（GCB）40～120 $\mu$m；陶瓷均质子，2 cm（长）×1 cm（外径）；微孔滤膜（有机相），13 mm×0.22 $\mu$m。

**7. 试样制备**　取茶叶样品 500 g，粉碎后充分混匀，分成两份，分别装入聚乙烯瓶或袋中，于-18 ℃下保存。

**8. 分析步骤**

（1）QuEChERS 前处理　称取 2 g 茶叶试样（精确至 0.01 g）于 50 mL 塑料离心管中，加入 10 mL 水涡旋混匀，静置 30 min。加入 15 mL 乙腈-醋酸溶液、6 g 无水硫酸镁、1.5 g 醋酸钠及 1 颗陶瓷均质子，盖上离心管盖，剧烈振荡 1 min 后于 4 200 r/min 离心 5 min。吸取 8 mL 上清液，加到内含 1 200 mg 无水硫酸镁、400 mg PSA、400 mg $C_{18}$ 及 200 mg GCB 的 15 mL 塑料离心管中，涡旋混匀 1 min。4 200 r/min 离心 5 min，准确吸取 2 mL 上清液于 10 mL 试管中，于 40 ℃水浴中氮气吹至近干。加入 20 $\mu$L 内标溶液，加入 1 mL 乙酸乙酯复溶，过 0.22 $\mu$m 有机相微孔滤膜，用于测定。上述处理中净化前的上清液吸取量可根据需要调整，净化材料（无水硫酸镁、PSA、$C_{18}$、GCB）用量按比例增减。

（2）固相萃取前处理　称取 5 g 茶叶试样（精确至 0.01 g）于 100 mL 塑料离心管中，加入 10 mL 水涡旋混匀，静置 30 min。加入 20 mL 乙腈，用高速匀浆机 15 000 r/min 匀浆 2 min，加入 5～7 g 氯化钠剧烈振荡数次，4 200 r/min 离心 5 min。准确吸取 5 mL 上清液于 100 mL 鸡心瓶中，于 40 ℃水浴旋转蒸发至 1 mL 左右，氮气吹至近干，待净化。

取 5 mL 乙腈-甲苯溶液预洗固相萃取柱，弃去流出液。下接 150 mL 鸡心瓶，置于固定架上。将上述待净化试样液用 3 mL 乙腈-甲苯溶液洗涤至固相萃取柱中，再用 2 mL 乙腈-甲苯溶液洗涤，并将洗涤液移入柱中，重复 2 次。在柱上加上 50 mL 储液器，用 25 mL 乙腈-甲苯溶液淋洗小柱，收集上述所有流出液于 150 mL 鸡心瓶中，于 40 ℃水浴旋转浓缩至近干。加入 50 $\mu$L 内标溶液，加入 2.5 mL 乙酸乙酯复溶，过 0.22 $\mu$m 有机相微孔滤膜，用于测定。

（3）测定

① 仪器参考条件：色谱柱为 14％腈丙基苯基- 86％二甲基聚硅氧烷石英毛细管柱，30 m×0.25 mm×0.25 $\mu$m 或相当者；色谱柱温度先以 40 ℃保持 1 min，然后以 40 ℃/min 程序升温至 120 ℃，再以 5 ℃/min 升温至 240 ℃，再以 12 ℃/min 升温至 300 ℃，保持 6 min；载气为氦气，纯度≥99.999％，流速 1.0 mL/min；进样口温度为 280 ℃；进样量为 1 $\mu$L；进样方式为不分流进样；电子轰击源为 70 eV；离子源温度为 280 ℃；传输线温度为 280 ℃；溶剂延迟 3 min。

多反应监测：每种农药分别选择一对定量离子、一对定型离子。每组所有需要检测离子对按照出峰顺序，分时段分别检测。每种农药的保留时间、定量离子对、定性离子对和碰撞电压参见 GB 23200.113—2018 的附录 B。

② 标准工作曲线：精确吸取一定量的混合标准溶液，逐级用乙酸乙酯稀释成质量浓度为 0.005 mg/L、0.01 mg/L、0.05 mg/L、0.1 mg/L 和 0.5 mg/L 的标准

工作溶液。空白基质溶液氮气吹干，加入 20 μL 内标溶液，分别加入 1 mL 上述标准工作溶液复溶，过 0.22 μm 有机相微孔滤膜配制成系列基质混合标准工作溶液，供气相色谱-质谱联用仪测定。以农药定量离子峰面积和内标物定量离子峰面积的比值为纵坐标、农药标准溶液质量浓度和内标物质量浓度的比值为横坐标，绘制标准曲线。

③ 定性及定量

保留时间：被测试样中目标农药色谱峰的保留时间与相应标准色谱峰的保留时间相比较，相对误差应在±2.5%。

定量离子、定性离子及离子丰度比：在相同实验条件下进行样品测定时，如果检出色谱峰的保留时间与标准样品相一致，并且在扣除背景后的样品质谱图中，目标化合物的质谱定量和定性离子均出现，而且同一检测批次，对同一化合物，样品中目标化合物的定性离子和定量离子的相对丰度比与质量浓度相当的基质标准溶液相比，其允许偏差不超过表 7-8 规定的范围，则可判断样品中存在目标农药。本方法的 A、B 两组标准物质多反应监测 GC-MS/MS 图，参见 GB 23200.113—2018 的附录 C。

表 7-8　定性测定时相对离子丰度的最大允许偏差（%）

| 相对离子丰度 | >50 | 20~50（含） | 10~20（含） | ≤10 |
|---|---|---|---|---|
| 允许相对偏差 | ±20 | ±25 | ±30 | ±50 |

定量：内标法和外标法定量。

④ 试样溶液的测定：将基质混合标准工作溶液和试样溶液依次注入气相色谱-质谱联用仪中，保留时间和定性离子定性，测得定量离子峰面积，待测样液中农药的相应值应在仪器监测的定量测定线性范围之内，超过线性范围时应根据测定浓度进行适当倍数稀释后再进行分析。

**9. 结果计算**　试样中各农药残留量以质量分数（mg/kg）表示。

内标法按下式计算：

$$X = \frac{c \times A \times c_i \times B \times V}{D \times c_{si} \times F \times m}$$

式中，$X$——试样中被测物残留量（mg/kg）；

　　$c$——基质标准工作溶液中被测物的质量体积浓度（μg/mL）；

　　$A$——试样溶液中被测物的色谱峰面积；

　　$c_i$——试样溶液中内标物的质量体积浓度（μg/mL）；

　　$B$——基质标准工作溶液中内标物的色谱峰面积；

　　$V$——试样溶液最终定容体积（mL）；

　　$D$——基质标准工作溶液中被测物的色谱峰面积；

　　$c_{si}$——基质标准工作溶液中内标物的质量体积浓度（μg/mL）；

　　$F$——试样溶液中内标物的色谱峰面积；

　　$m$——试样溶液所代表试样的质量（g）。

计算结果应扣除空白值，以重复条件下获得的两次独立测定结果的算术平均值表示，保留 2 位有效数字。含量超 1 mg/kg 时，保留 3 位有效数字。

外标法按下式计算：

$$X=\frac{c\times A\times V}{D\times m}$$

式中，$X$——试样中被测物残留量（mg/kg）；

$\quad c$——基质标准工作溶液中被测物的质量体积浓度（$\mu$g/mL）；

$\quad A$——试样溶液中被测物的色谱峰面积；

$\quad V$——试样溶液最终定容体积（mL）；

$\quad D$——基质标准工作溶液中被测物的色谱峰面积；

$\quad m$——试样溶液所代表试样的质量（g）。

重复性：在重复条件下获得的两次独立测定结果的绝对差值不得超过重复性限（$r$），参见 GB 23200.113—2018 的附录 D。

# 七、茶叶重金属检验

茶叶中含有人体所需的大量元素和微量元素。大量元素主要是磷、钙、钾、钠、镁、硫等；微量元素主要是铁、锰、锌、硒、氟和碘等。这些元素对人体的生理机能有着重要的作用。经常饮茶，是获得这些矿物质元素的重要途径之一。但是，有些重金属元素如铅、砷、铜等具有一定的生物毒性，如果人体经常食用重金属超标的食物，会出现血液病、神经系统疾病等慢性病，严重者可导致急性肾衰竭等疾病。

我国 1988 年发布的《茶叶卫生标准》（GB 9679—1988）中，对茶叶铅含量的限量规定是≤2 mg/kg（紧压茶≤3 mg/kg），远低于其他国家标准规定的限量。例如，欧洲联盟为≤5 mg/kg，英国、澳大利亚、加拿大、印度为≤10 mg/kg，日本为≤20 mg/kg。由于当时过严的铅限量标准，曾一度造成我国茶叶铅含量超标率过高。

《茶叶卫生标准》（GB 9679—1988）于 2005 年废止，茶叶安全指标纳入食品安全标准。在《食品中污染物限量》（GB 2762—2005）中，将茶叶中铅的限量规定为≤5 mg/kg，并于 2006 年 10 月 1 日起实施。在 GB 2762—2005 中，涉及茶叶的污染物限量为 2 项，除铅之外，还有稀土，并一直保持到 2017 年。由于茶叶中的稀土对人体健康的风险极小，2017 年对该标准进行修订时，取消了茶叶中稀土限量。目前，我国《食品安全国家标准　食品中污染物限量》（GB 2762—2017）对茶叶重金属元素有限量规定的只有铅 1 项，规定的限量为≤5 mg/kg。

茶叶中铅的检测按照《食品安全国家标准　食品中铅的测定》（GB 5009.12—2017）中规定的方法进行。以下介绍 GB 5009.12—2017 中规定的石墨炉原子吸收光谱法（试样前处理：湿法消解法）测定铅含量的方法。

**1. 测定原理**　试样消解处理后，经石墨炉原子化，在 283.3 nm 处测定吸光度。在一定浓度范围内铅的吸光度值与铅含量成正比，与标准系列比较定量。

**2. 试剂与标准品**  硝酸、高氯酸、磷酸二氢铵、硝酸钯均为优级纯；水为《分析实验室用水规格和试验方法》（GB/T 6682—2008）规定的二级水；硝酸铅纯度＞99.99%，或采用经国家认证授予标准物质证书的一定浓度的铅标准溶液。

**3. 试剂与标准溶液配制**

① 硝酸溶液（5＋95）：量取 50 mL 硝酸，缓慢加入到 950 mL 水中，混匀。

② 硝酸溶液（1＋9）：量取 50 mL 硝酸，缓慢加入到 450 mL 水中，混匀。

③ 磷酸二氢铵-硝酸钯溶液：称取 0.02 g 硝酸钯，加少量硝酸溶液（1＋9）溶解后，再加入 2 g 磷酸二氢铵，溶解后用硝酸溶液（5＋95）定容至 100 mL，混匀。

④ 铅标准储备液（1 000 mg/L）：准确称取 1.598 5 g（精确至 0.000 1 g）硝酸铅，用少量硝酸溶液（1＋9）溶解，移入 1 000 mL 容量瓶，加水至刻度，混匀。

⑤ 铅标准中间液（1.00 mg/L）：准确吸取铅标准储备液（1 000 mg/L）1.00 mL 于 1 000 mL 容量瓶中，加硝酸溶液（5＋95）至刻度，混匀。

⑥ 铅标准系列溶液：分别吸取铅标准中间液（1.00 mg/L）0 mL、0.5 mL、1.0 mL、2.0 mL、3.0 mL、4.0 mL 于 100 mL 容量瓶中，加硝酸溶液（5＋95）至刻度，混匀。此铅标准系列溶液的质量体积浓度分别为 0 μg/L、5.0 μg/L、10.0 μg/L、20.0 μg/L、30.0 μg/L、40.0 μg/L。可根据仪器的灵敏度及样品中铅的实际含量确定标准系列溶液中铅的质量体积浓度。

**4. 仪器和设备**  原子吸收光谱仪，配石墨炉原子化器，附铅空心阴极灯；分析天平，感量 0.1 mg 和 1 mg；可调式电热炉；可调式电热板；微波消解系统，配聚四氟乙烯消解内罐；恒温干燥箱；压力消解罐，配聚四氟乙烯消解内罐；所有玻璃器皿及聚四氟乙烯消解内罐均需用硝酸溶液（1＋5）浸泡过夜，用自来水反复冲洗，最后用二级水冲洗干净。

**5. 分析步骤**

（1）试样制备  将固态茶样粉碎，储于塑料瓶中。在采样和试样制备过程中，应避免试样污染。

（2）试样前处理  称取固体试样 0.2～3 g（精确至 0.001 g）或准确移取液体试样 0.50～5.00 mL 于带刻度消化管中，加入 10 mL 硝酸和 0.5 mL 高氯酸，在可调式电热炉上消解（参考条件：120 ℃ 0.5～1 h，升至 180 ℃ 2～4 h，升至 200～220 ℃）。若消化液呈棕褐色，再加少量硝酸，消解至冒白烟，消化液呈无色透明或略带黄色，取出消化管，冷却后用水定容至 10 mL，混匀备用。同时做试剂空白试验。亦可采用锥形瓶，于可调式电热板上，按上述操作方法进行湿法消解。

（3）测定

① 仪器参考条件：将仪器性能调至最佳状态，参考条件如表 7-9 所示。

**表 7-9  石墨炉原子吸收光谱法仪器参考条件**

| 元素 | 波长<br>（nm） | 狭缝<br>（nm） | 灯电流<br>（mA） | 干燥 | 灰化 | 原子化 |
|---|---|---|---|---|---|---|
| 铅 | 283.3 | 0.5 | 8～12 | 85～120 ℃/40～50 s | 750 ℃/20～30 s | 2 300 ℃/4～5 s |

② 标准曲线的制作：按质量体积浓度由低到高的顺序分别将 10 μL 铅标准系列溶液和 5 μL 磷酸二氢铵-硝酸钯溶液（可根据所使用的仪器确定最佳进样量）同时注入石墨炉，原子化后测其吸光度值，以质量浓度为横坐标、吸光度值为纵坐标，制作标准曲线。

③ 试样溶液的测定：在与测定标准溶液相同的实验条件下，将 10 μL 空白溶液或试样溶液与 5 μL 磷酸二氢铵-硝酸钯溶液（可根据所使用的仪器确定最佳进样量）同时注入石墨炉，原子化后测其吸光度值，与标准系列比较定量。

**6. 结果计算** 试样中铅的含量按下式计算：

$$X = \frac{(c - c_0) \times V}{m \times 1\,000}$$

式中，$X$——试样中铅的含量（mg/kg 或 mg/L）；

$\quad\quad c$——试样溶液中铅的质量体积浓度（μg/L）；

$\quad\quad c_0$——空白溶液中铅的质量浓度（μg/L）；

$\quad\quad V$——试样消化液的定容体积（mL）；

$\quad\quad m$——试样称样量或移取体积（g 或 mL）；

$\quad$ 1 000——换算系数。

当铅含量≥1.00 mg/kg（或 mg/L）时，计算结果保留 3 位有效数字；当铅含量<1.00 mg/kg（或 mg/L）时，计算结果保留 2 位有效数字。

精密度：在重复条件下获得的两次独立测定结果的绝对差值不得超过算术平均值的 20%。

# 八、砖茶氟检验

**1. 测定原理** 氟离子选择电极的氧化镧单晶膜对氟离子产生选择性的对数响应，氟电极和饱和甘汞电极在被测试液中构成电位差，且可随溶液中氟离子活度的变化而改变，电位变化规律在 $1 \sim 10^{-6}$ mol/L 范围内符合能斯特（Nernst）方程，即电位差与试液中氟离子活度的对数成正比。在稀溶液中，氟离子的活度与浓度基本上相等，故根据电位差可求出待测液中氟离子的浓度。

**2. 主要试剂** 所用试剂均为分析纯，水为去离子水。

① 1 mol/L 乙酸：取 3 mL 冰乙酸，加水稀释至 50 mL。

② 3 mol/L 乙酸钠溶液：称取 204 g 乙酸钠（$CH_3COONa \cdot 3H_2O$），溶于 300 mL 水中，加 1 mol/L 乙酸调节 pH 至 7.0，加水稀释至 500 mL。

③ 0.75 mol/L 柠檬酸钠溶液：称取 110 g 柠檬酸钠（$Na_3C_6H_5O_7 \cdot 2H_2O$），溶于 300 mL 水中，加 14 mL 高氯酸（$HClO_4$），再加水稀释至 500 mL。

④ 总离子强度调节缓冲液：3 mol/L 乙酸钠溶液与 0.75 mol/L 柠檬酸钠等体积混合，临用时配制。

⑤ 氟化钠标准储备液：将氟化钠于 120 ℃烘干 2 h，冷却后准确称取 0.221 0 g 加水溶解，定容至 100 mL 容量瓶中，摇匀，转移至塑料瓶中，置于 4 ℃冰箱中保

存。此溶液的氟离子浓度为 1.0 mg/mL。

⑥ 氟化钠标准工作液Ⅰ：准确吸取 10.0 mL 氟化钠标准储备液于 100 mL 容量瓶中，加水定容，摇匀，贮于聚乙烯瓶中，此标准溶液的氟离子浓度为 100 μg/mL。

⑦ 氟化钠标准工作液Ⅱ：准确吸取氟化钠标准溶液Ⅰ 10.0 mL 于 100 mL 容量瓶中，加水定容，摇匀，贮于聚乙烯瓶中。此标准工作液的氟离子浓度为 10 μg/mL。

**3. 主要仪器**　氟离子选择电极；饱和甘汞电极；精密酸度计；磁力搅拌器；分析天平，感量 0.000 1 g；恒温水浴锅。

**4. 测定步骤**

（1）样品制备　将试样粉碎，过 40 目筛，于 80 ℃烘干至恒定质量，贮于干燥器中。

（2）试样液制备　称取砖茶样品 0.2 g（精确到 0.000 1 g），置于 50 mL 具塞磨口三角烧瓶中，准确加入沸水 40 mL，于沸水浴中浸提 15 min，取出后冷却至室温。准确吸取 10 mL 样液于 50 mL 塑料烧杯中，准确加入 10 mL 总离子强度调节缓冲液，摇匀，待测。同时做空白试验。

（3）氟离子标准曲线绘制　在一系列 50 mL 容量瓶中分别加入氟化钠标准工作液Ⅱ 0.0 mL、2.5 mL、5.0 mL、10.0 mL 和氟化钠标准工作液Ⅰ 2.5 mL、4.0 mL、5.0 mL，加水定容。此标准系列的氟离子浓度分别为 0.0 mg/L、0.5 mg/L、1.0 mg/L、2.0 mg/L、5.0 mg/L、8.0 mg/L、10.0 mg/L。量取此标准系列溶液各 10 mL 分别置于 50 mL 塑料烧杯中，分别加入 10 mL 总离子强度调节缓冲液，摇匀，待测。

将氟电极和甘汞电极分别与测量仪器的负极与正极相连接。电极插入盛有水的 25 mL 塑料杯中，杯中放有套聚乙烯管的铁棒，在电磁搅拌中，读取平衡电位值，更换 2～3 次水，待电位值平衡后，按氟浓度由低到高测定各标准溶液的平衡电位（mV）。以各标准溶液的电极电位为纵坐标、氟离子浓度的对数为横坐标，绘制标准曲线。

（4）试样测定　将电极插入盛有试样液的塑料杯中，在电磁搅拌中，测定试样液的电极电位。根据测得的电位值在标准曲线上求得含量。

**5. 结果计算**　试样中氟的含量按下式计算：

$$X = \frac{(c - c_0) \times V \times 1\,000}{m \times 1\,000}$$

式中，$X$——试样的氟含量（mg/kg）；

　　$c$——根据试样液测得的电位值在标准曲线上查得的氟浓度（mg/L）；

　　$c_0$——空白液中氟的浓度（mg/L）；

　　$V$——试样液总体积（mL）；

　　$m$——试样质量（g）。

重复性：在重复条件下获得的两次独立测定结果的相对误差应≤10%。

## 九、茶叶冠突散囊菌检验

冠突散囊菌是茯茶发花过程中形成的优势微生物，也是茯茶质量检测的特定指标。冠突散囊菌的检验采用《食品安全国家标准 食品微生物学检验 霉菌和酵母计数》（GB 4789.15—2016）中规定的方法（第一法：霉菌和酵母平板计数法）。

**1. 设备和材料** 除微生物实验室常规灭菌及培养设备外，其他设备和材料包括：①培养箱，28 ℃±1 ℃；②拍击式均质器及均质袋；③电子天平，感量0.1 g；④无菌锥形瓶，容量500 mL；⑤无菌吸管，1 mL（具0.01 mL刻度）、10 mL（具0.1 mL刻度）；⑥无菌试管，18 mm×180 mm；⑦旋涡混合器；⑧无菌平皿，直径90 mm；⑨恒温水浴箱，46 ℃±1 ℃；⑩显微镜，10～100倍；⑪微量移液器及枪头，1.0 mL。

**2. 培养基和试剂**

① 生理盐水：将8.5 g氯化钠加入1 000 mL蒸馏水中；搅拌至完全溶解，分装后，121 ℃灭菌15 min，备用。

② 马铃薯葡萄糖琼脂：取去皮切块后的马铃薯300 g，加1 000 mL蒸馏水，煮沸10～20 min，用纱布过滤，补加蒸馏水至1 000 mL，加入20 g葡萄糖、20 g琼脂、0.1 g氯霉素，加热溶解，分装后，121 ℃灭菌15 min，备用。

③ 孟加拉红琼脂：取5.0 g蛋白胨、10.0 g葡萄糖、1.0 g磷酸二氢钾、0.5 g无水硫酸镁、20.0 g琼脂、0.033 g孟加拉红、0.1 g氯霉素，加入蒸馏水中，加热溶解，补足蒸馏水至1 000 mL，分装后，121 ℃灭菌15 min，避光保存备用。

④ 磷酸盐缓冲液：称取34.0 g磷酸二氢钾溶于500 mL蒸馏水中，用约175 mL 1 mol/L氢氧化钠溶液调节pH至7.1～7.3，用蒸馏水稀释至1 000 mL后贮存于冰箱。取贮存液1.25 mL，用蒸馏水稀释至1 000 mL，分装于适宜容器中，121 ℃高压灭菌15 min。

**3. 检验步骤**

（1）样品稀释

① 称取25 g样品，加入225 mL无菌稀释液（蒸馏水或生理盐水或磷酸盐缓冲液），充分振摇，或用拍击式均质器拍打1～2 min，制成1∶10的样品匀液。

② 取1 mL 1∶10样品匀液，注入含有9 mL无菌稀释液的试管中，另换一支1 mL无菌吸管反复吹吸，或在旋涡混合器上混匀，此液为1∶100的样品匀液。

③ 再取1 mL 1∶100样品匀液，注入含有9 mL无菌稀释液的试管中，另换一支1 mL无菌吸管反复吹吸，或在旋涡混合器上混匀，此液为1∶1 000的样品匀液。重复此操作，制备10倍递增系列稀释样品匀液。

④ 选择2～3个适宜稀释度的样品匀液，在进行10倍递增稀释的同时，每个稀释度分别吸取1 mL样品匀液于2个无菌平皿内。同时分别取1 mL无菌稀释液加入2个无菌平皿作空白对照。

⑤ 及时取20～25 mL冷却至46 ℃的马铃薯葡萄糖琼脂或孟加拉红琼脂（可放

置于46℃±1℃恒温水浴箱中保温）注入上一步骤已加有样品匀液和无菌稀释液的平皿中，并转动平皿使其混合均匀，置水平台面待培养基完全凝固。

（2）培养　琼脂凝固后，正置平板，置于28℃±1℃培养箱中培养，观察并记录培养至第5天的结果。

（3）菌落计数　用肉眼或放大镜或低倍镜观察并计数，选取菌落数在10~150 CFU且无蔓延菌落的平板，记录冠突散囊菌菌落数和稀释倍数。菌落计数单位以菌落形成单位（colony-forming units，CFU）表示。

**4. 结果计算**　茯茶冠突散囊菌检验结果以每克样品中的菌落形成单位表示（CFU/g）。

① 计算同一稀释度的2个平板菌落数的平均值，再将平均值乘以相应稀释倍数。

② 若有2个稀释度平板上菌落数均为10~150 CFU，则按照《食品安全国家标准 食品微生物学检验　菌落总数测定》（GB 4789.2—2016）的相应规定计算如下：

$$N = \frac{\sum C}{(N_1 + 0.1N_2)d}$$

式中，$N$——样品中菌落数；

$\sum C$——平板（适宜范围菌落数的平板）菌落数之和；

$N_1$——第一稀释度（低稀释倍数）平板个数；

$N_2$——第二稀释度（高稀释倍数）平板个数；

$d$——稀释因子（第一稀释度）。

③ 若所有平板上菌落数均大于150 CFU，则对稀释度最高的平板计数，其他平板可记录为多不可计，结果按平均菌落数乘以最高稀释倍数计算。

④ 若所有平板上菌落数均小于10 CFU，则应按稀释度最低的平均菌落数乘以稀释倍数计算。

⑤ 若所有稀释度平板均无菌落生长，则以小于1乘以最低稀释倍数计算。

⑥ 若所有稀释度的平板菌落数均不在10~150 CFU之间，其中一部分小于10 CFU或大于150 CFU时，则以最接近10 CFU或150 CFU的平均菌落数乘以稀释倍数计算。

⑦ 菌落数按"四舍五入"原则修约。菌落数在10 CFU以内时，采用1位有效数字报告；菌落数在10~100之间时，采用2位有效数字报告。

⑧ 菌落数≥100 CFU时，第3位数字采用"四舍五入"原则修约后，取前2位数字，后面用0代替位数；也可以10的指数形式来表示，按"四舍五入"原则修约后，采用2位有效数字。

⑨ 若所有平板上为蔓延菌落而无法计数，则报告菌落蔓延。

⑩ 若空白对照平板上有菌落出现，则此次检测结果无效。

⑪ 计算示例：

| 稀释度 | 1∶100（第一稀释度） | 1∶1000（第二稀释度） |
| --- | --- | --- |
| 菌落数（CFU） | 232，244 | 33，35 |

$$N = \frac{\sum C}{(N_1 + 0.1N_2)d} = \frac{232 + 244 + 33 + 35}{[2 + (0.1 \times 2)] \times 10^{-2}} = \frac{544}{0.022} = 24\,727$$

上述数据按"四舍五入"原则修约后，表示为 25 000 或 $2.5 \times 10^4$。

# 第二节　一般化学检验

茶叶一般化学成分的检验，有茶黄素、氨基酸、咖啡碱等项目，现分别介绍其检验方法，并对中国农业科学院茶叶研究所提出的红碎茶、绿茶滋味化学鉴定法作简单介绍。

## 一、茶黄素与茶红素检验

茶黄素和茶红素的含量及其比值大小都与红茶品质有密切的关系，它们是构成红茶汤色与滋味的重要成分。通常采用分光光度法检验茶叶中的茶黄素和茶红素含量，目前多采用高效液相色谱法检测主要茶黄素组分的含量。

### （一）分光光度法

**1. 主要试剂**　①乙酸乙酯（AR）；②95％乙醇（AR）；③2.5％碳酸氢钠（AR）溶液；④饱和草酸（AR）溶液。

**2. 主要仪器与用具**

①分光光度计；②水浴锅。

**3. 测定步骤**

（1）试样液制备　称取茶样 3 g，置于 250 mL 锥形瓶中，加沸水 125 mL，在沸水浴上提取 10 min，提取过程中摇瓶 1~2 次，趁热用脱脂棉过滤，迅速冷却至室温。

（2）分离

① 取 30 mL 试样液于 60 mL 分液漏斗中，加入 30 mL 乙酸乙酯，振摇 5 min，静置分层后分别放出下层的水层和上层的乙酸乙酯层。茶黄素和部分茶红素（SI 型茶红素）溶于酯层，而大部分茶红素和茶褐素仍留在水溶液中。

② 吸取乙酸乙酯液 2 mL 于 25 mL 的容量瓶中，加入 95％乙醇稀释至刻度（A 溶液）。

③ 吸取乙酸乙酯液 15 mL 于 30 mL 分液漏斗中，加入 15 mL 2.5％碳酸氢钠溶液，振摇 30 s，静置分层后，原溶于酯层的茶红素部分即被碳酸氢钠溶液洗出来，留在酯层中的是茶黄素。弃去下层碳酸氢钠溶液。吸取乙酸乙酯液 4 mL 置于 25 mL 容量瓶中，加 95％乙醇稀释至刻度（C 溶液）。

④ 吸取第一次水层溶液 2 mL，置于 25 mL 容量瓶中，加入 2 mL 饱和草酸溶液和 6 mL 水，再加入 95％乙醇稀释至刻度（D 溶液）。

⑤ 取试样液 15 mL，放在 30 mL 分液漏斗中，加入 15 mL 正丁醇，振摇

3 min，静置分层。茶黄素和茶红素均溶于上层的正丁醇中，茶褐素因不溶于正丁醇而被留在下层的水溶液中。放出下层水溶液，吸取水溶液 2 mL，置于 25 mL 容量瓶中，加入 2 mL 饱和草酸溶液和 6 mL 水，再加入 95％乙醇稀释至刻度（B溶液）。

（3）比色　用 10 mm 比色杯于 380 nm 处，用分光光度计分别测定各溶液的吸光度。以 95％乙醇作参比。

**4. 结果计算**

$$茶黄素含量 = \frac{A_C \times 2.25}{1 - 样品含水率} \times 100\%$$

$$茶红素含量 = \frac{(2A_A + 2A_D - A_C - 2A_B) \times 7.06}{1 - 样品含水率} \times 100\%$$

$$茶褐素含量 = \frac{2A_B \times 7.06}{1 - 样品含水率} \times 100\%$$

式中，$A_A$——溶液 A 的吸光度；

　　　$A_B$——溶液 B 的吸光度；

　　　$A_C$——溶液 C 的吸光度；

　　　$A_D$——溶液 D 的吸光度；

2.25、7.06——在此操作条件下的换算系数。

## （二）高效液相色谱法测定茶黄素（GB/T 30483—2013）

**1. 主要试剂**　①甲醇（AR）；②冰乙酸（AR）；③70％甲醇水溶液（$V/V$）；④EDTA - 2 Na 溶液（10 mg/mL，现配）；⑤抗坏血酸溶液（10 mg/mL，现配）；⑥乙腈（色谱纯）；⑦稳定溶液：分别将 25 mL EDTD - 2 Na 溶液，25 mL 抗坏血酸溶液，50 mL 乙腈加入 500 mL 容量瓶中，用纯水定容至刻度；⑧流动相 A：分别将 90 mL 乙腈，20 mL 冰乙酸，2 mL EDTA - 2 Na（10 mg/mL）加入 1 L 容量瓶中，用水定容至刻度，摇匀，用 0.45 $\mu$m 滤膜过滤；⑨流动相 B：分别将 800 mL 乙腈，20 mL 冰乙酸，2 mL EDTA - 2 Na（10 mg/mL）加入 1 L 容量瓶中，用水定容至刻度，摇匀，用 0.45 $\mu$m 滤膜过滤；⑩茶黄素标准储备液：分别将 TF、TF - 3 - G、TF - 3′ - G 和 TFDG 配制成浓度为 2.00 mg/mL 的储备液。

**2. 主要仪器与用具**　①高效液相色谱仪；②分析天平（感量 0.000 1 g）；③低速离心机。

**3. 测定步骤**

（1）试样液制备

① 茶叶：称取 0.2 g（精确至 0.000 1 g）均匀磨碎的试样于 10 mL 离心管中，加入经 70 ℃预热过的 70％甲醇溶液 5 mL，用玻璃棒充分搅拌均匀湿润，立即移入 70 ℃水浴中，浸提 10 min（每 5 min 搅拌一次），浸提后冷却至室温，在 3 500 r/min 离心 10 min，将上清液转移至 10 mL 容量瓶中，残渣再用 5 mL 70％甲醇溶液浸提 1 次，重复上述操作，合并提取液并定容至 10 mL，摇匀（该提取液在 4 ℃下可至多保存 24 h）。用移液管移取上述提取液 2 mL 至 10 mL 容量瓶中，用稳定液定容至刻度，

摇匀，用 0.45 μm 滤膜过滤，待测。

②速溶茶：称取 0.5 g（精确至 0.000 1 g）速溶茶于 50 mL 容量瓶中，加入不高于 60 ℃水溶解，加 5 mL 乙腈并用水定容至刻度，摇匀。用移液管移取上述溶液 2 mL 至 10 mL 容量瓶中，用稳定溶液定容至刻度，摇匀，用 0.45 μm 滤膜过滤，待测。

（2）茶黄素标准工作液制备 将茶黄素标准储备液用稳定液配制成 100～300 μg/mL 的系列标准工作液，供 HPLC 分析。

（3）HPLC 测定条件 色谱柱 C$_{18}$（4.6 mm×250 mm，粒径 5 μm），流速 1.0 mL/min，柱温 35 ℃，紫外检测波长 278 nm。洗脱条件如下：①100% A 相保持 10 min；②15 min 内由 100% A 相→68% A 相、32% B 相；③68% A 相、32% B 相保持 10 min；④100% A 相。

（4）测定 待流速和柱温稳定后，先进行空白运行。准确吸取 10 μL 混合标准工作液注射入 HPLC。在相同的色谱条件下注射 10 μL 试样液。试样液以峰面积定量。

**4. 结果计算** 以各茶黄素组分标准工作液的浓度对应峰面积，绘制标准曲线。由各组分的峰面积求出相应组分的含量，最后换算出试样中的茶黄素含量。茶黄素各组分含量以干态质量分数（%）表示，按下式计算：

$$茶黄素含量 = \frac{A \times f \times V \times d}{m \times \omega \times 10^6} \times 100\%$$

式中，$A$——试样液中被测成分的峰面积；

$f$——所测成分的校正因子（浓度/峰面积，浓度单位 μg/mL）；

$V$——试样提取液的总体积（mL）；

$d$——稀释因子（通常为 2 mL 稀释成 10 mL，则其稀释因子为 5）；

$m$——试样质量（g）；

$\omega$——试样干物质含量（质量分数，%）。

茶黄素总量 = TF 含量 + TF-3-G 含量 + TF-3′-G 含量 + TFDG 含量

重复性：在相同条件下，对同一样品的两次测定结果的绝对差值不得超过算术平均值的 10%。

## 二、茶叶游离氨基酸及茶氨酸检验

茶叶中的游离氨基酸是主要的鲜味品质成分，而茶氨酸是茶叶中含量最高的氨基酸，占游离氨基酸总量的 50% 以上。目前，多采用茚三酮比色法测定游离氨基酸总量，采用高效液相色谱法测定茶氨酸含量。

### （一）游离氨基酸总量测定（GB/T 8314—2013）

**1. 测定原理** α-氨基酸在 pH 8.0 下与茚三酮共热，形成紫色络合物，紫色深浅与氨基酸含量成正相关，用分光光度计在特定波长下测定其含量。

**2. 主要仪器** ①分析天平，感量 0.001 g；②分光光度计；③抽滤装置；④恒温水浴锅。

**3. 主要试剂**　所用试剂均为分析纯（AR），水为蒸馏水。

① pH 8.0 磷酸盐缓冲液：取 1/15 mol/L 磷酸氢二钠溶液 95 mL 和 1/15 mol/L 磷酸二氢钾溶液 5 mL，混匀。

1/15 mol/L 磷酸氢二钠：称取 23.9 g 十二水磷酸氢二钠（$Na_2HPO_4 \cdot 12H_2O$），加水溶解后转入 1 L 容量瓶中，定容至刻度，摇匀。

1/15 mol/L 磷酸二氢钾：称取经 110 ℃ 烘干 2 h 的磷酸二氢钾（$KH_2PO_4$）9.08 g，加水溶解后转入 1 L 容量瓶中，定容至刻度，摇匀。

② 2% 茚三酮溶液：取 2 g 水合茚三酮（纯度不低于 99%），加 50 mL 蒸馏水和 80 mg 氯化亚锡（$SnCl_2 \cdot 2H_2O$），搅拌均匀，分次加少量水溶解，放在暗处，静置一昼夜，过滤后加水定容至 100 mL，存于暗处。

③ 茶氨酸或谷氨酸标准工作液：称取 250 mg 茶氨酸或谷氨酸（纯度不低于 99%），溶于适量水中，定容至 25 mL，摇匀，该溶液为 10 mg/mL 的茶氨酸或谷氨酸标准储备液。移取 1.0 mL、1.5 mL、2.0 mL、2.5 mL、3.0 mL 标准储备液于一组 50 mL 定容瓶中，加水定容至刻度。该系列标准工作液的浓度分别为 0.2 mg/mL、0.3 mg/mL、0.4 mg/mL、0.5 mg/mL、0.6 mg/mL 茶氨酸或谷氨酸。

**4. 测定步骤**

（1）试样液制备　称取 3.0 g（精确至 0.001 g）磨碎试样于 500 mL 锥形瓶中，加沸蒸馏水 450 mL，立即移入沸水浴中，浸提 45 min（每隔 10 min 摇动一次），浸提完毕立即减压过滤，残渣用少量热蒸馏水洗涤 2~3 次。将滤液转入 500 mL 容量瓶中，冷却后用水定容至刻度，摇匀。

（2）氨基酸标准曲线制作　分别移取 1.0 mL 茶氨酸或谷氨酸系列标准工作液于一组 25 mL 容量瓶中，以试剂空白溶液作参比，各加 pH 8.0 磷酸盐缓冲液 0.5 mL，再加 2% 茚三酮溶液 0.5 mL，在沸水浴中加热 15 min，冷却后加水定容至 25 mL，放置 10 min 后，于波长 570 nm 处，用 5 mm 比色杯，测定其吸光度（A）。以测得的吸光度值为纵坐标，茶氨酸或谷氨酸浓度为横坐标绘制标准曲线。

（3）试样测定　准确移取试样液 1.0 mL，注于 25 mL 容量瓶中，以试剂空白溶液作参比，各加 pH 8.0 磷酸盐缓冲液 0.5 mL，再加 2% 茚三酮溶液 0.5 mL，在沸水浴中加热 15 min，待冷却后加水定容至 25 mL。放置 10 min 后，于波长 570 nm 处，用 5 mm 比色杯，测定其吸光度（A）。

**5. 结果计算**　茶叶中游离氨基酸含量以干态质量分数（%）表示，按下式计算：

$$游离氨基酸总量（以茶氨酸或谷氨酸计）= \frac{C \times V_1}{V_2 \times m \times \omega \times 1\,000} \times 100\%$$

式中，$C$——根据试样液测得的吸光度从标准曲线上查得的茶氨酸或谷氨酸的质量（mg）；

　　　$V_1$——试样液总体积（mL）；

　　　$V_2$——测定用试样液体积（mL）；

　　　$m$——试样质量（g）；

　　　$\omega$——试样干物质含量（质量分数，%）。

重复性：在相同条件下，对同一样品的两次独立测定结果的绝对差值不得超过算术平均值的 10%。

## （二）HPLC 法测定茶氨酸含量（GB/T 23193—2017，ISO 19563：2017）

**1. 测定原理**　茶叶中的茶氨酸经沸水加热提取、净化处理后，经高效液相色谱仪，用分离强极性化合物的 RP‑18 柱分离，于波长 210 nm 处进行检测。通过与茶氨酸标准物质进行比较来定性和定量。

**2. 主要仪器**　①分析天平，感量 0.000 1 g；②高效液相色谱仪；③离心机，转速 13 000 r/min；④恒温水浴锅。

**3. 主要试剂**　①乙腈，色谱纯；②茶氨酸标准品（L‑theanine），纯度 ≥99%；③纯净水；④流动相 A，100% 纯水；⑤流动相 B，100% 乙腈。

（1）茶氨酸标准储备液　称取 0.05 g 茶氨酸（精确到 0.000 1 g），用水溶解后移入 50 mL 容量瓶中，定容至刻度，摇匀，该储备液的茶氨酸浓度为 1 mg/mL。有效期为 1 年。

（2）茶氨酸标准工作液　分别移取 0.1 mL、0.2 mL、0.5 mL、1.0 mL、1.5 mL、2.0 mL 茶氨酸标准储备液，加水定容至 10 mL，得到浓度为 0.01 mg/mL、0.02 mg/mL、0.05 mg/mL、0.10 mg/mL、0.15 mg/mL、0.20 mg/mL 的系列茶氨酸标准工作液。有效期为 1 年。

**4. 测定步骤**

（1）试样液制备　称取 1.0 g（精确至 0.01 g）磨碎试样于 200 mL 锥形瓶中，加沸蒸馏水 100 mL，置于 100 ℃ 的恒温水浴中浸提 30 min，过滤，将滤液转入 100 mL 容量瓶中，冷却后用水定容至刻度，摇匀，用 0.45 μm 水相滤膜过滤；或者取 1 mL 样品提取液，于 13 000 r/min 高速离心 10 min，上清液待用。

（2）HPLC 测定条件　色谱柱 RP‑18（4.6 mm×250 mm，粒径 5 μm），流速 0.5～1.0 mL/min，柱温 35 ℃±0.5 ℃，紫外检测波长 210 nm。洗脱条件如下：

① 0～10 min：100% A 相。

② 10～12 min：由 100% A 相→20% A 相、80% B 相。

③ 12～20 min：20% A 相、80% B 相。

④ 20～22 min：由 20% A 相、80% B 相→100% A 相。

⑤ 22～40 min：100% A。

（3）茶氨酸标准曲线制作　待流速和柱温稳定后，先进行空白运行。准确吸取 10 μL 系列茶氨酸标准工作液注入 HPLC，以相应浓度对应峰面积，绘制标准曲线。

（4）试样液测定　在相同的色谱条件下注射 10 μL 试样液，由试样液的峰面积从标准曲线上求出相应茶氨酸的浓度。

**5. 结果计算**　茶氨酸含量以干态质量分数（%）表示，按下式计算：

$$茶氨酸含量 = \frac{V \times c}{10^3 \times m \times \omega} \times 100\%$$

式中，$c$——根据试样液测得的峰面积从标准曲线上查得的茶氨酸的浓度（mg/mL）；

$V$——试样液总体积（mL）；

$m$——试样质量（g）；

$\omega$——试样干物质含量（质量分数，%）。

重复性：在相同条件下，对同一样品的两次独立测定结果的绝对差值不得超过算术平均值的 10%。

# 三、茶叶咖啡碱检验

咖啡碱是茶叶中重要的含氮化合物，是成品茶重要的品质成分和功能成分。咖啡碱的测定方法有很多种，现行国际标准采用高效液相色谱法，国家标准则同时采用高效液相色谱法和紫外分光光度法，以满足不同的需要。该两种方法也适用于固态速溶茶中咖啡碱含量的测定。

## （一）高效液相色谱法（GB/T 8312—2013）

**1. 测定原理** 茶叶中的咖啡碱经沸水和氧化镁混合提取后，滤液经高效液相色谱仪（$C_{18}$ 分离柱）分离，紫外检测器检测，通过与咖啡碱标准物质比较定量。

**2. 主要仪器** ①高效液相色谱仪；②紫外检测器，检测波长 280 nm；③分析柱，$C_{18}$（ODS 柱）；④分析天平，感量 0.000 1 g。

**3. 试剂配制** 除有特殊规定外，试剂均使用分析纯。

① 水：纯水。

② 甲醇：色谱纯。

③ 氧化镁：重质。

④ 乙醇水溶液：乙醇、水以 1∶4（$V/V$）混合。

⑤ 高效液相色谱流动相：将 600 mL 甲醇加入 1 400 mL 纯水，混匀，用 0.45 $\mu$m 滤膜过滤。

⑥ 咖啡碱标准液：称取 125 mg 咖啡碱（纯度不低于 99%），置于 250 mL 棕色容量瓶中，用充分混匀的乙醇水溶液（1∶4）溶解，并定容至刻度，配制成 0.5 mg/mL 的储备液。分别吸取 1.0 mL、2.0 mL、5.0 mL、10 mL 储备液于 50 mL 容量瓶中，用水定容后作为标准工作液，浓度分别为 10 $\mu$g/mL、20 $\mu$g/mL、50 $\mu$g/mL 和 100 $\mu$g/mL。

**4. 测定步骤**

（1）试样液制备 称取 1 g（精确至 0.000 1 g）磨碎茶样或 0.5 g 固态速溶茶（精确至 0.000 1 g），置于 500 mL 三角烧瓶中，加 4.5 g 氧化镁及 300 mL 沸水，于沸水浴中加热浸提 20 min（每隔 5 min 摇动一次），趁热过滤于 500 mL 容量瓶中，冷却后用水定容至刻度，混匀。取一部分试样液通过 0.45 $\mu$m 滤膜过滤，待用。若滤液中咖啡碱浓度偏高，可作适量稀释。

（2）高效液相色谱分离

① 色谱条件：检测波长为紫外检测器、波长 280 nm；流动相为水、甲醇以 7：3（V/V）混合；流速 0.5～1.5 mL/min；柱温 40 ℃。

② 测定：准确吸取试样液 10～20 μL，注入高效液相色谱仪进行色谱测定，并用咖啡碱标准工作液按外标法定量。

**5. 结果计算**　茶叶中咖啡碱的含量以干态质量分数表示，按下式计算：

$$咖啡碱含量 = \frac{V \times c}{10^6 \times m \times \omega} \times 100\%$$

式中，$c$——根据标准曲线计算得出的试样液中咖啡碱的浓度（μg/mL）；

$\qquad V$——试样液总体积（mL）；

$\qquad m$——试样质量（g）；

$\qquad \omega$——试样干物质含量（质量分数，%）。

重复性：在相同条件下，对同一样品的两次测定值的绝对差值不得超过算术平均值的 10%。

## （二）紫外分光光度法（GB/T 8312—2013）

**1. 测定原理**　茶叶中的咖啡碱易溶于水，除去干扰物质后，用特定波长测定其含量。

**2. 主要仪器**　①紫外分光光度计；②分析天平，感量 0.001 g；③ 各种规格的容量瓶和移液管。

**3. 试剂配制**　所用试剂均为分析纯（AR），水为蒸馏水。

① 碱式乙酸铅溶液：称取 50 g 碱式乙酸铅，加水 100 mL，静置过夜，倾出上清液过滤。

② 0.01 mol/L 盐酸溶液：取 0.9 mL 浓盐酸，加水稀释至 1 L，摇匀。

③ 4.5 mol/L 硫酸溶液：取浓硫酸 250 mL，加水稀释至 1 L，摇匀。

④ 咖啡碱标准液：准确称取 100 mg 咖啡碱（纯度不低于 99%）溶于 100 mL 水中，作为母液。准确吸取母液 5 mL，加水稀释至 100 mL 作为工作液（浓度为 0.05 mg/mL）。

**4. 测定步骤**

（1）试样液制备　称取 3.0 g（精确至 0.001 g）磨碎试样于 500 mL 锥形瓶中，加沸蒸馏水 450 mL，立即移入沸水浴中，浸提 45 min（每隔 10 min 摇动一次），浸提完毕后立即减压过滤，残渣用少量热蒸馏水洗涤 2～3 次。将滤液转入 500 mL 容量瓶中，冷却后用水定容至刻度，摇匀。

（2）测定

① 咖啡碱标准曲线的制作：分别吸取 1 mL、2 mL、3 mL、4 mL、5 mL、6 mL 咖啡碱工作液于一组 25 mL 容量瓶中，各加入 1.0 mL 0.01 mol/L 盐酸溶液，用水稀释至刻度，混匀，用 10 mm 比色杯，在波长 274 nm 处，以试剂空白溶液作参比，测定吸光度。将测得的吸光度值与对应的咖啡碱浓度值绘制标准曲线。

② 试样测定：用移液管准确吸取试样液 10 mL 至 100 mL 容量瓶中，加入 4 mL 0.01 mol/L 盐酸和 1 mL 碱式乙酸铅溶液，用水稀释至刻度，混匀，静置澄清过滤，准确吸取滤液 25 mL，注入 50 mL 容量瓶中，加入 0.1 mL 4.5 mol/L 硫酸溶液，加水稀释至刻度，混匀，静置澄清过滤，滤液用 10 mm 比色杯，在波长 274 nm 处，以试剂空白溶液作参比，测定吸光度。

**5. 结果计算**    茶中咖啡碱含量以干态质量分数表示，按下式计算：

$$咖啡碱含量 = \frac{c \times V}{1\,000 \times m \times \omega} \times \frac{100}{10} \times \frac{50}{25} \times 100\%$$

式中，$c$——根据试样液测得的吸光度从标准曲线上查得的咖啡碱的相应含量（mg/mL）；

   $V$——试样液总体积（mL）；

   $m$——试样质量（g）；

   $\omega$——试样干物质含量（质量分数，%）。

重复性：在相同条件下，对同一样品的两次测定值的绝对差值不得超过算术平均值的 10%。

# 四、红碎茶品质化学鉴定

红碎茶滋味要求浓强鲜爽。中国农业科学院茶叶科学研究所提出的"红碎茶内质的化学鉴定法"，对红碎茶汤色、滋味的鲜爽度及浓强度分别测定计算分数，并以总分的高低来反映红碎茶内质的总水平。该法操作简便，误差较小，有一定的实用价值。

**1. 试剂**

① 酒石酸亚铁溶液：称取硫酸亚铁（$FeSO_4 \cdot 7H_2O$）1 g（精确至 0.001 g），酒石酸钾钠（$KNaC_4H_4O_6 \cdot 4H_2O$）5 g（精确至 0.001 g），加蒸馏水一起溶解并定容至 1 L。

② pH 为 7.5 的磷酸盐缓冲液：先配制 1/15 mol/L 磷酸氢二钠溶液和 1/15 mol/L 磷酸二氢钾溶液，使用时按前者 85 mL 和后者 15 mL 的比例均匀混合，即为 pH 7.5 的缓冲液。

1/15 mol/L 磷酸氢二钠溶液：称取磷酸氢二钠（$Na_2HPO_4 \cdot 12H_2O$）23.877 g，加水溶解并稀释至 1 L。

1/15 mol/L 磷酸二氢钾溶液（$KH_2PO_4$）：称取经 110 ℃ 烘干 2 h 的磷酸二氢钾 9.078 g，加水溶解并稀释至 1 L。

③ 乙酸乙酯（AR）。

④ 95% 乙醇（AR）。

**2. 仪器**    分光光度计。

**3. 测定步骤**

（1）试样液制备    称取红碎茶 3.0 g，放入 250 mL 三角瓶中，加入沸蒸馏水

125 mL，于沸水浴上浸提 10 min，中间摇瓶一次。浸提完毕，立即用脱脂棉过滤，滤液置于冷水中冷却。

（2）汤色和鲜爽度测试液的制备　吸取试样液 20 mL，放入 60 mL 分液漏斗中，加入 20 mL 乙酸乙酯，振摇 5 min。静置分层后，放出下层水溶液和介于上、下两层间的乳浊层，并弃去。吸取 2 mL 乙酸乙酯萃取液，放入 25 mL 容量瓶中，加入 95% 乙醇定容至刻度（A 液）。

（3）浓强度测试液的制备　吸取试样液 0.3 mL，放入 25 mL 容量瓶中，加入 4.5 mL 蒸馏水，再加入 5 mL 酒石酸亚铁溶液，摇匀，以 pH 7.5 的磷酸盐缓冲液定容至刻度（B 液）。

（4）测定　以 95% 乙醇作对照，选择波长 380 nm、10 mm 比色杯，用分光光度计测 A 液的吸光度（$A_A$）。以蒸馏水加试剂（酒石酸亚铁溶液和 pH 7.5 缓冲液）为空白对照，选择波长 540 nm、10 mm 比色杯，用分光光度计测 B 液的吸光度（$A_B$）。

**4. 结果计算**　红碎茶内质汤色、滋味鲜爽度与浓强度得分按下式计算：

汤色、滋味鲜爽度得分 = 吸光度（$A_A$）× 100 / 样品干物率

浓强度得分 = 吸光度（$A_B$）× 100 / 样品干物率

内质总分 = 汤色、滋味鲜爽度得分 + 浓强度得分

总分越高，表明红碎茶品质越好。

# 五、绿茶滋味化学鉴定

绿茶滋味受多种成分的影响，其中茶多酚和氨基酸对滋味的影响较大。根据中国农业科学院茶叶研究所的研究，通过测定绿茶茶汤中茶多酚和氨基酸的含量，计算绿茶滋味的鲜度、浓度和醇度，得分的高低在一定程度上可以反映品质的优劣。

**1. 仪器和设备**　①分光光度计；②粗天平；③各种玻璃器皿。

**2. 试剂**　①pH 7.5 磷酸盐缓冲溶液；②pH 8.0 磷酸盐缓冲溶液；③2% 茚三酮溶液；④酒石酸亚铁溶液；⑤95% 乙醇。

**3. 测定步骤**

（1）试样液制备　称取绿茶 6.0 g，放入 500 mL 三角瓶中，加入沸蒸馏水 300 mL，加盖静置冲泡 5 min，浸提完毕，立即用脱脂棉过滤，滤液置于冷水中冷却。

（2）滋味鲜度测定　用移液管吸取茶汤 0.5 mL 于 25 mL 容量瓶中，用水作试剂空白，各加入蒸馏水 0.5 mL、pH 8.0 磷酸盐缓冲溶液 0.5 mL、2% 茚三酮溶液 0.5 mL，混匀后在沸水浴中加热 15 min，冷却后用蒸馏水定容至刻度，摇匀，于 570 nm 波长，用 5 mm 比色杯，于分光光度计上测定试样液的吸光度（$A_1$）。

（3）滋味浓度测定　用移液管吸取茶汤 0.5 mL 于 25 mL 容量瓶中，用水作试剂空白，各加入蒸馏水 4.5 mL、酒石酸亚铁溶液 5 mL，用 pH 7.5 磷酸盐缓冲溶液定容至刻度，摇匀，于 540 nm 波长，10 mm 比色杯，于分光光度计上测定试样

液的吸光度（$A_2$）。

**4. 结果计算**  绿茶内质滋味鲜度、浓度与醇度得分按下式计算：

$$鲜度得分＝A_1 \times 100$$

$$浓度得分＝A_2 \times 100$$

$$醇度得分＝\frac{A_1}{A_2} \times 30$$

$$滋味总分＝鲜度得分＋浓度得分＋醇度得分$$

## 复习思考题

1. 茶叶水分含量测定过程中应注意哪些细节以确保结果的准确性？

2. 简述茶叶水浸出物含量测定的基本流程及注意事项。

3. Folin‑Ciocalteu 法测定茶多酚含量的实验原理是什么？

4. 采用分光光度法测定红茶中的茶黄素、茶红素和茶褐素时，如何将三者分离？

# 附录 茶叶感官审评方法（GB/T 23776—2018）*
## （Methodology for Sensory Evaluation of Tea）

## 1 范围

本标准规定了茶叶感官审评的条件、方法及审评结果与判定。

本标准适用于各类茶叶的感官审评。

## 2 规范性引用文件

下列文件对于本文件的应用是必不可少的。凡是注日期的引用文件，仅注日期的版本适用于本文件。凡是不注日期的引用文件，其最新版本（包括所有的修改单）适用于本文件。

GB 5749 《生活饮用水卫生标准》

GB/T 18302 《茶 取样》

GB/T 14487 《茶叶感官审评术语》

GB/T 15608 《中国颜色体系》

GB/T 18797 《茶叶感官审评室基本条件》

## 3 术语和定义

下列术语和定义适用于本文件。

### 3.1 茶叶感官审评 sensory evaluation of tea

审评人员运用正常的视觉、嗅觉、味觉、触觉等辨别能力，对茶叶产品的外形、汤色、香气、滋味与叶底等品质因子进行综合分析和评价的过程。

### 3.2 粉茶 tea powder

磨碎后颗粒大小在 0.076 mm（200 目）及以下的直接用于食用的茶叶。

## 4 审评条件

### 4.1 环境

应符合 GB/T 18797 的要求。

### 4.2 审评设备

#### 4.2.1 审评台

干性审评台高度 800～900 mm，宽度 600～750 mm，台面为黑色亚光；湿性审

---

* 附录为国家标准《茶叶感官审评方法》，体例略有改动。本标准由中华全国供销合作总社提出、全国茶叶标准化技术委员会（SAC/TC 339）归口。本标准由中国标准出版社出版。

评台高度 750～800 mm，宽度 450～500 mm，台面为白色亚光。审评台长度视实际需要而定。

**4.2.2 评茶标准杯碗**

白色瓷质，颜色组成应符合 GB/T 15608 中的中性色的规定，要求 $N \geqslant 9.5$。大小、厚薄、色泽一致。根据审评茶样的不同分为：

（a）初制茶（毛茶）审评杯碗：杯呈圆柱形，高 75 mm、外径 80 mm、容量 250 mL。具盖，盖上有一小孔，杯盖上面外径 92 mm，与杯柄相对的杯口上缘有三个呈锯齿形的滤茶口。口中心深 4 mm，宽 2.5 mm。碗高 71 mm，上口外径 112 mm，容量 440 mL，具体参照附录资料 A 中附图 1 至附图 4。

（b）精制茶（成品茶）审评杯碗：杯呈圆柱形，高 66 mm，外径 67 mm，容量 150 mL。具盖，盖上有一小孔，杯盖上面外径 76 mm。与杯柄相对的杯口上缘有三个呈锯齿形的滤茶口，口中心深 3 mm，宽 2.5 mm。碗高 56 mm，上口外径 95 mm，容量 240 mL，具体参照附录资料 A 中附图 5 至附图 8。

（c）乌龙茶审评杯碗：杯呈倒钟形，高 52 mm，上口外径 83 mm，容量 110 mL。具盖，盖外径 72 mm。碗高 51 mm，上口外径 95 mm，容量 160 mL，具体参照附录资料 A 中附图 9 至附图 12。

**4.2.3 评茶盘**

木板或胶合板制成，正方形，外围边长 230 mm，边高 33 mm，盘的一角开有缺口，缺口呈倒等腰梯形，上宽 50 mm，下宽 30 mm。涂以白色油漆，无气味。

**4.2.4 分样盘**

木极或胶合板制，正方形，内围边长 320 mm，边高 35 mm，盘的两端各开一缺口。涂以白色油漆，无气味。

**4.2.5 叶底盘**

黑色叶底盘和白色搪瓷盘。黑色叶底盘为正方形，外径边长 100 mm、边高 15 mm，供审评精制茶用；搪瓷盘为长方形，外径长 230 mm、宽 170 mm，边高 30 mm。一般供审评初制茶叶底用。

**4.2.6 扦样匾（盘）**

扦样匾，竹制，圆形，直径 1 000 mm，边高 30 mm，供取样用。

扦样盘，木板或胶合板制，正方形，内围边长 500 mm，边高 35 mm。盘的一角开一缺口。涂以白色油漆，无气味。

**4.2.7 分样器**

木制或食品级不锈钢制，由 4 个或 6 个边长 120 mm、高 250 mm 的正方体组成长方体分样器的柜体，4 脚高 200 mm，上方敞口、具盖，每个正方体的正面下部开一个 90 mm×50 mm 的口子，有挡板，可开关。

**4.2.8 称量用具**

天平，感量 0.1 g。

**4.2.9 计时器**

定时钟或特制砂时计，精确到秒。

**4.2.10 其他用具**

其他审评用具如下：

（a）刻度尺：刻度精确到毫米。

（b）网匙：不锈钢网制半圆形小勺子，捞取碗底沉淀的碎茶用。

（c）茶匙：不锈钢或瓷匙，容量约 10 mL。

（d）烧水壶：普通电热水壶，食品级不锈钢，容量不限。

（e）茶筅：竹制，搅拌粉茶用。

**4.3 审评用水**

审评用水的理化指标及卫生指标应符合 GB 5749 的规定。同一批茶叶审评用水水质应一致。

**4.4 审评人员**

**4.4.1** 茶叶审评人员应获有《评茶员》国家职业资格证书，持证上岗。

**4.4.2** 身体健康，视力 5.0 及以上，持《食品从业人员健康证明》上岗。

**4.4.3** 审评人员开始审评前更换工作服，用无气味的洗手液把双手清洗干净，并在整个操作过程中保持洁净。

**4.4.4** 审评过程中不能使用化妆品，不得吸烟。

## 5 审评

**5.1 取样方法**

**5.1.1 初制茶取样方法**

5.1.1.1 匀堆取样法：将该批茶叶拌匀成堆，然后从堆的各个部位分别扦取样茶，扦样点不得少于八点。

5.1.1.2 就件取样法：从每件上、中、下、左、右五个部位各扦取一把小样置于扦样匾（盘）中，并查看样品间品质是否一致。若单件的上、中、下、左、右五部分样品差异明显，应将该件茶叶倒出，充分拌匀后，再扦取样品。

5.1.1.3 随机取样法：按 GB/T 8302 规定的抽取件数随机抽件，再按就件扦取法扦取。

5.1.1.4 上述各种方法均应将扦取的原始样茶充分拌匀后，用分样器或对角四分法扦取 100～200 g 两份作为审评用样，其中一份直接用于审评，另一份留存备用。

**5.1.2 精制茶取样方法**

按照 GB/T 8302 规定执行。

**5.2 审评内容**

**5.2.1 审评因子**

5.2.1.1 初制茶审评因子

按照茶叶的外形（包括形状、嫩度、色泽、整碎和净度）、汤色、香气、滋味和叶底"五项因子"进行。

#### 5.2.1.2 精制茶审评因子

按照茶叶外形的形状、色泽、整碎和净度，内质的汤色、香气、滋味和叶底"八项因子"进行。

### 5.2.2 审评因子的审评要素

#### 5.2.2.1 外形

干茶审评其形状、嫩度、色泽、整碎和净度。

紧压茶审评其形状规格、松紧度、匀整度、表面光洁度和色泽。分里、面茶的紧压茶，审评是否起层脱面，包心是否外露等。茯砖加评"金花"是否茂盛、均匀及颗粒大小。

#### 5.2.2.2 汤色

茶汤审评其颜色种类与色度、明暗度和清浊度等。

#### 5.2.2.3 香气

香气审评其类型、浓度、纯度、持久性。

#### 5.2.2.4 滋味

茶汤审评其浓淡、厚薄、醇涩、纯异和鲜钝等。

#### 5.2.2.5 叶底

叶底审评其嫩度、色泽、明暗度和匀整度（包括嫩度的匀整度和色泽的匀整度）。

## 5.3 审评方法

### 5.3.1 外形审评方法

5.3.1.1 将缩分后的有代表性的茶样 100～200 g，置于评茶盘中，双手握住茶盘对角，用回旋筛转法，使茶样按粗细、长短、大小、整碎顺序分层并顺势收于评茶盘中间呈圆馒头形，根据上层（也称面张、上段）、中层（也称中段、中档）、下层（也称下段，下脚），按 5.2 的审评内容，用目测、手感等方法，通过翻动茶叶、调换位置，反复察看比较外形。

5.3.1.2 初制茶按 5.3.1.1 方法，用目测审评面张茶后，审评人员用手轻轻地将大部分上、中段茶抓在手中，审评没有抓起的留在评茶盘中的下段茶的品质，然后，抓茶的手反转、手心朝上摊开，将茶摊放在手中，用目测审评中段茶的品质。同时，用手掂估同等体积茶（身骨）的重量。

5.3.1.3 精制茶按 5.3.1.1 方法，用目测审评面张茶后，审评人员双手握住评茶盘，用"簸"的手法，让茶叶在评茶盘中从内向外按形态呈现从大到小的排布，分出上、中、下档，然后目测审评。

### 5.3.2 茶汤制备方法与各因子审评顺序

5.3.2.1 红茶、绿茶、黄茶、白茶、乌龙茶（柱形杯审评法）

取有代表性的茶样 3.0 g 或 5.0 g，茶水比（质量体积比）1∶50，置于相应的评茶杯中，注满沸水、加盖、计时，按附表 1 选择冲泡时间，依次等速滤出茶汤，留叶底于杯中，按汤色、香气、滋味、叶底的顺序逐项审评。

附表 1　各类茶冲泡时间

| 茶类 | 冲泡时间（min） |
|---|---|
| 绿茶 | 4 |
| 红茶 | 5 |
| 乌龙茶（条型、卷曲型） | 5 |
| 乌龙茶（圆结型、拳曲型、颗粒型） | 6 |
| 白茶 | 5 |
| 黄茶 | 5 |

**5.3.2.2　乌龙茶（盖碗审评法）**

沸水烫热评茶杯碗，称取有代表性的茶样 5.0 g，置于 110 mL 倒钟形评茶杯中，快速注满沸水，用杯盖刮去液面泡沫，加盖。1 min 后，揭盖嗅其盖香，评茶叶香气，至 2 min 沥茶汤入评茶碗中，评汤色和滋味。接着第二次冲泡，加盖，1～2 min 后，揭盖嗅其盖香，评茶叶香气，至 3 min 沥茶汤入评茶碗中，再评汤色和滋味。第三次冲泡，加盖，2～3 min 后，评香气，至 5 min 沥茶汤入评茶碗中，评汤色和滋味。最后闻嗅叶底香，并倒入叶底盘中，审评叶底。结果以第二次冲泡为主要依据，综合第一、第三次冲泡，统筹评判。

**5.3.2.3　黑茶（散茶）（柱形杯审评法）**

取有代表性的茶样 3.0 g 或 5.0 g，茶水比（质量体积比）1∶50，置于相应的审评杯中，注满沸水，加盖浸泡 2 min，按冲泡次序依次等速将茶汤沥入评茶碗中，审评汤色、嗅杯中叶底香气、尝滋味后，进行第二次冲泡，时间 5 min，沥出茶汤依次审评汤色、香气、滋味、叶底。结果汤色以第一泡为主评判，香气、滋味以第二泡为主评判。

**5.3.2.4　紧压茶（柱形杯审评法）**

称取有代表性的茶样 3.0 g 或 5.0 g，茶水比（质量体积比）1∶50，置于相应的审评杯中，注满沸水，依紧压程度加盖浸泡 2～5 min，按冲泡次序依次等速将茶汤沥入评茶碗中，审评汤色、嗅杯中叶底香气、尝滋味后，进行第二次冲泡，时间 5～8 min，沥出茶汤依次审评汤色、香气、滋味、叶底。结果以第二泡为主，综合第一泡进行评判。

**5.3.2.5　花茶（柱形杯审评法）**

拣除茶样中的花瓣、花萼、花蒂等花类夹杂物，称取有代表性的茶样 3.0 g，置于 150 mL 精制茶评茶杯中，注满沸水，加盖浸 3 min，按冲泡次序依次等速将茶汤沥入评茶碗中，审评汤色、香气（鲜灵度和纯度）、滋味；第二次冲泡 5 min，沥出茶汤，依次审评汤色、香气（浓度和持久性）、滋味、叶底。结果以两次冲泡综合评判。

**5.3.2.6　袋泡茶（柱形杯审评法）**

取一茶袋置于 150 mL 评茶杯中，注满沸水，加盖浸泡 3 min 后揭盖上下提动茶袋两次（两次提动间隔 1 min），提动后随即盖上杯盖，至 5 min 沥茶汤入评茶碗中，依次审评汤色、香气、滋味和叶底。叶底审评茶袋冲泡后的完整性。

5.3.2.7　粉茶（柱形杯审评法）

取 0.6 g 茶样，置于 240 mL 的评茶碗中，用 150 mL 的审评杯注入 150 mL 沸水，定时 3 min 并用茶筅搅拌，依次审评其汤色、香气与滋味。

**5.3.3　内质审评方法**

5.3.3.1　汤色

根据 5.2 的审评内容目测审评茶汤，应注意光线、评茶用具等的影响，可调换审评碗的位置以减少环境光线对汤色的影响。

5.3.3.2　香气

一手持杯，一手持盖，靠近鼻孔，半开杯盖，嗅评杯中香气，每次持续 2～3 s，后随即合上杯盖。可反复 1～2 次。根据 5.2 的审评内容判断香气的质量。并热嗅（杯温约 75 ℃）、温嗅（杯温约 45 ℃）、冷嗅（杯温接近室温）结合进行。

5.3.3.3　滋味

用茶匙取适量（5 mL）茶汤于口内，通过吸吮使茶汤在口腔内循环打转，接触舌头各部位，吐出茶汤或咽下，根据 5.2 的审评内容审评滋味。审评滋味适宜的茶汤温度为 50 ℃。

5.3.3.4　叶底

精制茶采用黑色叶底盘，毛茶与乌龙茶等采用白色搪瓷叶底盘，操作时应将杯中的茶叶全部倒入叶底盘中，其中白色搪瓷叶底盘中要加入适量清水，让叶底漂浮起来。根据 5.2 的审评内容，用目测、手感等方法审评叶底。

# 6　审评结果与判定

**6.1　级别判定**

对照一组标准样品，比较未知茶样品与标准样品之间某一级别在外形和内质上的相符程度（或差距）。首先，对照一组标准样品的外形，从外形的形状、嫩度、色泽、整碎和净度五个方面综合判定未知样品等于或约等于标准样品中的某一级别，即定为该未知样品的外形级别；然后从内质的汤色、香气、滋味与叶底四个方面综合判定未知样品等于或约等于标准样中的某一级别，即定为该未知样品的内质级别。未知样最后的级别判定结果计算按式（1）：

$$未知样的级别＝（外形级别＋内质级别）÷2 \qquad (1)$$

**6.2　合格判定**

**6.2.1　评分**

以成交样或标准样相应等级的色、香、味、形的品质要求为水平依据，按规定的审评因子，即形状、整碎、净度、色泽、香气、滋味、汤色和叶底（附表 2）和审评方法，将生产样对照标准样或成交样逐项对比审评，判断结果按"七档制"（附表 3）方法进行评分。

附表2 各类成品茶品质审评因子

| 茶类 | 外形 | | | | 内质 | | | |
|---|---|---|---|---|---|---|---|---|
| | 形状（A） | 整碎（B） | 净度（C） | 色泽（D） | 香气（E） | 滋味（F） | 汤色（G） | 叶底（H） |
| 绿茶 | √ | √ | √ | √ | √ | √ | √ | √ |
| 红茶 | √ | √ | √ | √ | √ | √ | √ | √ |
| 乌龙茶 | √ | √ | √ | √ | √ | √ | √ | √ |
| 白茶 | √ | √ | √ | √ | √ | √ | √ | √ |
| 黑茶（散茶） | √ | √ | √ | √ | √ | √ | √ | √ |
| 黄茶 | √ | √ | √ | √ | √ | √ | √ | √ |
| 花茶 | √ | √ | √ | √ | √ | √ | √ | √ |
| 袋泡茶 | √ | × | √ | × | √ | √ | √ | √ |
| 紧压茶 | √ | × | √ | √ | √ | √ | √ | √ |
| 粉茶 | √ | × | √ | √ | √ | √ | √ | × |

注："×"为非审评因子。

附表3 七档制审评方法

| 七档制 | 评分 | 说明 |
|---|---|---|
| 高 | +3 | 差异大，明显好于标准样 |
| 较高 | +2 | 差异较大，好于标准样 |
| 稍高 | +1 | 仔细辨别才能区分，稍好于标准样 |
| 相当 | 0 | 标准样或成交样的水平 |
| 稍低 | −1 | 仔细辨别才能区分，稍差于标准样 |
| 较低 | −2 | 差异较大，差于标准样 |
| 低 | −3 | 差异大，明显差于标准样 |

**6.2.2 结果计算**

审评结果按式（2）计算：

$$Y = A_n + B_n + \cdots + H_n \tag{2}$$

式中，$Y$——茶叶审判总得分；

$A_n$、$B_n \cdots H_n$——各审评因子的得分。

**6.2.3 结果判定**

任何单一审评因子得−3分者判该样品为不合格。总得分≤3分者该样品为不合格。

**6.3 品质评定**

**6.3.1 评分的形式**

6.3.1.1 独立评分

整个审评过程由一个或若干个评茶员独立完成。

6.3.1.2 集体评分

整个审评过程由三人或三人以上（奇数）评茶员一起完成。参加审评的人员组成一个审评小组，推荐其中一人为主评。审评过程中由主评先评出分数，其他人员根据品质标准对主评出具的分数进行修改与确认，对观点差异较大的茶进行讨论，最后共同确定分数，如有争论，投票决定。并加注评语，评语引用 GB/T 14487。

### 6.3.2 评分的方法

茶叶品质顺序的排列样品应在两只（含两只）以上，评分前工作人员对茶样进行分类、密码编号，审评人员在不了解茶样的来源、密码条件下进行盲评，根据审评知识与品质标准，按外形、汤色、香气、滋味和叶底"五因子"，采用百分制，在公平、公正条件下对每个茶样每项因子进行评分，并加注评语，评语引用 GB/T 14487。评分标准参见附录资料 B 中附表 5 至附表 15。

### 6.3.3 分数的确定

6.3.3.1 每个评茶员所评的分数相加的总和除以参加评分的人数所得的分数。

6.3.3.2 当独立评分评茶员人数达五人以上，可在评分的结果中去除一个最高分和一个最低分，取其余的分数相加的总和除以其人数所得的分数。

### 6.3.4 结果计算

6.3.4.1 将单项因子的得分与该因子的评分系数相乘，并将各个乘积值相加，即为该茶样审评的总得分。计算式如式（3）：

$$Y = A \times a + B \times b + \cdots + E \times e \tag{3}$$

式中，$Y$——茶叶审评总得分；

$A$、$B \cdots E$——各品质因子的审评得分；

$a$，$b \cdots e$——各品质因子的评分系数。

6.3.4.2 各茶类审评因子评分系数见附表 4。

**附表 4 各茶类审评因子评分系数**

| 茶类 | 外形（$a$） | 汤色（$b$） | 香气（$c$） | 滋味（$d$） | 叶底（$e$） |
|---|---|---|---|---|---|
| 绿茶 | 25 | 10 | 25 | 30 | 10 |
| 工夫红茶（小种红茶） | 25 | 10 | 25 | 30 | 10 |
| （红）碎茶 | 20 | 10 | 30 | 30 | 10 |
| 乌龙茶 | 20 | 5 | 30 | 35 | 10 |
| 黑茶（散茶） | 20 | 15 | 25 | 30 | 10 |
| 紧压茶 | 20 | 10 | 30 | 35 | 5 |
| 白茶 | 25 | 10 | 25 | 30 | 10 |
| 黄茶 | 25 | 10 | 25 | 30 | 10 |
| 花茶 | 20 | 5 | 35 | 30 | 10 |
| 袋泡茶 | 10 | 20 | 30 | 30 | 10 |
| 粉茶 | 10 | 20 | 35 | 35 | 0 |

#### 6.3.5　结果评定

根据计算结果审评的名次按分数从高到低的次序排列。

如遇分数相同者，则按"滋味→外形→香气→汤色→叶底"的次序比较单一因子得分的高低，高者居前。

## 附录资料 A　评茶标准杯碗形状与尺寸示意图*

### （一）初制茶（毛茶）审评杯碗形状与尺寸示意图

初制茶（毛茶）审评碗容积约为 440 mL [$V = \pi r^2 \times h = 3.14 \times 4.7^2 \times 6.3 \approx 440$ (mL)]，茶碗形状与尺寸如附图 1 所示。

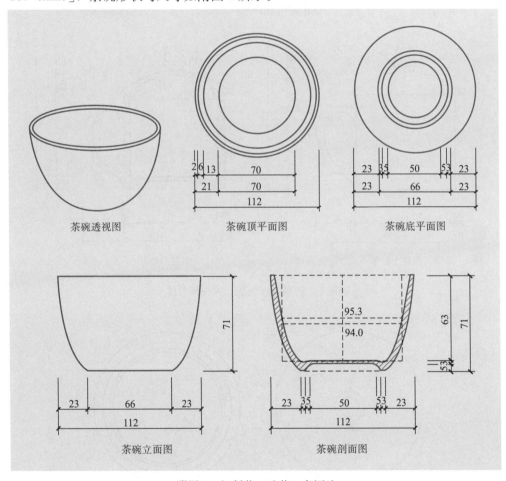

附图 1　初制茶（毛茶）审评碗

初制茶（毛茶）审评茶杯容积约为 250 mL [$V = \pi r^2 \times h = 3.14 \times 3.6^2 \times 6.15 \approx 250$ (mL)]，茶杯形状与尺寸如附图 2 至附图 4 所示。

---

\* 图中标注尺寸单位为毫米（mm）。

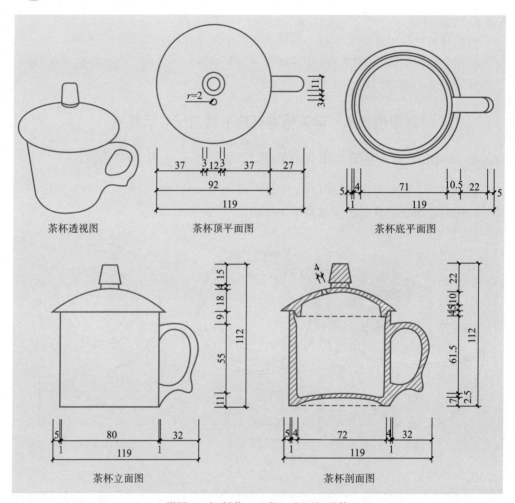

茶杯透视图　　　茶杯顶平面图　　　茶杯底平面图

茶杯立面图　　　茶杯剖面图

附图 2　初制茶（毛茶）审评杯总体

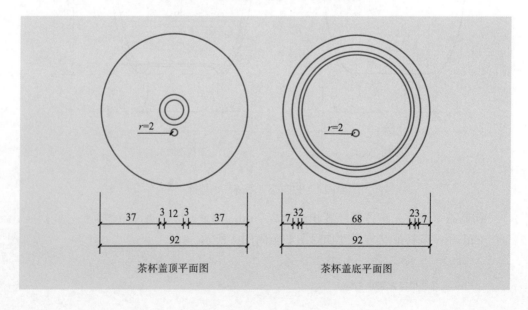

茶杯盖顶平面图　　　茶杯盖底平面图

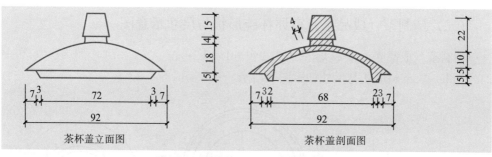

茶杯盖立面图 　　　　　　　茶杯盖剖面图

附图 3　初制茶（毛茶）审评杯杯盖

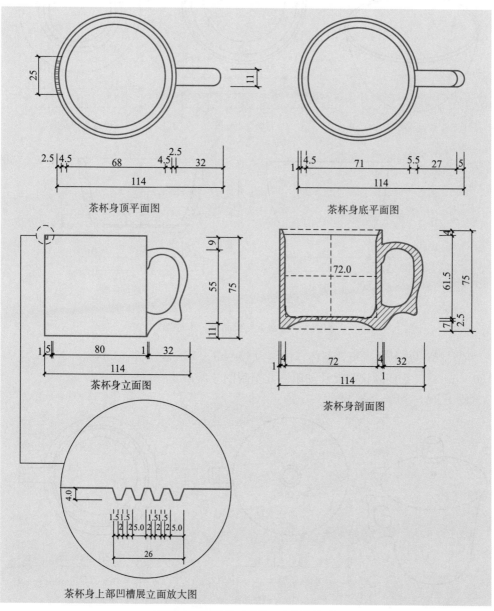

茶杯身顶平面图　　　　　　　茶杯身底平面图

茶杯身立面图　　　　　　　茶杯身剖面图

茶杯身上部凹槽展立面放大图

附图 4　初制茶（毛茶）审评杯杯身

## （二）精制茶（成品茶）审评杯碗形状与尺寸示意图

精制茶（成品茶）茶碗容积约为 240 mL $[V=\pi r^2 \times h=3.14 \times 3.9^2 \times 5.0 \approx 240 \ (\text{mL})]$，茶碗形状与尺寸如附图 5 所示。

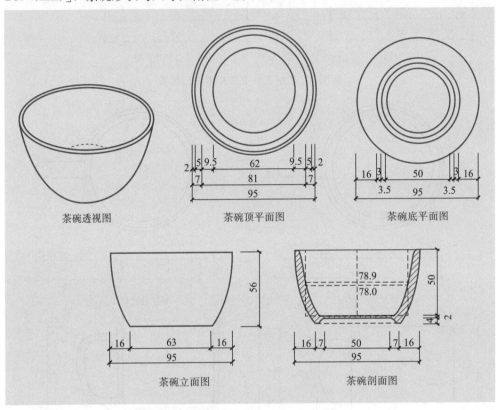

茶碗透视图　　　茶碗顶平面图　　　茶碗底平面图

茶碗立面图　　　茶碗剖面图

附图 5　精制茶（成品茶）审评碗

精制茶（成品茶）审评茶杯容积约为 150 mL $[V=\pi r^2 \times h=3.14 \times 2.97^2 \times 5.5 \approx 150 \ (\text{mL})]$，茶杯形状与尺寸如附图 6 至附图 8 所示。

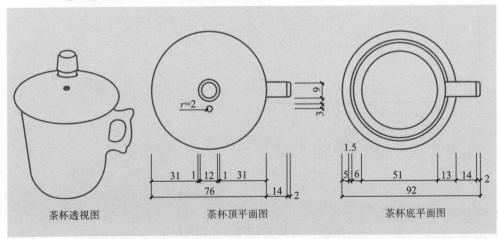

茶杯透视图　　　茶杯顶平面图　　　茶杯底平面图

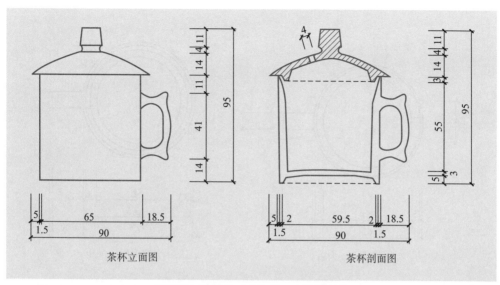

茶杯立面图　　　　　　　　　茶杯剖面图

附图6　精制茶（成品茶）审评杯总体

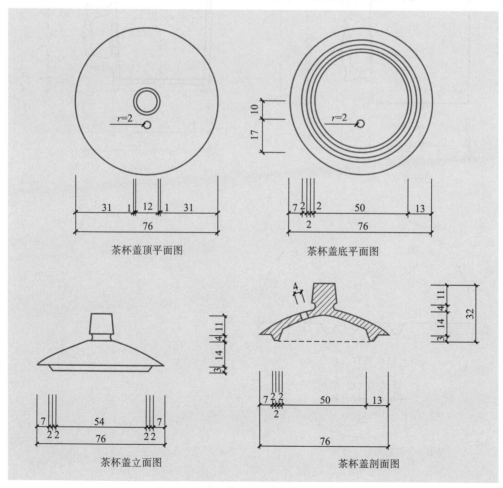

茶杯盖顶平面图　　　　　　　　　茶杯盖底平面图

茶杯盖立面图　　　　　　　　　茶杯盖剖面图

附图7　精制茶（成品茶）审评杯杯盖

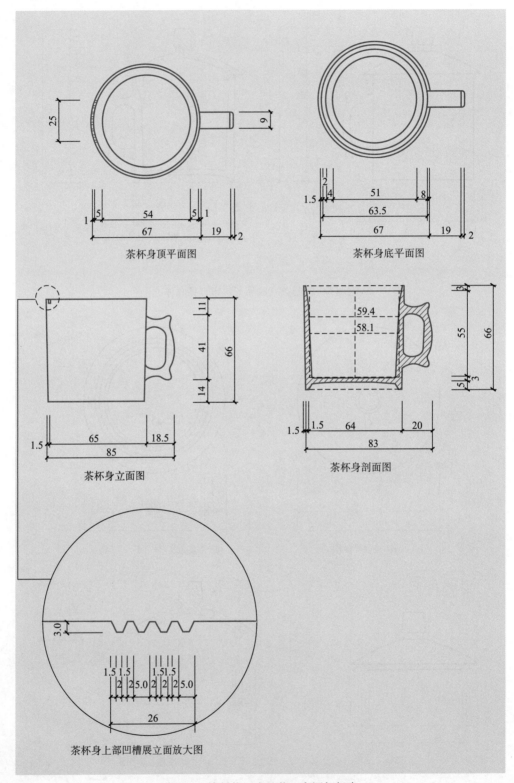

茶杯身顶平面图

茶杯身底平面图

茶杯身立面图

茶杯身剖面图

茶杯身上部凹槽展立面放大图

附图 8　精制茶（成品茶）审评杯杯身

## （三）乌龙茶审评碗形状与尺寸示意图

乌龙茶审评茶碗容积约为 160 mL $[V = \pi r^2 \times h = 3.14 \times 3.45^2 \times 4.3 \approx 160 \ (\text{mL})]$，茶碗形状与尺寸如附图 9 所示。

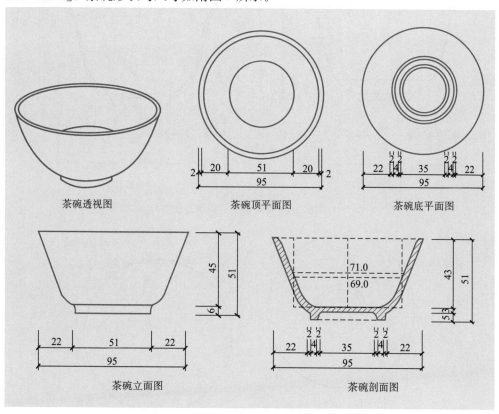

茶碗透视图　　　茶碗顶平面图　　　茶碗底平面图

茶碗立面图　　　　茶碗剖面图

附图 9　乌龙茶审评碗

乌龙茶审评盖碗容积约为 110 mL $[V = \pi r^2 \times h = 3.14 \times 2.85^2 \times 4.3 \approx 110 \ (\text{mL})]$，盖碗形状与尺寸如附图 10 至附图 12 所示。

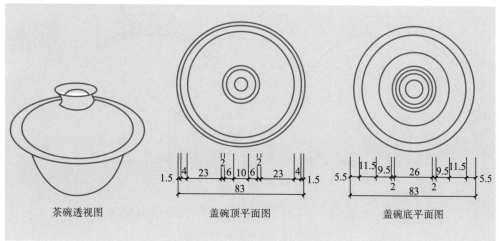

茶碗透视图　　　盖碗顶平面图　　　盖碗底平面图

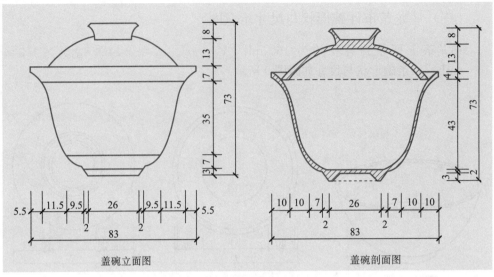

盖碗立面图　　　　　　　　　　　盖碗剖面图

附图 10　乌龙茶审评盖碗总体

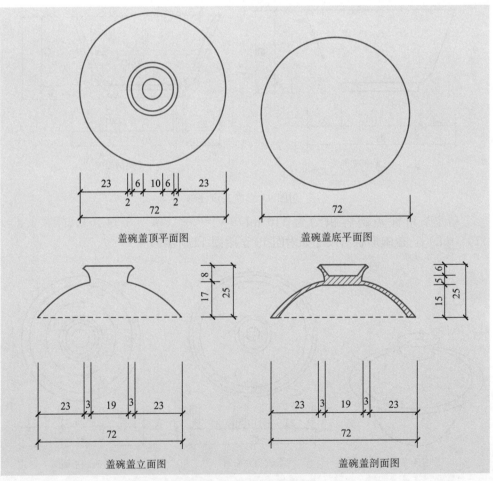

盖碗盖顶平面图　　　　　　　　　盖碗盖底平面图

盖碗盖立面图　　　　　　　　　　盖碗盖剖面图

附图 11　乌龙茶审评盖碗盖

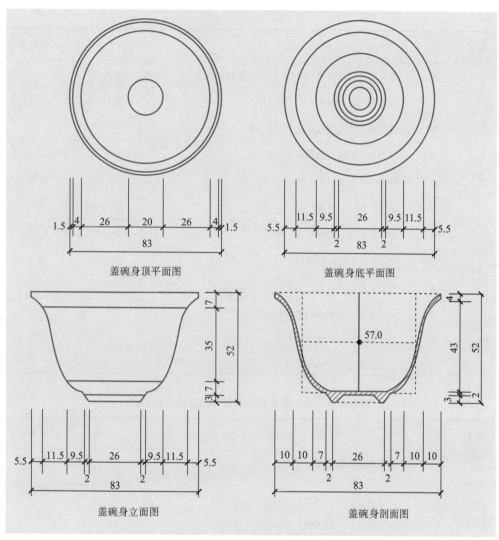

附图 12　乌龙茶审评盖碗身

# 附录资料 B　茶叶品质评定用语与品质因子评分表

附表 5　绿茶品质评语与各品质因子评分表

| 因子 | 级别 | 品质特征 | 给分 | 评分系数 |
|---|---|---|---|---|
| 外形<br>（a） | 甲 | 以单芽或一芽一叶初展到一芽二叶为原料，造型有特色，色泽嫩绿或翠绿或深绿或鲜绿，油润，匀整，净度好 | 90～99 | 25％ |
| | 乙 | 较嫩，以一芽二叶为主原料，造型较有特色，色泽墨绿或黄绿或青绿，较油润，尚匀整，净度较好 | 80～89 | |
| | 丙 | 嫩度稍低，造型特色不明显，色泽暗褐或陈灰或灰绿或偏黄，较匀整，净度尚好 | 70～79 | |

（续）

| 因子 | 级别 | 品质特征 | 给分 | 评分系数 |
|---|---|---|---|---|
| 汤色<br>（b） | 甲 | 嫩绿明亮或绿明亮 | 90～99 | |
| | 乙 | 尚绿明亮或黄绿明亮 | 80～89 | 10% |
| | 丙 | 深黄或黄绿欠亮或浑浊 | 70～79 | |
| 香气<br>（c） | 甲 | 高爽有栗香或有嫩香带花香 | 90～99 | |
| | 乙 | 清香，尚高爽，火工香 | 80～89 | 25% |
| | 丙 | 尚纯，熟闷，老火 | 70～79 | |
| 滋味<br>（d） | 甲 | 甘鲜或鲜醇，醇厚鲜爽，浓醇鲜爽 | 90～99 | |
| | 乙 | 清爽，浓尚醇，尚醇厚 | 80～89 | 30% |
| | 丙 | 尚醇，浓涩，青涩 | 70～79 | |
| 叶底<br>（e） | 甲 | 嫩匀多芽，较嫩绿明亮，匀齐 | 90～99 | |
| | 乙 | 嫩匀有芽，绿明亮，尚匀齐 | 80～89 | 10% |
| | 丙 | 尚嫩，黄绿，欠匀齐 | 70～79 | |

### 附表 6  工夫红茶品质评语与各品质因子评分表

| 因子 | 级别 | 品质特征 | 给分 | 评分系数 |
|---|---|---|---|---|
| 外形<br>（a） | 甲 | 细紧或紧结或壮结，露毫有锋苗，色乌黑油润或棕褐油润<br>显金毫，匀整，净度好 | 90～99 | |
| | 乙 | 较细紧或较紧结较乌润，匀整，净度较好 | 80～89 | 25% |
| | 丙 | 紧实或壮实，尚乌润，尚匀整，净度尚好 | 70～79 | |
| 汤色<br>（b） | 甲 | 橙红明亮或红明亮 | 90～99 | |
| | 乙 | 尚红亮 | 80～89 | 10% |
| | 丙 | 尚红欠亮 | 70～79 | |
| 香气<br>（c） | 甲 | 嫩香，嫩甜香，花果香 | 90～99 | |
| | 乙 | 高，有甜香 | 80～89 | 25% |
| | 丙 | 纯正 | 70～79 | |
| 滋味<br>（d） | 甲 | 鲜醇或甘醇或醇厚鲜爽 | 90～99 | |
| | 乙 | 醇厚 | 80～89 | 30% |
| | 丙 | 尚醇 | 70～79 | |
| 叶底<br>（e） | 甲 | 细嫩（或肥嫩）多芽或有芽，红明亮 | 90～99 | |
| | 乙 | 嫩软，略有芽，红尚亮 | 80～89 | 10% |
| | 丙 | 尚嫩，多筋，尚红亮 | 70～79 | |

**附表 7 （红）碎茶品质评语与各品质因子评分表**

| 因子 | 级别 | 品质特征 | 给分 | 评分系数 |
|---|---|---|---|---|
| 外形<br>(a) | 甲 | 嫩度好，锋苗显露，颗粒匀整，净度好，色鲜活润 | 90~99 | 20% |
| | 乙 | 嫩度较好，有锋苗，颗粒较匀整，净度较好，色尚鲜活油润 | 80~89 | |
| | 丙 | 嫩度稍低，带细茎，尚匀整，净度尚好，色欠鲜活油润 | 70~79 | |
| 汤色<br>(b) | 甲 | 色泽依品类不同，但要清澈明亮 | 90~99 | 10% |
| | 乙 | 色泽依品类不同，较明亮 | 80~89 | |
| | 丙 | 欠明亮或有浑浊 | 70~79 | |
| 香气<br>(c) | 甲 | 高爽或高鲜、纯正，有嫩茶香 | 90~99 | 30% |
| | 乙 | 较高爽、较高鲜 | 80~89 | |
| | 丙 | 尚纯，熟、老火或青气 | 70~79 | |
| 滋味<br>(d) | 甲 | 醇厚鲜爽、浓醇鲜爽 | 90~99 | 30% |
| | 乙 | 浓厚或浓烈、尚醇厚、尚鲜爽 | 80~89 | |
| | 丙 | 尚醇，浓涩，青涩 | 70~79 | |
| 叶底<br>(e) | 甲 | 嫩匀多芽尖，明亮，匀齐 | 90~99 | 10% |
| | 乙 | 嫩尚匀，尚明亮，尚匀齐 | 80~89 | |
| | 丙 | 尚嫩，尚亮，欠匀齐 | 70~79 | |

**附表 8 乌龙茶品质评语与各品质因子评分表**

| 因子 | 级别 | 品质特征 | 给分 | 评分系数 |
|---|---|---|---|---|
| 外形<br>(a) | 甲 | 重实、紧结，品种特征或地域特征明显，色泽油润，匀整，净度好 | 90~99 | 20% |
| | 乙 | 较重实，较壮结，有品种特征或地域特征，色润，较匀整，净度尚好 | 80~89 | |
| | 丙 | 尚紧实或尚壮实，带有黄片或黄头，色欠润，欠匀整，净度稍差 | 70~79 | |
| 汤色<br>(b) | 甲 | 色度因加工工艺而定，可从蜜黄加深到橙红，但要求清澈明亮 | 90~99 | 5% |
| | 乙 | 色度因加工工艺而定，较明亮 | 80~89 | |
| | 丙 | 色度因加工工艺而定，多沉淀，欠亮 | 70~79 | |
| 香气<br>(c) | 甲 | 品种特征或地域特征明显，花香、花果香浓郁，香气优雅纯正 | 90~99 | 30% |
| | 乙 | 品种特征或地域特征尚明显，有花香或花果香，但浓郁与纯正性稍差 | 80~89 | |
| | 丙 | 花香或花果香不明显，略带粗气或老火香 | 70~79 | |

（续）

| 因子 | 级别 | 品质特征 | 给分 | 评分系数 |
|---|---|---|---|---|
| 滋味<br>(d) | 甲 | 浓厚甘醇或醇厚滑爽 | 90～99 | 35% |
| | 乙 | 浓醇较爽，尚醇厚滑爽 | 80～89 | |
| | 丙 | 浓尚醇，略有粗糙感 | 70～79 | |
| 叶底<br>(e) | 甲 | 叶质肥厚软亮做青好 | 90～99 | 10% |
| | 乙 | 叶质较软亮，做青较好 | 80～89 | |
| | 丙 | 稍硬，青暗，做青一般 | 70～79 | |

**附表9 黑茶（散茶）品质评语与各品质因子评分表**

| 因子 | 级别 | 品质特征 | 给分 | 评分系数 |
|---|---|---|---|---|
| 外形<br>(a) | 甲 | 肥硕或壮结，或显毫，形态美，色泽油润，匀整，净度好 | 90～99 | 20% |
| | 乙 | 尚壮结或较紧结，有毫，色泽尚匀润，较匀整，净度较好 | 80～89 | |
| | 丙 | 壮实或紧实或粗实，尚匀净 | 70～79 | |
| 汤色<br>(b) | 甲 | 根据后发酵的程度可有红浓、橙红、橙黄色，明亮 | 90～99 | 15% |
| | 乙 | 根据后发酵的程度可有红浓、橙红、橙黄色，尚明亮 | 80～89 | |
| | 丙 | 红浓暗或深黄或黄绿欠亮或浑浊 | 70～79 | |
| 香气<br>(c) | 甲 | 香气纯正，无杂气味，香高爽 | 90～99 | 25% |
| | 乙 | 香气较高尚纯正，无杂气味 | 80～89 | |
| | 丙 | 尚纯 | 70～79 | |
| 滋味<br>(d) | 甲 | 醇厚，回味甘爽 | 90～99 | 30% |
| | 乙 | 较醇厚 | 80～89 | |
| | 丙 | 尚醇 | 70～79 | |
| 叶底<br>(e) | 甲 | 嫩匀多芽，明亮，匀齐 | 90～99 | 10% |
| | 乙 | 尚嫩匀，略有芽，明亮，尚匀齐 | 80～89 | |
| | 丙 | 尚柔软，尚明，欠匀齐 | 70～79 | |

**附表10 紧压茶品质评语与各品质因子评分表**

| 因子 | 级别 | 品质特征 | 给分 | 评分系数 |
|---|---|---|---|---|
| 外形<br>(a) | 甲 | 形状完全符合规格要求，松紧度适中表面平整 | 90～99 | 20% |
| | 乙 | 形状符合规格要求，松紧度适中表面尚平整 | 80～89 | |
| | 丙 | 形状基本符合规格要求，松紧度较适合 | 70～79 | |
| 汤色<br>(b) | 甲 | 色泽依茶类不同，明亮 | 90～99 | 10% |
| | 乙 | 色泽依茶类不同，尚明亮 | 80～89 | |
| | 丙 | 色泽依茶类不同，欠亮或浑浊 | 70～79 | |

（续）

| 因子 | 级别 | 品质特征 | 给分 | 评分系数 |
|---|---|---|---|---|
| 香气<br>(c) | 甲 | 香气纯正，高爽，无杂异气味 | 90～99 | 30% |
| | 乙 | 香气尚纯正，无异杂气味 | 80～89 | |
| | 丙 | 香气尚纯，有烟气、微粗等 | 70～79 | |
| 滋味<br>(d) | 甲 | 醇厚，有回味 | 90～99 | 35% |
| | 乙 | 醇和 | 80～89 | |
| | 丙 | 尚醇和 | 70～79 | |
| 叶底<br>(e) | 甲 | 黄褐或黑褐，匀齐 | 90～99 | 5% |
| | 乙 | 黄褐或黑褐，尚匀齐 | 80～89 | |
| | 丙 | 黄褐或黑褐，欠匀齐 | 70～79 | |

**附表 11　白茶品质评语与各品质因子评分表**

| 因子 | 级别 | 品质特征 | 给分 | 评分系数 |
|---|---|---|---|---|
| 外形<br>(a) | 甲 | 以单芽到一芽二叶初展为原料，芽毫肥壮，造型美、有特色，白毫显露，匀整，净度好 | 90～99 | 25% |
| | 乙 | 以单芽到一芽二叶初展为原料，芽较瘦小，较有特色，色泽银绿较鲜活，白毫显，尚匀整，净度尚好 | 80～89 | |
| | 丙 | 嫩度较低，造型特色不明显，色泽暗褐或红褐，较匀整，净度尚好 | 70～79 | |
| 汤色<br>(b) | 甲 | 杏黄、嫩黄明亮，浅白明亮 | 90～99 | 10% |
| | 乙 | 尚绿黄明亮或黄绿明亮 | 80～89 | |
| | 丙 | 深黄或泛红或浑浊 | 70～79 | |
| 香气<br>(c) | 甲 | 嫩香或清香，毫香显 | 90～99 | 25% |
| | 乙 | 清香，尚有毫香 | 80～89 | |
| | 丙 | 尚纯，或有酵气或有青气 | 70～79 | |
| 滋味<br>(d) | 甲 | 毫味明显，甘和鲜爽或甘鲜 | 90～99 | 30% |
| | 乙 | 醇厚较鲜爽 | 80～89 | |
| | 丙 | 尚醇，浓稍涩，青涩 | 70～79 | |
| 叶底<br>(e) | 甲 | 全芽或一芽一二叶，软嫩灰绿明亮、匀齐 | 90～99 | 10% |
| | 乙 | 尚软嫩匀，尚灰绿明亮，尚匀齐 | 80～89 | |
| | 丙 | 尚嫩、黄绿有红叶，欠匀齐 | 70～79 | |

附表 12　黄茶品质评语与各品质因子评分表

| 因子 | 级别 | 品质特征 | 给分 | 评分系数 |
|---|---|---|---|---|
| 外形<br>(a) | 甲 | 细嫩，以单芽到一芽二叶初展为原料，造型美，有特色，色泽嫩黄或金黄，油润，匀整，净度好 | 90～99 | 25% |
| | 乙 | 较细嫩，造型较有特色，色泽褐黄或绿带黄，较油润，尚匀整，净度较好 | 80～89 | |
| | 丙 | 嫩度稍低，造型特色不明显，色泽暗褐或深黄，欠匀整，净度尚好 | 70～79 | |
| 汤色<br>(b) | 甲 | 嫩黄明亮 | 90～99 | 10% |
| | 乙 | 尚黄明亮或黄明亮 | 80～89 | |
| | 丙 | 深黄或绿黄欠亮或浑浊 | 70～79 | |
| 香气<br>(c) | 甲 | 嫩香或嫩栗香，有甜香 | 90～99 | 25% |
| | 乙 | 高爽，较高爽 | 80～89 | |
| | 丙 | 尚纯，熟闷，老火 | 70～79 | |
| 滋味<br>(d) | 甲 | 醇厚甘爽，醇爽 | 90～99 | 30% |
| | 乙 | 浓厚或尚醇厚，较爽 | 80～89 | |
| | 丙 | 尚醇或浓涩 | 70～79 | |
| 叶底<br>(e) | 甲 | 细嫩多芽或嫩厚多芽，嫩黄明亮、匀齐 | 90～99 | 10% |
| | 乙 | 嫩匀有芽，黄明亮，尚匀齐 | 80～89 | |
| | 丙 | 尚嫩，黄尚明，欠匀齐 | 70～79 | |

附表 13　花茶品质评语与各品质因子评分表

| 因子 | 级别 | 品质特征 | 给分 | 评分系数 |
|---|---|---|---|---|
| 外形<br>(a) | 甲 | 细紧或壮结，多毫或锋苗显露，造型有特色，色泽尚嫩绿或嫩黄、油润，匀整，净度好 | 90～99 | 20% |
| | 乙 | 较细紧或较紧结，有毫或有锋苗，造型较有特色，色泽黄绿，较油润，匀整，净度较好 | 80～89 | |
| | 丙 | 紧实或壮实，造型特色不明显，色泽黄或黄褐，较匀整，净度尚好 | 70～79 | |
| 汤色<br>(b) | 甲 | 嫩黄明亮或尚嫩绿明亮 | 90～99 | 5% |
| | 乙 | 黄明亮或黄绿明亮 | 80～89 | |
| | 丙 | 深黄或黄绿欠亮或浑浊 | 70～79 | |
| 香气<br>(c) | 甲 | 鲜灵，浓郁，纯正，持久 | 90～99 | 35% |
| | 乙 | 较鲜灵，较浓郁，较纯正，尚持久 | 80～89 | |
| | 丙 | 尚浓郁，尚鲜，较纯正 | 70～79 | |
| 滋味<br>(d) | 甲 | 甘醇或醇厚，鲜爽，花香明显 | 90～99 | 30% |
| | 乙 | 浓厚或较醇厚 | 80～89 | |
| | 丙 | 熟，浓涩，青涩 | 70～79 | |

（续）

| 因子 | 级别 | 品质特征 | 给分 | 评分系数 |
|---|---|---|---|---|
| 叶底<br>(e) | 甲 | 细嫩多芽或嫩厚多芽，黄绿明亮 | 90～99 | 10% |
| | 乙 | 嫩匀有芽，黄明亮 | 80～89 | |
| | 丙 | 尚嫩，黄明 | 70～79 | |

**附表 14 袋泡茶品质评语与各品质因子评分表**

| 因子 | 级别 | 品质特征 | 给分 | 评分系数 |
|---|---|---|---|---|
| 外形<br>(a) | 甲 | 滤纸质量优，包装规范、完全符合标准要求 | 90～99 | 10% |
| | 乙 | 滤纸质量较优，包装规范、完全符合标准要求 | 80～89 | |
| | 丙 | 滤纸质量较差，包装不规范、有欠缺 | 70～79 | |
| 汤色<br>(b) | 甲 | 色泽依茶类不同，但要清澈明亮 | 90～99 | 20% |
| | 乙 | 色泽依茶类不同，较明亮 | 80～89 | |
| | 丙 | 欠明亮或有浑浊 | 70～79 | |
| 香气<br>(c) | 甲 | 高鲜，纯正，有嫩茶香 | 90～99 | 30% |
| | 乙 | 高爽或较高鲜 | 80～89 | |
| | 丙 | 尚纯，熟、老火或青气 | 70～79 | |
| 滋味<br>(d) | 甲 | 鲜醇，甘鲜，醇厚鲜爽 | 90～99 | 30% |
| | 乙 | 清爽，浓厚，尚醇厚 | 80～89 | |
| | 丙 | 尚醇或浓涩或青涩 | 70～79 | |
| 叶底<br>(e) | 甲 | 滤纸薄而均匀、过滤性好，无破损 | 90～99 | 10% |
| | 乙 | 滤纸厚薄较均匀，过滤性较好，无破损 | 80～89 | |
| | 丙 | 掉线或有破损 | 70～79 | |

**附表 15 粉茶品质评语与各品质因子评分表**

| 因子 | 级别 | 品质特征 | 给分 | 评分系数 |
|---|---|---|---|---|
| 外形<br>(a) | 甲 | 嫩度好，细、匀、净，色鲜活 | 90～99 | 10% |
| | 乙 | 嫩度较好，细、匀、净，色较鲜活 | 80～89 | |
| | 丙 | 嫩度稍低，细、较匀净，色尚鲜活 | 70～79 | |
| 汤色<br>(b) | 甲 | 色泽依茶类不同，色彩鲜艳 | 90～99 | 20% |
| | 乙 | 色泽依茶类不同，色彩尚鲜艳 | 80～89 | |
| | 丙 | 色泽依茶类不同，色彩较差 | 70～79 | |
| 香气<br>(c) | 甲 | 嫩香，嫩栗香，清高，花香 | 90～99 | 35% |
| | 乙 | 清香，尚高，栗香 | 80～89 | |
| | 丙 | 尚纯，熟，老火，青气 | 70～79 | |

（续）

| 因子 | 级别 | 品质特征 | 给分 | 评分系数 |
|------|------|----------|------|----------|
| 滋味 (d) | 甲 | 鲜醇爽口，醇厚甘爽，醇厚鲜爽，口感细腻 | 90～99 | 35% |
| | 乙 | 浓厚，尚醇厚，口感较细腻 | 80～89 | |
| | 丙 | 尚醇，浓涩，青涩，有粗糙感 | 70～79 | |

# 主 要 参 考 文 献

曹藩荣，等，2002. 微域环境对单枞茶新梢生长与品质的影响 [J]. 华南农业大学学报，23（4）：
　5-7.

曹艳妮，2011. 不同储存时间普洱茶的理化分析和抗氧化性研究 [D]. 广州：华南理工大学.

曹艳妮，等，2012. 普洱生茶和熟茶香气中萜烯类和甲氧基苯类成分分析 [J]. 食品工业科技，
　33（5）：128-133.

陈德华，1997. 影响武夷岩茶品质的因素和提高品质措施 [J]. 福建茶叶（3）：22-24.

陈梅春，等，2014. 陈年普洱茶特征风味成分分析 [J]. 茶叶科学，34（1）：45-54.

陈文品，等，2009. 六堡茶感官理化品质及挥发性香气分析研究 [C]. 茶叶科技创新与产业发展
　学术研讨会论文集，312-318.

陈以义，等，1993. 红茶变温发酵的理论探讨 [J]. 茶叶科学，13（2）：81-86.

陈玉琼，等，1997. 不同加工工艺对名优绿茶香气成分影响的研究 [J]. 茶叶，23（2）：44-45.

陈宗懋，1992. 中国茶经 [M]. 上海：上海文化出版社.

陈宗懋，2000. 中国茶叶大词典 [M]. 北京：中国轻工业出版社.

陈宗懋，等，2020. 国内外茶叶农药残留限量标准比较分析与建议. 浙江农业学报，32（1）：
　173-180.

程启坤，1981. 红茶色素的系统分析法 [J]. 中国茶叶（1）：17-18.

程启坤，1983. 茶化浅析 [M]. 杭州：中国农业科学院茶叶研究所情报资料研究室.

程启坤，等，1985. 茶叶优质原理与技术 [M]. 上海：上海科学技术出版社.

程启坤，等，1985. 绿茶滋味化学鉴定法 [J]. 茶叶科学，5（1）：7-17.

池田奈子，等，1993. 因配糖体的酸水解而生成的茶叶香气成分的品种间差异 [J]. 茶业研究报
　告（增刊）：18-19.

戴素贤，2004. 浅谈广东乌龙茶 [J]. 广东茶业（5）：38-41.

丁秋华，等，2017. 国内外家用净水器及活性炭滤芯的技术标准现状分析 [J]. 净水技术，36
　（11）：7-12.

龚淑英，等，1997. 袋泡茶质量评判方法探讨 [J]. 中国茶叶加工（3）：42-44.

龚芝萍，等，2020. 不同类型水质对龙井茶汤风味品质及主要化学成分的影响 [J]. 茶叶科学，
　40（2）：215-224.

郭爽爽，2018. 贮藏年限对泾阳茯砖茶品质及其保健功效的影响 [D]. 陕西：西北农林科技
　大学.

国家认证认可监督管理委员会，2010. 进出口茶叶品质感官审评方法：SN/T 0917—2010 [S].
　北京：中国标准出版社.

国家卫生和计划生育委员会，2016. 食品安全国家标准　食品微生物学检验　菌落总数测定：
　GB 4789.2—2016 [S]. 北京：中国标准出版社.

国家卫生和计划生育委员会，2016. 食品安全国家标准　食品微生物学检验　霉菌和酵母计数：
　GB 4789.15—2016 [S]. 北京：中国标准出版社.

国家卫生和计划生育委员会，2017. 食品安全国家标准　食品中铅的测定：GB 5009.12—2017

[S]. 北京：中国标准出版社.

国家卫生和计划生育委员会，等，2016. 食品安全国家标准　茶叶中448种农药及相关化学品残留量的测定　液相色谱-质谱法：GB 23200.13—2016 [S]. 北京：中国标准出版社.

国家卫生和计划生育委员会，等，2017. 食品安全国家标准　食品中污染物限量：GB 2762—2017 [S]. 北京：中国标准出版社.

国家卫生和计划生育委员会，等，2018. 食品安全国家标准　植物源性食品中208种农药及其代谢物残留量的测定　气相色谱-质谱联用：GB 23200.113—2018 [S]. 北京：中国标准出版社.

国家卫生和计划生育委员会，等，2019. 食品安全国家标准　食品中农药最大残留限量：GB 2763—2019 [S]. 北京：中国标准出版社.

国家卫生和计划生育委员会，等，2021. 食品安全国家标准　食品中农药最大残留限量：GB 2763—2021 [S]. 北京：中国标准出版社.

杭州西湖龙井茶核心产区商会团体，2018. 狮峰龙井茶：T/XHS 001—2018 [S]. 杭州.

何华锋，等，2015. 黑茶香气化学研究进展 [J]. 茶叶科学，35 (2)：121-129.

洪涛，等，2010. 普洱熟茶和生茶香气成分的提取和测定分析 [J]. 茶叶科学，30 (5)：336-342.

湖南省标准局，1990. 怎样制定企业产品标准 [M]. 长沙：湖南科学技术出版社.

湖南省经济作物局，1984. 红碎茶生产技术资料汇编 [C].

黄墩岩，1989. 中国茶道 [M]. 台湾：畅文出版社.

黄福平，等，2003. 乌龙茶做青过程中香气组成的动态变化及其与品质的关系 [J]. 茶叶科学，23 (1)：31-37.

黄建琴，等，1997. 施肥对红茶胡萝卜素降解产物的影响 [J]. 福建茶叶 (3)：33，4.

黄梅丽，等，1984. 食品色香味化学 [M]. 北京：中国轻工业出版社.

黄桐荪，1982. 怎样提高评茶技术 [J]. 福建茶叶 (1)：6-8.

黄亚辉，等，2011. 不同年代茯砖茶香气物质测定与分析 [J]. 食品科学，32 (24)：261-266.

黄媛媛，等，2006. 纳米包装材料对绿茶保鲜品质的影响 [J]. 食品科学，27 (4)：244-246.

吉克温，2000. 优质乌龙茶的特点与品质形成的必备条件 [J]. 福建茶叶 (4)：5-7.

江口英雄，等，1993. 相同区域中绿茶香气成分的比较 [J]. 茶业研究报告 (增刊)：92-93.

焦彦朝，等，2019. 国内外茶叶农药最大残留限量标准比较分析 [J]. 四川理工学院学报 (自然科学版)，32 (3)：7-12.

金心怡，等，2007. 清香型乌龙茶品质特征与发展现状 [J]. 中国茶叶 (1)：12-13.

李名君，1984. 茶叶香气研究进展 [J]. 国外农学：茶叶 (1)：1-8.

李名君，1985. 茶叶香气研究进展 [J]. 国外农学：茶叶 (4)：1-15.

李名君，等，1988. 红壤与茶叶品质的研究 [J]. 茶叶科学，8 (2)：27-36.

李素芳，等，1996. 安吉白茶阶段性返白过程中氨基酸的变化 [J]. 茶叶科学，16 (2)：75-76.

李宗恒，1981. 安溪青茶类主要品种的毛茶品质特征 [J]. 茶叶通报 (2)：37-40.

梁远发，等，2000. 茶园土壤物理性状对茶叶品质的影响研究 [J]. 贵州茶叶 (2)：25-27.

林振传，2017. 白茶 [M]. 北京：中国文史出版社.

刘春丽，等，2014. 武夷山地区新红茶香气分析 [J]. 浙江大学学报 (理学版)，41 (1)：58-62.

刘典秋，1981. 福建蒸青绿茶 [J]. 福建茶叶 (4)：28-30，42.

刘仲华，等，1990. 红茶和乌龙茶色素与干茶色泽的关系 [J]. 茶叶科学，10 (1)：59-64.

鲁成银，刘栩，2003. 国内外茶叶标准现状及对比分析 [C]//第三届海峡两岸茶叶学术研讨会论文：364-369.

陆松侯，施兆鹏，2001. 茶叶审评与检验 [M]. 3版. 北京：中国农业出版社.

罗龙新，等，1994. 绿茶加工过程中水分解吸与生化成分变化的关系［J］. 茶叶科学，14（1）：43-48.

吕海鹏，等，2009. 陈香普洱茶的香气成分研究［J］. 茶叶科学，29（3）：219-224.

马林龙，等，2017. 湖北引种高氨基酸茶树品种的绿茶适制性分析［J］. 浙江农业学报，29（2）：251-260.

倪德江，等，1992. 炒青绿茶干燥后期"升温增香"理论研究初报［J］. 浙江农业大学学报，18（5）：18-21.

倪德江，等，1996. 从加工过程中糖胺化合物的变化探讨提高绿茶香气的途径［J］. 茶叶，22（1）：33-34.

倪德江，等，1997. 加工工艺对名优绿茶叶绿素变化的影响［J］. 食品科学，18（12）：14-18.

倪德江，等，1997. 制茶工艺对名优绿茶香气品质的影响［J］. 茶叶科学，17（1）：65-68.

潘根生，1995. 茶业大全［M］. 北京：中国农业出版社.

邱陶瑞，2015. 中国凤凰茶［M］. 深圳：深圳报业集团出版社.

全国包装标准化技术委员会，2008. 包装储运图示标志：GB 191—2008［S］. 北京：中国标准出版社.

全国标准化原理与方法标准化技术委员会，1997. 国家标准制定程序的阶段划分及代码：GB/T 16733—1997［S］. 北京：中国标准出版社.

全国标准化原理与方法标准化技术委员会，2014. 标准编写规则 第10部分：产品标准：GB/T20001.10—2014［S］. 北京：中国标准出版社.

全国标准化原理与方法标准化技术委员会，2014. 标准化工作指南 第1部分：标准化和相关活动的通用术语：GB/T 20000.1—2014［S］. 北京：中国标准出版社.

全国标准化原理与方法标准化技术委员会，2020. 标准化工作导则 第1部分：标准化文件的结构和起草规则：GB/T 1.1—2020［S］. 北京：中国标准出版社.

全国法制计量管理计量委员会，2005. 定量包装商品净含量计量检验规则：JJF 1070—2005［S］. 北京：中国标准出版社.

全国原产地域产品标准化工作组，2008. 地理标志产品 龙井茶：GB/T 18650—2008［S］. 北京：中国标准出版社.

阮宇成，1987. 绿茶滋味品质醇、鲜、浓的生化基础［J］. 茶叶通讯（4）：1-4.

阮宇成，等，1978. 红碎茶品质的化学鉴定研究初报［J］. 茶叶科学简报（2）：20-23.

山西贞，等，1994. 茶叶香气受产地、品种、施肥量、制茶法左右［J］. 茶（1）：18-24.

沈培和，刘栩，1996. 袋泡茶审评［J］. 中国茶叶（4）：30-31.

施兆鹏，1997. 茶叶加工学.［M］北京：中国农业出版社.

施兆鹏，2007. 湖南十大名茶［M］. 北京：中国农业出版社.

施兆鹏，2010. 茶叶审评与检验［M］. 4版. 北京：中国农业出版社.

孙云，等，2007. 清香型乌龙茶加工技术与配套设备［J］. 中国茶叶（3）：9-11.

宛晓春，2007. 中国茶谱［M］. 北京：中国林业出版社.

宛晓春，等，2015. 茶叶生物化学研究进展［J］. 茶叶科学，35（1）：1-10.

王登良，1998. 绿茶贮藏过程中茶多酚含量的变化与感官品质的关系［J］. 茶叶科学，18（1）：61-64.

王登良，等，2004. 传统焙火工序对岭头单枞乌龙茶品质影响的研究［J］. 茶叶科学，24（3）：197-200.

王华夫，等，1990. 茶叶异味化学研究进展［J］. 茶叶文摘，4（5）：1-6.

王华夫，等，1991. 茯砖茶在发花过程中的香气变化 [J]. 茶叶科学，11（增刊）：81-86.

王华夫，等，1991. 黑毛茶香气组分的研究 [J]. 茶叶科学，11（增刊）：42-47.

王华夫，等，1994. 茶叶香气研究进展 [J]. 茶叶文摘，8（5）：1-5.

王云，等，1995. 扁形名茶氨基酸含量的影响因素 [J]. 茶叶科学，15（2）：121-126.

王云，等，1997. 不同形状名茶制茶工艺对茶叶品质的影响 [J]. 茶叶科学，17（1）：59-64.

危赛明，2019. 中国白茶史 [M]. 北京：中国农业出版社.

魏新林，等，2002. 做青温湿度对岭头单枞乌龙茶香气成分的影响 [J]. 无锡轻工大学学报，21（3）：224-229.

翁伯琦，等，2005. 乌龙茶覆盖遮阴技术的研究 [J]. 厦门大学学报，44（增刊）：16-21.

吴觉农，1987. 茶经述评 [M]. 北京：中国农业出版社.

吴觉农，2005. 茶经述评 [M]. 2版. 北京：中国农业出版社.

吴平，等，2010. 六堡茶之槟榔香味溯源和辨析 [J]. 茶叶，36（2）：71-76.

吴小崇，1989. 绿茶贮藏中质变原因的分析 [J]. 茶叶科学，9（2）：95-98.

吴永凯，1981. 关于恢复传统白茶品质风格的意见 [J]. 福建茶叶（2）：10-12.

吴幼亭，1988. 绿茶审评技术浅谈 [J]. 中国茶叶（2）：38-39.

夏涛，2016. 制茶学 [M]. 3版. 北京：中国农业出版社.

项丽慧，等，2015. LED黄光对工夫红茶萎凋过程香气相关酶基因表达及活性影响 [J]. 茶叶科学，35（6）：559-566.

肖伟祥，等，1989. 茶叶中叶绿素及其在制茶过程中的变化 [J]. 中国茶叶（1）：8-9.

谢燮清，1982. 谈谈花茶审评 [J]. 中国茶叶（2）：35-36.

徐正炳，1981. 速溶茶的现状和发展趋势 [J]. 中国茶叶（2）：26-27，32.

颜鸿飞，等，2014. 湖南茯砖茶香气成分的SPME-GC-TOF-MS分析 [J]. 食品科学，35（22）：176-180.

杨纯婧，等，2015. 高氨基酸保靖黄金茶1号的生化特性及绿茶适制性研究 [J]. 食品工业科技（13）：126-132，137.

杨梅，等，2020. 国内外茶叶农药残留限量标准比较分析与建议 [J]. 浙江农业学，32（1）：173-180.

杨普香，等，2007. 安吉白茶茶多酚和氨基酸含量初探 [J]. 蚕桑茶叶通讯，131（5）：33-34.

杨贤强，等，1989. 炒青绿茶制造中香气组分变化的研究 [J]. 食品科学（8）：1-7.

杨亚，等，1991. 茶树育种品质早期化学鉴定 [J]. 茶叶科学，11（2）：127-131.

尹在继，1983. 评茶技术漫谈之五——出口茶叶的对样评茶 [J]. 中国茶叶（5）：26-27.

尹军峰，2015. 水质对龙井茶风味品质的影响及其机制 [D]. 杭州：浙江工商大学.

尹军峰，等，2018. 日常泡茶用水的选择与处理 [J]. 中国茶叶（7）：14-15.

游小清，等，1992. 春茶紫绿色鲜叶及其烘青茶的香气差异 [J]. 中国茶叶（3）：32-33.

游小清，等，1993. 适度摊放对名优绿茶香气物质释放的影响 [J]. 中国茶叶（3）：14-15.

原利男，等，1993. 茎梗茶和煎茶香味成分的比较 [J]. 茶业研究（增刊）：61-65.

曾晓雄，1992. 茶叶中类胡萝卜素的氧化降解及其与茶叶品质的关系 [J]. 茶叶通讯（1）：31-33.

张洪程，2015. 农业标准化概论 [M]. 3版. 北京：中国农业出版社.

张惠瑞，1981. 乌龙茶审评技术简介 [J]. 中国茶叶（3）：32-33.

张楷立，等，2021. 家庭常用处理方法控制氯化消毒饮用水中消毒副产物的研究进展 [J]. 净水技术，40（7）：61-68.

张丽，等，2017. 焙火工艺对武夷岩茶挥发性组分和品质的影响 [J]. 食品与发酵工业，43（7）：186-193.

张灵枝，等，2007. 不同贮藏时间的普洱茶香气成分分析 [J]. 园艺学报，34 (2)：504 - 506.

张堂恒，1995. 中国茶学辞典 [M]. 上海：上海科学技术出版社.

张天福，1963. 福建白茶的调查研究 [J]. 茶叶通讯 (2)：43 - 50.

张湘生，等，2012. 特早生高氨基酸优质绿茶茶树新品种保靖黄金茶 1 号选育研究 [J]. 茶叶通讯，39 (3)：11 - 16.

张月玲，等，2006. 碧螺春茶的主要呈味物质浸出规律的研究 [J]. 茶叶，32 (2)：88 - 92.

赵和涛，等，1991. 红茶加工中芳香物质增变动态研究 [J]. 福建茶叶 (4)：9 - 12.

赵和涛，等，1996. 茶园施肥对祁门红茶香气品质的影响 [J]. 茶叶科学，16 (2)：105 - 110.

赵鸣慧，1981. 红碎茶的审评技术 [J]. 中国茶叶 (2)：12 - 14.

郑国建，陆小磊，2014. 国内外茶叶标准分析研究 [M]. 中国茶叶加工 (3)：5 - 10.

中国标准出版社第一编辑室，2001. 中国食品工业标准汇编. 饮料卷（下）[M]. 2 版. 北京：中国标准出版社.

中国标准出版社第一编辑室，2005. 茶叶标准汇编 [M]. 2 版. 北京：中国标准出版社.

中国标准化研究院，2009. 限制商品过度包装要求　食品和化妆品：GB 23350—2009 [S]. 北京：中国标准出版社.

中国茶叶股份有限公司，2001. 中华茶叶五千年 [M]. 北京：人民出版社.

中国农业科学院茶叶研究所，1981，1982. 茶叶科学研究报告 [C].

中国农业科学院茶叶研究所，年代不详. 红碎茶加工技术 [C].

中华全国供销合作总社，1997. 第一套　红碎茶：GB/T 13738.1—1997 [S]. 北京：中国标准出版社.

中华全国供销合作总社，2001. 茶叶包装通则：GH/T 1070—2011 [S]. 北京：中国标准出版社.

中华全国供销合作总社，2003. 食品中氟的测定：GB/T 5009.18—2003 [S]. 北京：中国标准出版社.

中华全国供销合作总社，2008. 红茶　第 1 部分：红碎茶：GB/T 13738.1 —2008 [S]. 北京：中国标准出版社.

中华全国供销合作总社，2008. 砖茶含氟量的检测方法：GB/T 21728—2008 [S]. 北京：中国标准出版社.

中华全国供销合作总社，2012. 茶叶标准样品制备技术条件：GB/T 18795—2012 [S]. 北京：中国标准出版社.

中华全国供销合作总社，2012. 茶叶感官审评室基本条件：GB/T 18797—2012 [S]. 北京：中国标准出版社.

中华全国供销合作总社，2013. 茶　粗纤维测定：GB/T 8310—2013 [S]. 北京：中国标准出版社.

中华全国供销合作总社，2013. 茶　粉末和碎茶含量测定：GB/T 8311—2013 [S]. 北京：中国标准出版社.

中华全国供销合作总社，2013. 茶　咖啡碱测定：GB/T 8312—2013 [S]. 北京：中国标准出版社.

中华全国供销合作总社，2013. 茶　取样：GB/T 8302—2013 [S]. 北京：中国标准出版社.

中华全国供销合作总社，2013. 茶　水浸出物测定：GB/T 8305—2013 [S]. 北京：中国标准出版社.

中华全国供销合作总社，2013. 茶　水溶性灰分碱度测定：GB/T 8309—2013 [S]. 北京：中国标准出版社.

中华全国供销合作总社，2013. 茶　游离氨基酸总量测定：GB/T 8314—2013 [S]. 北京：中国标准出版社.

中华全国供销合作总社，2013. 茶叶中茶黄素测定　高效液相色谱法：GBT 30483—2013 [S]. 北京：中国标准出版社.

中华全国供销合作总社，2013. 固态速溶茶　第4部分：规格：GB 18798—2013 [S]. 北京：中国标准出版社.

中华全国供销合作总社，2013. 紧压茶　花砖茶：GB/T 9833.1—2013 [S]. 北京：中国标准出版社.

中华全国供销合作总社，2015. 西湖龙井茶：GH/T 1115—2015 [S].

中华全国供销合作总社，2017. 茶叶感官审评术语：GB/T 14487—2017 [S]. 北京：中国标准出版社.

中华全国供销合作总社，2017. 茶叶中茶氨酸的测定　高效液相色谱法：GB/T 23193—2017 [S]. 北京：中国标准出版社.

中华全国供销合作总社，2017. 白茶：GB/T 22291—2017 [S]. 北京：中国标准出版社.

中华全国供销合作总社，2017. 红茶　第1部分：红碎茶：GB/T 13738.1—2017 [S]. 北京：中国标准出版社.

中华全国供销合作总社，2017. 花茶：GB/T 22292—2017 [S]. 北京：中国标准出版社.

中华全国供销合作总社，2018. 茶叶感官审评方法：GB/T 23776—2018 [S]. 北京：中国标准出版社.

中华全国供销合作总社，2018. 茶叶中茶多酚和儿茶素类含量的检测方法：GB/T 8313—2018 [S]. 北京：中国标准出版社.

中华全国供销合作总社，2018. 茶叶感官审评方法：GB/T 23776—2018 [S]. 北京：中国标准出版社.

中华全国供销合作总社，2018. 袋泡茶：GB 24690—2018 [S]. 北京：中国标准出版社.

中华人民共和国出入境检验检疫局，2000. 进出口茶叶包装检验方法：SN/T 0912—2000 [S]. 北京：中国标准出版社.

中华人民共和国出入境检验检疫局，2000. 进出口茶叶重量鉴定方法：SN/T 0924—2000 [S]. 北京：中国标准出版社.

中华人民共和国国家卫生和计划生育委，2016. 食品安全国家标准　食品中灰分的测定：GB 5009.4—2016 [S]. 北京：中国标准出版社.

中华人民共和国国家卫生和计划生育委员，2016. 食品安全国家标准　食品中水分的测定：GB 5009.3—2016 [S]. 北京：中国标准出版社.

中华人民共和国进出口商品检验总局，1981. 成品茶检验 [M]. 北京：中国财政经济出版社.

中华人民共和国商务部，2018. 出口茶叶技术指南 [M]. 北京：中国标准出版社.

中华人民共和国卫生部，2005. 砖茶含氟量：GB 19965—2005 [S]. 北京：中国标准出版社.

中华人民共和国卫生部，2006. 生活饮用水卫生标准：GB 5749—2006 [S]. 北京：中国标准出版社.

中华人民共和国卫生部，2011. 食品安全国家标准　预包装食品标签通则：GB 7718—2011 [S]. 北京：中国标准出版社.

钟萝，1989. 茶叶品质理化分析 [M]. 上海：上海科学技术出版社.

周利，等.2021. 茶叶质量安全研究"十三五"进展及"十四五"发展方向 [J]. 中国茶叶，43 (10)：34-40.

朱国斌，鲁红军，1996. 食品风味原理与技术 [M]. 北京：北京大学出版社.

朱红，等，1990. 食品感官分析入门 [M]. 北京：中国轻工业出版社.

邹瑶，等，2013. 四川黑茶的研究进展及展望 [C]. 第十五届中国科协年会第 20 分论坛：科技创新与茶产业发展论坛论文集：1 - 4.

Chandrashekar Jet，2006. The receptors and cells for mammalian taste [J]. Nature，444 (7117)：288.

Choi Sung - Hee，1995. The aroma components of Korean traditional green tea. Proceedings of '95 International Tea - Quality - Human Health Symposium.

Ku K M，et al，2010. Application of metabolomics in the analysis of manufacturing type of Pu - erh tea and composition changes with different postfermentation year [J]. J Agric Food Chem，58：345 - 352.

Liang Chen，et al，2005. Variations of main quality components of tea genetic resources [Camellia sinensis (L.) O. Kuntze] preserved in the China National Germplasm Tea Repository [J]. Plant Foods for Human Nutrition，60：31 - 35.

Lv Shi Dong，et al，2014. Comparative analysis of Pu - Erh and Fuzhuan teas by fully automatic headspace solid - phase microextraction coupled with gas chromatography - mass spectrometry and chemometric methods [J]. Journal of Agricultural and Food Chemistry，62 (8)：1810 - 1818.

Mahanta P K，1988. Chemical basis of liquor characteristics and made tea appearance：a brief review [J]. Two and A Bud，35：66 - 70.

Musalam Y，1988. Aroma of Indonesian jasmine teas [J]. Dev Food Sci，18：659 - 668.

Owuor P O，1990. Changes in fatty acid levels of young shoots of tea due to nitrogenous fertilizers [J]. Food Chemistry，38：211 - 219.

Owuor P O，1996. The impact of withering temperature on the black tea quality [J]. J Sci Food Agric，70：288 - 292.

Owuor P O，et al，1989. Effects of maceration method on the chemical composition and quality of clonal black teas [J]. J Sci Food Agric，49：87 - 94.

Owuor P O，et al，1990. The effects of altitude on the chemical composition of black tea [J]. J Sci Food Agric，50 (1)：9 - 17.

Owuor P O，et al，1990. Variations of the chemical composition of clonal black tea [J]. J Sci Food Agric，52：55 - 61.

Owuor P O，et al，1994. Changes in CTC black tea quality due to variations of maceration - fermentation sequence [J]. Tea，15 (2)：113 - 118.

Pandey S，1993. Flavour - the queen of tea characters Ⅰ [J]. The Assam Review and tea News，82 (11)：23 - 25.

Pandey S，1993. Flavour - the queen of tea characters Ⅱ [J]. The Assam Review and Tea News，82 (12)：11 - 12.

Pandey S，1994. Flavour - the queen of tea characters Ⅲ [J]. The Assam Review and Tea News，83 (1)：9 - 11.

Qin Li，et al，2020. Characterization of the key aroma compounds and microorganisms during the manufacturing process of Fu - brick tea [J/OL]. Food Science and Technology. http：//doi. org/10. 1016/j. lwt. 109355.

Roberts E A H，et al，1961. Spectrophotometric measurements of theaflavins and thearubigins in black tea liquors in assessments of quality in teas [J]. Analyst，86 (1019)：94 - 98.

Shi J，et al，2019. Volatile composition of Fu - brick tea and Pu - erh tea analyzed by comprehensive two - dimensional gas chromatography - time - of - flight mass spectrometry [J]. Food Science and Technology, 103：27 - 33.

Takeo, 1996. The relation between clonal characteristic and tea aroma [J].CA, 124 (25)：338145.

Yang Z Y, et al, 2013. Recent studies of the volatile compounds in tea [J]. Food Research International, 53：585 - 599.

**图书在版编目（CIP）数据**

茶叶审评与检验 / 黄建安，施兆鹏主编 . —5 版
. —北京：中国农业出版社，2022.6（2024.3 重印）
"十二五"普通高等教育本科国家级规划教材　普通
高等教育"十一五"国家级规划教材　普通高等教育农业
农村部"十三五"规划教材
ISBN 978-7-109-29348-9

Ⅰ.①茶…　Ⅱ.①黄…　②施…　Ⅲ.①茶叶—食品检
验—高等学校—教材　Ⅳ.①TS272.7

中国版本图书馆 CIP 数据核字（2022）第 066474 号

---

**中国农业出版社出版**
地址：北京市朝阳区麦子店街 18 号楼
邮编：100125
责任编辑：戴碧霞
版式设计：杜　然　责任校对：沙凯霖
印刷：中农印务有限公司
版次：1979 年 10 月第 1 版　2022 年 6 月第 5 版
印次：2024 年 3 月第 5 版北京第 3 次印刷
发行：新华书店北京发行所
开本：787mm×1092mm　1/16
印张：20
字数：408 千字
定价：52.00 元